CAMBRIDGE LIBRARY COLLECTION

Books of enduring scholarly value

Mathematical Sciences

From its pre-historic roots in simple counting to the algorithms powering modern desktop computers, from the genius of Archimedes to the genius of Einstein, advances in mathematical understanding and numerical techniques have been directly responsible for creating the modern world as we know it. This series will provide a library of the most influential publications and writers on mathematics in its broadest sense. As such, it will show not only the deep roots from which modern science and technology have grown, but also the astonishing breadth of application of mathematical techniques in the humanities and social sciences, and in everyday life.

Oeuvres complètes

Augustin-Louis, Baron Cauchy (1789-1857) was the pre-eminent French mathematician of the nineteenth century. He began his career as a military engineer during the Napoleonic Wars, but even then was publishing significant mathematical papers, and was persuaded by Lagrange and Laplace to devote himself entirely to mathematics. His greatest contributions are considered to be the Cours d'analyse de l'École Royale Polytechnique (1821), Résumé des leçons sur le calcul infinitésimal (1823) and Leçons sur les applications du calcul infinitésimal à la géométrie (1826-8), and his pioneering work encompassed a huge range of topics, most significantly real analysis, the theory of functions of a complex variable, and theoretical mechanics. Twenty-six volumes of his collected papers were published between 1882 and 1958. The first series (volumes 1–12) consists of papers published by the Académie des Sciences de l'Institut de France; the second series (volumes 13–26) of papers published elsewhere.

Oeuvres complètes

Series 1

VOLUME 9

AUGUSTIN LOUIS CAUCHY

CAMBRIDGE
UNIVERSITY PRESS

CAMBRIDGE UNIVERSITY PRESS

Cambridge New York Melbourne Madrid Cape Town Singapore São Paolo Delhi

Published in the United States of America by Cambridge University Press, New York

www.cambridge.org
Information on this title: www.cambridge.org/9781108002769

This edition first published 1896
This digitally printed version 2009

ISBN 978-1-108-00276-9

ŒUVRES

COMPLÈTES

D'AUGUSTIN CAUCHY

PARIS. — IMPRIMERIE GAUTHIER-VILLARS ET FILS,
19553 Quai des Augustins, 55.

ŒUVRES

COMPLÈTES

D'AUGUSTIN CAUCHY

PUBLIÉES SOUS LA DIRECTION SCIENTIFIQUE

DE L'ACADÉMIE DES SCIENCES

ET SOUS LES AUSPICES

DE M. LE MINISTRE DE L'INSTRUCTION PUBLIQUE.

Ire SÉRIE. — TOME IX.

PARIS,

GAUTHIER-VILLARS ET FILS, IMPRIMEURS-LIBRAIRES

DU BUREAU DES LONGITUDES, DE L'ÉCOLE POLYTECHNIQUE,

Quai des Augustins, 55.

M DCCC XCVI

PREMIÈRE SÉRIE.

MÉMOIRES, NOTES ET ARTICLES

EXTRAITS DES

RECUEILS DE L'ACADÉMIE DES SCIENCES

DE L'INSTITUT DE FRANCE.

III.

NOTES ET ARTICLES

EXTRAITS DES

COMPTES RENDUS HEBDOMADAIRES DES SÉANCES

DE L'ACADÉMIE DES SCIENCES.

(SUITE.)

NOTES ET ARTICLES

EXTRAITS DES

COMPTES RENDUS HEBDOMADAIRES DES SÉANCES

DE L'ACADÉMIE DES SCIENCES.

277.

ANALYSE MATHÉMATIQUE. — *Mémoire sur l'emploi des variables complémentaires dans le développement des fonctions en séries.*

C. R., T. XX, p. 280 (3 février 1845).

On appelle, en Arithmétique, *nombres complémentaires* (¹) deux nombres dont la somme est une unité d'un certain ordre; et l'on dit de même, en Géométrie, que deux angles sont *compléments* l'un de l'autre, lorsque leur somme équivaut à un angle droit. En transportant cette locution dans l'analyse algébrique, nous appellerons *variables complémentaires* deux variables dont la somme sera l'unité. L'objet de ce Mémoire est de montrer les grands avantages que présente l'em-

(¹) En étendant cette définition, on a dit encore que deux nombres étaient *compléments* l'un de l'autre, quand ils offraient pour somme un nombre donné. L'usage des compléments dans les opérations de l'Arithmétique est l'objet spécial d'un Ouvrage publié en 1823 par M. Berthevin. En parcourant dernièrement cet Ouvrage, j'y ai trouvé, pour le calcul abrégé du produit de deux nombres, quelques règles dont chacune coïncide au fond avec celle que j'ai rapportée dans le *Compte rendu* de la séance du 16 novembre 1840 [page 795 (ᵃ)], et qui s'y trouve exprimée en termes tellement simples que, pour la démontrer, il suffirait de traduire son énoncé en formule algébrique.

(ᵃ) *Œuvres de Cauchy*, S. I, T. V, p. 431.

ploi des variables complémentaires dans le développement des fonctions en séries ordonnées suivant les puissances entières, positives, nulle et négatives, d'une ou de plusieurs variables.

ANALYSE.

§ I. — *Considérations générales.*

Soit

$$x = r e^{p\sqrt{-1}}$$

une variable imaginaire dont r désigne le module et p l'argument. Nommons y une autre variable liée à x par l'équation

$$(1) \qquad x + y = 1.$$

Je dirai que les deux variables x, y, dont la somme est l'unité, sont *complémentaires* l'une de l'autre. Soit maintenant

$$(2) \qquad z = \frac{y}{x}$$

le rapport des deux variables complémentaires y et x. On tirera des équations (1) et (2), non seulement

$$(3) \qquad y = 1 - x, \qquad z = \frac{1}{x} - 1,$$

mais encore

$$(4) \qquad x = 1 - y, \qquad \frac{1}{x} = 1 + z.$$

Or il suit évidemment des formules (4) que toute fonction entière de x et de $\frac{1}{x}$, c'est-à-dire tout polynôme composé de termes proportionnels à des puissances entières, positives, nulle et négatives de x, pourra être transformé en une fonction entière des deux variables y, z; et, réciproquement, il suit des formules (3) que toute fonction entière des deux variables z, y pourra être transformée en un semblable polynôme. Donc, lorsqu'une fonction $F(x)$ de la variable x aura été développée suivant les puissances entières, positives, nulle et négatives de cette variable, il suffira de recourir aux équations (4) pour transformer ce développement en une série ordonnée suivant les puissances entières, mais positives de y, z. Si, au contraire, par un moyen quelconque, on est parvenu à développer $F(x)$ en une série simple, ou même en une série double, ordonnée suivant les puissances entières, mais positives de y et z, il suffira de recourir aux équations (3) pour transformer cette série en un développement ordonné suivant les puissances entières, positives, nulle et négatives de la variable x. Il y a plus : on doit étendre cette remarque au cas où la fonction $F(x)$ serait développable en une série ordonnée suivant des puissances fractionnaires ou irrationnelles des variables y, z; ce qui arriverait, par exemple, si $F(x)$ pouvait être considérée comme le produit d'un facteur équivalent à une puissance positive ou négative, fractionnaire ou irrationnelle de la variable y, par un autre facteur développable en série ordonnée suivant les puissances entières et positives des deux variables y, z.

Il arrive souvent que le développement de la fonction $F(x)$ en une série ordonnée suivant les puissances entières de la variable x exige de longs calculs, et qu'il est, au contraire, facile de développer cette fonction en une série ordonnée suivant les puissances ascendantes de la variable complémentaire y, et du rapport z ou $\frac{y}{x}$ de ces deux variables. Alors les transformations que nous venons de mentionner deviennent très utiles, et, par conséquent, la considération de la variable complémentaire fournit le moyen d'abréger notablement le travail.

D'ailleurs les formules que fournissent les diverses transformations dont nous venons de parler subsistent seulement sous certaines conditions et supposent évidemment la convergence des séries transformées. Il est essentiel de connaître ces conditions, et c'est pour y parvenir que nous avons établi la plupart des théorèmes énoncés dans la dernière séance. Nous allons, dans le paragraphe suivant, présenter quelques observations qui permettront d'introduire dans notre analyse une précision plus grande, et de donner aux théorèmes dont il s'agit une extension nouvelle.

§ II. — *Théorèmes généraux.*

Dans le Mémoire que renferme le *Compte rendu* de la séance du 20 janvier dernier, nous avons établi le théorème suivant :

THÉORÈME I. — *Soit*

$$x = r\, e^{p\sqrt{-1}}$$

une variable imaginaire dont p désigne l'argument. Soit encore $\mathrm{F}(x)$ *une fonction de x qui se décompose en deux facteurs représentés, l'un par* $\varpi(x)$, *l'autre par* $\mathrm{f}(y)$, *y étant lui-même fonction de x; et supposons que* $\mathrm{f}(y)$ *reste fonction continue de y pour tout module de y qui ne surpasse pas une certaine limite* y. *Enfin, soit A_n le coefficient de x^n dans le développement de* $\mathrm{F}(x)$ *en série ordonnée suivant les puissances entières de x; et posons*

$$\mathrm{Y} = \frac{1}{\mathrm{y}}.$$

Au développement de $\mathrm{f}(y)$ *en série ordonnée suivant les puissances entières et ascendantes de y correspondra un développement de A_n qui sera convergent si la valeur trouvée de* Y *rend convergente la série modulaire qui correspond au développement de l'intégrale*

$$\frac{1}{2\pi}\int_{-\pi}^{\pi} x^{-n}\,\frac{\varpi(x)}{1-\mathrm{Y}y}\,dp \tag{1}$$

suivant les puissances entières et ascendantes de Y.

Corollaire I. — Supposons maintenant que $\varpi(x)$ reste fonction continue de x, pour tout module de x inférieur à une certaine limite x. Concevons d'ailleurs que la valeur de n soit positive, la lettre n représentant un nombre entier quelconque, et que le développement de $\mathrm{F}(x)$ en série ait été effectué pour un module r de x inférieur à x, mais très peu différent de x. Enfin prenons

$$y = 1 - x.$$

L'intégrale (1), dans laquelle on devra supposer le module r de x inférieur à la limite x, deviendra

$$(2)\qquad \frac{1}{2\pi}\int_{-\pi}^{\pi} x^{-n}\frac{\varpi(x)}{1-Y+xY}\,dp,$$

et, en raisonnant comme à la page 134 ([1]), on prouvera que le développement de l'intégrale (2) en série ordonnée suivant les puissances ascendantes de Y est convergent avec la série modulaire correspondante quand Y vérifie la condition

$$Y<1.$$

Corollaire II. — Concevons à présent que l'on prenne, non plus

$$y=1-x,$$

mais

$$y=\frac{1-x}{x}.$$

L'intégrale (1) deviendra

$$(3)\qquad \frac{1}{2\pi}\int_{-\pi}^{\pi} x^{-n+1}\frac{\varpi(x)}{(1+Y)x-Y}\,dp.$$

Or, si le rapport

$$\frac{Y}{1+Y}$$

est inférieur à la limite x, la valeur de l'intégrale (3), comme on l'a déjà remarqué (page 135) ([2]), sera ce que devient l'expression

$$\frac{\varpi(x)-\varpi(0)-\frac{x}{1}\varpi'(0)-\ldots-\frac{x^{n-1}}{1.2\ldots(n-1)}\varpi^{(n-1)}(0)}{(1+Y)x^n}$$

quand on y pose

$$x=\frac{Y}{1+Y}.$$

Donc, par suite, pour que le développement de l'intégrale (3), suivant les puissances entières et ascendantes de Y, reste convergent avec la série modulaire correspondante, il suffira que le développement de la

([1]) *OEuvres de Cauchy*, S. I, T. VIII, p. 431.
([2]) *Ibid.*, p. 432.

fonction

$$\varpi\left(\frac{Y}{1+Y}\right),$$

suivant les puissances entières et ascendantes de Y, reste lui-même convergent avec la série modulaire qui correspond à ce dernier développement. La condition que nous venons d'énoncer doit être généralement substituée aux conditions (9) de la page 135 ([1]), et s'accorde d'ailleurs avec elles dans le cas spécial que nous avions particulièrement en vue, c'est-à-dire dans le cas où $\varpi(x)$ se réduit à une puissance positive ou négative de $1 - x$. En effet, si, pour fixer les idées, on pose, comme dans le *Compte rendu* de la séance du 27 janvier (page 217) ([2]),

$$(4) \qquad \varpi(x) = (1 - x)^{-s},$$

on en conclura

$$\varpi\left(\frac{Y}{1+Y}\right) = (1+Y)^s,$$

et il est clair que le développement de

$$(1+Y)^s,$$

suivant les puissances ascendantes de Y, sera convergent avec la série modulaire correspondante, quand Y vérifiera la condition

$$Y < 1.$$

D'autre part, lorsque l'on pose

$$\varpi(x) = (1 - x)^{-s},$$

la limite x se réduit à l'unité, ce qui fait disparaître la première des conditions (9) en la réduisant à la formule

$$Y < \infty.$$

Ajoutons que, en vertu des observations précédentes, le théorème II de la page 137 ([3]) subsistera, non seulement quand la valeur de $\varpi(x)$

([1]) *OEuvres de Cauchy*, S. I, T. VIII, p. 432.
([2]) *Ibid.*, p. 440.
([3]) *Ibid.*, p. 434.

sera donnée par l'équation (4), mais encore dans le cas contraire, si, d'ailleurs, la valeur de Y rend convergente la série modulaire qui correspond au développement de la fonction

$$\varpi\left(\frac{Y}{1+Y}\right)$$

suivant les puissances entières et ascendantes de Y. Il y a plus : on pourra supposer, dans ce théorème, comme au commencement de ce paragraphe, que $\varpi(x)$ reste fonction continue de x seulement pour tout module de x inférieur à x, et que A_n représente le coefficient de x^n dans le développement de $F(x)$, calculé pour un module de x inférieur à la limite x, mais très peu différent de cette limite. En conséquence, on pourra énoncer la proposition suivante :

Théorème II. — *Soit*

$$x = re^{p\sqrt{-1}}$$

une variable imaginaire dont r désigne le module et p l'argument. Soient, de plus, $\varpi(x)$ *une fonction de* x *qui reste continue pour tout module de* x *inférieur à une certaine limite* x, *et* $f(y, z)$ *une fonction de* y, z *qui demeure continue pour tous les modules de* y, z *qui ne surpassent pas certaines limites* y, z. *Faisons d'ailleurs*

$$Y = \frac{1}{\text{y}}, \qquad Z = \frac{1}{\text{z}},$$

et nommons $F(x)$ *une fonction de* x *déterminée par le système des équations*

$$F(x) = \varpi(x)\, f(y, z), \tag{5}$$

$$y = 1 - x, \qquad z = \frac{1-x}{x}, \tag{6}$$

en sorte que, dans l'équation (5), x, y *représentent deux variables complémentaires, et* z *le rapport de ces variables. Enfin supposons que, pour un module de* x *inférieur à la limite* x, *mais très peu différent de cette limite, on ait développé la fonction* $F(x)$ *suivant les puissances entières, positives, nulle et négatives de* x, *et que, la lettre n désignant un nombre entier quelconque, on représente par* A_n *le coefficient de* x^n *dans le déve-*

loppement de $F(x)$. *Alors, au développement de* $f(y, z)$ *suivant les puissances entières et ascendantes de* y, z, *répondra un développement de* A_n *qui sera convergent avec la série modulaire correspondante si les valeurs de* Y, Z *vérifient la condition*

$$Y + Z < 1, \tag{7}$$

et si, d'ailleurs, la valeur trouvée de Y *rend convergente la série modulaire qui correspond au développement de*

$$\varpi\left(\frac{Y}{1+Y}\right)$$

suivant les puissances entières et ascendantes de Y.

En partant du théorème qui précède et en raisonnant comme nous l'avons fait dans le Mémoire du 27 janvier (page 213, etc.) (¹), on établira la proposition suivante, qui se trouvera substituée au théorème II de la page 216 (²).

THÉORÈME III. — *Soit* $\varpi(x)$ *une fonction de* x *qui reste continue, par rapport à la variable* x, *pour tout module de* x *inférieur à une certaine limite* x. *Soit, de plus,* $f(y, z)$ *une fonction de* y, z *qui reste continue, par rapport à* y *et* z, *tant que le module de* y *ne surpasse pas une certaine limite* y, *ni le module de* z *une certaine limite* z. *Faisons d'ailleurs*

$$Y = \frac{1}{\mathrm{y}}, \qquad Z = \frac{1}{\mathrm{z}},$$

et nommons $F(x)$ *une fonction de* x, *déterminée par le système des équations*

$$F(x) = \varpi(x)\, f(y, z),$$

$$y = 1 - x, \qquad z = \frac{1-x}{x}.$$

Supposons que, pour un module de x *inférieur à la limite* x, *mais très peu différent de cette limite, on ait développé la fonction* $F(x)$ *suivant les puissances entières, positives, nulle et négatives de* x; *désignons par* n,

(¹) *OEuvres de Cauchy*, S. I, T. VIII, p. 435, etc.
(²) *Ibid.*, p. 439.

m, m' trois nombres entiers quelconques, et représentons : 1° par A_n le coefficient de x^n dans le développement de $F(x)$; 2° par $H_{m,m'}$ le coefficient du produit $y^m z^{m'}$ dans le développement de $f(y,z)$ suivant les puissances entières et ascendantes de y, z. Enfin, concevons que la fonction $f(y,z)$ renferme, avec y et z, divers paramètres

$$a,\quad b,\quad \ldots,\quad a',\quad b',\quad \ldots;$$

admettons que, pour des valeurs nulles de ces paramètres, chacune des limites y, z *surpasse le nombre 2, et que les coefficients*

$$A_n,\quad H_{m,m'}$$

restent fonctions continues de

$$a,\quad b,\quad \ldots,\quad a',\quad b',\quad \ldots$$

pour des modules de ces paramètres inférieurs à certaines limites. Si, pour de semblables modules, les valeurs de y, z *sont telles que l'on ait constamment*

$$Y + Z < 1,$$

et que le développement de la fonction

$$\varpi\left(\frac{Y}{1+Y}\right)$$

reste convergent avec la série modulaire correspondante, alors on aura toujours, entre les limites assignées aux modules des paramètres a, b, ..., a', b', ...,

$$A_n = \Sigma H_{m,m'} \Delta^{m+m'} k_{n-m}, \tag{8}$$

la somme qu'indique le signe Σ s'étendant à toutes les valeurs entières, nulle et positives des nombres m, m'; la valeur de k_n étant

$$k_n = \frac{1}{2\pi}\int_{-\pi}^{\pi} x^{-n}\,\varpi(x)\,dp, \tag{9}$$

et la lettre caractéristique Δ des différences finies étant relative au nombre entier n.

Corollaire I. — Si, pour fixer les idées, on suppose

$$\varpi(x) = (1 - x)^{-s},$$

s désignant une quantité quelconque positive ou même négative, alors non seulement la limite x du module de x se trouvera réduite à l'unité, mais de plus, en posant, pour abréger,

$$[s]_n = \frac{s(s+1)\ldots(s+n-1)}{1.2\ldots n},$$

on aura

$$k_n = [s]_n,$$

et par suite la formule (8) donnera

$$\text{(10)} \qquad \mathrm{A}_n = \Sigma \mathrm{H}_{m,m'}[s - m - m']_{n+m'}.$$

Corollaire II. — Si, dans la fonction

$$\mathrm{F}(x) = \varpi(x)\,\mathrm{f}(y, z),$$

on remplace le facteur $\mathrm{f}(y, z)$ par un produit de la forme

$$\varphi(x)\,\chi\left(\frac{1}{x}\right),$$

alors, eu égard aux équations

$$x = 1 - y, \qquad \frac{1}{x} = 1 + z,$$

on aura identiquement

$$\mathrm{f}(y, z) = \varphi(1 - y)\,\chi(1 + z);$$

puis on en conclura

$$\text{(11)} \qquad \mathrm{H}_{m,m'} = (-1)^{m'} \frac{\varphi^{(m)}(1)}{1.2\ldots m} \frac{\chi^{(m')}(1)}{1.2\ldots m'},$$

chacun des produits

$$1.2\ldots m, \quad 1.2\ldots m'$$

devant être remplacé par l'unité, quand le nombre m ou m' s'évanouit.

Corollaire III. — Si l'on suppose à la fois

$$\varpi(x) = (1 - x)^{-s}, \qquad f(y, z) = \varphi(x)\,\chi\left(\frac{1}{x}\right)$$

et, par suite,

$$F(x) = (1 - x)^{-s}\,\varphi(x)\,\chi\left(\frac{1}{x}\right), \tag{12}$$

on tirera des formules (10) et (11)

$$A_n = \Sigma(-1)^m \frac{\varphi^{(m)}(1)}{1.2\ldots m}\,\frac{\chi^{(m')}(1)}{1.2\ldots m'}\,[s - m - m']_{n+m'}.$$

Corollaire IV. — Concevons maintenant que, dans la formule (12), on pose

$$\varphi(x) = (1 - a\,x)^{\mu}\,(1 - b\,x)^{\nu}\ldots\Phi(x)$$

et

$$\chi(x) = (1 - a'x)^{\mu'}\,(1 - b'x)^{\nu'}\ldots X(x),$$

$\mu, \nu, \ldots, \mu', \nu', \ldots$ étant des exposants réels,

$$a, \quad b, \quad \ldots, \quad a', \quad b', \quad \ldots$$

des paramètres réels ou imaginaires dont les modules

$$\mathrm{a}, \quad \mathrm{b}, \quad \ldots, \quad \mathrm{a}', \quad \mathrm{b}', \quad \ldots$$

seront inférieurs à l'unité, et

$$\Phi(x), \quad X(x)$$

deux fonctions de x dont chacune reste continue pour tout module fini de x. Alors, en raisonnant comme dans le précédent Mémoire, on reconnaîtra que le théorème III de la page 222 (¹) s'étend au cas même où l'exposant s cesse d'être renfermé entre les limites 0, 1. On pourra donc énoncer encore la proposition suivante :

Théorème I. — *Soit* F(x) *une fonction déterminée par une équation de la forme*

$$F(x) = \frac{\varphi(x)\,\chi\left(\frac{1}{x}\right)}{(1 - x)^s}, \tag{12}$$

(¹) *OEuvres de Cauchy*, S. I, T. VIII, p. 445.

s désignant une quantité quelconque positive ou négative. Supposons, d'ailleurs,

$$(13)\quad \begin{cases} \varphi(x) = (1 - a\,x)^{\mu}\,(1 - b\,x)^{\nu}\ldots\Phi(x), \\ \chi(x) = (1 - a'x)^{\mu'}(1 - b'x)^{\nu'}\ldots \mathrm{X}(x), \end{cases}$$

$\mu, \nu, \ldots, \mu', \nu', \ldots$ *étant des exposants réels,* $\Phi(x)$, $\mathrm{X}(x)$ *deux fonctions toujours continues de* x, *et*

$$a,\quad b,\quad \ldots,\quad a',\quad b',\quad \ldots$$

des paramètres dont les modules

$$\mathrm{a},\quad \mathrm{b},\quad \ldots,\quad \mathrm{a}',\quad \mathrm{b}',\quad \ldots$$

soient tous inférieurs à l'unité. Enfin, supposons que, pour un module de x *inférieur à la limite* 1, *mais très peu différent de l'unité, on développe la fonction* $\mathrm{F}(x)$ *suivant les puissances entières, positives, nulle et négatives de* x, *et que,* n *étant un nombre entier quelconque, on désigne par* A_n *le coefficient de* x^n *dans le développement de* $\mathrm{F}(x)$. *Si le plus grand des rapports*

$$\frac{\mathrm{a}}{1-\mathrm{a}},\quad \frac{\mathrm{b}}{1-\mathrm{b}},\quad \ldots,$$

joint au plus grand des rapports

$$\frac{\mathrm{a}'}{1-\mathrm{a}'},\quad \frac{\mathrm{b}'}{1-\mathrm{b}'},\quad \ldots,$$

fournit une somme inférieure à l'unité, alors on aura

$$(14)\qquad \mathrm{A}_n = \Sigma(-1)^m\,\frac{\varphi^{(m)}(1)}{1.2\ldots m}\,\frac{\chi^{(m')}(1)}{1.2\ldots m'}\,[s - m - m']_{n+m'},$$

la valeur de $[s]_n$ *étant déterminée par la formule*

$$[s]_n = \frac{s(s+1)\ldots(s+n-1)}{1.2\ldots n}.$$

Corollaire I. — Si l'on nomme Y le plus grand des rapports

$$\frac{\mathrm{a}}{1-\mathrm{a}},\quad \frac{\mathrm{b}}{1-\mathrm{b}},\quad \ldots,$$

et Z le plus grand des rapports

$$\frac{a'}{1-a'}, \quad \frac{b'}{1-b'}, \quad \ldots,$$

on pourra énoncer très simplement le théorème IV en disant que, dans les suppositions admises, le coefficient A_n sera développable par la formule (14) en une série convergente, si l'on a

$$Y + Z < 1. \tag{15}$$

Corollaire II. — On pourrait conclure immédiatement du théorème I (corollaire II) que la condition (15), supposée remplie, assure la convergence du développement de A_n correspondant au développement du seul facteur $\chi\left(\frac{1}{x}\right)$, suivant les puissances ascendantes de la variable $z = \frac{1}{x} - 1$. En effet, l'équation (12) sera évidemment réduite à la forme

$$F(x) = \varpi(x)\,f(z), \tag{16}$$

la valeur de z étant

$$z = \frac{1-x}{x}, \tag{17}$$

si l'on pose

$$\varpi(x) = (1-x)^{-s}\,\varphi(x), \qquad f(z) = \chi(1-z), \tag{18}$$

et il est clair que, dans ce cas, eu égard à la seconde des équations (13), $f(z)$ restera fonction continue de z, pour tout module de z inférieur au module représenté, dans la formule (15), par la lettre Z. Alors aussi au développement de $f(z)$ suivant les puissances entières et ascendantes de z correspondra un développement de A_n qui, en vertu du théorème I (corollaire II), sera convergent avec la série modulaire correspondante, si la valeur trouvée de Z rend convergente la série modulaire qui correspond au développement de la fonction

$$\varpi\left(\frac{Z}{1+Z}\right)$$

suivant les puissances ascendantes de Z. Mais, eu égard aux formules (13) et (18), on aura

$$(19)\qquad \varpi(x) = (1-x)^{-s}(1-ax)^{\mu}(1-bx)^{\nu}\ldots\Phi(x),$$

par conséquent

$$(20)\qquad \varpi\left(\frac{Z}{1+Z}\right) = \frac{[1+(1-a)Z]^{\mu}[1+(1-b)Z]^{\nu}\ldots}{(1+Z)^{\mu+\nu+\ldots\ s}}\,\Phi\left(\frac{Z}{1+Z}\right);$$

et il résulte de la formule (20) que la série modulaire correspondante au développement de $\varpi\left(\frac{Z}{1+Z}\right)$ sera convergente si le module Z reste inférieur, non seulement à l'unité, mais encore au plus petit des modules des rapports

$$\frac{1}{1-a},\quad \frac{1}{1-b},\quad \ldots.$$

Or ces deux conditions seront certainement remplies si les valeurs de Y, Z vérifient la formule (15), puisqu'alors on aura, par exemple,

$$Z + \text{mod.}\frac{a}{1-a} < 1,$$

$$Z < 1 - \text{mod.}\frac{a}{1-a},$$

et que le module de $\frac{1}{1-a}$ sera, ou égal, ou supérieur à la différence

$$1 - \text{mod.}\frac{a}{1-a}.$$

Corollaire III. — En vertu des formules

$$x = 1-y, \qquad \frac{1}{x} = 1-z,$$

l'équation (12) se réduit à

$$F(x) = (1-x)^{-s}\varphi(1-y)\chi(1+z),$$

et la valeur de A_n, donnée par la formule (14), est précisément celle que l'on déduit de l'équation

$$A_n = \frac{1}{2\pi}\int_{-\pi}^{\pi} F(x)\,dp$$

quand on transforme $F(x)$ en une série double, en développant $\varphi(1-y)$ suivant les puissances ascendantes de y, et $\chi(1+z)$ suivant les puissances ascendantes de z. Ajoutons que, au lieu d'effectuer à la fois ces deux développements, on pourrait les effectuer l'un après l'autre, et qu'alors A_n se trouverait transformé, non plus en une série double, mais en une série simple dont chaque terme serait lui-même la somme d'une autre série simple. Or il est bon d'observer que les deux séries simples dont il s'agit peuvent être l'une et l'autre convergentes, dans le cas même où la série double qui renferme tous les termes contenus dans les deux séries simples serait divergente. Dans un prochain article, j'établirai ce fait important, et je montrerai le parti qu'on en peut tirer pour l'extension des nouvelles formules et de leurs applications à l'Astronomie.

278.

ANALYSE MATHÉMATIQUE. — *Mémoire sur des formules rigoureuses et dignes de remarque, auxquelles on se trouve conduit par la considération de séries multiples et divergentes.*

C. R., T. XX, p. 329 (10 février 1845).

J'ai déjà remarqué, dans un précédent Mémoire, l'usage légitime que l'on peut faire, dans certains cas, de séries simples et divergentes, pour obtenir les valeurs de certaines quantités, sinon avec une approximation indéfinie, du moins avec une approximation très grande, qui, souvent, est plus que suffisante pour les besoins du calcul. Dans ce nouveau Mémoire, j'irai plus loin et j'établirai une proposition qui semble paradoxale au premier abord. Je ferai voir comment, à l'aide de séries divergentes, on peut quelquefois déterminer les quantités inconnues, non plus seulement avec une grande approximation, mais, ce qui paraîtra plus étonnant, avec une approximation indéfinie, de manière à en obtenir des valeurs aussi approchées que l'on voudra. Or c'est effectivement ce qui peut arriver lorsque les séries employées dans le calcul sont multiples et divergentes. Entrons à ce sujet dans quelques détails.

Considérons, en particulier, une fraction rationnelle qui offre pour numérateur l'unité et pour dénominateur cette même unité diminuée de la somme de deux variables. On pourra développer cette fraction rationnelle en une progression géométrique dont la raison sera la somme dont il s'agit, puis développer chaque terme de la progression en une série simple par la formule du binôme. On obtiendra ainsi une série double ordonnée suivant les puissances ascendantes et entières des deux variables. Or cette série double sera évidemment convergente, si les modules des deux variables fournissent une somme inférieure à l'unité. Dans le cas contraire, la série double deviendra certainement divergente, attendu que, parmi les termes correspondants à des puissances très élevées des deux variables, quelques-uns deviendront très considérables. Néanmoins il est facile de s'assurer que, si la somme algébrique des deux variables et le module de chacune d'elles restent inférieurs à l'unité, on pourra grouper les termes de la série double de manière à la transformer en une série simple convergente, dont chaque terme sera lui-même la somme d'une autre série simple convergente. On y parviendra, par exemple, en supposant que la première série simple soit ordonnée suivant les puissances ascendantes de la première variable, et la seconde série simple, suivant les puissances ascendantes de la seconde variable.

Il importe de faire connaître le parti qu'on peut tirer, dans la haute analyse, du fait important que je viens de signaler. Les formules auxquelles je suis parvenu de cette manière sont particulièrement utiles dans la théorie des mouvements planétaires. Elles permettent d'exprimer, par exemple, toute perturbation relative au système de deux planètes et correspondante à deux multiples donnés des anomalies moyennes, par une simple fonction des deux nombres entiers qui servent de coefficients à ces anomalies.

Analyse.

Considérons, pour fixer les idées, une série double, et supposons cette série divergente. On pourra souvent, dans cette hypothèse, partager les termes en divers groupes, de telle sorte que les termes compris dans chaque groupe forment une série simple convergente, et que les sommes des séries simples correspondantes aux divers groupes forment à leur tour une autre série simple qui soit encore convergente. Pour démontrer la vérité de cette assertion, considérons, en particulier, la série double produite par le développement de la fonction

$$\frac{1}{1-x-y}$$

suivant les puissances ascendantes de x et de y. Cette série sera certainement convergente, si les modules x, y des deux variables x, y vérifient la condition

$$\mathrm{x}+\mathrm{y}<1. \tag{1}$$

Car, tant que cette condition sera remplie, la fonction

$$\frac{1}{1-x-y}$$

restera continue par rapport aux deux variables x, y. Alors, pour obtenir le développement en question, il suffira de développer d'abord la fraction $\frac{1}{1-x-y}$ suivant les puissances ascendantes de la somme $x+y$, puis de développer chacune de ces puissances par la formule du binôme. On trouvera ainsi, premièrement

$$\frac{1}{1-x-y}=1+(x+y)+(x+y)^2+\ldots, \tag{2}$$

puis

$$\frac{1}{1-x-y}=1+x+y+x^2+2xy+y^2+\ldots. \tag{3}$$

Or, si l'on désigne par n un nombre entier quelconque, le terme proportionnel au produit $x^n y^n$, dans le second membre de l'équation (3), sera évidemment

$$\frac{1.2\ldots 2n}{(1.2\ldots n)^2} x^n y^n.$$

De plus, le module de ce terme, ou le produit

$$\frac{1.2\ldots 2n}{(1.2\ldots n)^2} \mathrm{x}^n \mathrm{y}^n,$$

se réduira simplement, pour de grandes valeurs de n, au rapport

$$\frac{(4\mathrm{xy})^n}{\sqrt{2\pi n}}.$$

D'ailleurs ce rapport décroîtra indéfiniment avec $\frac{1}{n}$, si l'on a

$$(4) \qquad 4\mathrm{xy} < 1,$$

et, par suite, si l'on a $\mathrm{x} + \mathrm{y} < 1$, puisque, en vertu de la formule

$$(\mathrm{x} + \mathrm{y})^2 = 4\mathrm{xy} + (\mathrm{x} - \mathrm{y})^2,$$

la condition (1) entraîne toujours la condition (4). Mais, si l'on a, au contraire,

$$(5) \qquad 4\mathrm{xy} > 1,$$

le rapport dont il s'agit croîtra indéfiniment avec n. Donc la série double produite par le développement de la fonction

$$\frac{1}{1 - x - y}$$

cessera d'être convergente, et par suite la formule (3) cessera de subsister si la condition (5) se vérifie. Toutefois, si les modules des deux variables x, y et de leur somme $x + y$ restent tous trois inférieurs à l'unité, alors, en groupant convenablement les termes de la série double, on pourra la transformer en une série simple convergente dont chaque terme soit lui-même la somme d'une autre série simple et convergente. En effet, on y parviendra en réunissant, dans chaque groupe, tous les termes dans lesquels les exposants des variables x, y offrent une somme donnée, ou bien encore tous les termes proportionnels à une même puissance de x, ou enfin tous les termes proportionnels à une même puissance de y. Cela posé, la transformation de la série double en série simple produira, dans le premier cas, la formule

$$(6)\qquad \frac{1}{1-x-y} = 1 + (x+y) + (x^2 + 2xy + y^2) + \ldots,$$

qui ne diffère pas de l'équation (2), et, dans les deux autres cas, les formules

$$(7)\qquad \frac{1}{1-x-y} = 1 + x(1+y+y^2+\ldots) + x^2(1+2y+3y^2+\ldots)+\ldots,$$

$$(8)\qquad \frac{1}{1-x-y} = 1 + y(1+x+x^2+\ldots) + y^2(1+2x+3x^2+\ldots)+\ldots,$$

qui, eu égard aux équations

$$1+x+x^2+\ldots = \frac{1}{1-x}, \qquad 1+2x+3x^2+\ldots = \frac{1}{(1-x)^2}, \qquad \ldots,$$

peuvent s'écrire comme il suit :

$$(9)\qquad \frac{1}{1-x-y} = 1 + \frac{x}{1-y} + \frac{x^2}{(1-y)^2} + \ldots,$$

$$(10)\qquad \frac{1}{1-x-y} = 1 + \frac{y}{1-x} + \frac{y^2}{(1-x)^2} + \ldots.$$

La formule (6) et les équations (7), (8), ou (9), (10) se vérifient, par exemple, dans le cas où l'on suppose

$$x = \tfrac{1}{2}, \qquad y = -\tfrac{1}{3}.$$

Il suit de ce qu'on vient de dire qu'on peut faire servir à la détermination des valeurs numériques des fonctions les développements de ces fonctions en séries multiples, même divergentes, pourvu que les termes des séries divergentes puissent être groupés entre eux de manière à former, dans chaque groupe, une série simple convergente.

Cette observation importante nous permettra de donner une extension nouvelle aux formules obtenues dans les précédents Mémoires. C'est ce que nous montrerons, en commençant par généraliser encore quelques-uns des théorèmes que nous avons établis.

Soit

$$f(x, y)$$

une fonction des variables x, y, qui reste continue par rapport à y, lorsque, en attribuant à x un certain module x, on suppose le module de y inférieur ou tout au plus égal à une certaine limite y. Posons d'ailleurs

$$z = \mathrm{y}\, e^{q\sqrt{-1}},$$

q désignant un argument réel. On aura, pour un module de y égal ou inférieur à y,

$$(11) \qquad f(x, y) = \frac{1}{2\pi}\int_{-\pi}^{\pi} \frac{z}{z - y}\, f(x, z)\, dq,$$

et, pour développer $f(x, y)$ suivant les puissances ascendantes de y, il suffira de développer le rapport

$$\frac{z}{z - y}$$

dans le second membre de la formule (11), en série ordonnée suivant les puissances ascendantes de y. Soit

$$(12) \qquad u_0, \quad u_1, \quad u_2, \quad \ldots$$

la série ainsi obtenue. On aura, en désignant par m un nombre entier quelconque,

$$(13) \qquad u_m = \frac{1}{2\pi}\int_{-\pi}^{\pi} \left(\frac{y}{z}\right)^m f(x, z)\, dq.$$

Supposons maintenant que y devienne fonction de x, et que, le module de x étant x, l'on développe chaque terme de la série (12) en une nouvelle série ordonnée suivant les puissances entières, positives, nulle et négatives de x. Soient d'ailleurs

$$(14) \qquad U_0, \quad U_1, \quad U_2, \quad \ldots$$

les divers coefficients de x^n dans les développements ainsi calculés, n étant un nombre entier quelconque. Alors, en faisant

$$x = \mathrm{x}\, e^{p\sqrt{-1}},$$

on trouvera

$$(15) \qquad \mathrm{U}_m = \frac{1}{2\pi}\int_{-\pi}^{\pi} x^{-n}\, u_m\, dp$$

et, par suite,

$$(16) \qquad \mathrm{U}_m = \left(\frac{1}{2\pi}\right)^2 \int_{-\pi}^{\pi}\int_{-\pi}^{\pi} x^{-n}\left(\frac{y}{z}\right)^m \mathrm{f}(x, z)\, dp\, dq.$$

D'ailleurs, en vertu de l'équation (16), le module de U_m sera le même que celui de l'intégrale

$$\left(\frac{1}{2\pi}\right)^2 \int_{-\pi}^{\pi}\int_{-\pi}^{\pi} x^{-n}(\mathrm{Y}y)^m\, \mathrm{f}(x, z)\, dp\, dq,$$

la valeur de Y étant

$$(17) \qquad \mathrm{Y} = \frac{1}{\mathrm{y}},$$

et il est aisé d'en conclure que la série (12) sera convergente, si la série dont le terme général est l'expression

$$(18) \qquad \frac{1}{2\pi}\int_{-\pi}^{\pi} x^{-n}(\mathrm{Y}y)^m\, \mathrm{f}(x, z)\, dp$$

reste convergente, avec la série modulaire correspondante, pour toute valeur de z dont le module est y. Enfin il est clair que la série dont l'expression (18) est le terme général se confond avec le développement de l'intégrale

$$\frac{1}{2\pi}\int_{-\pi}^{\pi} \frac{x^{-n}}{1 - \mathrm{Y}y}\, \mathrm{f}(x, z)\, dp$$

suivant les puissances ascendantes de Y. On peut donc énoncer généralement la proposition suivante :

Théorème I. — *Soit* $\mathrm{f}(x, y)$ *une fonction de* x, y *qui reste continue, par rapport à* y, *pour un module* x *de la variable* x *que l'on suppose déterminée par l'équation*

$$x = \mathrm{x}\, e^{p\sqrt{-1}},$$

et pour un module de y égal ou inférieur à une certaine limite y. *Soit d'ailleurs*

$$u_0, \quad u_1, \quad u_2, \quad \ldots$$

la série que fournit le développement de $\mathrm{f}(x, y)$ *suivant les puissances ascendantes de y, dans le cas où le module de y ne surpasse pas* y, *et supposons que, y devenant fonction de x, chaque terme de la série*

$$u_0, \quad u_1, \quad u_2, \quad \ldots$$

soit développé suivant les puissances entières, positives, nulle et négatives de x. Alors, la lettre n désignant un nombre entier quelconque, et la valeur de Y *étant*

$$\mathrm{Y} = \frac{1}{\mathrm{y}},$$

les coefficients de x^n dans les développements des divers termes

$$u_0, \quad u_1, \quad u_2, \quad \ldots$$

formeront une nouvelle série qui sera convergente avec la série modulaire correspondante, si le développement de l'intégrale

$$\frac{1}{2\pi}\int_{-\pi}^{\pi} \frac{x^{-n}}{1 - \mathrm{Y}y}\, \mathrm{f}(x, z)\, dp, \tag{19}$$

suivant les puissances entières et ascendantes de Y, *reste lui-même convergent avec la série modulaire correspondante, z désignant une variable distincte de y, et qui ait pour module* y.

Corollaire I. — Si l'on suppose que, dans le théorème I, x, y représentent deux variables complémentaires, en sorte qu'on ait

$$y = 1 - x,$$

alors, d'après ce qui a été dit à la page 134 [1], on obtiendra pour l'intégrale (19) un développement qui restera convergent avec la séric modulaire correspondante, quand on aura

$$\mathrm{Y} < 1. \tag{20}$$

[1] *Œuvres de Cauchy*, S. I, T. VIII, p. 431.

Corollaire II. — Si, dans le théorème I, on suppose

$$y = \frac{1-x}{x},$$

alors, d'après ce qui a été dit à la page 9, on obtiendra pour l'intégrale (19) un développement qui restera convergent avec la série modulaire correspondante, si le développement de la fonction

$$(21) \qquad f\left(\frac{Y}{1+Y}, z\right),$$

suivant les puissances entières et ascendantes de y, reste lui-même convergent avec la série modulaire qui correspond à ce dernier développement.

Corollaire III. — Supposons toujours que la fonction $f(x, y)$ reste continue par rapport à y, pour un module de y égal ou inférieur à y. Alors, θ étant un nombre quelconque, la fonction $f(x, \theta y)$ restera continue par rapport à y, pour un module de y égal ou inférieur à $\frac{\mathrm{y}}{\theta}$. Donc, si l'on substitue à la fonction $f(x, y)$ la fonction $f(x, \theta y)$, on devra, dans l'intégrale (19), remplacer le binôme

$$1 - Yy = 1 - \mathrm{y}^{-1} y$$

par le binôme

$$1 - \left(\frac{\mathrm{y}}{\theta}\right)^{-1} y = 1 - \theta Y y,$$

sans changer le facteur

$$f(x, z),$$

attendu qu'une valeur de ce facteur correspondante au module y de z sera, en même temps, une valeur de la fonction

$$f(x, \theta z),$$

correspondante au module $\frac{\mathrm{y}}{\theta}$ de z. Donc, lorsqu'on remplacera $f(x, y)$ par $f(x, \theta y)$, la condition (20) se trouvera remplacée par la formule

$$(22) \qquad \theta Y < 1,$$

et la fonction (21) par la suivante

$$\mathrm{f}\left(\frac{\theta \mathrm{Y}}{1+\theta \mathrm{Y}}, y\right). \tag{23}$$

D'ailleurs, dans le cas dont il s'agit, le développement de la fonction $\mathrm{f}(x, \theta y)$, suivant les puissances ascendantes de y, sera aussi le développement de cette fonction suivant les puissances ascendantes de θ. Donc le théorème I entraînera encore ceux que nous allons énoncer.

Théorème II. — *Soit* $\mathrm{f}(x, y)$ *une fonction de* x, y *qui reste continue, par rapport à* y, *pour un module* x *de la variable* x *que l'on suppose déterminée par l'équation*

$$x = \mathrm{x}\, e^{p\sqrt{-1}},$$

et pour un module de y *égal ou inférieur à une certaine limite* y. *Supposons d'ailleurs que,* θ *étant un nombre quelconque, on pose*

$$y = 1 - x,$$

et que l'on développe

$$\mathrm{f}(x, \theta y) = \mathrm{f}[x, \theta(1-x)]$$

en une série double ordonnée suivant les puissances ascendantes de θ *et suivant les puissances entières de* x. *Alors,* n *étant un nombre entier quelconque, et la valeur de* Y *étant*

$$\mathrm{Y} = \frac{1}{\mathrm{y}},$$

les divers coefficients de x^n, *dans la série double dont il s'agit, formeront une série simple qui sera convergente avec la série modulaire correspondante, si l'on a*

$$\theta \mathrm{Y} < 1 \tag{24}$$

ou, ce qui revient au même,

$$\theta < \mathrm{y}. \tag{25}$$

Théorème III. — *Soit* $\mathrm{f}(x, y)$ *une fonction de* x, y *qui reste continue, par rapport à* y, *pour un module* x *de la variable* x *que l'on suppose dé-*

terminée par l'équation

$$x = \mathrm{x}\, e^{p\sqrt{-1}},$$

et pour un module de y égal ou inférieur à une certaine limite y. *Supposons d'ailleurs que, θ étant un nombre quelconque, on pose*

$$y = \frac{1-x}{x},$$

et que l'on développe

$$\mathrm{f}(x, \theta y) = \mathrm{f}\left(x, \theta\,\frac{1-x}{x}\right)$$

en une série double ordonnée suivant les puissances ascendantes de θ et suivant les puissances entières de x. Alors, n étant un nombre entier quelconque, et la valeur de Y *étant*

$$\mathrm{Y} = \frac{1}{\mathrm{y}},$$

les divers coefficients de x^n, dans la série double dont il s'agit, formeront une série simple qui sera convergente avec la série modulaire correspondante, si le développement de la fonction

$$(26) \qquad \mathrm{f}\left(\frac{\theta \mathrm{Y}}{1+\theta \mathrm{Y}}, z\right) = \mathrm{f}\left(\frac{\theta}{\mathrm{y}+\theta}, z\right),$$

suivant les puissances ascendantes de θ, reste lui-même convergent avec la série modulaire qui correspond à ce dernier développement, pour toute valeur de z qui offre un module égal y.

Désignons maintenant, pour abréger, par $\mathrm{F}(x)$ la fonction de x représentée dans le théorème II par

$$\mathrm{f}[x, \theta(1-x)]$$

ou, dans le théorème III, par

$$\mathrm{f}\left(x, \theta\,\frac{1-x}{x}\right).$$

Supposons toujours que cette fonction $\mathrm{F}(x)$ soit développée, d'une part, suivant les puissances ascendantes de θ, d'autre part, suivant les puissances entières de x, le module de x étant x. Concevons d'ailleurs que la série simple, formée dans le développement dont il s'agit, par les divers coefficients de x^n, série qui se trouvera ordonnée suivant les puissances ascendantes de θ, reste convergente, en vertu du théorème II ou III, pour toute valeur de θ inférieure à une certaine limite Θ; et nommons B_n la somme de cette série simple. Si l'on attribue à θ une valeur variable réelle ou même imaginaire, la somme B_n restera fonction continue de θ pour tout module de θ inférieur à Θ. Supposons à présent que l'on développe la fonction $F(x)$, non plus en une série double, mais en une série simple ordonnée suivant les puissances entières de x, le module de x étant toujours x, et nommons A_n le coefficient de x^n dans le nouveau développement de $F(x)$. On aura généralement, pour de très petites valeurs de θ,

$$A_n = B_n. \tag{27}$$

En effet, puisque A_n et B_n seront les coefficients ou la somme des coefficients de x^n dans la série simple et la série double qui représenteront les deux développements de $F(x)$, il est clair que la formule (27) devra subsister tant que la série double sera convergente, ce qui aura certainement lieu lorsque les modules de x et de θ se rapprocheront assez, le premier de x, le second de zéro, pour que la fonction $F(x)$ devienne, en vertu d'un tel rapprochement, toujours continue par rapport aux deux variables x, θ. D'ailleurs l'équation (27), étant vérifiée pour de très petites valeurs de θ, devra continuer de subsister (*voir* la séance du 20 janvier, page 120) (¹), tant que A_n et B_n resteront fonctions continues de θ. Elle devra donc subsister pour toute valeur de θ inférieure à la limite Θ, si la limite Θ est telle que la fonction A_n reste continue par rapport à θ pour tout module de θ inférieur à cette limite. Il y a plus : au lieu de supposer la limite Θ déterminée à l'aide du théorème II ou III, on pourra simplement astreindre cette limite à la condition que nous venons d'indiquer. Cela posé, on pourra évidemment, aux théorèmes II et III, joindre encore la proposition suivante :

THÉORÈME IV. — *Soit* $f(x, y)$ *une fonction de* x, y *qui reste continue,*

(¹) *Œuvres de Cauchy,* S. I, T. VIII, p. 415.

par rapport à y, pour un certain module de x représenté par x, *et pour un module de y inférieur à une certaine limite* y. *Supposons d'ailleurs que, θ désignant une nouvelle variable, on réduise, dans l'expression*

$$f(x, \theta y),$$

y à une fonction de x, en sorte qu'on ait, par exemple,

$$y = 1 - x \quad \text{ou} \quad y = \frac{1 - x}{x}.$$

Enfin, développons

$$f(x, \theta y),$$

considérée comme fonction de x et de θ, en série ordonnée suivant les puissances entières, positives, nulle et négatives de x, le module de x étant x , *etnommons A_n le coefficient de x^n dans le développement ainsi obtenu. Non seulement A_n sera développable suivant les puissances ascendantes de la variable θ, tant que le module θ ne dépassera pas la limite au delà de laquelle A_n cesse d'être fonction continue de θ, mais, de plus, pour obtenir le développement de A_n, il suffira de réunir tous les coefficients de x^n qu'on obtient quand on développe $f(x, \theta y)$ en une série simple ordonnée suivant les puissances ascendantes de θ, puis chaque terme de cette série simple en une nouvelle série ordonnée suivant les puissances entières de x.*

Aux diverses propositions que je viens d'établir, il convient de joindre encore un théorème très général et très utile, en vertu duquel le développement d'une fonction suivant les puissances entières d'une variable, calculé pour le cas où le module et l'argument de la variable offrent des valeurs très voisines de deux quantités données, conserve une forme inaltérable et demeure convergent, tandis que ce module et cet argument varient, pourvu que leurs variations simultanées soient telles que la fonction et sa dérivée ne cessent pas d'être continues, si d'ailleurs, dans le cas même où l'on tient compte de ces variations, les deux modules ou le module unique de la série simple, qui représentait primitivement le développement de la fonction, restent toujours inférieurs à l'unité. J'établirai, dans un prochain article, ce théorème général avec les conséquences importantes qui s'en déduisent, puis j'appliquerai mes formules à la solution de diverses questions et, en particulier, des problèmes d'Astronomie.

279.

Analyse mathématique. — *Mémoire sur diverses propriétés remarquables et très générales des fonctions continues.*

C. R., T. XX, p. 375 (17 février 1845).

Les progrès réalisés de nos jours dans les diverses branches des Sciences physiques et mathématiques témoignent de l'ardeur avec laquelle l'esprit humain, créé pour connaître la vérité, s'attache à sa poursuite. Dans son impatience, il veut qu'une vérité déjà démontrée lui serve comme d'échelon pour arriver à une vérité plus difficile à saisir; il s'élève, il généralise, il essaye de s'élancer dans l'infini; et c'est précisément cette tendance de notre esprit qui a fait longtemps admettre en Analyse, comme un principe en quelque sorte évident, ce qu'on appelait la *généralité de l'Algèbre*, c'est-à-dire l'étendue indéfinie des formules algébriques obtenues dans certains cas particuliers. Plus tard on est parvenu à reconnaître que, dans la réalité, la plupart de ces formules subsistent uniquement sous certaines conditions et pour certaines valeurs des quantités qu'elles renferment. On a vu, dans mes précédents Mémoires, que la grande loi qui limite l'existence des formules est la *loi de continuité* des fonctions, dans le cas où l'on donne des *fonctions continues*, non pas la définition longtemps adoptée par les géomètres, mais celle que présente mon analyse algébrique. Toutefois, la règle que je viens de rappeler a une étendue plus grande encore que celle qui paraissait devoir lui être attribuée au premier abord. Considérons, pour fixer les idées, une variable réelle ou imaginaire. On pourra concevoir que l'on fasse varier par degrés insensibles ou le module seul de cette variable, ou tout à la fois son module et son argument. Si, pour plus de commodité, on regarde ce module et cet argument comme propres à représenter dans un plan les coordonnées polaires d'un point mobile, les diverses valeurs de la variable et d'une fonction quelconque de cette variable correspondront aux divers points de ce plan. Cela posé, la fonction restera généralement continue, non pas seulement pour des valeurs du module renfermées entre certaines limites, ou, ce qui revient au même, pour toutes les positions du point mobile comprises entre deux cercles concentriques, mais pour tous les systèmes de valeurs du module et de l'argument qui satisferont à certaines conditions, c'est-à-dire pour toutes les positions du point mobile comprises entre certaines courbes. Or je prouve maintenant que ces courbes indiquent précisément les limites entre lesquelles subsiste l'équation qu'on obtient en égalant la fonction à zéro; en d'autres termes, je prouve que ces deux courbes indiquent précisément la région du plan pour laquelle subsiste la formule, région qui se trouvait notablement restreinte quand on avait recours aux théorèmes énoncés dans les précédents Mémoires, c'est-à-dire quand on substituait au système des deux courbes dont il s'agit le système de deux cercles concentriques tracés de manière à ne point couper les deux courbes.

Parmi les résultats importants que je déduis de mes nouvelles formules, il en est un qu'il me paraît utile de signaler.

On sait que les séries jusqu'à ce jour employées en Astronomie ne permettent pas de calculer, sans un travail pénible et souvent inexécutable, les perturbations planétaires d'un ordre un peu élevé. Je substitue à ces séries des séries nouvelles, dans la composition desquelles entre un nouvel élément ou paramètre digne de remarque et que je vais indiquer.

Concevons que l'on représente par deux lettres distinctes les deux exponentielles trigonométriques variables qui ont pour exposants les anomalies excentriques de deux planètes. La distance de ces planètes, exprimée à l'aide des deux lettres ou variables dont il s'agit, étant égalée à zéro, fournira une équation algébrique qui sera du quatrième degré par rapport à chaque variable; et, si l'on résout cette équation par rapport à la première variable, une seconde équation algébrique, qui ne renfermera plus que la seconde variable, aura pour racines les carrés des différences entre les racines de la première équation. Or celle des racines de la seconde équation qui offrira le plus grand module au-dessus de l'unité sera précisément l'élément principal qui entrera dans la composition des nouvelles séries, dont les divers termes dépendent tout à la fois de ce nouvel élément et de ceux qui ont été jusqu'ici considérés par les géomètres sous le nom d'*éléments elliptiques*.

ANALYSE.

§ I. — *Considérations générales.*

Nous commencerons par établir la proposition suivante :

THÉORÈME I. — *Soit*

$$x = re^{p\sqrt{-1}}$$

une variable réelle ou imaginaire, dont le module r *et l'argument* p *pourront être censés représenter dans un plan les coordonnées polaires d'un point mobile* P. *Soit, de plus,* $f(x)$ *une fonction de la variable* x, *qui demeure continue, par rapport à cette variable, pour toutes les positions que peut prendre le point mobile dans une certaine région du plan comprise entre deux courbes continues* abc..., ABC.... *Enfin, supposons que, dans le cas où le point mobile occupe, ou une position particulière correspondante à des valeurs déterminées de* r *et* p, *ou des positions voisines, la fonction* $f(x)$ *soit développable en série convergente, ordonnée suivant les puissances entières de* x, *en sorte qu'on ait alors*

$$f(x) = \ldots a_{-2}x^{-2} + a_{-1}x^{-1} + a_0 + a_1 x + a_2 x^2 + \ldots \tag{1}$$

ou, ce qui revient au même,

$$f(x) = \Sigma a_n x^n, \tag{2}$$

la somme qu'indique le signe Σ *s'étendant à toutes les valeurs entières,* *positives, nulle et négatives de n, et les deux modules ou le module unique de la série, dont le terme général est $a_n x^n$, étant inférieurs à l'unité. L'équation* (2) *ne cessera pas de se vérifier si l'on fait varier par degrés insensibles la position du point mobile* P, *pourvu que ce point reste toujours renfermé entre les deux courbes* abc..., ABC..., *et que, pendant la durée de son mouvement, les deux modules ou le module unique de la série dont le terme général est $a_n x^n$ restent toujours inférieurs à l'unité.*

Demonstration. — Le point mobile P étant arrêté dans la position qui correspond aux valeurs données de r, p, nommons P′ un point voisin de P. Soit

$$(3)\qquad x' = x + \xi$$

ce que devient x quand on passe du point P au point P′. Enfin nommons ρ le module, et ϖ l'argument de la différence

$$x' - x = \xi,$$

en sorte qu'on ait

$$\xi = \rho e^{\varpi\sqrt{-1}}.$$

Si le module ρ, supposé d'abord nul, vient à croître, la fonction

$$\mathrm{f}(x') = \mathrm{f}(x + \xi)$$

restera fonction continue de ξ, tant que ce module ne sera pas assez considérable pour que le cercle décrit du point P comme centre, avec le rayon ρ, rencontre l'une des courbes abc..., ABC...; et alors on aura

$$(4)\qquad \mathrm{f}(x+\xi) = \mathrm{f}(x) + \frac{\xi}{1}\mathrm{D}_x \mathrm{f}(x) + \frac{\xi^2}{1.2}\mathrm{D}_x^2 \mathrm{f}(x) + \ldots.$$

Si, dans cette dernière formule, on substitue la valeur de $\mathrm{f}(x)$, tirée de l'équation (2), on trouvera

$$(5)\qquad \mathrm{f}(x+\xi) = \sum a_n x^n + \xi\sum \frac{n}{1} a_n x^{n-1} + \xi^2 \sum \frac{n(n-1)}{1.2} a_n x^{n-2} + \ldots$$

Si maintenant on développe les sommes que renferme le second membre de la formule (5), on verra le second membre se transformer en une série double dont le terme général sera de la forme

$$\frac{n(n-1)\ldots(n-m+1)}{1.2\ldots m} a^n x^{n-m} \xi^m,$$

n désignant une quantité entière positive, nulle ou négative, m un nombre entier, nul ou positif, et le rapport

$$\frac{n(n-1)\ldots(n-m+1)}{1.2\ldots m}$$

devant être remplacé par l'unité pour une valeur nulle de m. Il y a plus : cette série double sera précisément celle qu'on obtient quand on développe la somme

$$\Sigma a_n (x+\xi)^n,$$

attendu qu'on a généralement

$$(x+\xi)^n = x^n + \frac{n}{1} x^{n-1}\xi + \frac{n(n-1)}{1.2} x^{n-2}\xi^2 + \ldots + \xi^n.$$

Donc l'équation (5) pourra être réduite à la formule

$$\mathrm{f}(x+\xi) = \Sigma a_n (x+\xi)^n$$

ou, ce qui revient au même, à la formule

(6) $$\mathrm{f}(x') = \Sigma a_n x'^n,$$

si la série double en question est convergente. Or c'est ce qui aura certainement lieu, du moins pour une valeur de ρ suffisamment petite, si, comme on le suppose, les deux modules de la série simple qui a pour terme général $a_n x^n$ sont inférieurs à l'unité. En effet, nommons

$$\mathrm{k} \quad \text{et} \quad \mathrm{k}_{\prime}$$

ces deux modules, k étant le module correspondant aux termes qui renferment des puissances positives de x; et soit r' le module de la variable imaginaire

$$x' = x + \xi.$$

Les deux modules de la série dont le terme général est

$$a_n x'^n = a_n x^n \left(\frac{x'}{x}\right)^n$$

seront évidemment

$$k\frac{r'}{r}, \quad k_{\prime}\frac{r}{r'}.$$

D'ailleurs le module r' étant, en vertu de l'équation (3), nécessairement compris entre les limites

$$r' - \rho, \quad r' + \rho,$$

le rapport

$$\frac{r'}{r}$$

se rapprochera indéfiniment de l'unité pour des valeurs décroissantes du module ρ, et l'on pourra en dire autant du rapport inverse

$$\frac{r}{r'}.$$

Donc, pour des valeurs décroissantes de ρ, les deux modules

$$k\frac{r'}{r}, \quad k_{\prime}\frac{r}{r'}$$

de la série dont le terme général est $a_n x'^n$ se rapprocheront indéfiniment des deux modules

$$k, \quad k_{\prime}$$

de la série dont le terme général est $a_n x^n$, et finiront, dans l'hypothèse admise, par devenir, comme k et $k_{\prime}$, inférieurs à l'unité. Par suite, dans cette hypothèse, il suffira d'assigner une valeur suffisamment petite au module ρ de la différence $x' - x$, pour que l'équation (2) entraîne l'équation (6).

Ce n'est pas tout. Si les conditions énoncées dans le théorème I ne cessent pas d'être remplies quand on remplace x par x', alors, x'' étant supposé très voisin de x', on prouvera encore de la même manière qu'il suffit d'assigner une valeur suffisamment petite au module de la différence $x'' - x'$ pour que l'équation (6) entraîne la suivante

$$(7) \qquad f(x'') = \Sigma a_n x''^n,$$

etc.

En d'autres termes, l'équation (2) ne cessera pas de se vérifier quand on y remplacera successivement x par x', puis x'', ...; et, comme la limite vers laquelle convergeront les termes de la suite

$$x, \quad x', \quad x'', \quad \ldots$$

ne pourra être qu'une valeur de x correspondante à un point P situé sur l'une des courbes abc..., ABC..., ou une valeur de x pour laquelle un module au moins de la série dont le terme général est $a_n x^n$ se trouvera réduit à l'unité, nous devons conclure que, si l'on fait varier x par degrés insensibles, l'équation (2) ne cessera pas de se vérifier tant que les deux fonctions

$$f(x) \quad \text{et} \quad a_n x^n$$

satisferont aux conditions énoncées dans le théorème I.

Corollaire. — Si le coefficient a_n s'évanouit, quel que soit l'indice n, l'équation (2) se trouvera réduite à la formule

$$f(x) = 0,$$

et le théorème I à la proposition suivante :

Théorème II. — *Supposons que l'équation*

$$(8) \qquad f(x) = 0$$

se vérifie toujours pour des valeurs de x très voisines d'une valeur donnée. Si l'on vient à faire varier le module et l'argument de x par degrés insensibles, cette équation (8) continuera de subsister tant que $f(x)$ restera fonction continue de x.

On pourrait, au reste, démontrer directement cette dernière proposition et même en déduire le théorème I.

Si la fonction $f(x)$ est la différence de deux autres fonctions, il suffira d'égaler ces dernières entre elles pour obtenir une équation qui se confondra évidemment avec la formule (8). Donc le théorème II entraîne encore le suivant :

Théorème III. — *Supposons que deux fonctions de x soient toujours égales entre elles pour des valeurs de x très voisines d'une valeur donnée. Si l'on vient à faire varier x par degrés insensibles, ces deux fonctions seront encore égales tant qu'elles resteront l'une et l'autre fonctions continues de x.*

Les théorèmes précédents peuvent être facilement étendus au cas où il s'agit de fonctions de plusieurs variables. Alors on obtient, par exemple, à la place du théorème III, la proposition suivante :

Théorème IV. — *Supposons que deux fonctions de x, y, z, ... soient égales entre elles pour des valeurs réelles ou imaginaires de x, y, z, ... très voisines de valeurs données. Si l'on vient a faire varier x, y, z, ... par degrés insensibles, ces deux fonctions resteront encore égales tant qu'elles resteront l'une et l'autre fonctions continues de x, y, z, ...*

On pourrait, dans le théorème III ou IV, remplacer l'une des deux fonctions que l'on considère par la somme d'une série simple convergente; on pourrait même supposer les divers termes de cette série remplacés à leur tour par les sommes d'autres séries convergentes, et ainsi de suite. D'ailleurs la série double ou multiple qui renfermerait tous les termes compris dans les diverses séries simples pourrait être ou convergente ou divergente. Dans le premier cas, la fonction dont il s'agit serait ce qu'on appelle et ce qu'on doit appeler la *somme* de la série double ou multiple, supposée convergente. Dans le second cas, cette fonction deviendrait ce qu'on peut appeler la *somme syntagmatique* de la série double ou multiple, supposée divergente. En effet, puisqu'il suffit quelquefois de ranger dans un certain ordre les termes d'une série multiple, mais divergente, par exemple d'une série double, pour la transformer en une série simple et convergente dont chaque terme soit lui-même la somme d'une série simple et convergente, il est naturel d'exprimer la somme totale à laquelle on se trouve conduit par cet artifice à l'aide d'une épithète propre à exprimer que ces termes sont rangés dans un ordre déterminé. On sait, au reste, que cette épithète a été déjà employée dans la langue algébrique, et appliquée par M. Budan à quelques suites qu'il a rencontrées dans des recherches relatives à la théorie des équations.

§ II. — *Theorèmes relatifs à la détermination des coefficients que renferme le développement d'une fonction en série ordonnée suivant les puissances entières d'une variable.*

En partant des théorèmes établis dans le § I de ce Mémoire et dans les Mémoires précédents, on établira sans peine d'autres propositions importantes, que je vais énoncer.

Théorème I. — *Soit* $f(x, y)$ *une fonction des variables* x, y *qui reste continue par rapport à ces variables, pour un module de* x *très voisin de la limite* x, *et pour un module de* y *inférieur à la limite* y. *Supposons d'ailleurs que, dans le cas où l'on attribue au facteur* θ *une valeur réelle, positive et inférieure ou tout au plus égale à l'unité, l'expression*

$$f[x, \theta(1-x)]$$

reste, pour un module de x *très voisin de* x, *fonction continue de* x *et de* θ. *Enfin concevons que, pour une valeur réelle ou imaginaire de* θ *correspondante à un très petit module, on développe la fonction*

$$f[x, \theta(1-x)],$$

1° *en une série simple ordonnée suivant les puissances ascendantes de* x; 2° *en une série double ordonnée suivant les puissances ascendantes de* x *et de* θ; *et nommons*

$$\mathrm{A}_n x^n, \quad \mathrm{H}_{m,n}\theta^m x^n$$

les termes généraux de ces deux séries. Non seulement on aura, pour un très petit module de θ,

$$(1) \qquad \mathrm{A}_n = \Sigma \mathrm{H}_{m,n}\theta^m,$$

la somme qu'indique le signe Σ s'étendant à toutes les valeurs entières, nulle et positives de m; mais, de plus, si l'on attribue à θ une valeur réelle et positive qui ne surpasse pas l'unité, l'équation (1) *continuera de subsister, pourvu que cette valeur positive vérifie encore la condition*

$$\theta < \mathrm{y}. \tag{2}$$

Démonstration. — Concevons que, en admettant les suppositions énoncées, on attribue à la variable x un module très voisin de x; alors, pour un très petit module de θ, l'expression

$$\mathrm{f}[x, \theta(1-x)]$$

sera fonction continue de x et de θ. Donc alors la série double, qui représentera le développement de cette fonction suivant les puissances ascendantes de x et de θ, sera convergente, et la formule

$$\mathrm{f}[x, \theta(1-x)] = \Sigma A_n x^n = \Sigma H_{m,n} \theta^m x^n$$

entraînera l'équation

$$A_n = \Sigma H_{m,n} \theta^m.$$

Concevons maintenant que l'on fasse varier le facteur θ, en lui attribuant une valeur réelle et positive, et que, dans la fonction

$$\mathrm{f}[x, \theta(1-x)],$$

on assigne à x un module qui diffère très peu de x, en désignant d'ailleurs l'argument variable de x par la lettre p. Tant que le facteur θ ne surpassera pas l'unité, l'expression

$$\mathrm{f}[x, \theta(1-x)]$$

restera, par hypothèse, fonction continue de θ et de x, et l'on pourra en dire autant du coefficient A_n de x^n dans le développement de cette fonction, attendu que ce coefficient A_n pourra être censé déterminé par la formule

$$A_n = \frac{1}{2\pi} \int_{-\pi}^{\pi} x^{-n} \mathrm{f}[x, \theta(1-x)]\, dp. \tag{3}$$

Donc, en vertu du théorème I du § I, l'équation

$$A_n = \Sigma H_{m,n} \theta^m$$

continuera de subsister pour toute valeur réelle et positive de θ qui ne surpassera pas la limite 1, si d'ailleurs la série dont le terme général est

$$H_{m,n} \theta^m$$

offre un module inférieur à l'unité. Or cette dernière condition sera certainement remplie, en vertu d'un théorème énoncé dans la dernière séance (p. 28), si l'on a

$$\theta < \mathrm{y}.$$

Corollaire I. — Posons

$$f(x, y) = (1-x)^{-s} \varphi(1-y), \tag{4}$$

s désignant une constante quelconque, et la valeur de $\varphi(x)$ étant donnée par la formule

$$\varphi(x) = (1-ax)^{\mu}(1-bx)^{\nu} \ldots \Phi(x), \tag{5}$$

dans laquelle μ, ν, ... représentent des exposants réels, a, b, ... des coefficients dont les modules a, b, ... soient tous inférieurs à l'unité, et $\Phi(x)$ une fonction toujours continue de x. Alors on pourra évidemment prendre pour valeur de x un nombre inférieur à l'unité, mais d'ailleurs aussi rapproché que l'on voudra de l'unité. De plus, comme on tirera de la formule (5)

$$\varphi(1-y) = (1-a)^{\mu}(1-b)^{\nu} \ldots \left(1 - \frac{a}{1-a} y\right)^{\mu} \left(1 - \frac{b}{1-b} y\right)^{\nu} \ldots \Phi(1-y),$$

on pourra prendre pour y le plus petit d'entre les modules des rapports

$$\frac{1-a}{a}, \quad \frac{1-b}{b}, \quad \ldots,$$

et par suite la condition (2), que l'on peut encore présenter sous la forme

$$\frac{\theta}{\mathrm{y}} < 1,$$

sera vérifiée si les rapports

$$\frac{a\theta}{1-a}, \quad \frac{b\theta}{1-b}, \quad \dots$$

offrent tous des modules inférieurs à l'unité. Donc elle sera vérifiée pour une valeur de θ réelle, positive et inférieure ou tout au plus égale à l'unité, si les modules des rapports

$$(6) \qquad \frac{a}{1-a}, \quad \frac{b}{1-b}, \quad \dots$$

sont tous inférieurs à l'unité. Enfin, cette condition étant supposée remplie, on peut affirmer que, pour un module de x inférieur, mais sensiblement égal à 1, et pour une valeur de θ positive, mais inférieure ou tout au plus égale à l'unité, la valeur de

$$f[x, \theta(1-x)],$$

déterminée par le système des formules

$$f[x, \theta(1-x)] = (1-x)^{-s}\varphi(1-\theta+\theta x),$$

$$\varphi(1-\theta+\theta x) = (1-a+a\theta)^{\mu}(1-b+b\theta)^{\nu}\dots\left(1-\frac{a\theta x}{1-a+a\theta}\right)^{\mu}\left(1-\frac{b\theta x}{1-b+b\theta}\right)^{\nu}\dots\Phi(1-\theta+\theta x),$$

restera fonction continue de x et de θ. Effectivement, pour démontrer cette assertion, il suffira évidemment de faire voir que les rapports

$$(7) \qquad \frac{a\theta x}{1-a+a\theta}, \quad \frac{b\theta x}{1-b+b\theta}, \quad \dots$$

offriront tous des modules inférieurs à l'unité. Or, en premier lieu, le module de x étant supposé très voisin de l'unité, les rapports (7) se confondront sensiblement avec les suivants

$$\frac{a\theta}{1-a+a\theta}, \quad \frac{b\theta}{1-b+b\theta}, \quad \dots,$$

ou, ce qui revient au même, avec les rapports

$$(8) \qquad \frac{a\theta}{1-a(1-\theta)}, \quad \frac{b\theta}{1-b(1-\theta)}, \quad \dots.$$

D'autre part, le module a de a étant inférieur à l'unité, le rapport

$$\frac{a\theta}{1-a(1-\theta)}$$

offrira un module égal ou inférieur à la fraction

$$\frac{\mathrm{a}\theta}{1-\mathrm{a}(1-\theta)} = \frac{1}{1+\frac{1-\mathrm{a}}{\mathrm{a}}\theta^{-1}},$$

par conséquent égal ou inférieur à la fraction

$$\frac{1}{1+\frac{1-\mathrm{a}}{\mathrm{a}}} = \mathrm{a}.$$

Donc les modules des rapports (8) seront respectivement inférieurs aux nombres

$$\mathrm{a},\quad \mathrm{b},\quad \ldots.$$

Donc, si, en supposant la fonction $\mathrm{f}(x, y)$ déterminée par le système des formules (4) et (5), on nomme

$$\mathbf{A}_n x^n \quad \text{et} \quad \mathbf{H}_{m,n}\theta^m x^n$$

les termes généraux des développements de la fonction

$$\mathrm{f}[x, \theta - x],$$

suivant les puissances ascendantes de la seule variable x ou des deux variables θ, x, calculés pour le cas où le module de θ est très petit, et le module de x, inférieur, mais sensiblement égal à l'unité, non seulement on aura, pour de tels modules de x et de θ,

$$\mathbf{A}_n = \Sigma\, \mathbf{H}_{m,n}\theta^m,$$

mais, en vertu du théorème I, l'équation précédente subsistera encore pour toute valeur positive de θ qui ne surpassera pas l'unité, pourvu que chacun des rapports

$$\frac{\mathrm{a}}{1-\mathrm{a}},\quad \frac{\mathrm{b}}{1-\mathrm{b}},\quad \ldots$$

offre un module inférieur à l'unité.

Corollaire II. — Si, dans la formule

$$A_n = \Sigma H_{m,n} \theta^m,$$

on suppose le nombre θ réduit à l'unité, cette formule deviendra

$$A_n = \Sigma H_{m,n}.$$

Alors aussi la fonction

$$f[x, \theta(1-x)]$$

se réduira simplement, en vertu de la formule (4), à la fonction $F(x)$ déterminée par l'équation

$$F(x) = (1-x)^{-s} \varphi(x).$$

Cela posé, le corollaire I entraînera évidemment la proposition suivante :

THÉORÈME II. — *Soit* $F(x)$ *une fonction de* x *déterminée par le système des formules*

$$(9) \qquad \begin{cases} F(x) = (1-x)^{-s} \varphi(x), \\ \varphi(x) = (1-ax)^{\mu} (1-bx)^{\nu} \ldots \Phi(x), \end{cases}$$

dans lesquelles s *désigne une constante quelconque,* μ, ν, ... *des exposants réels,* a, b, ... *des coefficients dont les modules sont inférieurs à l'unité, et* $\Phi(x)$ *une fonction toujours continue de* x. *Soit, de plus,* A_n *le coefficient de* x^n *dans le développement de* $F(x)$ *calculé pour un module de* x *inférieur à l'unité, et nommons* y *la variable complémentaire de* x *déterminée par l'équation*

$$y = 1 - x.$$

Non seulement on pourra présenter la valeur de $F(x)$ *sous la forme*

$$F(x) = (1-x)^{-s} \varphi(1-y),$$

mais, de plus, au développement de $\varphi(1-y)$ *suivant les puissances ascendantes de* y *correspondra un développement de* A_n, *qui sera convergent et représentera la valeur même de* A_n, *si les rapports*

$$\frac{a}{1-a}, \quad \frac{b}{1-b}, \quad \ldots$$

offrent tous des modules inférieurs à l'unité.

Corollaire. — Comme, en développant $\varphi(1-y)$, on trouve

$$\varphi(1-y) = \Sigma(-1)^m \frac{\varphi^{(m)}(1)}{1.2\ldots m} y^m,$$

comme on aura d'ailleurs évidemment

$$(1-x)^{-s} y^m = (1-x)^{-s+m} = \Sigma[s-m]_n x^n,$$

la valeur de $[s]_n$ étant

$$[s]_n = \frac{s(s+1)\ldots(s+n-1)}{1.2\ldots n},$$

il suit du théorème I que si les modules des rapports

$$\frac{a}{1-a}, \quad \frac{b}{1-b}, \quad \ldots$$

sont tous inférieurs à l'unité, on aura

$$(10) \qquad A_n = \Sigma(-1)^m [s-m]_n \frac{\varphi^{(m)}(1)}{1.2\ldots m},$$

la somme qu'indique le signe Σ s'étendant à toutes les valeurs nulle et positives de m, et le produit $1.2.3\ldots m$ devant être remplacé par l'unité dans le cas particulier où le nombre m s'évanouit.

On pourrait, dans les théorèmes qui précèdent, substituer à la variable complémentaire de x, déterminée par l'équation

$$y = 1 - x,$$

le rapport $\frac{1-x}{x}$ des deux variables complémentaires

$$x \quad \text{et} \quad 1-x.$$

Alors, à la place du théorème I, on obtiendra la proposition suivante :

Théorème III. — *Soit*

$$f(x, y)$$

une fonction des variables x, y, qui reste continue par rapport à y, pour un module de x très voisin de x, *et pour un module de y inférieur à la* *limite* y. *Supposons d'ailleurs que, dans le cas où l'on attribue au facteur* θ *une valeur réelle, positive et inférieure ou tout au plus égale à l'unité, l'expression*

$$f\left(x,\ \theta\frac{1-x}{x}\right)$$

reste, pour un module de x *très voisin de* x, *fonction continue de* x *et de* θ. *Enfin, concevons que, pour une valeur réelle ou imaginaire de* θ *correspondante à un très petit module, on développe la fonction*

$$f\left(x,\ \theta\frac{1-x}{x}\right),$$

1° *en une série simple ordonnée suivant les puissances entières de* x; 2° *en une série double ordonnée suivant les puissances entières de* x *et suivant les puissances ascendantes de* θ; *et nommons*

$$A_n x^n, \quad H_{m,n}\theta^m x^n$$

les termes généraux de ces deux séries. Non seulement on aura, pour un très petit module de θ,

$$A_n = \Sigma H_{m,n}\theta^m, \tag{11}$$

la somme qu'indique le signe Σ *s'étendant à toutes les valeurs entières, nulle et positives de* m, *mais, de plus, si l'on attribue à* θ *une valeur réelle et positive qui croisse à partir de zéro, sans devenir supérieure à l'unité, l'équation* (11) *ne cessera pas de subsister, pourvu que l'expression*

$$f\left(\frac{\theta}{y+\theta},\ z\right) \tag{12}$$

ne cesse pas d'être fonction continue de θ, *dans le cas où, en représentant par la lettre* z *une nouvelle variable dont le module soit précisément* y, *on assigne à* θ *une valeur réelle ou imaginaire dont le module ne surpasse pas l'unité.*

Démonstration. — Concevons que, en admettant les suppositions énoncées, on attribue à la variable x un module très voisin de x.

Alors, pour un très petit module de θ, l'expression

$$f\left(x, \theta\frac{1-x}{x}\right)$$

sera fonction continue de x et de θ. Donc alors la série double, qui représentera le développement de cette fonction suivant les puissances ascendantes de x et de θ, sera convergente, et la formule

$$f\left(x, \theta\frac{1-x}{x}\right) = \Sigma A_n x^n = \Sigma H_{m,n}\theta^m x^n$$

entraînera l'équation

$$A_n = \Sigma H_{m,n}\theta^m.$$

Concevons maintenant que l'on fasse varier le facteur θ, en lui attribuant une valeur réelle et positive, et que, dans la fonction

$$f\left(x, \theta\frac{1-x}{x}\right),$$

on assigne à x un module qui diffère très peu de 1, en représentant l'argument variable de x par la lettre p. Tant que le facteur θ ne surpassera pas l'unité, l'expression

$$f\left(x, \theta\frac{1-x}{x}\right)$$

restera, par hypothèse, fonction continue de θ et de x, et l'on pourra en dire autant du coefficient A_n de x^n dans le développement de cette fonction, attendu que ce coefficient A_n pourra être censé déterminé par la formule

(13) $$A_n = \frac{1}{2\pi}\int_{-\pi}^{\pi} x^{-n} f\left(x, \theta\frac{1-x}{x}\right) dp.$$

Donc, en vertu du théorème I du § I, l'équation

$$A_n = \Sigma H_{m,n}\theta^m$$

continuera de subsister, pour toute valeur réelle et positive de θ qui ne surpassera pas la limite 1, si d'ailleurs la série dont le terme général est

$$H_{m,n}\theta^m$$

offre un module inférieur à l'unité, ou, ce qui revient au même, si cette série ne cesse d'être convergente que pour une valeur de θ supérieure à l'unité. Or il suit, d'un théorème énoncé dans la séance du 10 février, que cette dernière condition sera généralement remplie, si le développement de la fonction

$$f\left(\frac{\theta}{y+\theta}, z\right)$$

reste lui-même convergent, avec la série modulaire correspondante, pour toute valeur de z dont le module est y. Donc cette même condition sera remplie, si l'expression

$$f\left(\frac{\theta}{y+\theta}, z\right)$$

reste fonction continue de θ, pour toute valeur réelle ou imaginaire de θ dont le module ne surpasse pas l'unité, et pour toute valeur de z qui offre un module égal à y.

Corollaire I. — Posons

$$f(x, y) = (1-x)^{-s}\varphi(x)\chi(1+y), \tag{14}$$

s désignant une constante quelconque, et les valeurs de $\varphi(x)$, $\chi(x)$ étant déterminées par les formules

$$\varphi(x) = (1-ax)^{\mu}\,(1-bx)^{\nu}\ldots\Phi(x), \tag{15}$$

$$\chi(x) = (1-a'x)^{\mu'}(1-b'x)^{\nu'}\ldots X(x), \tag{16}$$

dans lesquelles μ, ν, ..., μ', ν', ... représentent des exposants réels a, b, ..., a', b', ... des coefficients dont les modules sont inférieurs à l'unité, et $\Phi(x)$, $X(x)$ deux fonctions toujours continues de x. Alors on pourra prendre pour valeur de x un nombre inférieur à l'unité, mais aussi rapproché de l'unité que l'on voudra. De plus, comme on aura

$$\chi(1+y) = (1-a')^{\mu'}(1-b')^{\nu'}\ldots\left(1-\frac{a'y}{1-a'}\right)^{\mu'}\left(1-\frac{b'y}{1-b'}\right)^{\nu'}\ldots X(1+y),$$

on pourra prendre pour y le plus petit d'entre les modules des rapports

$$\frac{1-a'}{a'}, \quad \frac{1-b'}{b'}, \quad \ldots;$$

et alors $\chi(1+z)$ restera constamment fonction continue de z, pour un module de z égal à y. Enfin, comme on aura

$$f\left(\frac{\theta}{y+\theta}, z\right) = \left(\frac{y}{y+\theta}\right)^{-s}\varphi\left(\frac{\theta}{y+\theta}\right)\chi(1+z)$$

et

$$\varphi\left(\frac{\theta}{y+\theta}\right) = (y+\theta)^{-\mu-\nu-\ldots}[y+(1-a)\theta]^{\mu}[y+(1-b)\theta]^{\nu}\ldots\Phi\left(\frac{\theta}{y+\theta}\right),$$

il est clair que, pour un module de z égal à y, et pour une valeur de θ positive, mais inférieure ou tout au plus égale à l'unité, l'expression

$$f\left(\frac{\theta}{y+\theta}, z\right)$$

restera fonction continue de θ, si y surpasse, non seulement θ, mais encore les modules des produits

$$(1-a)\theta, \quad (1-b)\theta, \quad \ldots,$$

et, à plus forte raison, si y surpasse, non seulement l'unité, mais encore les modules des différences

$$1-a, \quad 1-b, \quad \ldots.$$

Donc l'expression

$$f\left(\frac{\theta}{y+\theta}, z\right)$$

restera, dans l'hypothèse admise, fonction continue de θ, si chacun des rapports

$$\frac{1}{y}, \quad \frac{1-a}{y}, \quad \frac{1-b}{y}, \quad \ldots$$

offre un module inférieur à l'unité, ou, ce qui revient au même, si les rapports

(17) $$\frac{a'}{1-a'}, \quad \frac{b'}{1-b'}, \quad \ldots$$

et les produits de ces rapports par les différences

(18) $$1-a, \quad 1-b, \quad \ldots$$

offrent tous des modules inférieurs à l'unité. D'ailleurs, cette condition étant supposée remplie, on prouvera sans peine, par des raisonnements semblables à ceux dont nous avons précédemment fait usage (*voir* le corollaire II du théorème I), que l'expression

$$f\left(x, \theta\frac{1-x}{x}\right) = f[x, \theta(x^{-1}-1)]$$

restera fonction continue de x et de θ pour un module de x inférieur, mais sensiblement égal à 1, et pour une valeur positive de θ qui ne surpasse pas l'unité.

Corollaire II. — Si, dans la formule (11), on réduit θ à l'unité, cette formule donnera simplement

$$A_n = \Sigma H_{m,n}.$$

D'ailleurs, quand on pose $\theta = 1$, la fonction

$$f\left(x, \theta\frac{1-x}{x}\right)$$

se réduit à

$$f\left(x, \frac{1-x}{x}\right),$$

et la formule (14) donne

$$f\left(x, \frac{1-x}{x}\right) = (1-x)^{-s}\varphi(x)\chi\left(\frac{1}{x}\right).$$

Cela posé, les principes établis dans le théorème III et dans son corollaire I entraînent évidemment la proposition suivante :

THÉORÈME IV. — *Soit* $F(x)$ *une fonction de* x *déterminée par le sys-*

tème des formules

$$\text{(19)} \qquad F(x) = (1-x)^{-s}\,\varphi(x)\,\chi\left(\frac{1}{x}\right),$$

$$\text{(20)} \qquad \begin{cases} \varphi(x) = (1-ax)^{\mu}\,(1-bx)^{\nu}\ldots\Phi(x), \\ \chi(x) = (1-a'x)^{\mu'}(1-b'x)^{\nu'}\ldots X(x), \end{cases}$$

dans lesquelles s désigne une constante quelconque, $\mu, \nu, \ldots, \mu', \nu', \ldots$ *des exposants réels,* $a, b, \ldots, a', b', \ldots$ *des coefficients dont les modules sont inférieurs à l'unité, et* $\Phi(x)$, $X(x)$ *deux fonctions toujours continues de* x. *Soit de plus* A_n *le coefficient de* x^n *dans le développement de la fonction* $F(x)$ *en série ordonnée suivant les puissances entières, positives, nulle et négatives de* x. *Enfin nommons* y *le rapport des variables complémentaires* $1-x$ *et* x, *en sorte qu'on ait*

$$y = \frac{1-x}{x}.$$

Non seulement la valeur de $F(x)$ *pourra être représentée sous la forme*

$$\text{(21)} \qquad F(x) = (1-x)^{-s}\,\varphi(x)\,\chi(1+y);$$

mais, de plus, au développement de $\chi(1+y)$ *en série ordonnée suivant les puissances ascendantes de* y *correspondra un développement de* A_n *qui sera convergent avec la série modulaire correspondante, et qui représentera la valeur même de* A_n, *si les rapports*

$$\frac{a'}{1-a'}, \quad \frac{b'}{1-b'}, \quad \ldots$$

et les produits de ces mêmes rapports par les différences

$$1-a, \quad 1-b, \quad \ldots$$

offrent tous des modules inférieurs à l'unité.

Corollaire I. — Chacun des rapports

$$\frac{a'}{1-a'}, \quad \frac{b'}{1-b'}, \quad \ldots$$

offrira certainement un module inférieur à l'unité, si chacun des coefficients offre un module inférieur à $\frac{1}{2}$.

Corollaire II. — Comme, par hypothèse, chacun des coefficients

$$a, \quad b, \quad \ldots$$

offre un module inférieur à l'unité, il en résulte que chacune des différences

$$1-a, \quad 1-b, \quad \ldots$$

offre certainement un module inférieur à 2. Il est aisé d'en conclure que les conditions énoncées dans le théorème IV seront remplies, si les modules des coefficients

$$a', \quad b', \quad \ldots$$

sont tous inférieurs, non seulement à $\frac{1}{2}$, mais encore à $\frac{1}{3}$. Alors, en effet, chacun des rapports

$$\frac{a'}{1-a'}, \quad \frac{b'}{1-b'}, \quad \ldots$$

offrira un module inférieur à $\frac{1}{2}$; d'où il suit que les produits de ces mêmes rapports par les différences

$$1-a, \quad 1-b, \quad \ldots$$

offriront tous des modules inférieurs à l'unité.

Dans un prochain article, je développerai les conséquences importantes qui peuvent se déduire en Analyse, et surtout en Astronomie, des propositions et des formules générales que je viens d'établir.

280.

Analyse mathématique. — *Mémoire sur les séries syntagmatiques et sur celles qu'on obtient quand on développe des fonctions d'une seule variable suivant les puissances entières de son argument.*

C. R., T. XX, p. 463 (24 février 1845).

Il arrive souvent que les termes d'une série double et divergente peuvent être groupés entre eux de telle sorte que les termes renfermés dans chaque groupe forment une série simple convergente, et que les sommes des séries simples correspondantes aux divers groupes forment à leur tour une autre série simple convergente comme les premières. Les séries triples, quadruples, ..., lorsqu'elles sont divergentes, peuvent fournir matière à de semblables observations. Ainsi, une série multiple et divergente pourra quelquefois se transformer en un système de séries simples et convergentes de divers ordres, c'est-à-dire en un système dans lequel plusieurs séries de même ordre formeront, par leur réunion, une série de l'ordre immédiatement supérieur. La série simple de l'ordre le plus élevé donne alors pour somme la somme totale des termes de la série multiple, ajoutés les uns aux autres, non pas dans un ordre quelconque, mais dans un ordre déterminé. Pour exprimer cette circonstance, comme nous l'avons déjà dit (page 39), nous désignerons la somme dont il s'agit sous le nom de *somme syntagmatique.* Lorsque la série multiple proposée sera ordonnée suivant les puissances entières de plusieurs variables, nous supposerons communément les divers termes groupés de manière que chaque série simple se trouve ordonnée suivant les puissances entières d'une seule de ces variables. Si la série multiple devient convergente, la somme syntagmatique se confondra évidemment avec la somme unique de cette même série.

Pour abréger, nous appellerons *séries syntagmatiques* les séries qui admettent des sommes syntagmatiques. Leur théorie, comme celle des séries convergentes, se trouve intimement liée à la loi de continuité des fonctions; et l'on peut établir à ce sujet des théorèmes qui paraissent dignes de l'attention des géomètres. Le premier paragraphe du présent Mémoire a pour objet la démonstration de plusieurs de ces théorèmes, et en particulier de ceux que je vais indiquer.

Concevons qu'une fonction de plusieurs variables reste continue quand on attribue aux modules de ces variables des valeurs qui diffèrent très peu de certaines valeurs déterminées. Alors la fonction sera développable en une série multiple et convergente ordonnée suivant les puissances entières des variables. Mais ce développement pourra changer de forme, si l'on vient à changer les valeurs dont il s'agit. Supposons, pour rendre le raisonnement plus facile à saisir, que l'on fasse varier les modules par degrés insensibles. La forme du développement de la fonction en série convergente restera généralement la même, tant que les variations des modules n'empêcheront pas la fonction de rester continue pour des valeurs quelconques des arguments des variables. Quand cette condition cessera d'être remplie, la série trouvée pourra devenir divergente; mais elle ne cessera pas d'être une série syntagmatique, dont la somme syntagmatique sera la fonction elle-même, si les variations des modules permettent du moins à cette fonction de rester continue pour des valeurs des arguments comprises entre certaines limites.

Il importe d'observer que, dans les séries convergentes ou syntagmatiques dont nous venons de parler, un terme proportionnel à des puissances entières données des diverses variables offre une valeur complètement déterminée. Si, pour calculer le coefficient de ces puissances, dans les termes dont il s'agit, on veut développer la fonction, en attribuant aux variables des valeurs telles que la série obtenue reste convergente, on pourra, il est vrai, y parvenir en effectuant des développements successifs correspondants aux diverses variables et en suivant dans cette opération un ordre qui sera complètement arbitraire. Mais cet ordre n'aura aucune influence sur la valeur du coefficient, représenté généralement par une intégrale multiple dont la valeur est complètement déterminée.

Il est bon de rappeler encore ici une observation déjà faite à la page 120 [1], savoir, que, pour la rigueur des démonstrations, on doit supposer remplie une condition qui, à la vérité, l'est généralement. D'ailleurs, on préviendra toute objection en écrivant, dans chaque théorème où il s'agit d'une fonction assujettie à rester continue, que cette fonction doit demeurer telle avec ses dérivées du premier ordre.

Le second paragraphe du présent Mémoire a pour objet la série qu'on obtient quand on développe une fonction de la variable x suivant les puissances entières de l'argument de cette variable. Je remarque d'abord que chaque puissance entière de la variable est le produit de la puissance semblable du module par une exponentielle trigonométrique toujours développable suivant les puissances entières de l'argument. Il en résulte qu'à un développement de la fonction, en série ordonnée suivant les puissances ascendantes de la variable, correspond toujours, sinon un développement convergent, du moins un développement syntagmatique de la même fonction en une série double ordonnée suivant les puissances entières de la variable et suivant les puissances ascendantes de l'argument. Mais, si l'on réduit cette série double à une série simple ordonnée suivant les puissances ascendantes de l'argument, la série simple ainsi formée pourra être ou convergente ou divergente. Elle sera certainement convergente si la série double est convergente, et deviendra généralement divergente si la série double est seulement une série syntagmatique. Je montre, dans ce dernier cas, comment on doit s'y prendre pour substituer à la série devenue divergente une série convergente. Les formules auxquelles je parviens prouvent que très souvent on peut se servir encore des premiers termes de la série divergente pour calculer des valeurs très approchées de la fonction que l'on considère.

[1] *OEuvres de Cauchy*, S. I, T. VIII, p. 415.

ANALYSE.

§ I. — *Sur les séries syntagmatiques.*

Nommons

$$x,\quad y,\quad z,\quad \ldots$$

plusieurs variables dont les modules soient

$$\mathrm{x},\quad \mathrm{y},\quad \mathrm{z},\quad \ldots,$$

et représentons par

$$\mathrm{f}(x, y, z, \ldots)$$

une fonction de x, y, z, ... Si cette fonction reste continue par rapport aux variables x, y, z, ..., dans le voisinage de certaines valeurs particulières attribuées à leurs modules x, y, z, ..., alors, pour des valeurs des modules très voisines de celles dont il s'agit, la fonction sera développable en série convergente ordonnée suivant les puissances ascendantes de x, y, z, ... C'est, en effet, ce que l'on peut démontrer à l'aide des considérations suivantes :

Supposons d'abord, pour plus de simplicité, que la fonction

$$\mathrm{f}(x, y, z, \ldots)$$

soit de la forme

$$(1)\qquad \mathrm{f}(x, y, z, \ldots) = \frac{1}{(a-x)(b-y)(c-z)\ldots},$$

a, b, c, ... désignant des constantes, réelles ou imaginaires, dont les modules soient

$$\mathrm{a},\quad \mathrm{b},\quad \mathrm{c},\quad \ldots.$$

Comme on aura pour $\mathrm{x} < \mathrm{a}$, non seulement

$$\frac{1}{\mathrm{a}-\mathrm{x}} = \mathrm{a}^{-1} + \mathrm{a}^{-2}\mathrm{x} + \mathrm{a}^{-3}\mathrm{x}^2 + \ldots,$$

mais encore

$$\frac{1}{a-x} = a^{-1} + a^{-2}x + a^{-3}x^2 + \ldots,$$

et pour $\text{x} > \text{a}$, non seulement

$$\frac{1}{\text{a}-\text{x}} = -\text{x}^{-1} - \text{a}\text{x}^{-2} - \text{a}^2\text{x}^{-3}\ldots,$$

mais encore

$$\frac{1}{a-x} = -x^{-1} - ax^{-2} - a^2x^{-3}\ldots,$$

il est clair que, si aucune des différences

$$\text{a}-\text{x},\quad \text{b}-\text{y},\quad \text{c}-\text{z},\quad \ldots$$

ne se réduit à zéro, la fonction (1) sera toujours développable en une série multiple convergente ordonnée suivant les puissances entières de $x, y, z, \ldots$, avec la série modulaire correspondante, dont la somme sera représentée par la fraction

$$\frac{1}{(\text{a}-\text{x})(\text{b}-\text{y})(\text{c}-\text{z})\ldots}.$$

Supposons maintenant que la fonction $f(x, y, z, \ldots)$ ne soit plus de la forme qu'indique l'équation (1), mais qu'elle reste continue par rapport aux variables $x, y, z, \ldots$ tant que les modules x, y, z, ... de ces variables ne deviennent pas supérieurs, le premier x, à une certaine limite a, le second y, à une certaine limite b, le troisième z, à une certaine limite c, ... Alors, en désignant par

$$u,\quad v,\quad w,\quad \ldots$$

de nouvelles variables dont les modules sont précisément

$$\text{a},\quad \text{b},\quad \text{c},\quad \ldots;$$

par

$$\varphi,\quad \chi,\quad \psi,\quad \ldots$$

les arguments de ces nouvelles variables, et par N le nombre des variables $x, y, z, \ldots$, on aura, non seulement pour une fonction $f(x)$ de la seule variable x,

$$(2)\qquad f(x) = \frac{1}{2\pi}\int_{-\pi}^{\pi} \frac{u}{u-x} f(u)\, d\varphi,$$

mais encore

$$(3)\quad f(x, y, z, \ldots) = \left(\frac{1}{2\pi}\right)^N \int_{-\pi}^{\pi}\int_{-\pi}^{\pi}\int_{-\pi}^{\pi} \cdots \frac{uvw\ldots f(u, v, w, \ldots)}{(u-x)(v-y)(w-z)\ldots} \cdots d\varphi\, d\chi\, d\psi \ldots$$

Or il suit immédiatement de la formule (3) : 1° que, dans l'hypothèse admise, la fonction $f(x, y, z, \ldots)$ sera développable, avec le rapport

$$\frac{1}{(u-x)(v-y)(w-z)},$$

en série convergente ordonnée suivant les puissances entières de $x, y, z, \ldots$; 2° que le terme proportionnel à

$$x^l y^m z^n \ldots,$$

dans le développement de $f(x, y, z, \ldots)$, sera

$$k_{l,m,n,\ldots} x^l y^m z^n \ldots,$$

la valeur de $k_{l,m,n,\ldots}$ étant

$$(4)\quad k_{l,m,n,\ldots} = \left(\frac{1}{2\pi}\right)^N \int_{-\pi}^{\pi}\int_{-\pi}^{\pi} \cdots u^{-l} v^{-m} w^{-n} \ldots f(u, v, w, \ldots)\, d\varphi\, d\chi\, d\psi \ldots.$$

Si, dans cette dernière équation, on remplace $u, v, w, \ldots$ par $x, y, z, \ldots$, alors, en nommant p l'argument de x, p' l'argument de y, p'' l'argument de z, on trouvera

$$(5)\quad k_{l,m,n,\ldots} = \left(\frac{1}{2\pi}\right)^N \int_{-\pi}^{\pi}\int_{-\pi}^{\pi}\int_{-\pi}^{\pi} \cdots x^{-l} y^{-m} z^{-n} \ldots f(x, y, z, \ldots)\, dp\, dp'\, dp'' \ldots.$$

D'ailleurs, pour obtenir cette dernière formule, il suffit évidemment de supposer que, par un procédé quelconque, on est parvenu à développer $f(x, y, z, \ldots)$ suivant les puissances entières de $x, y, z, \ldots$, de manière à obtenir une équation de la forme

$$(6)\qquad f(x, y, z, \ldots) = \Sigma k_{l,m,n,\ldots} x^l y^m z^n,$$

la somme qu'indique le signe Σ s'étendant à toutes les valeurs entières et positives de $l, m, n, \ldots$, et qu'ensuite on intègre, par rapport aux angles φ, χ, ψ, ..., entre les limites $-\pi$, $+\pi$, les deux membres de l'équation (6), multipliés par le produit $dp\,dp'\,dp''$.... Il en résulte que le coefficient $k_{l,m,n,\ldots}$ offre, avec l'intégrale comprise dans le second membre de la formule (5), une valeur complètement déterminée et indépendante du procédé suivi pour le développement de $f(x, y, z, \ldots)$ en une série multiple. Donc, si cette série multiple est fournie par des développements successifs, dont chacun se rapporte à une seule variable, elle restera identiquement la même, quel que soit l'ordre dans lequel on ait effectué les diverses opérations.

Observons encore que, en vertu de la formule (4), le module du coefficient $k_{l,m,n,\ldots}$ sera inférieur au rapport

$$\frac{\mathrm{s}}{\mathrm{a}^l\,\mathrm{b}^m\,\mathrm{c}^n\ldots}, \tag{7}$$

si l'on représente par s le plus grand module que puisse acquérir l'expression

$$f(u, v, w, \ldots) = f(\mathrm{a}\,e^{\varphi\sqrt{-1}}, \mathrm{b}\,e^{\chi\sqrt{-1}}, \mathrm{c}\,e^{\psi\sqrt{-1}}, \ldots),$$

considérée comme fonction des angles φ, χ, ψ, ... Donc, par suite, les divers termes de la série multiple fournie par le développement de $f(x, y, z, \ldots)$ offriront des modules respectivement inférieurs aux termes correspondants du développement du produit

$$\mathrm{s}\frac{\mathrm{abc}\ldots}{(\mathrm{a}-\mathrm{x})(\mathrm{b}-\mathrm{y})(\mathrm{c}-\mathrm{z})\ldots}. \tag{8}$$

Supposons à présent que la fonction $f(x, y, z, \ldots)$ reste continue par rapport aux variables $x, y, z, \ldots$, tant que les modules

$$\mathrm{x},\quad \mathrm{y},\quad \mathrm{z},\quad \ldots$$

de ces variables ne dépassent pas les limites supérieures

$$\mathrm{a},\quad \mathrm{b},\quad \mathrm{c},\quad \ldots$$

ou les limites inférieures

$$\mathrm{a}_{,},\quad \mathrm{b}_{,},\quad \mathrm{c}_{,},\quad \ldots.$$

Dans cette hypothèse, on se trouvera de nouveau conduit à des conclusions pareilles à celles que nous avons indiquées; et, pour les établir, il suffira de substituer aux équations (2) et (3) des équations analogues qui serviront encore à transformer en intégrales définies $f(x)$ et $f(x, y, z, \ldots)$. Si l'on représente par

$$u_{,}, \quad v_{,}, \quad w_{,}, \quad \ldots$$

ce que deviennent les variables

$$u, \quad v, \quad w, \quad \ldots$$

quand on y remplace les modules

$$a, \quad b, \quad c, \quad \ldots$$

par les modules

$$a_{,}, \quad b_{,}, \quad c_{,}, \quad \ldots,$$

la formule (2), en particulier, devra être remplacée par la suivante

$$(9) \qquad f(x) = \frac{1}{2\pi}\int_{-\pi}^{\pi} \frac{u}{u-x} f(u)\, d\varphi - \frac{1}{2\pi}\int_{-\pi}^{\pi} \frac{u_{,}}{u_{,}-x} f(u_{,})\, d\varphi,$$

de laquelle on déduira sans peine l'équation qui devra être substituée à la formule (3). Alors aussi la somme qu'indique le signe Σ dans la formule (6) devra être étendue à des valeurs entières quelconques de $l, m, n, \ldots$. Enfin, dans les expressions (7), (8), s devra représenter le plus grand module que l'expression

$$f(u, v, w, \ldots),$$

considérée comme fonction des angles $\varphi, \chi, \psi, \ldots$, puisse acquérir, quand on attribue à la variable u un des modules a, $a_{,}$, à la variable v un des modules b, $b_{,}$, à la variable w un des modules c, $c_{,}$, ... Cela posé, on pourra évidemment énoncer la proposition suivante :

Théorème I. — *Nommons*

$$x, \quad y, \quad z, \quad \ldots$$

des variables dont les modules soient

$$\text{x}, \quad \text{y}, \quad \text{z}, \quad \ldots.$$

Représentons par $f(x, y, z, \ldots)$ *une fonction de ces variables, et supposons que cette fonction reste continue pour toutes les valeurs des modules*

$$\mathrm{x},\quad \mathrm{y},\quad \mathrm{z},\quad \ldots$$

qui ne dépassent pas certaines limites supérieures

$$\mathrm{a},\quad \mathrm{b},\quad \mathrm{c},\quad \ldots$$

ni certaines limites inférieures

$$\mathrm{a}_{,},\quad \mathrm{b}_{,},\quad \mathrm{c}_{,},\quad \ldots.$$

Non seulement, pour de telles valeurs des modules x, y, z, ..., *la fonction sera développable, suivant les puissances entières des variables* $x, y, z, \ldots$, *en une série multiple et convergente qui sera unique, et conservera toujours la même forme, mais, de plus, les divers termes de cette série offriront des modules respectivement inférieurs aux modules des termes correspondants de la série convergente que fournit le développement du produit*

$$(10)\qquad \mathrm{S}\left(\frac{\mathrm{a}}{\mathrm{a}-\mathrm{x}}-\frac{\mathrm{a}_{,}}{\mathrm{a}_{,}-\mathrm{x}}\right)\left(\frac{\mathrm{b}}{\mathrm{b}-\mathrm{y}}-\frac{\mathrm{b}_{,}}{\mathrm{b}_{,}-\mathrm{y}}\right)\left(\frac{\mathrm{c}}{\mathrm{c}-\mathrm{z}}-\frac{\mathrm{c}_{,}}{\mathrm{c}_{,}-\mathrm{z}}\right)\cdots,$$

S *désignant la plus grande valeur que puisse acquérir l'expression*

$$f(x, y, z, \ldots),$$

considérée comme fonction des arguments des diverses variables, quand on attribue à la variable x *un des modules* a, $\mathrm{a}_{,}$, *à la variable* y *un des modules* b, $\mathrm{b}_{,}$, *à la variable* z *un des modules* c, $\mathrm{c}_{,}$, ...

Corollaire I. — Lorsque, la fonction $f(x, y, z, \ldots)$ étant développable en série convergente, on désigne par

$$k_{l,m,n,\ldots}$$

le coefficient du produit

$$x^l y^m z^n \ldots$$

dans le développement, on a

$$(11)\qquad f(x, y, z, \ldots) = \Sigma k_{l,m,n,\ldots} x^l y^m z^n \ldots,$$

les sommations qu'indique le signe Σ s'étendant à toutes les valeurs entières, positives, nulle et négatives des exposants l, m, n, ... Pour fixer les idées, nous supposerons dorénavant les sommations relatives aux diverses variables, ou, ce qui revient au même, les sommations relatives aux divers indices effectuées successivement, et l'ordre dans lequel les variables seront écrites indiquera l'ordre dans lequel les sommations seront effectuées. Ainsi, en particulier, si les variables $x, y, \ldots$ se réduisent à deux, nous emploierons la formule

$$(12) \qquad f(x, y) = \Sigma k_{l,m} x^l y^m$$

pour exprimer que la fonction $f(x, y)$ résulte de deux sommations successives relatives, la première à la variable x, la seconde à la variable y, ou, ce qui revient au même, pour exprimer que la fonction $f(x, y)$ est la somme d'une série simple et convergente ordonnée suivant les puissances ascendantes de y, dont chaque terme est à son tour la somme d'une série simple et convergente ordonnée suivant les puissances ascendantes de x. Au contraire, nous nous servirons de la formule

$$(13) \qquad f(x, y) = \Sigma k_{l,m} y^m x^l,$$

pour exprimer que la fonction $f(x, y)$ est la somme d'une série simple et convergente ordonnée suivant les puissances ascendantes de x, dont chaque terme est lui-même la somme d'une série simple et convergente ordonnée suivant les puissances ascendantes de y. Il est bon d'observer que, lorsque, au lieu de remonter de la série double ou multiple à la fonction $f(x, y)$ ou $f(x, y, z, \ldots)$, on redescend de cette fonction à la série multiple par une suite de développements partiels dont chacun se rapporte à une seule variable, ces développements partiels se présentent dans un ordre inverse de celui suivant lequel les sommations étaient effectuées, le premier développement devant être évidemment relatif à la série simple du rang le plus élevé. Observons encore que, la série multiple étant supposée convergente, l'ordre dans lequel les diverses sommations seront effectuées n'aura aucune influence sur leur résultat définitif. Ainsi, par exemple, s'il s'agit d'une série double, les formules (12) et (13) entraîneront immédiatement la suivante

$$\Sigma k_{l,m} x^l y^m = \Sigma k_{l,m} y^m x^l. \tag{14}$$

Corollaire II. — Jusqu'ici nous avons supposé que les modules x, y, z, ... des variables $x, y, z, \ldots$ ne dépassaient pas les limites supérieures

$$\mathrm{a},\ \mathrm{b},\ \mathrm{c},\ \ldots$$

ni les limites inférieures

$$\mathrm{a}_{,},\ \mathrm{b}_{,},\ \mathrm{c}_{,},\ \ldots$$

entre lesquelles ils peuvent varier, sans que la fonction $f(x, y, z, \ldots)$ cesse d'être continue pour des valeurs quelconques des arguments de $x, y, z, \ldots$. Supposons maintenant que les modules x, y, z, ..., continuant à varier par degrés insensibles, dépassent les limites dont il s'agit, et que le développement de la fonction $f(x, y, z, \ldots)$ devienne divergent. Concevons d'ailleurs que, avec les modules x, y, z, ..., on fasse varier encore, par degrés insensibles, les arguments de $x, y, z, \ldots$. La notation

$$\Sigma k_{l,m,n,\ldots} x^l y^m z^n \ldots,$$

en cessant de représenter la somme d'une série convergente, représentera du moins une *somme syntagmatique,* tant que chacune des séries simples produites par les diverses sommations restera convergente. Alors aussi, cette somme syntagmatique étant certainement une fonction continue des variables $x, y, z, \ldots$, il suit du théorème IV de la page 39 que la formule (11) ne cessera pas de subsister, si d'ailleurs la fonction $f(x, y, z, \ldots)$ reste elle-même continue. On peut donc énoncer encore la proposition suivante :

Théorème II. — *Les mêmes choses étant posées que dans le theorème I, concevons que les diverses sommations indiquées par le signe Σ, dans la formule* (11) *et autres semblables, soient effectuées successivement et indépendamment les unes des autres, en sorte que chacune d'elles ait pour objet le calcul de la somme ou des sommes d'une ou de plusieurs séries simples ordonnées suivant les puissances entières d'une même variable. Supposons d'ailleurs qu'à la suite du signe* Σ *on écrive les premières les variables auxquelles se rapportent les premières sommations. Supposons enfin que, après avoir attribué à* $x, y, z, \ldots$ *des valeurs dont les modules ne dépassent pas les limites supérieures* $\mathrm{a}, \mathrm{b}, \mathrm{c}, \ldots$, *ni les limites inférieures* $\mathrm{a}_{,}, \mathrm{b}_{,}, \mathrm{c}_{,}, \ldots$, *on fasse varier tout à la fois ces modules et les arguments des variables par degrés insensibles. Si les variations dont il s'agit, en détruisant la convergence de la série multiple produite par le développement de la fonction* $\mathrm{f}(x, y, z, \ldots)$, *sont telles néanmoins que cette fonction ne cesse pas d'être continue, et que les séries simples correspondantes à chaque sommation ne cessent pas d'être convergentes, la formule* (11), *c'est-à-dire l'équation*

$$\mathrm{f}(x, y, z, \ldots) = \Sigma k_{l, m, n, \ldots} x^l y^m z^n \ldots,$$

ne cessera pas de subsister pendant la durée des variations de $x, y, z, \ldots$; *seulement l'expression*

$$\Sigma k_{l, m, n, \ldots} x^l y^m z^n \ldots,$$

qui représentait d'abord la somme unique d'une série multiple convergente, pourra devenir la somme syntagmatique d'une série divergente.

Corollaire I. — D'après ce que nous avons dit, les conditions qui doivent être remplies pour que la formule (11) continue de subsister se réduisent à ce que la fonction $\mathrm{f}(x, y, z, \ldots)$ et la somme syntagmatique

$$\Sigma k_{l, m, n, \ldots} x^l y^m z^n \ldots$$

restent l'une et l'autre continues. La dernière condition se vérifiera certainement tant que chacune des séries simples produites par les sommations successives opérées dans l'ordre suivant lequel les variables sont écrites restera convergente, ou, ce qui revient au même, tant que les développements successifs de $\mathrm{f}(x, y, z, \ldots)$ pourront s'effectuer dans un ordre inverse. Cette remarque permet au calculateur de s'assurer, par la seule considération de la fonction $\mathrm{f}(x, y, z, \ldots)$, si les conditions sous lesquelles subsiste la formule (11) sont ou ne sont pas vérifiées.

Corollaire II. — Supposons que, dans la formule (11), on renverse l'ordre suivant lequel les variables sont écrites. Cette formule deviendra

$$\text{(15)} \qquad f(x, y, z, \ldots) = \Sigma k_{l,m,n,\ldots} \ldots z^n y^m x^l,$$

la variable x étant alors celle à laquelle se rapportera la dernière sommation, ou, ce qui revient au même, le premier des développements successifs de la fonction $f(x, y, z, \ldots)$. Soit, d'ailleurs, A_l le coefficient de x^l dans cette fonction développée en une série simple ordonnée suivant les puissances ascendantes de x. L'équation

$$\text{(16)} \qquad f(x, y, z, \ldots) = \Sigma A_l x^l,$$

comparée à la formule (15), fournira l'équation

$$\text{(17)} \qquad A_l = \Sigma k_{l,m,n,\ldots} \ldots z^m y^n;$$

et, comme cette dernière devra subsister tant que la formule (15) subsistera, il est clair qu'on pourra énoncer encore le théorème suivant :

Théorème III. — *Nommons*

$$f(x, y, z, \ldots)$$

une fonction des variables $x, y, z, \ldots$ qui reste continue pour des valeurs de $x, y, z, \ldots$ dont les modules soient très voisins de certains modules déterminés, et supposons que, pour de telles valeurs, on développe, comme on pourra toujours le faire, la fonction $f(x, y, z, \ldots)$: 1° en une série simple ordonnée suivant les puissances entières de x; 2° en une série multiple ordonnée suivant les puissances entières de $x, y, z, \ldots$. Soient d'ailleurs

$$A_l x^l \quad \text{et} \quad k_{l,m,n,\ldots} \ldots z^n y^m x^l$$

les termes généraux de ces deux séries. Non seulement on aura, pour les *valeurs primitivement attribuées à $x, y, z, \ldots,$*

$$\Sigma A_l x^l = \Sigma k_{l,m,n,\ldots} \ldots z^n y^m x^l, \tag{18}$$

et, par suite,

$$A_l = \Sigma k_{l,m,n,\ldots} \ldots z^n y^m, \tag{19}$$

mais on peut ajouter que l'équation (19) *ne cessera pas de subsister, si l'on fait varier à la fois les modules et les arguments de $y, z, \ldots$ par degrés insensibles, pourvu que ces variations, combinées avec une variation correspondante et convenable de x, permettent à la fonction*

$$f(x, y, z, \ldots)$$

et à la somme syntagmatique

$$\Sigma k_{l,m,n,\ldots} \ldots z^n y^m x^l$$

de rester l'une et l'autre continues par rapport à $x, y, z, \ldots.$

Corollaire I. — Les conditions énoncées dans le théorème III, et sous lesquelles la formule (19) continue de subsister, se trouveront évidemment remplies, si les variations attribuées à x, y, z, ... sont telles que la fonction $f(x, y, z, \ldots)$ et les divers termes de son développement suivant les puissances entières de x restent fonctions continues des variables x, y, z, ..., pour les modules acquis par ces diverses variables et pour des arguments quelconques des variables $y, z, \ldots.$

Corollaire II. — Pour éclaircir ce qui vient d'être dit par un exemple très simple, réduisons $f(x, y, z, \ldots)$ à une fonction de deux variables, et supposons, en particulier,

$$f(x, y) = (1 - x)^{-s}\left[1 - a - ay\left(\frac{1}{x} - 1\right)\right]^{-t}, \tag{20}$$

s, t désignant des exposants réels, et a une constante dont le module soit inférieur à l'unité. La fonction $f(x, y)$ sera certainement continue par rapport à x et y, si, en attribuant à x un module inférieur, mais sensiblement égal à l'unité, on attribue à y un module très petit. Alors, en posant, pour abréger,

$$[s]_n = \frac{s(s+1)\ldots(s+n-1)}{1.2\ldots n},$$

on tirera de l'équation (20)

$$f(x,y) = (1-a)^{-t}\,\Sigma[t]_m\,[s-m]_{n+m}\left(\frac{a}{1-a}\right)^m y^m x^n;$$

et par suite, si l'on nomme A_n le coefficient de x^n dans le développement de $f(x,y)$ en une série simple ordonnée suivant les puissances entières de x, on aura, pour un très petit module de y,

$$(21)\qquad A_n = (1-a)^{-t}\,\Sigma[t]_m\,[s-m]_{n+m}\left(\frac{a}{1-a}\right)^m y^m.$$

Supposons maintenant que x et y viennent à varier. Comme la formule (20) donnera, non seulement

$$f(x,y) = (1-a)^{-t}(1-x)^{-s}\left(1+\frac{ay}{1-a}\right)^{-t}\left(1-\frac{ay}{1-a+ay}x\right)^{-t},$$

mais encore

$$f(x,y) = (1-a)^{-t}(1-x)^{-s}\left[1-\frac{ay}{1-a}\left(\frac{1}{x}-1\right)\right]^{-t},$$

il est clair que la fonction $f(x,y)$ et les divers termes de son développement, suivant les puissances ascendantes de x, resteront fonctions continues de x, y, si le module de x et les modules des trois expressions

$$\frac{ay}{1-a},\quad \frac{ay}{1-a+ay}x,\quad \frac{ay}{1-a}\left(\frac{1}{x}-1\right)$$

restent inférieurs à l'unité. Sous ces conditions, la formule (21) continuera de subsister. D'ailleurs, il ne sera pas nécessaire que ces conditions se vérifient pour un argument quelconque de x : il suffira qu'elles se vérifient pour un argument de x sensiblement nul ou même égal à zéro, c'est-à-dire pour une valeur réelle et positive de x. Enfin, comme on pourra prendre pour cette valeur positive un nombre inférieur à la limite 1, mais aussi rapproché que l'on voudra de l'unité, et par suite réduire sensiblement le produit

$$\frac{ay}{1-a+ay}x$$

au rapport

$$\frac{ay}{1-a+ay},$$

et le produit

$$\frac{ay}{1-a}\left(\frac{1}{x}-1\right)$$

à zéro, nous devons conclure que les conditions, sous lesquelles subsistera la formule (21), se réduiront aux deux suivantes :

$$\text{mod.}\frac{ay}{1-a}<1, \qquad \text{mod.}\frac{ay}{1-a+ay}<1.$$

§ II. — *Développement des fonctions d'une seule variable en séries ordonnées suivant les puissances entières de l'argument de cette variable.*

Nommons x une variable dont x soit le module et p l'argument, en sorte qu'on ait

$$x = \mathrm{x}e^{p\sqrt{-1}}.$$

Soit encore $\mathrm{f}(x)$ une fonction de x qui reste continue pour toute valeur du module x qui ne dépasse pas une certaine limite supérieure a, ni une certaine limite inférieure $\mathrm{a}_{,}$. La fonction $\mathrm{f}(x)$ sera, pour une telle valeur de x, développable en une série convergente ordonnée suivant les puissances entières de la variable x, ou, ce qui revient au même, suivant les puissances ascendantes du module x; et, si l'on nomme k_n le coefficient de x^n dans le développement de la fonction, on aura

$$\mathrm{f}(x) = \Sigma k_n x^n, \tag{1}$$

la somme qu'indique le signe Σ s'étendant à toutes les valeurs entières, positives, nulle et négatives de n. De plus, si l'on substitue à x sa valeur dans le second membre de la formule (1), on trouvera

(2) $$f(x) = \Sigma k_n X^n e^{np\sqrt{-1}}.$$

D'ailleurs $e^{np\sqrt{-1}}$ sera, pour une valeur quelconque de n, développable suivant les puissances ascendantes de p par la formule

$$e^{np\sqrt{-1}} = \Sigma \frac{(n\sqrt{-1})^m}{1.2\ldots m} p^m,$$

la somme qu'indique le signe Σ s'étendant à toutes les valeurs entières, nulle et positives de m, et le produit $1.2\ldots m$ devant être remplacé par l'unité quand m s'évanouit. Donc la formule (2) donnera encore

(3) $$f(x) = \Sigma k_n \frac{(n\sqrt{-1})^m}{1.2\ldots m} p^m X^n,$$

la première des sommations qu'indique le signe Σ étant relative aux diverses valeurs de m. Ainsi la fonction $f(x)$, développée d'abord en une série simple ordonnée suivant les puissances entières de x, sera encore développable en une série double et convergente, ou du moins en une série double syntagmatique ordonnée suivant les puissances ascendantes de l'argument p et suivant les puissances entières du module X. Lorsque cette série double sera convergente, on pourra renverser l'ordre des sommations et substituer à l'équation (3) cette autre formule

(4) $$f(x) = \Sigma k_n \frac{(n\sqrt{-1})^m}{1.2\ldots m} X^n p^m.$$

Alors aussi, en posant, pour abréger,

$$h_m = \Sigma k_n \frac{(n\sqrt{-1})^m}{1.2\ldots m} X^n,$$

on trouvera

(5) $$f(x) = \Sigma h_m p^m,$$

la somme qu'indique le signe Σ s'étendant à toutes les valeurs entières, nulle et positives de m.

Il est bon d'observer que, dans l'équation

$$x = \mathrm{x}e^{p\sqrt{-1}},$$

on peut toujours supposer l'argument p compris entre les limites $-\pi$, $+\pi$. Adoptons cette supposition. Pour que la série double produite par le développement de la fonction

$$\mathrm{f}(x) = \mathrm{f}(\mathrm{x}e^{p\sqrt{-1}})$$

reste convergente, il suffira que l'expression

$$\mathrm{f}(\mathrm{x}e^{p\sqrt{-1}}),$$

considérée comme fonction de deux variables x et p, reste continue par rapport à ces variables, dans le cas même où chacune d'elles, sans changer de module, deviendrait imaginaire; et comme, dans ce cas, pour un module de p compris entre les limites $-\pi$, $+\pi$, le module de l'exponentielle trigonométrique $e^{p\sqrt{-1}}$ ne pourrait dépasser la limite supérieure e^{π}, ni la limite inférieure $e^{-\pi}$, il suffira que, des deux produits

$$\mathrm{x}e^{\pi}, \quad \mathrm{x}e^{-\pi},$$

le premier ne puisse devenir supérieur à la limite a, ni le second inférieur à la limite $\mathrm{a}_{,}$. En d'autres termes, il suffira que les logarithmes népériens des rapports

$$\frac{\mathrm{a}}{\mathrm{x}}, \quad \frac{\mathrm{x}}{\mathrm{a}_{,}}$$

surpassent tous deux le nombre

$$\pi = 3,14159265\ldots.$$

D'autre part, en désignant par u, v deux variables nouvelles qui aient pour modules a, $\mathrm{a}_{,}$, et pour argument un angle variable φ, on aura

$$(6) \qquad \mathrm{f}(x) = \frac{1}{2\pi}\int_{-\pi}^{\pi}\frac{u}{u-x}\,\mathrm{f}(u)\,d\varphi - \frac{1}{2\pi}\int_{-\pi}^{\pi}\frac{v}{v-x}\,\mathrm{f}(v)\,d\varphi.$$

Ce n'est pas tout : si l'on pose, pour abréger,

$$\mathrm{l}\left(\frac{\mathrm{a}}{\mathrm{x}}\right) = \theta,$$

l'équation

$$u - x = 0 \tag{7}$$

pourra s'écrire comme il suit

$$e^{\theta+\varphi\sqrt{-1}} = e^{p\sqrt{-1}},$$

et cette équation, résolue par rapport à p, offrira une infinité de racines de la forme

$$p = \varphi - \theta\sqrt{-1} + 2i\pi, \tag{8}$$

i désignant une quantité entière positive ou négative. On trouvera, par suite,

$$\frac{u}{u - x} = \sqrt{-1}\sum \frac{1}{p - (\varphi + 2i\pi) + \theta\sqrt{-1}}, \tag{9}$$

la somme qu'indique le signe Σ s'étendant à toutes les valeurs entières de i. De même, en posant

$$\mathrm{l}\left(\frac{\mathrm{x}}{\mathrm{a}_{,}}\right) = \theta_{,},$$

on trouvera

$$\frac{v}{v - x} = \sqrt{-1}\sum \frac{1}{p - (\varphi + 2i\pi) - \theta_{,}\sqrt{-1}}. \tag{10}$$

Cela posé, on tirera évidemment de la formule (6)

$$\mathrm{f}(x) = \frac{\sqrt{-1}}{2\pi}\int_{-\pi}^{\pi}\sum\left[\frac{\mathrm{f}(u)}{p - (\varphi + 2i\pi) + \theta\sqrt{-1}} - \frac{\mathrm{f}(v)}{p - (\varphi + 2i\pi) - \theta_{,}\sqrt{-1}}\right]d\varphi. \tag{11}$$

Lorsque le nombre π est effectivement compris entre les limites θ, $\theta_{,}$, qui représentent les logarithmes népériens des rapports $\frac{\mathrm{a}}{\mathrm{x}}$, $\frac{\mathrm{x}}{\mathrm{a}_{,}}$, on peut développer suivant les puissances ascendantes de p chacune des fractions comprises sous le signe $\int$ dans le second membre de la formule (11), et alors on obtient la valeur de $\mathrm{f}(x)$, développée à son tour suivant les puissances ascendantes de p, par une formule qui s'accorde nécessairement avec l'équation (5). Ajoutons que, si dans le second membre de la formule (11) on nomme $\mathfrak{P}$ la partie correspondante à une valeur nulle de i, on aura

$$(12) \qquad \mathfrak{P} = \frac{\sqrt{-1}}{2\pi}\int_{-\pi}^{\pi}\left[\frac{\mathrm{f}(u)}{p-\varphi+\theta\sqrt{-1}} - \frac{\mathrm{f}(v)}{p-\varphi-\theta_{,}\sqrt{-1}}\right]d\varphi$$

et, par suite,

$$(13) \qquad \mathfrak{P} = \Sigma c_m p^m,$$

la valeur de c_m étant

$$(14) \qquad c_m = \frac{(-1)^{m+1}\sqrt{-1}}{2\pi}\int_{-\pi}^{\pi}\left[\frac{\mathrm{f}(u)}{(\varphi-\theta\sqrt{-1})^{m+1}} - \frac{\mathrm{f}(v)}{(\varphi-\theta_{,}\sqrt{-1})^{m+1}}\right]d\varphi.$$

Remarquons enfin que, des formules (5) et (13), on tirera

$$\mathrm{f}(x) - \mathfrak{P} = \Sigma(h_m - c_m)p^m$$

et, par conséquent,

$$(15) \qquad \mathrm{f}(x) = \mathfrak{P} + \Sigma(h_m - c_m)p^m.$$

Supposons maintenant que le nombre π cesse d'être renfermé entre les limites θ, $\theta_{,}$. Alors les équations (5) et (13) cesseront d'être exactes, attendu que les fractions renfermées sous le signe $\int$, dans la valeur de $\mathfrak{P}$, cesseront d'être toujours développables en séries ordonnées suivant les puissances ascendantes de p. Mais il n'en sera pas de même des autres fractions renfermées sous le signe $\int$ dans le second membre de la formule (11), attendu que, pour une valeur de i différente de zéro et pour une valeur de φ comprise entre les limites $-\pi$, $+\pi$, les modules des expressions imaginaires

$$\varphi + 2i\pi + \theta\sqrt{-1}, \quad \varphi + 2i\pi - \theta_{,}\sqrt{-1}$$

seront toujours supérieurs au nombre π. Donc alors la formule (15) continuera de subsister. Ainsi, dans le cas où le développement de $\mathrm{f}(x)$ en série ordonnée suivant les puissances ascendantes de p

deviendra divergent, il suffira de modifier la série obtenue, comme l'indique la formule (15), pour retrouver un développement convergent auquel devra s'ajouter la valeur de $\varPhi$ déterminée par l'équation (12). Remarquons encore que, dans la formule (12), les fractions comprises sous le signe $\int$ pourront généralement se développer, pour certaines valeurs de φ, suivant les puissances ascendantes de p, et, pour d'autres valeurs de φ, suivant les puissances descendantes de p, et que, en conséquence, la fonction $\varPhi$ sera toujours développable, suivant les puissances ascendantes et descendantes de p, en une série dont les coefficients seront des intégrales prises entre des limites qui dépendront elles-mêmes de l'argument p.

Je développerai, dans d'autres articles, les conséquences les plus remarquables des nouvelles formules que je viens d'établir.

281.

ANALYSE MATHÉMATIQUE. — *Mémoire sur les approximations des fonctions de très grands nombres.*

C. R., T. XX, p. 481 (24 février 1845).

Au moment où il s'agissait de proposer un sujet de prix pour les Sciences mathématiques, un de nos confrères remarquait avec raison que les travaux des géomètres sur la détermination des fonctions de très grands nombres laissaient encore beaucoup à désirer. J'ai, il est vrai, dans un précédent Mémoire, étendu la théorie de leurs approximations, en établissant des formules qui comprennent, comme cas particuliers, celles que Laplace avait données. Mais, dans le Mémoire de 1827, je me suis borné au calcul du premier terme de la série qui représente la fonction dont on cherche la valeur approchée. Ayant réfléchi de nouveau sur cet objet, j'ai été assez heureux pour obtenir une théorie générale qui fournit, avec les valeurs approchées des fonctions, leurs développements en séries convergentes ou en séries syntagmatiques dont les sommes représentent les fonctions elles-mêmes. Cette théorie nouvelle est fondée sur la considération de la série qu'on obtient quand on développe une fonction d'une seule variable suivant les puissances entières de l'argument de cette variable. Les formules auxquelles je parviens renferment une transcendante unique, savoir l'intégrale de l'exponentielle négative qui a pour exposant le carré d'une variable. Mes formules peuvent être appliquées, avec un égal succès, et aux problèmes du calcul des chances et aux problèmes astronomiques. Elles fournissent un nouveau moyen de calculer aisément les mouvements des planètes, et, en particulier, les inégalités périodiques d'un ordre élevé.

Dans un prochain article, j'exposerai en détail les calculs et les résultats que je viens d'indiquer sommairement.

282.

Analyse mathématique. — *Note sur les modules principaux des fonctions.*

C. R., T. XX, p. 546 (3 mars 1845).

Soit

$$x = r\, e^{p\sqrt{-1}}$$

une variable imaginaire, dont r désigne le module et p l'argument. Soit encore

$$f(x) = f(r\, e^{p\sqrt{-1}})$$

une fonction de la variable x, qui reste continue avec sa dérivée du premier ordre, par rapport à r et à p, pour des valeurs du module r très voisines d'un certain module x. Enfin soit R le module de la fonction

$$f(r\, e^{p\sqrt{-1}}).$$

Si, dans cette fonction, l'on fait varier seulement l'argument p, R acquerra des valeurs diverses, parmi lesquelles se trouveront des maxima et minima correspondants aux valeurs de p, qui vérifieront la condition

$$D_p R = 0. \tag{1}$$

Soit $\mathcal{R}$ le plus grand des maxima ou le *maximum maximorum* de R, considéré comme fonction de p. $\mathcal{R}$ sera une fonction de la seule variable r; et, pour la valeur x du module r, $\mathcal{R}$ acquerra une valeur déterminée. Supposons maintenant que, r venant à croître à partir de la valeur x, la fonction $\mathcal{R}$ diminue; on aura

$$D_r \mathcal{R} < 0. \tag{2}$$

D'ailleurs $\mathcal{R}$ est ce que devient R quand on y suppose p réduit à une fonction de r, déterminée par la formule (1); et, comme on aura, dans cette supposition,

$$D_r \mathcal{R} = D_r R + D_p R \, D_r p,$$

par conséquent, eu égard à la formule (1),

$$D_r \mathcal{R} = D_r R, \tag{3}$$

il est clair qu'à la condition (2) on pourra substituer la suivante :

$$D_r R < 0. \tag{4}$$

Concevons à présent que, le module r croissant toujours, la fonction R ne cesse pas d'être finie et continue. Le *maximum maximorum* de R relatif à l'argument p, c'est-à-dire la fonction de r désignée par $\mathcal{R}$, ne pourra cesser de décroître, pour croître ensuite, qu'après avoir atteint une valeur minimum. Cette valeur minimum sera ce que j'appellerai un *module principal* de la fonction $f(x)$. D'ailleurs, ce module principal étant tout à la fois un maximum de R, considéré comme fonction de p et un minimum de $\mathcal{R}$, répondra généralement à des valeurs de r et p qui vérifieront les conditions

$$D_p R = 0, \qquad D_r \mathcal{R} = 0, \tag{5}$$

$$D_p^2 R < 0, \qquad D_r^2 \mathcal{R} > 0. \tag{6}$$

Ajoutons que de la formule (3), jointe à l'équation (1), on tirera

$$D_r^2 \mathcal{R} = D_r^2 R - \frac{(D_p D_r R)^2}{D_p^2 R},$$

et que, en vertu de cette dernière équation, jointe à la formule (3), on pourra réduire les conditions (5), (6) aux suivantes :

$$(7) \qquad D_p R = 0, \qquad D_r R = 0,$$

$$(8) \qquad D_p^2 R < 0, \qquad D_r^2 R - \frac{(D_p D_r R)^2}{D_p^2 R} > 0.$$

Il y a plus : si l'on nomme

$$s \text{ et } S$$

les logarithmes népériens des modules

$$r \text{ et } R,$$

en sorte qu'on ait

$$(9) \qquad r = e^s, \qquad R = e^S,$$

il est clair que s croîtra indéfiniment avec r, et S avec R. Il en résulte qu'en considérant R, non plus comme une fonction de r et p, mais comme une fonction de s et p, on pourra substituer aux formules (1) et (4) les conditions

$$(10) \qquad D_p S = 0, \qquad D_s S < 0,$$

et aux formules (7), (8) les suivantes :

$$(11) \qquad D_p S = 0, \qquad D_s S = 0,$$

$$(12) \qquad D_p S < 0, \qquad D_s^2 S - \frac{(D_p D_s S)^2}{D_p^2 S} > 0.$$

Il nous reste à faire voir que, pour décider si les formules (9), (11) ou (12) sont ou ne sont pas vérifiées, il suffit de recourir à la seule considération de la fonction $f(x)$ et de ses dérivées du premier et du second ordre, prises par rapport à la variable x.

Si l'on nomme P l'argument de $f(x)$, en sorte qu'on ait

$$(13) \qquad f(x) = R\, e^{P\sqrt{-1}},$$

les valeurs de x, $f(x)$, exprimées en fonction de s, p, S, P, seront

$$x = e^{s+p\sqrt{-1}}, \qquad f(x) = e^{S+P\sqrt{-1}}. \tag{14}$$

Donc, si l'on considère x, S, P comme des fonctions de s, p, et si l'on pose, pour abréger,

$$f'(x) = D_x f(x), \qquad f''(x) = D_x^2 f(x),$$

on trouvera, non seulement

$$D_p x = x\sqrt{-1}, \qquad D_s x = x,$$

$$D_p^2 x = -x, \qquad D_p D_s x = x\sqrt{-1}, \qquad D_s^2 x = x,$$

mais encore

$$D_p(S + P\sqrt{-1}) = \sqrt{-1}\, D_s(S + P\sqrt{-1}), \tag{15}$$

$$D_p^2(S + P\sqrt{-1}) = \sqrt{-1}\, D_p D_s(S + P\sqrt{-1}) = -D_s^2(S + P\sqrt{-1}), \tag{16}$$

les valeurs de $D_s(S + P\sqrt{-1})$, $D_s^2(S + P\sqrt{-1})$ étant

$$D_s(S + P\sqrt{-1}) = \frac{x f'(x)}{f(x)}, \qquad D_s^2(S + P\sqrt{-1}) = x D_x \frac{x f'(x)}{f(x)}, \tag{17}$$

et, par suite,

$$\left\{\begin{array}{ll} D_p S = -D_s P, & D_p P = D_s S, \\ D_p^2 S = -D_p D_s P = -D_s^2 S, & D_p^2 P = D_p D_s S = -D_s P. \end{array}\right. \tag{18}$$

Or, comme on tire des équations (17) et (18)

$$\frac{x f'(x)}{f(x)} = D_s S - D_p S\sqrt{-1}$$

et

$$D_s^2 S = -D_p^2 S,$$

les formules (11) pourront être évidemment réduites à la seule formule

$$\frac{x f'(x)}{f(x)} = 0, \tag{19}$$

et les conditions (12) à la seule condition

$$D_p^2 S < 0, \tag{20}$$

puisque, en supposant la condition (20) vérifiée, on aura

$$\mathrm{D}_s^2 S - \frac{(\mathrm{D}_p \mathrm{D}_s S)^2}{\mathrm{D}_p^2 S} = -\mathrm{D}_p^2 S \left[1 + \left(\frac{\mathrm{D}_p \mathrm{D}_s S}{\mathrm{D}_p S} \right)^2 \right] > 0.$$

On doit observer, en outre : 1° que dans l'équation (19) on peut laisser de côté la racine

$$x = 0,$$

à laquelle correspondrait une valeur nulle de $\mathrm{D}_p^2 S$; 2° qu'on pourra omettre pareillement le diviseur $\mathrm{f}(x)$, si, comme nous l'avons supposé, on se borne à faire varier le module r entre des limites telles que la fonction $\mathrm{f}(x)$ ne cesse pas d'être continue. On pourra donc alors réduire l'équation (19) à celle-ci :

$$\mathrm{f}'(x) = 0. \tag{21}$$

Ajoutons que, en vertu des formules (15), (16) et (17), les conditions (10) se réduiront évidemment à ce que la valeur du produit

$$\frac{x\,\mathrm{f}'(x)}{\mathrm{f}(x)} \tag{22}$$

soit réelle, mais négative, et la condition (20) à ce que la partie réelle du produit

$$x\,\mathrm{D}_x \frac{x\,\mathrm{f}'(x)}{\mathrm{f}(x)} \tag{23}$$

reste positive. Remarquons enfin que, dans le cas où l'équation (21) se vérifie, l'expression (23) peut être réduite au produit

$$\frac{x^2\,\mathrm{f}''(x)}{\mathrm{f}(x)}.$$

Cela posé, on pourra évidemment énoncer la proposition suivante :

Théorème I. — *Soient*

$$x = r\,e^{p\sqrt{-1}}$$

une variable imaginaire, dont r désigne le module, et $\mathrm{f}(x)$ *une fonction de la variable* x*, qui reste continue avec sa dérivée du premier ordre,* *dans le voisinage d'une valeur particulière* x *attribuée au module r. Soient encore R le module de la fonction* f(x), *et* $\mathfrak{R}$ *le* maximum maximorum *de R, considérée comme fonction de la seule variable p. Enfin supposons que, le module r venant à croître à partir de la valeur* x, *sans que la fonction* f(x) *cesse d'être continue, le module* $\mathfrak{R}$ *commence par décroître, pour croître ensuite. Non seulement la valeur de p, à laquelle correspondra le module* $\mathfrak{R}$, *donnera pour le produit*

$$\frac{x\,f'(x)}{f(x)}$$

une valeur réelle qui, d'abord négative, finira par changer de signe, en passant par zéro, mais, de plus, ce changement de signe aura précisément lieu à l'instant où le module $\mathfrak{R}$, *devenant un minimum, sera réduit à ce que nous appelons un* module principal *de la fonction* f(x); *et alors la valeur de* x, *en vérifiant l'équation*

$$f'(x) = 0,$$

rendra généralement positive la partie réelle du produit

$$\frac{x^2 f''(x)}{f(x)}.$$

Ajoutons que, réciproquement, si ces deux conditions sont vérifiées, pour une valeur donnée de x, *la valeur correspondante de R sera un module principal de* f(x).

Corollaire I. — Nous avons ici considéré le cas général où la partie réelle de f$''(x)$ ne s'évanouit pas pour une valeur de x qui vérifie l'équation

$$f'(x) = 0.$$

Dans le cas contraire, pour décider si un module principal de la fonction f(x) correspond à la valeur trouvée de x, on ne pourrait plus se borner à la seule considération de la fonction f(x) et de ses dérivées du premier et du second ordre. Il faudrait, comme dans la théorie ordinaire des maxima et minima, faire encore entrer en ligne de compte les dérivées d'un ordre supérieur au second, ou du moins la première de celles qui ne se réduiraient pas à zéro.

Corollaire II. — Pour montrer une application très simple du théorème ci-dessus énoncé, posons

$$\mathrm{f}(x) = x^{-n} e^{x},$$

n étant un nombre quelconque. Dans ce cas, l'équation (19) ou (21), réduite à la formule

$$x - n = 0,$$

offrira une seule racine finie, savoir

$$x = n.$$

Comme on aura d'ailleurs

$$\frac{x^2 \mathrm{f}''(x)}{\mathrm{f}(x)} = n > 0,$$

on conclura du théorème ci-dessus énoncé que la fonction

$$x^{-n} e^{x}$$

admet un seul module principal, qui se confond avec la valeur minimum calculée pour le cas où la variable x reste réelle. Ce module principal, correspondant à la valeur n de x, se trouve représenté par le produit

$$n^{-n} e^{n}.$$

283.

ANALYSE MATHÉMATIQUE. — *Mémoire sur les approximations des fonctions de très grands nombres.*

C. R., T. XX, p. 552 (3 mars 1845).

La théorie nouvelle et générale que je vais établir repose, comme je l'ai déjà dit dans la dernière séance, sur la considération de la série simple qu'on obtient quand on développe une fonction d'une seule variable suivant les puissances entières de l'argument de cette variable.

Après avoir montré dans le premier paragraphe qu'on peut faire servir ce développement à la détermination du terme constant ou même d'un terme quelconque de la série simple qui représente la même fonction développée suivant les puissances entières du module, j'examine les conséquences importantes qui se déduisent de cette vérité pour l'approximation des fonctions de très grands nombres, et je prouve, en particulier, que la détermination approximative d'une fonction qui renferme un facteur élevé à une très haute puissance peut être généralement ramenée à la détermination du module principal de ce facteur. Il y a plus : je fais voir comment on peut développer de telles fonctions en séries rapidement convergentes, qui permettent de les calculer avec une exactitude aussi grande que l'on voudra. Parmi les résultats auxquels je suis ainsi parvenu, il en est un surtout qui paraît digne de remarque, et que je vais immédiatement énoncer.

Soit $F(x)$ une fonction de x, qui renferme un facteur élevé à une très haute puissance, en sorte qu'on ait

$$F(x) = \mathcal{X}^n f(x),$$

n désignant un très grand nombre, et $\mathcal{X}$ étant lui-même fonction de x. Supposons d'ailleurs que la fonction $F(x)$ reste continue avec sa dérivée du premier ordre, pour tout module de x qui ne dépasse pas une certaine limite supérieure a, ni une certaine limite inférieure $\mathrm{a}_{,}$. Supposons encore qu'une certaine valeur k de x offre un module x compris entre ces limites, et qu'à cette valeur corresponde un module principal de la fonction $\mathcal{X}$. Enfin, nommons a la valeur particulière du produit

$$\frac{1}{2}\,\frac{x^2\mathcal{X}''}{\mathcal{X}},$$

correspondante à $x = k$, et A le terme indépendant de la variable x dans le développement de $F(x)$ suivant les puissances entières de cette variable. Si les logarithmes népériens des rapports

$$\frac{\mathrm{a}}{\mathrm{x}},\quad \frac{\mathrm{x}}{\mathrm{a}_{,}}$$

surpassent tous deux le nombre

$$\pi = 3,14159265\ldots,$$

on aura

$$\mathrm{A} = e^{-n\mathrm{D}_n} \frac{\mathrm{F}\left[k e^{\left(\frac{\mathrm{D}_n}{a}\right)^{\frac{1}{2}}}\right] + \mathrm{F}\left[k e^{-\left(\frac{\mathrm{D}_n}{a}\right)^{\frac{1}{2}}}\right]}{2\pi} \int_0^{\pi} e^{-anp^2}\, dp,$$

la lettre caractéristique D_n indiquant une différentiation relative à n, et les facteurs symboliques devant être remplacés par leurs développements suivant les puissances entières de D_n. Ajoutons qu'à ces mêmes développements correspondra un développement très convergent de A, qui renfermera la seule transcendante

$$\int_0^{\pi} e^{-anp^2}\, dp = \frac{1}{\sqrt{an}} \int_0^{\pi\sqrt{an}} e^{-p^2}\, dp$$

et qui, pour de très grandes valeurs de n, se réduira sensiblement à son premier terme, c'est-à-dire à la moitié du rapport

$$\frac{\mathrm{F}(k)}{\sqrt{n\pi a}}.$$

Ce n'est pas tout : la moitié de ce rapport représentera encore, à très peu près, la valeur de A correspondante à de grandes valeurs de n, dans le cas même où les logarithmes népériens des quantités $\frac{\mathrm{a}}{\mathrm{x}}$, $\frac{\mathrm{x}}{\mathrm{a}_{\prime}}$ ne seront pas l'un et l'autre supérieurs au nombre π.

Dans le second et le troisième paragraphes, j'applique la nouvelle théorie à la solution de divers problèmes et à l'établissement des formules générales à l'aide desquelles on détermine facilement les perturbations d'un ordre élevé dans les mouvements des corps célestes.

284.

ANALYSE MATHÉMATIQUE. — *Mémoire sur les approximations des fonctions de très grands nombres.*

C. R., T. XX, p. 691 (17 mars 1845).

Nous allons exposer ici, avec quelques développements, la théorie nouvelle qui fait l'objet de ce Mémoire, et qui repose sur les bases déjà indiquées dans de précédents articles (*voir*, en particulier, le *Compte rendu* de la séance du 3 mars 1845).

ANALYSE.

§ I. — *Considérations générales.*

Nommons x une variable dont x soit le module et p l'argument, en sorte qu'on ait

$$x = \mathrm{x}\, e^{p\sqrt{-1}}.$$

Soit encore $f(x)$ une fonction de x qui reste continue, avec sa dérivée du premier ordre, pour toute valeur du module x qui ne dépasse pas une certaine limite supérieure a, ni une certaine limite inférieure $\mathrm{a}_{,}$. Enfin, posons

$$\theta = \mathrm{l}\left(\frac{\mathrm{a}}{\mathrm{x}}\right), \qquad \theta_{,} = \mathrm{l}\left(\frac{\mathrm{x}}{\mathrm{a}_{,}}\right),$$

la lettre caractéristique l indiquant un logarithme népérien. Si le nombre

$$\pi = 3,14159265\ldots,$$

qui exprime le rapport de la circonférence au diamètre, est inférieur aux deux nombres θ, $\theta_{,}$, alors, d'après ce qui a été dit dans la dernière séance, la fonction

$$f(x) = f(\mathrm{x}\, e^{p\sqrt{-1}}),$$

dans laquelle la valeur numérique de p peut être supposée inférieure à π, sera toujours développable en une série simple et convergente, ordonnée suivant les puissances ascendantes de l'argument p; et, en désignant par

$$h_m p^m$$

le terme général de cette série, on aura

$$(1) \qquad \mathrm{f}(x) = \Sigma\, h_m p^m,$$

la somme qu'indique le signe Σ s'étendant à toutes les valeurs entières, nulle et positives de m. Si, au contraire, le nombre π surpasse les deux limites θ, $\theta_{,}$, ou seulement l'une d'elles, alors, en désignant par ϖ la plus petite de ces limites, il faudra supposer la valeur numérique de p inférieure à ϖ, pourvu que la fonction $\mathrm{f}(x)$ reste développable en série convergente suivant les puissances ascendantes de p. Donc alors, en désignant, comme ci-dessus, par $h_m p^m$ le terme général du développement, on devra restreindre la formule (1) au cas où, abstraction faite du signe, l'argument p restera inférieur à ϖ.

Faisons voir maintenant que, si l'on suppose connu le développement de la fonction $\mathrm{f}(x)$ en une série simple ordonnée suivant les puissances ascendantes de l'argument p, on pourra en déduire, avec facilité, le terme constant ou même un terme quelconque du développement de la même fonction en une série simple ordonnée suivant les puissances entières du module x, ou, ce qui revient au même, suivant les puissances entières de la variable x.

Nommons k_n le coefficient de x^n dans le développement de $\mathrm{f}(x)$ effectué suivant les puissances entières de x, pour un module x de x renfermé entre les limites a et $\mathrm{a}_{,}$, de sorte qu'on ait

$$(2) \qquad \mathrm{f}(x) = k_0 + k_1 x + k_2 x^2 + \ldots + k_{-1} x^{-1} + k_{-2} x^{-2} + \ldots,$$

ou, ce qui revient au même,

$$(3) \qquad \mathrm{f}(x) = \Sigma\, k_n x^n,$$

la somme qu'indique le signe Σ s'étendant à toutes les valeurs entières, positives, nulle et négatives de n. On tirera de l'équation (2)

$$k_0 = \frac{1}{2\pi}\int_{-\pi}^{\pi} \mathrm{f}(x)\,dp. \tag{4}$$

Il y a plus : en remplaçant, sous le signe $\int$, x par $\mathrm{x}e^{p\sqrt{-1}}$, on tirera de la formule (4)

$$k_0 = \frac{1}{2\pi}\int_{-\pi}^{\pi} \mathrm{f}(\mathrm{x}\,e^{p\sqrt{-1}})\,dp \tag{5}$$

ou, ce qui revient au même,

$$k_0 = \frac{1}{2\pi}\int_{-\pi}^{\pi} \frac{\mathrm{f}(\mathrm{x}\,e^{p\sqrt{-1}}) + \mathrm{f}(\mathrm{x}\,e^{-p\sqrt{-1}})}{2}\,dp. \tag{6}$$

Cela posé, si la limite ϖ, qui représente le plus petit des deux nombres θ, $\theta_{,}$, vérifie la condition $\varpi > \pi$, on tirera des formules (1) et (4), ou, ce qui revient au même, des formules (1) et (6),

$$k_0 = \frac{1}{\pi}\Sigma h_{2m}\frac{\pi^{2m+1}}{2m+1}, \tag{7}$$

la somme qu'indique le signe Σ s'étendant à toutes les valeurs entières, nulle et positives de m. Si, au contraire, on a $\varpi < \pi$, on pourra remplacer l'équation (4) par la suivante

$$k_0 = \frac{1}{2\pi}\int_{-\varpi}^{\varpi} \mathrm{f}(x)\,dp + \frac{1}{\pi}\int_{\varpi}^{\pi} \frac{\mathrm{f}(\mathrm{x}\,e^{p\sqrt{-1}}) + \mathrm{f}(\mathrm{x}\,e^{-p\sqrt{-1}})}{2}\,dp, \tag{8}$$

et l'on tirera de cette dernière, combinée avec la formule (1),

$$k_0 = \frac{1}{\pi}\Sigma h_{2m}\frac{\varpi^{2m+1}}{2m+1} + \frac{1}{\pi}\int_{\varpi}^{\pi} \frac{\mathrm{f}(\mathrm{x}\,e^{p\sqrt{-1}}) + \mathrm{f}(\mathrm{x}\,e^{-p\sqrt{-1}})}{2}\,dp. \tag{9}$$

Les séries dont les sommes entrent dans les formules (7) et (9) seront certainement convergentes. Mais on peut leur substituer d'autres séries plus rapidement convergentes, en opérant comme je vais l'indiquer.

Supposons que, dans la formule (4) ou (8), on décompose, sous le signe $\int$, $f(x)$ considérée comme fonction de p, en deux facteurs $\varphi(p)$ et $\chi(p)$, en sorte qu'on ait

$$f(x) = \varphi(p)\chi(p). \tag{10}$$

Supposons encore que le facteur $\varphi(p)$, tout comme la fonction

$$f(x) = f(\mathrm{x}\, e^{p\sqrt{-1}}),$$

reste, avec sa dérivée, fonction continue de p, pour tout module de p inférieur à ϖ. Alors, pour un tel module, on pourra développer ce facteur $\varphi(p)$ en série ordonnée suivant les puissances ascendantes de p; et, en désignant par

$$c_m$$

le coefficient de x^m dans le développement obtenu, on aura

$$\varphi(p) = \Sigma\, c_m p^m; \tag{11}$$

puis, en combinant la formule (10) avec la formule (11), on trouvera

$$f(x) = \Sigma\, c_m p^m \chi(p). \tag{12}$$

Or on tirera évidemment de cette dernière équation, jointe à la formule (4) ou (8), 1° en supposant $\varpi > \pi$,

$$k_0 = \frac{1}{2\pi} \Sigma\, c_m \int_{-\pi}^{\pi} p^m \chi(p)\, dp; \tag{13}$$

2° en supposant $\varpi < \pi$,

$$k_0 = \frac{1}{2\pi} \Sigma\, c_m \int_{-\varpi}^{\varpi} p^m \chi(p)\, dp + \frac{1}{\pi}\int_{\varpi}^{\pi} \frac{f(\mathrm{x}\, e^{p\sqrt{-1}}) + f(\mathrm{x}\, e^{-p\sqrt{-1}})}{2}\, dp. \tag{14}$$

On doit remarquer particulièrement le cas où, dans les formules (13), (14), on suppose

$$\chi(p) = e^{\mathrm{P}},$$

P désignant une fonction entière de p. Alors, en effet, les deux exponentielles

$$e^{\mathrm{P}}, \quad e^{-\mathrm{P}}$$

restent, avec leurs dérivées, fonctions continues de l'argument P, et par suite la fonction $\varphi(p)$, déterminée par l'équation (10), de laquelle on tire

$$\varphi(p) = e^{-P} f(x), \tag{15}$$

remplit certainement la condition de rester continue avec sa dérivée en même temps que la fonction $f(x)$. Il y a plus : si, pour fixer les idées, on pose

$$\chi(p) = e^{ap\sqrt{-1}},$$

a désignant une constante réelle ou imaginaire, alors, comme on aura

$$\frac{1}{2\pi}\int_{-\pi}^{\pi} e^{ap\sqrt{-1}}\,dp = \frac{\sin a\pi}{a\pi}$$

et, par suite,

$$\frac{1}{2\pi}\int_{-\pi}^{\pi} (p\sqrt{-1})^m e^{ap\sqrt{-1}}\,dp = \frac{1}{\pi} D_a^m \frac{\sin a\pi}{a},$$

on tirera de la formule (13)

$$k_0 = \frac{1}{\pi}\sum \frac{c_m}{(\sqrt{-1})^m} D_a^m \frac{\sin a\pi}{a} \tag{16}$$

ou, ce qui revient au même,

$$k_0 = \frac{1}{\pi}\varphi\left(\frac{D_a}{\sqrt{-1}}\right)\frac{\sin a\pi}{a}, \tag{17}$$

la valeur de $\varphi(p)$ étant, en vertu de la formule (10),

$$\varphi(p) = e^{-ap\sqrt{-1}} f(x\,e^{p\sqrt{-1}}).$$

Si, au contraire, on pose

$$\chi(p) = e^{-ap^2},$$

alors, comme on aura

$$\int_{-\pi}^{\pi} p^{2m} e^{-ap^2}\,dp = (-1)^m D_a^m \int_{-\pi}^{\pi} e^{-ap^2}\,dp$$

et

$$\int_{-\pi}^{\pi} p^{2m+1} e^{-ap^2}\,dp = 0,$$

on tirera de la formule (13)

$$(18)\qquad k_0 = \frac{1}{2\pi}\Sigma(-1)^m c_{2m}\mathrm{D}_a^m \int_{-\pi}^{\pi} e^{-ap^2}\,dp$$

ou, ce qui revient au même,

$$(19)\qquad k_0 = \frac{1}{2\pi}\,\frac{\varphi\left(\mathrm{D}_a^{\frac{1}{2}}\sqrt{-1}\right)+\varphi\left(-\mathrm{D}_a^{\frac{1}{2}}\sqrt{-1}\right)}{2}\int_{-\pi}^{\pi} e^{-ap^2}\,dp,$$

la valeur de $\varphi(p)$ étant

$$(20)\qquad \varphi(p) = e^{ap^2}\,\mathrm{f}\left(\mathrm{x}\,e^{p\sqrt{-1}}\right).$$

Les formules (16), (17), (18), (19), toutes déduites de l'équation (13), se rapportent au cas où l'on a $\varpi > \pi$. Si l'on avait, au contraire, $\varpi < \pi$, ces formules devraient être remplacées par celles que l'on déduirait de l'équation (14). Alors, par exemple, à la place de la formule (19), on obtiendrait la suivante :

$$(21)\qquad k_0 = \frac{1}{2\pi}\,\frac{\varphi\left(\mathrm{D}_a^{\frac{1}{2}}\sqrt{-1}\right)+\varphi\left(-\mathrm{D}_a^{\frac{1}{2}}\sqrt{-1}\right)}{2}\int_{-\varpi}^{\varpi} e^{-ap^2}\,dp + \frac{1}{\pi}\int_{\varpi}^{\pi}\frac{\varphi(p)+\varphi(-p)}{2}\,e^{-ap^2}\,dp.$$

Jusqu'ici, en supposant connu le développement de la fonction $\mathrm{f}(x)$ suivant les puissances ascendantes de l'argument p, nous nous sommes borné à déduire de ce développement la valeur de k_0, c'est-à-dire le terme constant de la série qui représente le développement de la même fonction suivant les puissances entières de la variable x. Si l'on voulait obtenir, non plus la valeur de k_0, mais celle de la constante k_n qui sert de coefficient à x^n dans le dernier développement, il suffirait évidemment de remplacer, dans les diverses formules, la fonction $\mathrm{f}(x)$ par le rapport

$$\frac{\mathrm{f}(x)}{x^n},$$

attendu que, en vertu de l'équation (2), k_n sera précisément le terme constant du développement de ce rapport en série ordonnée suivant les puissances entières de x. On arrivera encore aux mêmes conclusions, si l'on observe que de la formule (2), divisée par x^n, on tire

$$k_n = \frac{1}{2\pi}\int_{-\pi}^{\pi} x^{-n}\, \mathrm{f}(x)\, dp. \tag{22}$$

Une fonction donnée d'un très grand nombre n peut être considérée comme représentant le coefficient x^n dans une série ordonnée suivant les puissances entières de x. Telle est, en particulier, la fonction k_n, déterminée par la formule (22). Rien n'empêche d'ailleurs de supposer que, dans les calculs précédents, on remplace la fonction $\mathrm{f}(x)$ par une autre qui dépende elle-même du nombre n, et renferme, par exemple, un facteur élevé à la $n^{\text{ième}}$ puissance.

Supposons, pour fixer les idées, que, dans le second membre de la formule (22), on remplace $\mathrm{f}(x)$ par le produit

$$x^n \mathcal{X}^n \mathrm{f}(x),$$

$\mathcal{X}$ désignant une nouvelle fonction de x, et nommons A_n ce que devient alors k_n, ou, ce qui revient au même, nommons A_n ce que devient la valeur de k_0 déterminée par la formule (4), lorsqu'on remplace, dans le second membre de cette équation, la fonction $\mathrm{f}(x)$ par le produit

$$\mathcal{X}^n \mathrm{f}(x) = \mathrm{F}(x).$$

On aura

$$\mathrm{A}_n = \frac{1}{2\pi}\int_{-\pi}^{\pi} \mathcal{X}^n \mathrm{f}(x)\, dp = \frac{1}{2\pi}\int_{-\pi}^{\pi} \mathrm{F}(x)\, dp. \tag{23}$$

Supposons d'ailleurs que $\mathcal{X}$, comme $\mathrm{f}(x)$, reste, avec sa dérivée, fonction continue de la variable x, pour tout module de cette variable qui ne dépasse pas la limite supérieure a, ni la limite inférieure a, Enfin, supposons que l'on prenne, non plus

$$\chi(p) = e^{-ap^2},$$

mais

$$\chi(p) = e^{-anp^2}$$

et, par suite,

$$\varphi(p) = e^{anp^2}\mathrm{F}(x) = e^{anp^2}\mathrm{F}(\mathrm{x}\, e^{p\sqrt{-1}}). \tag{24}$$

Alors, à la place des formules (18), (19), on obtiendra deux autres équations du même genre; et, en se servant de la caractéristique D_n pour indiquer une différentiation relative à n, on trouvera : 1° si l'on a $\varpi > \pi$,

$$(25)\qquad A_n = \frac{1}{\pi}\,\frac{\varphi\left[\left(\frac{D_n}{a}\right)^{\frac{1}{2}}\sqrt{-1}\right]+\varphi\left[-\left(\frac{D_n}{a}\right)^{\frac{1}{2}}\sqrt{-1}\right]}{2}\int_0^{\pi} e^{-anp^2}\,dp;$$

2° si l'on a $\varpi < \pi$,

$$(26)\qquad \begin{cases} A_n = \dfrac{1}{\pi}\,\dfrac{\varphi\left[\left(\frac{D_n}{a}\right)^{\frac{1}{2}}\sqrt{-1}\right]+\varphi\left[-\left(\frac{D_n}{a}\right)^{\frac{1}{2}}\sqrt{-1}\right]}{2}\displaystyle\int_0^{\varpi} e^{-anp^2}\,dp \\ \qquad + \dfrac{1}{\pi}\displaystyle\int_{\varpi}^{\pi}\frac{\varphi(p)+\varphi(-p)}{2}\,e^{-anp^2}\,dp. \end{cases}$$

Il est bon d'observer que, dans les seconds membres des formules (25) et (26), le facteur symbolique

$$\frac{\varphi\left[\left(\frac{D_n}{a}\right)^{\frac{1}{2}}\sqrt{-1}\right]+\varphi\left[-\left(\frac{D_n}{a}\right)^{\frac{1}{2}}\sqrt{-1}\right]}{2}$$

est toujours réductible, par le développement de la fonction qu'indique la lettre φ, à une fonction entière de la caractéristique D_n. On arriverait à la même conclusion, en songeant que les valeurs de A_n, fournies par les équations (25) et (26), ne diffèrent pas de celles que donnent les formules

$$(27)\qquad A_n = \frac{1}{\pi}\int_0^{\pi}\frac{\varphi(p)+\varphi(-p)}{2}\,e^{-anp^2}\,dp,$$

$$(28)\qquad A_n = \frac{1}{\pi}\int_0^{\varpi}\frac{\varphi(p)+\varphi(-p)}{2}\,e^{-anp^2}\,dp + \frac{1}{\pi}\int_{\varpi}^{\pi}\frac{\varphi(p)+\varphi(-p)}{2}\,e^{-anp^2}\,dp,$$

quand on y substitue, dans l'intégrale prise à partir de l'origine zéro, le développement de $\varphi(p)$. Ajoutons que si, dans ces formules, on remplace p par $\frac{p}{\sqrt{n}}$, elles deviendront respectivement

$$(29)\qquad A_n = \frac{1}{\pi\sqrt{n}}\int_0^{\pi\sqrt{n}} \frac{\varphi\left(\frac{p}{\sqrt{n}}\right)+\varphi\left(-\frac{p}{\sqrt{n}}\right)}{2} e^{-ap^2}\,dp,$$

$$(30)\qquad \left\{\begin{aligned} A_n = {} & \frac{1}{\pi\sqrt{n}}\int_0^{\varpi\sqrt{n}} \frac{\varphi\left(\frac{p}{\sqrt{n}}\right)+\varphi\left(-\frac{p}{\sqrt{n}}\right)}{2} e^{-ap^2}\,dp \\ & + \frac{1}{\pi}\int_{\varpi}^{\pi} \frac{\varphi(p)+\varphi(-p)}{2} e^{-anp^2}\,dp. \end{aligned}\right.$$

Les formules (25) et (26) ou (29) et (30) fournissent le moyen d'obtenir aisément, avec une grande approximation, la valeur approchée de A_n. Pour le faire voir, considérons d'abord le cas particulier où l'on a $\mathrm{x} = 1$, et où un module principal de la fonction $\mathcal{X}$ correspond précisément à la valeur 1 de la variable x. Alors, si l'on désigne par

$$\mathcal{X}', \quad \mathcal{X}'', \quad \mathcal{X}''', \quad \ldots$$

les dérivées successives de la fonction $\mathcal{X}$ différentiée par rapport à x, non seulement l'équation

$$(31)\qquad \mathcal{X}' = 0$$

sera vérifiée quand on posera $x = 1$; mais, de plus, la valeur correspondante du produit

$$\frac{x^2\mathcal{X}''}{\mathcal{X}}$$

offrira généralement, pour partie réelle, une quantité positive. Supposons la constante a réduite précisément à la moitié de cette valeur. Comme, en vertu de l'équation

$$x = \mathrm{x}\,e^{p\sqrt{-1}},$$

on aura généralement

$$D_p x = x\sqrt{-1},$$

$$D_p\mathcal{X} = x\mathcal{X}'\sqrt{-1}, \qquad D_p^2\mathcal{X} = -\,x\,D_x(x\mathcal{X}'), \qquad \ldots,$$

et, par suite, pour $x = 1$,

$$D_p \mathcal{X} = 0, \qquad D_p^2 \mathcal{X} = -2a\mathcal{X}, \qquad \ldots,$$

le développement de $\mathcal{X}$ suivant les puissances ascendantes de p se réduira, pour la valeur 1 de la variable x, à un produit de la forme

$$\mathfrak{I}(1 - ap^2 + \ldots),$$

$\mathfrak{I}$ désignant la valeur de $\mathcal{X}$ qui correspond à $x = 1$. Donc le développement du produit

$$\mathcal{X} e^{ap^2} = \mathcal{X}(1 + ap^2 + \ldots)$$

sera de la forme

$$\mathfrak{I}(1 + bp^3 + \ldots),$$

et la valeur de $\varphi(p)$, donnée par l'équation

$$\varphi(p) = e^{anp^2} \cdot \mathrm{F}(x) = \mathcal{X}^n e^{anp^2} \mathrm{f}(x),$$

sera de la forme

$$\varphi(p) = \mathfrak{I}(1 + bp^3 + \ldots)^n \mathrm{f}(e^{p\sqrt{-1}}). \tag{32}$$

Donc, si l'on pose de nouveau

$$\varphi(p) = \Sigma c_m p^m,$$

c'est-à-dire si l'on désigne par c_m le coefficient de p^m, dans la fonction $\varphi(p)$ développée suivant les puissances ascendantes de p, on aura

$$c_0 = \mathfrak{I}, \qquad c_2 = -\mathfrak{I}\frac{\mathrm{f}'(1) + \mathrm{f}(1)}{2}, \qquad \ldots,$$

et pour $m > 1$, le coefficient c_m, considéré comme fonction de n, sera d'un degré inférieur ou tout au plus égal à $\frac{m}{3}$. Donc, enfin, dans le développement de la somme

$$\varphi\left(\frac{p}{\sqrt{n}}\right) + \left(-\frac{p}{\sqrt{n}}\right),$$

le premier terme se réduira simplement à

$$\mathfrak{I}\,\mathrm{f}(1) = \mathrm{F}(1),$$

les deux termes suivants étant de l'ordre de $\frac{1}{n}$, deux autres étant de l'ordre de $\frac{1}{n^2}$, et ainsi de suite. Il en résulte que, pour de grandes valeurs de n, les intégrales, prises à partir de l'origine zéro, dans les seconds membres des formules (29), (30), se développeront en des séries très rapidement convergentes, ainsi que les produits de ces intégrales par $\frac{1}{\sqrt{n}}$. Comme on aura d'ailleurs sensiblement, pour de grandes valeurs de n,

$$(33)\qquad \int_0^{\pi\sqrt{n}} e^{-ap^2}\,dp = \int_0^{\infty} e^{-ap^2}\,dp = \frac{1}{2}\left(\frac{\pi}{a}\right)^{\frac{1}{2}},$$

nous devons conclure qu'en négligeant, vis-à-vis de l'unité, les termes de l'ordre de $\frac{1}{n}$ ou d'un ordre plus élevé, on tirera de la formule (29)

$$(34)\qquad A_n = \frac{1}{2}\,\frac{F(1)}{\sqrt{n\pi a}},$$

et de la formule (30), jointe à l'équation (24),

$$(35)\qquad A_n = \frac{1}{2}\,\frac{F(1)}{\sqrt{n\pi a}}(1+\alpha),$$

la valeur de α étant

$$(36)\qquad \alpha = 2n^{\frac{1}{2}}\left(\frac{a}{\pi}\right)^{\frac{1}{2}} \int_{\varpi}^{\pi} \frac{F(e^{p\sqrt{-1}}) + F(e^{-p\sqrt{-1}})}{2F(1)}\,dp.$$

J'ajoute qu'alors α sera sensiblement nul, et qu'en conséquence la formule (35) pourra être réduite, sans erreur sensible, à la formule (34). Effectivement, puisqu'à la valeur 1 de x correspond un module principal de la fonction $\mathcal{X}$, il est clair que, si l'on nomme $\mathcal{R}$ le module de $\mathcal{X}$ pour $p = 0$, et $\lambda\mathcal{R}$ le module de $\mathcal{X}$ pour une valeur numérique de p comprise entre les limites ϖ et π, λ sera un nombre inférieur à l'unité. Soit d'ailleurs μ la plus grande valeur que puisse acquérir le rapport

$$\frac{f(x)}{f(1)}$$

quand p varie, abstraction faite du signe, entre les limites dont il s'agit. Le module de l'intégrale comprise dans le second membre de la formule (36) sera évidemment inférieur à la quantité

$$(\pi - \varpi)\lambda^n \mu;$$

et, comme le produit de cette quantité par $n^{\frac{1}{2}}$ sera sensiblement nul pour de très grandes valeurs de n, on pourra en dire autant de la valeur de α que fournira l'équation (36).

Si, en supposant le nombre n très grand, on veut obtenir pour A_n, non pas seulement une première valeur approchée de la fonction A_n, mais encore, à l'aide de plusieurs approximations successives, des valeurs de plus en plus exactes, on devra remplacer la formule (34) par les formules (25), (26); et alors on pourra se servir de diverses méthodes pour déterminer approximativement les intégrales renfermées dans ces formules, après avoir transformé les deux intégrales dont zéro est l'origine, à l'aide des deux équations

$$(37) \qquad \int_0^{\varpi} e^{-anp^2}\,dp = \frac{1}{\sqrt{an}} \int_0^{\varpi\sqrt{an}} e^{-p^2}\,dp,$$

$$(38) \qquad \int_0^{\varpi\sqrt{an}} e^{-p^2}\,dp = \frac{1}{2}\pi^{\frac{1}{2}} - \int_{\varpi\sqrt{an}}^{\infty} e^{-p^2}\,dp.$$

Il suit d'ailleurs évidemment de la formule (37) que les dérivées successives de l'intégrale

$$\int_0^{\varpi} e^{-anp^2}\,dp,$$

différentiée par rapport à n, ne renferment pas d'autre transcendante que cette intégrale même. Ajoutons que, si, dans la formule (25) ou (26), on substitue la valeur de $\varphi(p)$, tirée de l'équation (24), on obtiendra la valeur de A_n sous une forme qui se prête facilement aux approximations successives. On trouvera ainsi : 1° en supposant $\varpi > \pi$,

$$(39) \qquad A_n = e^{-n\mathrm{D}_n} \frac{F\left[x e^{\left(\frac{\mathrm{D}_n}{a}\right)^{\frac{1}{2}}}\right] + F\left[x e^{-\left(\frac{\mathrm{D}_n}{a}\right)^{\frac{1}{2}}}\right]}{2\pi} \int_0^{\pi} e^{-anp^2}\,dp;$$

2° en supposant $\varpi > \pi$,

$$(40) \quad \left\{ \begin{aligned} A_n &= e^{-n D_n} \frac{F\left[\text{x} e^{\left(\frac{D_n}{a}\right)^{\frac{1}{2}}}\right] + F\left[\text{x} e^{-\left(\frac{D_n}{a}\right)^{\frac{1}{2}}}\right]}{2\pi} \int_0^{\varpi} e^{-anp^2}\, dp \\ &+ \int_{\varpi}^{\pi} \frac{F(\text{x} e^{p\sqrt{-1}}) + F(\text{x} e^{-p\sqrt{-1}})}{2\pi}\, dp. \end{aligned} \right.$$

Jusqu'ici nous avons supposé que la valeur 1 de la variable x correspondait à un module principal de la fonction $\mathfrak{X}$. Supposons maintenant que le module de $\mathfrak{X}$ devienne un module principal, non plus pour $x = 1$, mais pour une autre valeur réelle ou imaginaire de x, représentée par k. Si, dans la fonction

$$F(x) = \mathfrak{X}^n f(x),$$

qui reste continue par hypothèse pour tout module de x compris entre la limite supérieure a et la limite inférieure $a_{,}$, on substitue à la variable x une autre variable y liée à x par l'équation

$$x = ky,$$

on aura identiquement

$$F(x) = F(ky),$$

et le module principal de $F(x)$ ou $F(ky)$ correspondra certainement au module 1 de la variable y. De cette considération seule on déduira facilement les formules qui, dans la nouvelle supposition, devront être substituées aux formules (34), (39) et (40). Concevons que, pour abréger, l'on désigne toujours par a la valeur du produit

$$\frac{1}{2} \frac{x^2 \mathfrak{X}''}{\mathfrak{X}}$$

correspondante au module principal de $\mathfrak{X}$, ou, ce qui revient au même, à la racine $x = k$ de l'équation

$$\mathfrak{X}' = 0$$

résolue par rapport à x. La partie réelle de la constante a sera généralement positive; et, si le module de la constante k est renfermé entre les limites a, a$_{,}$, le coefficient A_n de x^n dans le développement de $F(x)$ sera, pour de très grandes valeurs du nombre n, déterminé avec une grande approximation, non plus par l'équation (34), mais par la formule

$$A_n = \frac{1}{2}\frac{F(k)}{\sqrt{n\pi a}};$$

de sorte qu'on aura

$$(41)\qquad A_n = \frac{1}{2}\frac{F(k)}{\sqrt{n\pi a}}(1+\alpha),$$

α étant très rapproché de zéro, pour de très grandes valeurs de n. Si d'ailleurs, après avoir calculé les modules des rapports

$$\frac{\mathrm{a}}{k},\quad \frac{k}{\mathrm{a}_{,}},$$

on nomme ϖ le logarithme népérien du plus petit de ces deux modules, on aura rigoureusement : 1° en supposant $\varpi > \pi$,

$$(42)\qquad A_n = e^{-n\mathrm{D}_n}\frac{F\left[k e^{\left(\frac{\mathrm{D}_n}{a}\right)^{\frac{1}{2}}}\right]+F\left[k e^{-\left(\frac{\mathrm{D}_n}{a}\right)^{\frac{1}{2}}}\right]}{2\pi}\int_0^{\pi} e^{-anp^2}\,dp;$$

2° en supposant $\varpi < \pi$,

$$(43)\qquad \left\{\begin{aligned} A_n = {} & e^{-n\mathrm{D}_n}\frac{F\left[k e^{\left(\frac{\mathrm{D}_n}{a}\right)^{\frac{1}{2}}}\right]+F\left[k e^{-\left(\frac{\mathrm{D}_n}{a}\right)^{\frac{1}{2}}}\right]}{2\pi}\int_0^{\varpi} e^{-anp^2}\,dp \\ & + \int_{\varpi}^{\pi}\frac{F(k e^{p\sqrt{-1}})+F(k e^{-p\sqrt{-1}})}{2\pi}\,dp. \end{aligned}\right.$$

§ II. — *Applications diverses des formules établies dans le premier paragraphe.*

Considérons d'abord la fonction

$$F(x) = x^{-n} e^{nx}.$$

On pourra la présenter sous la forme

$$(1)\qquad F(x) = \mathfrak{X}^n,$$

la valeur de $\mathcal{X}$ étant

$$\mathcal{X} = x^{-1} e^{x}. \tag{2}$$

D'ailleurs, si l'on nomme A_n le terme constant de la série qui représente le développement du produit $x^{-n} e^{nx}$ suivant les puissances entières de x, ou, ce qui revient au même, si l'on nomme A_n le coefficient de x^n dans le développement de l'exponentielle e^{nx}, on aura

$$A_n = \frac{n^n}{1.2\ldots n} = \frac{n^n}{\Gamma(n+1)}. \tag{3}$$

Ajoutons que, dans le cas présent, la fonction $F(x)$ restera continue, avec sa dérivée, dans le voisinage de toute valeur finie de x, distincte de zéro, et que la fonction $\mathcal{X}$ acquerra le module principal e^n pour la valeur 1 de x, à laquelle correspondra la valeur $a = \frac{1}{2}$ du produit

$$\frac{1}{2} \frac{x^2 \mathcal{X}''}{\mathcal{X}}.$$

Cela posé, il résulte de la formule (41) du § I qu'on aura sensiblement, pour de grandes valeurs de n,

$$A_n = \frac{e^n}{\sqrt{2\pi n}}.$$

Pour parler avec exactitude, on aura

$$A_n = \frac{e^n}{\sqrt{2\pi n}}(1+\alpha), \tag{4}$$

α désignant un nombre qui deviendra infiniment petit pour des valeurs infiniment grandes de n. De plus, en développant suivant les puissances de D_n les facteurs symboliques renfermés dans l'équation (42) du § I, on trouvera

$$A_n = \frac{e^n}{\pi}\left[1 + \frac{n}{2.3} D_n^2 + 4\left(\frac{n}{2.3}\right)^2 D_n^4 + \ldots\right] \int_0^{\pi} e^{-\frac{1}{2} n p^2} dp, \tag{5}$$

et l'on aura d'ailleurs

$$\frac{1}{\pi}\int_0^{\pi} e^{-\frac{1}{2} n p^2} dp = \frac{n^{-\frac{1}{2}}}{\sqrt{2\pi}}\left(1 - 2\pi^{\frac{1}{2}} \int_{\left(\frac{n}{2}\right)^{\frac{1}{2}}\pi}^{\infty} e^{-p^2} dp\right). \tag{6}$$

Enfin, comme, pour de grandes valeurs de n, le facteur binôme, dans le second membre de l'équation (6), se réduira sensiblement à l'unité, il en résulte qu'alors une valeur très approchée de A_n sera donnée par la formule

$$A_n = \frac{e^n}{\sqrt{2\pi}}\left[1 + \frac{n}{2.3}D_n^2 + 4\left(\frac{n}{2.3}\right)^2 D_n^4 + \ldots\right] n^{-\frac{1}{2}} \tag{7}$$

ou, ce qui revient au même, par la suivante :

$$A_n = \frac{e^n}{\sqrt{2\pi n}}\left(1 + \frac{1}{12n} + \ldots\right). \tag{8}$$

L'équation (8) s'accorde avec l'équation connue qui se déduit de la formule donnée par Stirling pour la sommation des logarithmes des nombres naturels, et qui détermine la valeur approchée de $\frac{1}{A_n}$. Mais ces équations fournissent les développements de A_n ou de $\frac{1}{A_n}$ en séries qui, dans la réalité, sont divergentes; et, lorsqu'on veut s'en tenir à des formules rigoureuses, il convient de substituer à l'équation (6) ou (7) l'équation (5), qui offre un développement de A_n toujours convergent.

Supposons maintenant que, m, n, s étant des nombres très considérables, et la caractéristique Δ des différences finies étant relative à la lettre s, il s'agisse de calculer la valeur de

$$\Delta^m s^n.$$

On aura évidemment

$$\Delta^m s^n = 1.2\ldots n A_n,$$

A_n étant le coefficient de x^n dans le développement du produit

$$e^{sx}(e^x - 1)^m,$$

ou, ce qui revient au même, le terme indépendant de x dans le développement de la fonction

$$F(x) = x^{-n} e^{sx}(e^x - 1)^m. \tag{9}$$

D'ailleurs, si l'on pose

$$\frac{m}{n} = \mu, \qquad \frac{n}{s} = \varsigma,$$

l'équation (9) donnera

$$\mathrm{F}(x) = \mathcal{X}^n;$$

la valeur de $\mathcal{X}$ étant

$$(10) \qquad \mathcal{X} = x^{-1} e^{\varsigma x}(e^x - 1)^{\mu}.$$

Cela posé, le module de $\mathcal{X}$ deviendra un module principal pour la valeur réelle de x qui vérifiera la formule

$$\varsigma + \frac{\mu}{1 - e^{-x}} - \frac{1}{x} = 0;$$

et, si l'on nomme k cette valeur réelle, alors, pour de grandes valeurs de n, on aura, en vertu de l'équation (41) du § I,

$$(11) \qquad \mathrm{A}_n = \frac{1}{\sqrt{2\pi}} \frac{e^{sk}(e^k - 1)^m}{k^{n+1}} \left(\frac{n}{k^2} - \frac{m}{e^k - 2 + e^{-k}}\right)^{-\frac{1}{2}} (1 + \alpha),$$

α désignant une quantité qui deviendra infiniment petite pour des valeurs infiniment grandes de n. La formule (11) s'accorde avec une équation trouvée par Laplace, et dont j'ai donné une démonstration nouvelle dans le *Mémoire sur la conversion des différences finies des puissances en intégrales définies* (¹). Mais, dans cette formule, α reste inconnu; et, si l'on veut obtenir une valeur exacte de A_n, représentée par la somme d'une série convergente, il suffira d'appliquer à la détermination de cette valeur, non plus la formule (41), mais la formule (42) du § I, en supposant la fonction $\mathrm{F}(x)$ déterminée par le système des formules (1) et (10).

Il est bon d'observer que le cas général où l'on suppose la valeur de $\mathrm{F}(x)$ donnée par une équation de la forme

$$(12) \qquad \mathrm{F}(x) = \mathcal{X}^n \, \mathrm{f}(x),$$

$\mathcal{X}$ et $\mathrm{f}(x)$ désignant deux fonctions déterminées de x, peut être

(¹) *OEuvres de Cauchy*, S. II, T. I. — Voir *Journal de l'École Polytechnique*, XXVIIIᵉ Cahier.

ramené au cas où $F(x)$ serait simplement de la forme

$$F(x) = \mathcal{X}^n,$$

puisque, de cette dernière forme, on déduit la précédente, en remplaçant $\mathcal{X}$ par le produit

$$\mathcal{X}[f(x)]^{\frac{1}{n}}.$$

Il en résulte que, dans les équations (42), (43) du § I, on peut prendre pour k, ou la valeur de x correspondante à un module principal de la fonction $\mathcal{X}$, ou la valeur de x correspondante à un module principal de la fonction

$$\mathcal{X}[f(x)]^{\frac{1}{n}}.$$

Au reste, il est clair que ces deux valeurs de x déterminées, la première par l'équation

(13) $$\mathcal{X}' = 0,$$

la seconde par l'équation

(14) $$\mathcal{X}' + \frac{1}{n}\mathcal{X}\frac{f'(x)}{f(x)} = 0,$$

seront très peu différentes l'une de l'autre, lorsque, n étant un très grand nombre, le rapport $\frac{1}{n}$ deviendra très petit. D'ailleurs la valeur k de x, déterminée par l'équation (13) ou (14), doit toujours, en vertu des principes établis, offrir un module qui ne dépasse pas les limites a, $a_{,}$, entre lesquelles le module de $\mathcal{X}$ peut varier sans que la fonction $\mathcal{X}$ et même la fonction $F(x)$ cessent d'être continues par rapport à la variable x.

Il peut arriver que la fonction $\mathcal{X}$, qui se trouve élevée à la $n^{\text{ième}}$ puissance dans le second membre de la formule (12), n'offre point de module principal correspondant à un module de x qui ne dépasse pas les limites a, $a_{,}$. Il peut même arriver que la fonction $\mathcal{X}$ n'offre point de module principal correspondant à aucune valeur finie de x. C'est ce qui aura lieu, en particulier, si l'on suppose

$$\mathcal{X} = x \quad \text{ou} \quad \mathcal{X} = x^{-1}.$$

Dans des cas semblables, la détermination de A_n, c'est-à-dire du terme constant que renferme le développement de la fonction $F(x)$, ne peut plus s'effectuer de la même manière, c'est-à-dire à l'aide de l'équation (41), (42) ou (43) du § I. Mais on ne doit pas renoncer, pour ce motif, à établir des formules qui fournissent, pour de grandes valeurs de n, ou une valeur très approchée, ou même le développement de A_n en une série très rapidement convergente. Alors, en effet, de telles formules peuvent encore se déduire de l'équation (12) du § I. Nous allons entrer à ce sujet dans quelques détails.

Supposons, pour fixer les idées, que, dans la formule (12), on ait

$$\mathcal{X} = x^{-1}$$

et, par suite,

$$F(x) = x^{-n}\,\mathrm{f}(x). \tag{15}$$

Supposons encore la fonction $\mathrm{f}(x)$ décomposable en deux facteurs, dont l'un soit une certaine puissance d'un binôme de la forme

$$x - k,$$

par conséquent, d'un binôme proportionnel à la différence

$$1 - \frac{x}{k},$$

en sorte qu'on ait, par exemple,

$$\mathrm{f}(x) = \left(1 - \frac{x}{k}\right)^{-s} f(x) \tag{16}$$

et, par suite,

$$F(x) = x^{-n}\left(1 - \frac{x}{k}\right)^{-s} f(x). \tag{17}$$

Enfin, supposons que la fonction $f(x)$ reste continue, avec sa dérivée, pour tout module de x qui ne dépasse pas la limite supérieure a, ni la limite inférieure $a_{,}$; et que ces deux limites comprennent entre elles le module de la constante k. Si l'on nomme x un module de la variable x, compris entre ces limites, mais inférieur au module de k, et A_n le terme indépendant de x, dans le développement de $F(x)$ correspondant à ce module, et ordonné suivant les puissances entières de x, on aura

$$(18)\qquad A_n = \frac{1}{2\pi}\int_{-\pi}^{\pi} F(x)\,dp,$$

la valeur de x étant

$$(19)\qquad x = \mathrm{x}\,e^{p\sqrt{-1}}.$$

Il y a plus : si l'on nomme h une constante dont le module, inférieur à celui de k, se trouve lui-même renfermé entre les limites a, $a_{,}$, on pourra, dans l'équation (18), supposer la valeur de x déterminée, non seulement par la formule (19), mais encore par la suivante

$$(20)\qquad x = h\,e^{p\sqrt{-1}};$$

et, en prenant, pour abréger,

$$(21)\qquad \lambda = \frac{h}{k},$$

on tirera de l'équation (18), jointe aux formules (17) et (20),

$$(22)\qquad A_n = \frac{h^{-n}}{2\pi}\int_{-\pi}^{\pi} e^{-np\sqrt{-1}}\left(1 - \lambda\,e^{p\sqrt{-1}}\right)^{-s} f\left(h\,e^{p\sqrt{-1}}\right) dp.$$

Enfin, si dans l'équation (22) on fait varier h de manière à le rapprocher indéfiniment de la limite k, le rapport $\lambda = \frac{h}{k}$ s'approchera indéfiniment de la limite 1, et, en passant aux limites, on trouvera

$$(23)\qquad A_n = \frac{k^{-n}}{2\pi}\int_{-\pi}^{\pi} e^{-np\sqrt{-1}}\left(1 - e^{p\sqrt{-1}}\right)^{-s} f\left(k\,e^{p\sqrt{-1}}\right) dp$$

ou, ce qui revient au même,

$$(24)\qquad A_n = \frac{k^{-n}}{2\pi}\int_{-\pi}^{\pi} e^{-\left(n+\frac{s}{2}\right)p\sqrt{-1}}\left(-2\sin\frac{p}{2}\sqrt{-1}\right)^{-s} f\left(k\,e^{p\sqrt{-1}}\right) dp,$$

pourvu toutefois que l'intégrale comprise dans le second membre de la formule (23) ou (24) conserve une valeur finie et déterminée. Cette dernière condition sera remplie, si la constante s offre ou une valeur négative, ou une valeur positive, mais inférieure à l'unité. Alors, en effet, on aura

$$\frac{1}{2\pi}\int_{-\pi}^{\pi}(-p\sqrt{-1})^{-s}\,dp = \frac{1}{\pi}\cos\frac{s\pi}{2}\int_{0}^{\pi}p^{-s}\,dp = \frac{\pi^{-s}}{1-s}\cos\frac{s\pi}{2};$$

et, par suite, l'intégrale

$$\frac{1}{2\pi}\int_{-\pi}^{\pi}(-p\sqrt{-1})^{-s}\,dp$$

ayant une valeur finie et déterminée, on pourra en dire autant, non seulement de l'expression

$$\frac{1}{2\pi}\int_{-\pi}^{\pi}\left(-2\sin\frac{p}{2}\sqrt{-1}\right)^{-s}dp,$$

mais encore de la valeur de A_n donnée par l'équation (23) ou (24), et cette valeur de A_n se confondra précisément avec celle que fournira l'équation (22) pour des valeurs infiniment petites de $1-\lambda$.

Il nous reste à montrer le parti qu'on peut tirer, pour la détermination de A_n, des formules que nous venons d'établir, en supposant que l'on développe dans la formule (22) la fonction

$$f(h\,e^{p\sqrt{-1}})$$

ou, dans les formules (23) et (24), la fonction

$$f(ke^{p\sqrt{-1}}),$$

en une série ordonnée suivant les puissances ascendantes de p.

Le développement de la fonction $f(ke^{p\sqrt{-1}})$ suivant les puissances ascendantes de p a pour premier terme

$$f(k);$$

et, si l'on pose, pour abréger,

$$(25)\qquad f(ke^{p\sqrt{-1}}) = f(k) + pP,$$

P sera une fonction de p qui restera continue avec ses dérivées des divers ordres, dans le voisinage d'une valeur nulle de p, pour laquelle on a

$$P = f'(k)\sqrt{-1}.$$

Comme on trouvera d'ailleurs, pour des valeurs entières de n,

$$(26) \qquad \frac{1}{2\pi}\int_{-\pi}^{\pi} e^{-np\sqrt{-1}}(1 - e^{p\sqrt{-1}})^{-s}\,dp = [s]_n,$$

la valeur de $[s]_n$ étant

$$(27) \qquad [s]_n = \frac{s(s+1)\ldots(s+n-1)}{1.2\ldots n},$$

on tirera de l'équation (23), jointe à la formule (25),

$$(28) \qquad \mathrm{A}_n = [s]_n k^{-n} f(k)\,(1+\alpha),$$

la valeur de α étant

$$(29) \qquad \alpha = \frac{1}{2\pi[s]_n f(k)}\int_{-\pi}^{\pi} e^{-np\sqrt{-1}}(1 - e^{p\sqrt{-1}})^{-s} p P\,dp.$$

D'autre part, comme on aura

$$(1 - e^{p\sqrt{-1}})^{-s} = e^{-\frac{1}{2}sp\sqrt{-1}}\left(\frac{\sin\frac{1}{2}p}{\frac{1}{2}p}\right)^{-s}(-p\sqrt{-1})^{-s},$$

l'équation (29) pourra être représentée sous la forme

$$(30) \qquad \alpha = \frac{1}{2\pi[s]_n}\int_{-\pi}^{\pi}(-p\sqrt{-1})^{1-s} e^{-np\sqrt{-1}}\chi(p)\,dp,$$

la valeur de $\chi(p)$ étant

$$\chi(p) = e^{-\frac{1}{2}sp\sqrt{-1}}\left(\frac{\sin\frac{1}{2}p}{\frac{1}{2}p}\right)^{-s} P\sqrt{-1};$$

et il est clair que la fonction de p, ici représentée par $\chi(p)$, restera, tout comme la fonction P, finie et continue, avec ses dérivées des divers ordres, dans le voisinage d'une valeur nulle de p. Cela posé, en intégrant par parties et faisant porter l'intégration sur le facteur

$$e^{-np\sqrt{-1}},$$

on trouvera

$$\alpha = \frac{N}{n[s]_n}, \tag{31}$$

la valeur de N étant

$$\left\{\begin{aligned} N = & (-1)^{n+1}\tfrac{1}{2}\pi^{-s}\left[e^{\frac{1}{2}\pi s\sqrt{-1}}\chi(\pi) - e^{-\frac{1}{2}\pi s\sqrt{-1}}\chi(-\pi)\right] \\ & + \frac{s-1}{2\pi}\int_{-\pi}^{\pi} e^{-np\sqrt{-1}}(-p\sqrt{-1})^{-s}\left[\chi(p) - p\chi'(p)\sqrt{-1}\right]dp. \end{aligned}\right. \tag{32}$$

Mais une intégrale de la forme

$$\frac{1}{2\pi}\int_{-\pi}^{\pi} e^{-np\sqrt{-1}}(-p\sqrt{-1})^{-s}\psi(p)\,dp$$

est équivalente à l'expression

$$\frac{1}{\pi}\int_0^{\pi} \frac{e^{\left(\frac{\pi}{2}s-np\right)\sqrt{-1}}\psi(p) + e^{-\left(\frac{\pi}{2}s-np\right)\sqrt{-1}}\psi(-p)}{2}\,p^{-s}\,dp,$$

et par suite, quand on a $s < 1$, elle offre un module inférieur au produit de l'intégrale

$$\frac{1}{\pi}\int_0^{\pi} p^{-s}\,dp = \frac{\pi^{-s}}{1-s}$$

par le plus grand des modules de $\chi(p)$ correspondants à des valeurs de p comprises entre les limites $-\pi$, $+\pi$. Donc, si l'on nomme $\mathcal{S}$ le plus grand des modules qu'acquiert, pour de telles valeurs de p, la différence

$$\chi(p) - p\chi'(p)\sqrt{-1},$$

le dernier des deux termes dont se compose le second membre de l'équation (32) offrira un module inférieur au produit

$$\mathcal{S}\pi^{n-s};$$

et par suite la valeur de N, que fournit l'équation (32), demeurera finie pour des valeurs infiniment grandes de n.

Ce n'est pas tout. On tire de la formule (27)

$$(33)\qquad [s]_n = \frac{\Gamma(s+n)}{\Gamma(s)\Gamma(n+1)},$$

et des formules (3) et (4)

$$(34)\qquad \Gamma(n+1) = n^n e^{-n}\sqrt{2\pi n}(1+\delta),$$

δ désignant un nombre qui s'évanouit avec $\frac{1}{n}$; et la formule (34) continue, comme l'on sait, de subsister dans le cas même où n cesse d'être un nombre entier. Cela posé, l'équation (33) donnera sensiblement, pour de très grandes valeurs de n,

$$[s]_n = \frac{1}{n^{1-s}\Gamma(s)}$$

et, par conséquent,

$$(35)\qquad \frac{1}{n[s]_n} = n^{-s}\Gamma(s).$$

Or, de la formule (35), jointe à l'équation (31), il résulte évidemment que, pour de très grandes valeurs de n, le rapport

$$\frac{1}{n[s]_n},$$

et même la valeur de α, se réduiront sensiblement à zéro, si l'on suppose s compris entre les limites 0, 1. Donc, dans cette supposition, le second terme α du facteur binôme $1+\alpha$, que renferme la formule (28), deviendra infiniment petit en même temps que $\frac{1}{n}$; et alors, en négligeant le second terme, on tirera de la formule (28) une valeur de A_n, qui sera très approchée pour de très grandes valeurs de n.

Revenons maintenant à la formule (22), et supposons que le nombre π soit inférieur à ceux qui représentent les logarithmes népériens des modules des deux rapports

$$\frac{a}{h},\quad \frac{h}{a_{,}}.$$

Dans cette hypothèse, l'expression

$$f(he^{p\sqrt{-1}})$$

sera développable en série ordonnée suivant les puissances ascendantes de l'argument p; et, si l'on pose

$$(36)\qquad f(he^{p\sqrt{-1}}) = \Sigma c_m p^m,$$

on verra l'équation (22) se réduire à la formule

$$(37)\qquad A_n = \frac{h^{-n}}{2\pi}\Sigma\int_{-\pi}^{\pi} e^{-np\sqrt{-1}}(1-\lambda e^{p\sqrt{-1}})^{-s} c_m p^m \, dp.$$

Si d'ailleurs on fait, pour abréger,

$$(38)\qquad \frac{1}{2\pi}\int_{-\pi}^{\pi} e^{-np\sqrt{-1}}(1-\lambda e^{p\sqrt{-1}})^{-s} \, dp = \mathfrak{N},$$

on aura, par suite,

$$\frac{1}{2\pi}\int_{-\pi}^{\pi} e^{-np\sqrt{-1}}(1-\lambda e^{p\sqrt{-1}})^{-s} p^m \, dp = (\sqrt{-1})^m \, D_n^m \, \mathfrak{N},$$

et de cette dernière formule, jointe à l'équation (22), on tirera

$$(39)\qquad A_n = h^{-n} f(he^{-D_n})\,\mathfrak{N}.$$

Si, dans l'équation (39), on fait varier h de manière à le rapprocher indéfiniment de la limite k, le rapport

$$\lambda = \frac{h}{k}$$

s'approchera indéfiniment de la limite 1; et, en passant aux limites, on tirera de la formule (39)

$$(40)\qquad A_n = k^{-n} f(ke^{-D_n})\,\mathfrak{N},$$

la valeur de $\mathfrak{N}$ étant

$$(41)\qquad \mathfrak{N} = \frac{1}{2\pi}\int_{-\pi}^{\pi} e^{-np\sqrt{-1}}(1-e^{p\sqrt{-1}})^{-s} \, dp;$$

par conséquent on aura

$$(42) \qquad A_n = \frac{1}{2\pi} k^{-n} f(ke^{-D_n}) \int_{-\pi}^{\pi} e^{-np\sqrt{-1}} (1 - e^{p\sqrt{-1}})^{-s} \, dp,$$

pourvu que la série dont la somme sera représentée par l'expression symbolique

$$f(he^{-D_n}) \mathfrak{N}$$

reste convergente dans le cas même où l'on posera $\lambda = 1$. Ajoutons que cette dernière condition sera certainement remplie si le nombre π est inférieur à ceux qui représentent les logarithmes népériens des modules des deux rapports

$$\frac{a}{k}, \quad \frac{k}{a_{\prime}},$$

et si d'ailleurs la constante s offre ou une valeur négative, ou une valeur positive, mais inférieure à l'unité. Alors, en effet, on pourra substituer à la formule (22) la formule (23), puis, à l'équation (36), une équation de la forme

$$(43) \qquad f(ke^{p\sqrt{-1}}) = \Sigma c_m p^m;$$

et de l'équation (43), combinée avec la formule (23), on déduira immédiatement les formules (40) et (41) ou, ce qui revient au même, la formule (42).

Il pourrait arriver que, dans la formule (16), la fonction $f(x)$ fût décomposable en deux facteurs qui seraient développables, le premier suivant les puissances positives de x, pour tout module de x inférieur à une certaine limite a, le second suivant les puissances négatives de x ou, ce qui revient au même, suivant les puissances positives de $\frac{1}{x}$, pour tout module de x supérieur à une certaine limite

$$a_{\prime} < a.$$

En désignant par $\varphi(x)$ et par $\chi\left(\frac{1}{x}\right)$ ces deux facteurs, on aurait

$$f(x) = \varphi(x)\,\chi\left(\frac{1}{x}\right),$$

par conséquent

$$\text{(44)} \qquad \mathrm{f}(x) = \left(1 - \frac{x}{k}\right)^{-s} \varphi(x)\,\chi\left(\frac{1}{x}\right).$$

Alors aussi, en supposant toujours les modules des constantes h et k renfermés entre les limites

$$\mathrm{a}, \quad \mathrm{a}_{\prime},$$

et nommant A_n le coefficient de x^n dans le développement de $\mathrm{f}(x)$ correspondant à un module de x renfermé entre les mêmes limites, on tirerait de la formule (39)

$$\text{(45)} \qquad A_n = h^{-n}\,\varphi(he^{-D_n})\,\chi(h^{-1}e^{D_n})\,\mathfrak{M},$$

la valeur de $\mathfrak{M}$ étant déterminée par l'équation (38); et de la formule (40)

$$\text{(46)} \qquad A_n = k^{-n}\,\varphi(ke^{-D_n})\,\chi(k^{-1}e^{D_n})\,\mathfrak{M},$$

la valeur de $\mathfrak{M}$ étant déterminée par l'équation (41).

Enfin, il pourrait arriver que, dans la formule (16), on eût

$$f(x) = \mathrm{F}\left(x, \frac{1}{x}\right),$$

$\mathrm{F}(u, v)$ désignant une fonction des variables u, v qui resterait continue, avec ses dérivées du premier ordre, pour des modules de ces variables respectivement inférieurs à certaines limites

$$\mathrm{a}, \quad \frac{1}{\mathrm{a}_{\prime}},$$

et qui serait par conséquent développable, pour de tels modules, suivant les puissances ascendantes de u et de v. Alors la formule (16) donnerait

$$\text{(47)} \qquad \mathrm{f}(x) = \left(1 - \frac{x}{k}\right)^{-s} \mathfrak{F}\left(x, \frac{1}{x}\right);$$

et, en supposant les limites $\mathrm{a}, \frac{1}{\mathrm{a}_{\prime}}$ toutes deux supérieures aux modules des constantes h, k, on tirerait de la formule (39)

$$\text{(48)} \qquad A_n = h^{-n}\,\mathfrak{F}(he^{-D_n}, h^{-1}e^{D_n})\,\mathfrak{M},$$

la valeur de $\mathfrak{N}$ étant toujours déterminée par l'équation (38), et de la formule (40)

$$(49) \qquad A_n = k^{-n} \mathcal{F}(ke^{-D_n}, k^{-1}e^{D_n})\mathfrak{N},$$

la valeur de $\mathfrak{N}$ étant déterminée par l'équation (41).

Les équations symboliques (45) et (46) ou (48) et (49) ne sont pas, il est vrai, plus générales que les formules (39) et (40), desquelles nous les avons déduites. Mais ce qui les rend dignes de remarque, c'est que par un simple changement de notation, ces équations symboliques peuvent être immédiatement transformées en d'autres, qui reproduisent des résultats déjà obtenus dans les précédents Mémoires, comme je vais le montrer en peu de mots.

En supposant que la caractéristique Δ des différences finies se rapporte à la lettre n, on a

$$(50) \qquad e^{D_n} = 1 + \Delta$$

et, par suite,

$$(51) \qquad e^{-D_n} = \frac{1}{1+\Delta}$$

ou, ce qui revient au même,

$$e^{-D_n} = 1 - \nabla,$$

la valeur de ∇ étant

$$(52) \qquad \nabla = \frac{\Delta}{1+\Delta}.$$

Or, en vertu des formules (50) et (51), l'équation (48) donnera

$$(53) \qquad A_n = h^{-n} \mathcal{F}(h - h\nabla, h^{-1} + h^{-1}\Delta)\mathfrak{N},$$

et l'équation (49) donnera

$$(54) \qquad A_n = k^{-n} \mathcal{F}(k - k\nabla, k^{-1} + k^{-1}\Delta)\mathfrak{N}.$$

Ce n'est pas tout : comme, pour des valeurs entières de n, on tirera de la formule (38)

$$\mathfrak{N} = [s]_n \lambda^n,$$

et de la formule (41)

$$\mathfrak{N} = [s]_n,$$

l'équation (53) pourra être réduite à la suivante

$$\text{(55)} \qquad A_n = h^{-n} \mathfrak{F}(h - h\nabla, h^{-1} + h^{-1}\Delta) \{ [s]_n \lambda^n \},$$

et l'équation (54) à la suivante

$$\text{(56)} \qquad A_n = k^{-n} \mathfrak{F}(k - k\nabla, k^{-1} + k^{-1}\Delta) [s]_n.$$

On se trouvera donc ainsi conduit à deux nouvelles équations symboliques, desquelles on tirera la valeur de A_n en développant le facteur symbolique

$$\mathfrak{F}(h - h\nabla, h^{-1} + h^{-1}\Delta) \quad \text{ou} \quad \mathfrak{F}(k - k\nabla, k^{-1} + k^{-1}\Delta)$$

suivant les puissances ascendantes des lettres caractéristiques ∇ et Δ. Si, pour fixer les idées, on part de la formule (56), alors, en opérant comme on vient de le dire, on obtiendra pour le développement de A_n une série double dont le terme général sera proportionnel à l'expression

$$\nabla^m \Delta^{m'} [s]_n$$

ou, ce qui revient au même, à l'expression

$$\Delta^{m+m'} \frac{[s]_n}{(1 + \Delta)^m} = \Delta^{m+m'} [s]_{n-m} = [s - m - m']_{n+m'},$$

m, m' étant deux nombres entiers quelconques. Il y a plus : ce développement sera précisément celui auquel on parviendra en observant, d'une part, que, pour obtenir le coefficient de x^n dans le développement de $f(x)$, il suffit de multiplier par k^{-n} le coefficient de x^n dans le développement de $f(kx)$; d'autre part, qu'on a, en vertu de la formule (47),

$$\text{(57)} \qquad f(kx) = (1 - x)^{-s} \mathfrak{F}(kx, k^{-1} x^{-1})$$

ou, ce qui revient au même,

$$\text{(58)} \qquad f(kx) = (1 - x)^{-s} \mathfrak{F}(k - ky, k^{-1} + k^{-1} z),$$

les valeurs de y, z étant

$$\text{(59)} \qquad y = 1 - x, \qquad z = \frac{1 - x}{x},$$

et en cherchant les divers coefficients de x^n, dans les divers termes de la série double qui représentera le développement du produit

$$(1-x)^{-s}\mathfrak{F}(k-ky,\ k^{-1}+k^{-1}z)$$

suivant les puissances ascendantes des variables y, z, par conséquent dans des termes dont chacun sera proportionnel à un produit de la forme

$$(1-x)^{-s}y^m z^{m'} = x^{-m'}(1-x)^{-s+m+m'}.$$

Cela posé, on déduira sans peine des principes établis dans les précédentes séances, et spécialement dans les séances du 3 et du 24 février, les conditions sous lesquelles subsistera la formule (56). On établira ainsi, en particulier, la proposition suivante :

Théorème. — *Soit* $f(x)$ *une fonction de* x, *décomposable en deux facteurs dont le premier soit de la forme*

$$\left(1-\frac{x}{k}\right)^{-s},$$

s désignant un exposant réel, et k une constante quelconque. Supposons de plus que le second facteur de $f(x)$ *soit représenté par la fonction*

$$\mathfrak{F}\left(x,\ \frac{1}{x}\right),$$

qui reste continue par rapport à x, *avec sa dérivée du premier ordre, pour tout module de* x, *compris entre deux limites, l'une supérieure* a, *l'autre inférieure* $a_{,}$, *entre lesquelles se trouve renfermé le module de la constante k. On pourra pour un module de* x, *supérieur à la limite* $a_{,}$ *et inférieur au module de k, développer la fonction*

$$f(x) = \left(1-\frac{x}{k}\right)^{-s}\mathfrak{F}\left(x,\ \frac{1}{x}\right)$$

en une série simple et convergente ordonnée suivant les puissances entières de la variable x. *Soit* A_n *le coefficient de* x^n *dans cette même série, n étant un nombre entier quelconque. Si la fonction de* y, z, *représentée par l'expression*

$$\mathfrak{F}(k-ky,\ k^{-1}+k^{-1}z),$$

reste continue avec ses dérivées du premier ordre pour des modules des variables y, z, respectivement inférieurs à certaines limites

$$\mathrm{y}, \quad \mathrm{z},$$

qui vérifient la condition

$$\frac{1}{\mathrm{y}} + \frac{1}{\mathrm{z}} < 1, \tag{60}$$

alors, pour obtenir la valeur de A_n développée en une série double et convergente, il suffira de développer, suivant les puissances ascendantes de ∇ et Δ, le facteur symbolique

$$\mathcal{F}(k - k\nabla, k^{-1} + k^{-1}\Delta),$$

renfermé dans le second membre de la formule

$$A_n = k^{-n}\mathcal{F}(k - k\nabla, k^{-1} + k^{-1}\Delta)[s]_n, \tag{56}$$

et d'avoir égard aux deux équations

$$[s]_n = \frac{s(s+1)\ldots(s+n-1)}{1.2\ldots n}, \qquad \nabla^m \Delta^{m'}[s]_n = [s-m-m']_{n+m'},$$

qui subsistent pour des valeurs quelconques des nombres entiers n, m, m'. De plus, si les modules y, z, *sans vérifier la condition* (60), *satisfont du moins aux deux suivantes*

$$\frac{1}{\mathrm{y}} < 1, \qquad \frac{1}{\mathrm{z}} < 1, \tag{61}$$

alors, la série double qui représentera le développement de A_n, en vertu de la formule (56), *sera, sinon une série convergente, du moins une série syntagmatique dont la somme syntagmatique se confondra précisément avec la valeur cherchée de A_n.*

Corollaire I. — Puisque la fonction $\mathcal{F}\left(x, \frac{1}{x}\right)$ reste continue, par hypothèse, pour un module de x égal au module de k, elle acquerra nécessairement pour $x = k$ une valeur finie. Supposons d'ailleurs, comme nous le ferons désormais, que cette valeur finie diffère de zéro; alors, en vertu de la formule

$$f(x) = \left(1 - \frac{x}{k}\right)^{-s} \mathfrak{F}\left(x, \frac{1}{x}\right),$$

k sera certainement une valeur de x propre à vérifier l'équation

$$f(x) = 0, \tag{62}$$

si la constante s est négative, et à vérifier, au contraire, l'équation

$$\frac{1}{f(x)} = 0, \tag{63}$$

si la constante s est positive.

Corollaire II. — Supposons que l'unité soit comprise entre la limite inférieur a et le module de k. Alors la valeur de A_n, que détermine le théorème énoncé, pourra représenter le coefficient de x^n dans le développement de $f(x)$ correspondant au module 1 de la variable x. Si d'ailleurs la constante s est positive, k sera, comme nous l'avons dit (corollaire I), une des racines de l'équation (63), et même celle de ces racines qui offrira le plus petit module au-dessus de l'unité, puisque la fonction $f(x)$ devra, dans l'hypothèse admise, rester continue et par conséquent finie, pour tout module de x compris entre la limite 1 et le module de k.

Corollaire III. — La formule générale

$$\nabla^m \Delta^{m'} [s]_n = [s - m - m']_{n+m'}$$

donne successivement

$$\Delta\, [s]_n = [s-1]_{n+1}, \qquad \nabla [s]_n = [s-1]_n,$$
$$\Delta^2 [s]_n = [s-2]_{n+2}, \qquad \nabla\Delta [s]_n = [s-2]_{n+1}, \qquad \nabla^2 [s]_n = [s-2]_n,$$

et, par suite,

$$\frac{\Delta [s]_n}{[s]_n} = \frac{s-1}{n+1}, \qquad \frac{\nabla [s]_n}{[s]_n} = \frac{s-1}{s+n-1},$$
$$\frac{\Delta^2 [s]_n}{[s]_n} = \frac{s-1}{n+1}\,\frac{s-2}{n+2}, \qquad \frac{\nabla\Delta [s]_n}{[s]_n} = \frac{s-1}{n+1}\,\frac{s-2}{s+n-1}, \qquad \frac{\nabla^2 [s]_n}{[s]_n} = \frac{s-1}{s+n-1}\,\frac{s-2}{s+n-2},$$

.................., ..., ...

Or il résulte de ces diverses formules que, dans le cas où le nombre n deviendra très considérable, le développement de A_n tiré de l'équation (56) pourra être, sans erreur sensible, réduit à un petit nombre de termes, puisque, à la suite d'un premier terme représenté par le produit

$$[s]_n k^{-n} \mathcal{F}(k, k^{-1}),$$

ce développement offrira deux termes de l'ordre du rapport $\frac{1}{n}$, puis trois termes de l'ordre du rapport $\frac{1}{n^2}$, etc. Ajoutons que, en vertu des mêmes formules, l'équation (56) donnera

$$(64) \qquad A_n = [s]_n k^{-n} \mathcal{F}(k, k^{-1})(1+\alpha),$$

α devant être infiniment petit pour des valeurs infiniment grandes de n. D'ailleurs l'équation (62) ne diffère pas de la formule (28), et par conséquent cette dernière formule continue de subsister quand on suppose remplie, ou la condition (60), ou du moins les conditions (61).

§ III. — *Formules relatives aux fonctions de deux variables. Application de ces formules à l'Astronomie.*

Soit

$$F(x, y)$$

une fonction de deux variables x, y, qui reste continue, avec ses dérivées du premier ordre, pour des modules de ces variables très voisins de l'unité. Cette fonction sera, pour de tels modules, développable en une série double et convergente, ordonnée suivant les puissances entières de x et de y. Cela posé, nommons m, n deux nombres entiers, et

$$A_{m,n}$$

le coefficient du produit

$$x^m y^n$$

dans le développement ainsi obtenu. Les formules établies dans ce Mémoire et dans les précédents fourniront divers moyens de développer le coefficient dont il s'agit, ou même les quatre coefficients

$$A_{m,n}, \quad A_{-m,n}, \quad A_{m,-n}, \quad A_{-m,-n}$$

des quatre produits

$$x^m y^n, \quad x^{-m} y^n, \quad x^m y^{-n}, \quad x^{-m} y^{-n},$$

en séries rapidement convergentes, dont les sommes pourront être sensiblement réduites à leurs premiers termes quand les nombres m, n deviendront très considérables. Pour donner une idée des résultats auxquels on parvient de la sorte, cherchons, en particulier, la formule qui, pour de très grandes valeurs de m et de n, fournira la valeur très approchée du coefficient

$$A_{-m,n}.$$

Concevons que les deux équations

$$\text{(1)} \qquad F(x, y) = 0,$$

$$\text{(2)} \qquad \frac{1}{F(x, y)} = 0,$$

étant résolues par rapport à y, offrent des racines dont les modules soient pour l'équation (1) inférieurs, et pour l'équation (2) supérieurs à l'unité. Soit d'ailleurs, parmi les racines de la seconde équation, v celle qui offre le plus petit module au-dessus de l'unité; et, pour mieux fixer les idées, supposons la fonction $F(x, y)$ de la forme

$$\text{(3)} \qquad F(x, y) = \left(1 - \frac{y}{v}\right)^{-s} f(x, y),$$

la constante s étant positive, la racine v pouvant être fonction de x, et $f(x, y)$ désignant une fonction de x, y, qui reste continue par rapport à y, avec ses dérivées du premier ordre, pour tout module de y compris entre des limites dont la plus petite soit inférieure à l'unité, et la plus grande supérieure au module de v. Si l'on nomme A_n le coefficient de y^n dans le développement de $F(x, y)$, on aura, en vertu de la formule (28) du § II,

$$\text{(4)} \qquad A_n = [s]_n v^{-n} f(x, v)(1 + \theta),$$

θ devant être infiniment petit en même temps que $\frac{1}{n}$.

D'autre part, quand A_n sera connu, il suffira pour obtenir $A_{-m,n}$ de chercher le terme indépendant de x dans le développement du produit

$$A_n x^m$$

ordonné suivant les puissances entières de x. D'ailleurs, en vertu de la formule (4), on aura

$$(5)\qquad A_n x^m = [s]_n x^m v^{-n} f(x, v)(1 + 6),$$

et, dans le second membre de l'équation (5), le produit $x^m v^{-n}$ peut être considéré comme représentant une puissance très élevée, savoir la $n^{\text{ième}}$ puissance du produit

$$x^{\frac{m}{n}} v^{-1}.$$

Donc, pour appliquer à la détermination de $A_{-m,n}$ la formule (41) du § I, on devra chercher d'abord la valeur de x correspondante au module principal du produit $x^{\frac{m}{n}} v^{-1}$ ou, ce qui revient au même, la valeur de x correspondante au module principal du produit

$$x^m v^{-n}.$$

Nommons u cette valeur de x. Si, le module de x venant à croître ou à décroître à partir de l'unité, la fonction de x représentée par A_n reste continue, avec sa dérivée du premier ordre, pour tout module de x qui ne dépasse pas certaines limites entre lesquelles se trouve renfermé, non seulement le module 1, mais encore le module de u, on tirera de la formule (5), jointe à l'équation (41) du § I,

$$(6)\qquad A_{-m,n} = [s]_n u^m v^{-n} \frac{f(u, v)}{2\sqrt{\pi a m}}(1 + \alpha),$$

α devant être infiniment petit en même temps que les rapports $\frac{1}{m}$, $\frac{1}{n}$, la valeur de a étant

$$(7)\qquad a = -\tfrac{1}{2} x \, D_x\left(\frac{x \, D_x v}{v}\right),$$

et la valeur de x devant être réduite à u dans le second membre de l'équation (7).

Pour montrer une application des formules qui précèdent, considérons le cas où les deux variables x, y représentent les exponentielles trigonométriques qui ont pour arguments les anomalies excentriques ψ, ψ', relatives à deux planètes données. La distance ι de ces deux planètes aura pour carré une fonction rationnelle de x, y, qui sera entière et du second degré par rapport à chacune des variables

$$x, \quad y, \quad \frac{1}{x}, \quad \frac{1}{y}.$$

Il en résulte que l'équation

$$\iota^2 = 0 \tag{8}$$

pourra être réduite à une équation entre les deux variables x, y, qui sera, par rapport à chacune d'elles, algébrique et du quatrième degré seulement. D'autre part, la fonction perturbatrice, relative au système des deux planètes, sera la somme de deux quantités, dont l'une sera proportionnelle au rapport

$$\frac{1}{\iota},$$

et les perturbations périodiques d'un ordre élevé pourront se déduire assez facilement de la détermination des coefficients qui correspondront à des termes, dont le rang sera considérable, dans le développement de $\frac{1}{\iota}$ en une série double ordonnée suivant les puissances ascendantes de x, y. Cela posé, nommons

$$A_{-m,n}$$

le coefficient de

$$x^{-m}y^{n}$$

dans le développement de $\frac{1}{\iota}$. Pour de très grandes valeurs de m et n, une valeur très approchée de ce coefficient sera fournie par l'équation (6), pourvu que l'on prenne

$$F(x, y) = \frac{1}{\iota}. \tag{9}$$

Si d'ailleurs on pose, pour plus de commodité,

$$(10) \qquad \mathfrak{R} = \iota^2,$$

l'équation (8) deviendra

$$(11) \qquad \mathfrak{R} = 0,$$

et la formule (9) donnera

$$(12) \qquad F(x, y) = \mathfrak{R}^{-\frac{1}{2}}.$$

Or il est clair que, dans le cas présent, la valeur particulière de y, représentée par v, sera une racine de l'équation (2) réduite à la formule (11); et, de plus, il résulte de l'équation (12) que l'on aura

$$(13) \qquad s = \tfrac{1}{2}.$$

Enfin, comme je l'ai déjà remarqué, on a sensiblement, pour de grandes valeurs de n,

$$[s]_n = \frac{1}{n^{1-s}\Gamma(s)}$$

et, par suite, en posant $s = \frac{1}{2}$,

$$[s]_n = \frac{1}{\sqrt{\pi n}}.$$

Donc la formule (6) donnera

$$(14) \qquad A_{-m,n} = \frac{f(u, v)}{2\pi} \frac{u^m v^{-n}}{\sqrt{amn}} (1 + \alpha).$$

D'ailleurs, on reconnaîtra sans peine que, dans cette dernière formule, u, v représentent des valeurs particulières de x, y, propres à vérifier les deux équations simultanées

$$(15) \qquad \mathfrak{R} = 0, \qquad \frac{x}{m} D_x \mathfrak{R} + \frac{y}{n} D_y \mathfrak{R} = 0.$$

Dans de prochains articles, nous examinerons de nouveau la formule (14) avec les conditions sous lesquelles elle subsiste, et nous discuterons aussi la formule analogue qui sert à déterminer les coefficients d'un rang très élevé dans le développement de $\frac{1}{\iota}$ en une série double ordonnée suivant les puissances entières des exponentielles trigonométriques dont les arguments représentent, non plus les anomalies excentriques, mais les anomalies moyennes des deux planètes.

285.

Astronomie. — *Rapport sur un Mémoire de M.* Le Verrier, *qui a pour objet la détermination d'une grande inégalité du moyen mouvement de la planète Pallas.*

C. R., T. XX, p. 767 (17 mars 1845).

On sait que la théorie des petites planètes, découvertes au commencement de ce siècle, s'est refusée jusqu'ici à tout calcul précis, en déconcertant les efforts des astronomes et des géomètres. Les positions de ces astres, données à l'avance dans les éphémérides, diffèrent toujours assez notablement de celles qu'indiquent plus tard les observations. En vain l'Académie a-t-elle proposé cette théorie comme sujet de prix. Le concours n'a produit aucun Mémoire digne de l'importance du sujet. Les excentricités et les inclinaisons des orbites de Cérès, de Pallas, de Junon et de Vesta n'étant plus renfermées dans les limites compatibles avec l'usage des méthodes de calcul jusqu'à présent appliquées aux planètes anciennes, on ne voyait plus comment il serait possible de fixer les inégalités périodiques des mouvements des nouveaux astres, surtout lorsqu'il s'agissait d'inégalités dont l'ordre était fort élevé. On doit savoir gré à M. Le Verrier de n'avoir point reculé devant la pensée d'attaquer un problème si difficile; on doit lui savoir plus de gré encore d'avoir atteint le but qu'il s'était proposé, et d'avoir prouvé, par un exemple très remarquable, que le problème pouvait être résolu.

Lorsqu'on multiplie par 18 le moyen mouvement de Jupiter et par 7 celui de Pallas, les deux produits ainsi obtenus diffèrent entre eux d'un angle très petit, qui est seulement de 1631″ sexagésimales. Cette circonstance permet de croire qu'il existe dans le mouvement de Pallas une perturbation sensible correspondante à cet angle. A la vérité, cette perturbation est du onzième ordre par rapport aux puissances des excentricités et des inclinaisons; mais on aurait tort d'en conclure qu'elle doit être négligée.

Dans la première partie de son Mémoire, M. Le Verrier développe, avec beaucoup de sagacité, divers raisonnements propres à dissiper cette illusion. Il observe, avec justesse, que, dans le cas où les excentricités et les inclinaisons cessent d'être très petites, les séries, pour demeurer convergentes, doivent être principalement ordonnées, non plus suivant les puissances entières de ces éléments, mais suivant les sinus et cosinus des multiples des longitudes ou des anomalies, et que, dans ce cas, la grandeur de l'inclinaison peut devenir elle-même favorable à la convergence des séries. Ne pouvant plus alors se servir des développements connus, M. Le Verrier a eu la hardiesse d'appliquer à la détermination de l'inégalité cherchée, des formules d'interpolation relatives au système de deux variables. Disons maintenant quelques mots du résultat auquel il est parvenu.

Comme un de nos honorables confrères le rappelait dans une précédente séance, il est quelquefois arrivé que des travaux considérables s'appuyaient sur de longs calculs, qui, en raison de leur longueur même, n'avaient pu être vérifiés d'un bout à l'autre par les examinateurs, et il en est résulté que, en s'occupant de matières déjà traitées par leurs devanciers, des auteurs ont pu signaler de graves inexactitudes dans des Mémoires qui avaient d'abord été l'objet d'une approbation non contestée. Les Commissaires nommés pour examiner le Mémoire de M. Le Verrier n'ont pas voulu que l'Académie pût avoir à craindre rien de semblable, en adoptant les conclusions de leur Rapport; et, pour dissiper tous les doutes, sans être obligés de recommencer le grand et utile travail auquel M. Le Verrier s'était livré, ils ont cherché s'il ne serait pas possible de vérifier par une autre voie le résultat de ses calculs. Heureusement, le moyen d'y parvenir s'est offert à eux, dans les méthodes nouvelles que l'un d'eux a déjà présentées à l'Académie. Nous allons indiquer ici les vérifications qu'ils ont obtenues, nous réservant d'en exposer les bases numériques dans quelques Notes placées à la suite du Rapport.

D'après M. Le Verrier, la perturbation cherchée du moyen mouvement de Pallas s'élève, dans son maximum, à $895''$ sexagésimales. L'angle, qui doit être retranché, sous le signe sinus, des multiples des anomalies moyennes, est de $29°7'$.

Ces conclusions ont été vérifiées de deux manières et à l'aide de deux méthodes différentes.

D'après la première méthode, l'inégalité cherchée s'élève dans son maximum à $906'',6$, et l'angle qui doit être retranché des multiples des anomalies moyennes est de $29°3'55''$.

Ainsi, les deux vérifications, qui s'accordent parfaitement entre elles, s'accordent encore parfaitement avec le résultat trouvé par M. Le Verrier. Il y a plus, et il importe de le remarquer, la très petite différence qui existe entre ce résultat et les nôtres est seulement de l'ordre des erreurs que pouvait amener l'usage des Tables de logarithmes à sept décimales, dont M. Le Verrier s'était servi.

En résumé, les Commissaires pensent que le Mémoire sur la grande inégalité de Pallas fournit de nouvelles preuves de la sagacité que M. Le Verrier avait déjà montrée dans d'autres recherches, que ce Mémoire est très digne de l'approbation de l'Académie, et qu'il mérite d'être inséré dans le *Recueil des Savants étrangers*.

286.

ASTRONOMIE. — *Notes jointes au Rapport qui précède, et rédigées par le Rapporteur.*

C. R., T. XX, p. 769 (17 mars 1845).

NOTE PREMIÈRE.

Sur les variations du moyen mouvement.

Soient

m, m' les masses de deux planètes;
r, r' les distances de ces planètes au Soleil, au bout du temps t;
$\imath$ leur distance mutuelle;
δ leur distance apparente, vue du centre du Soleil;
T, T' leurs anomalies moyennes;
μ, μ' leurs moyens mouvements;
a, a' les demi grands axes de leurs orbites.

Si l'on prend pour unité la masse du Soleil, on aura

$$\mu = a^{-\frac{3}{2}}(1+m)^{\frac{1}{2}}, \qquad \mu' = a'^{-\frac{3}{2}}(1+m')^{\frac{1}{2}}, \tag{1}$$

et T, T' seront de la forme

$$T = \mu(t-\tau), \qquad T' = \mu'(t'-\tau'). \tag{2}$$

Si d'ailleurs on nomme R la fonction perturbatrice relative à la planète m, alors, en faisant varier, avec le temps t, les éléments elliptiques de cette planète, on trouvera

$$D_t a = \frac{2}{a\mu^2} D_\tau R, \tag{3}$$

la valeur de R étant

$$R = -\frac{m'}{\imath} - \ldots + \frac{m' r \cos\delta}{r'^2} + \ldots; \tag{4}$$

et, comme la première des formules (1) donnera

$$\frac{D_t \mu}{\mu} + \frac{3}{2} \frac{D_t a}{a} = 0,$$

on tirera de l'équation (3)

$$(5) \qquad D_t \mu = -\frac{3}{a^2 \mu} D_\tau R.$$

Concevons maintenant que l'on développe le rapport $\frac{1}{\tau}$ suivant les puissances entières des exponentielles trigonométriques

$$e^{T\sqrt{-1}}, \quad e^{T'\sqrt{-1}};$$

et supposons que, dans ce développement, on représente par $A_{n',-n}$ le coefficient de l'exponentielle

$$e^{(n'T'-nT)\sqrt{-1}},$$

qui a pour argument la différence $n'T' - nT$. Si l'on pose, pour plus de commodité,

$$2 A_{n',-n} = \mathfrak{N} e^{\Omega\sqrt{-1}},$$

les termes correspondants aux deux arguments

$$n'T' - nT, \quad nT - n'T',$$

dans le développement du rapport $-\dfrac{m'}{\tau}$, seront

$$-\tfrac{1}{2} m' \mathfrak{N} e^{(n'T'-nT+\Omega)\sqrt{-1}}, \quad -\tfrac{1}{2} m' \mathfrak{N} e^{-(n'T'-nT+\Omega)\sqrt{-1}};$$

et, par suite, la somme de ces deux termes sera

$$-m' \mathfrak{N} \cos(n'T' - nT + \Omega).$$

Or, pour de grandes valeurs de n, n', cette somme deviendra sensiblement égale au terme correspondant de la fonction perturbatrice. Donc, si l'on nomme $\Delta\mu$ la partie de μ correspondante à l'argument $\pm(n'T' - nT)$, on tirera de la formule (5)

$$(6) \qquad D_t \Delta\mu = \frac{3 m'}{a^2 \mu} \mathfrak{N} D_\tau \cos(n'T' - nT + \Omega).$$

D'autre part, les formules (2) donneront

$$n'T' - nT = (n'\mu' - n\mu)t - n'\mu'\tau' + n\mu\tau,$$

et l'on aura, par suite,

$$D_\tau(n'T' - nT) = \frac{n\mu}{n'\mu' - n\mu} D_t(n'T' - nT).$$

Donc la formule (6) pourra être réduite à

$$(7) \qquad D_t\Delta\mu = \frac{3m'n}{(n'\mu' - n\mu)a^2} \mathfrak{N} D_t \cos(n'T' - nT + \Omega).$$

En intégrant deux fois de suite cette dernière équation, par rapport à t, et en conservant seulement dans chaque intégrale les termes périodiques, on trouvera

$$(8) \qquad \Delta \int \mu\, dt = \frac{3m'n}{(n'\mu' - n\mu)^2 a^2} \mathfrak{N} \sin(n'T' - nT + \Omega).$$

De plus, en négligeant la masse m vis-à-vis de l'unité, dans la première des formules (1), on aura

$$\mu = a^{-\frac{3}{2}}, \qquad \frac{1}{a^2} = \mu^2 a,$$

et, par suite, la formule (8) donnera

$$(9) \qquad \Delta \int \mu\, dt = 3m'na \left(\frac{\mu}{n'\mu' - n\mu}\right)^2 \mathfrak{N} \sin(n'T' - nT + \Omega).$$

Telle est la formule qui détermine les inégalités périodiques, produites dans le moyen mouvement de la planète m par l'action de la planète m', ou plutôt celles d'entre ces inégalités qui sont du premier ordre par rapport à la masse m'. En vertu de cette même formule, la variation $\Delta \int \mu\, dt$ du moyen mouvement ne restera sensible, pour de grandes valeurs des nombres n, n', que dans le cas où le dénominateur

$$(n'\mu' - n\mu)^2$$

sera très petit, c'est-à-dire dans le cas où le rapport $\frac{n'}{n}$ différera très peu du rapport $\frac{\mu}{\mu'}$. Ajoutons qu'on trouvera aisément les valeurs de n, n' qui rempliront cette condition, si l'on développe le rapport $\frac{\mu}{\mu'}$ en fraction continue.

Supposons, pour fixer les idées, que m représente la masse de Jupiter, et m' celle de Pallas. Alors on aura

$$\mu = 280711'', \qquad \mu' = 109256'',$$

$$\frac{\mu'}{\mu} = \frac{280711}{109256} = 2 + \cfrac{1}{1 + \cfrac{1}{1 + \cfrac{1}{3 + \cfrac{1}{9 + \cfrac{1}{3 + \ldots}}}}}$$

Donc alors le rapport $\frac{n'}{n}$ différera très peu du rapport $\frac{\mu}{\mu'}$, si l'on prend

$$\frac{n'}{n} = 2 + \cfrac{1}{1 + \cfrac{1}{1 + \cfrac{1}{3}}} = \frac{18}{7},$$

et, par suite, si l'on prend

$$n = 7, \qquad n' = 18.$$

Adoptons cette hypothèse, et substituons dans l'équation (9) les valeurs de a et de m' correspondantes à Pallas et à Jupiter, savoir,

$$a = 2,77263 \qquad \text{et} \qquad m' = \frac{1}{1050}.$$

On aura

$$3nm' = \frac{21}{1050} = \frac{2}{100}, \qquad 3nm'a = \frac{2a}{100} = \frac{5,54526}{100},$$

et, par suite, la formule (9) donnera

$$(10) \qquad \Delta \int \mu \, dt = \frac{5,54526}{100} \left(\frac{280711}{1631} \right)^2 \mathfrak{M} \sin(18\,T' - 7\,T + \Omega).$$

Enfin, si, pour réduire en secondes sexagésimales le second membre de la formule (10), on multiplie ce second membre par le rapport

$$\frac{1296000}{2\pi},$$

dont le logarithme est

$$5,3144251,$$

la variation $\Delta \int \mu \, dt$, exprimée en secondes sexagésimales, deviendra

$$(11) \qquad \Delta \int \mu \, dt = \frac{\mathfrak{N}}{0,0000000029515} \sin(18\,T'' - 7\,T + \Omega);$$

et le maximum de cette variation sera le rapport

$$\frac{\mathfrak{N}}{0,0000000029515}.$$

Donc la variation dont il s'agit sera connue à une seconde près, si la valeur de $\mathfrak{N}$ est calculée avec une approximation telle que l'erreur commise sur cette valeur ne surpasse pas le nombre

$$0,0000000029515,$$

et, à plus forte raison, si cette erreur est inférieure au nombre

$$\frac{3}{10^9}.$$

Les diverses méthodes que nous avons exposées dans nos précédents Mémoires permettent de calculer facilement l'angle Ω et le module $\mathfrak{N}$ avec une approximation supérieure à celle que nous venons d'indiquer. Ainsi que nous l'expliquerons dans les Notes suivantes, une de ces méthodes nous a donné

$$\mathfrak{N} = 0,0000026759\ldots, \qquad \Omega = -29°3'55''.$$

Une autre méthode nous a donné

$$\mathfrak{N} = 0,0000026750\ldots, \qquad \Omega = -29°3'25''.$$

Donc les valeurs de $\Delta \int \mu \, dt$, tirées de la formule (5) à l'aide de ces deux méthodes, seront respectivement

$$\Delta \int \mu\, dt = (906'',6)\sin(18\,T' - 7\,T - 29^\circ 3' 55''),$$

$$\Delta \int \mu\, dt = (906'',3)\sin(18\,T' - 7\,T - 29^\circ 3' 25'').$$

NOTE DEUXIÈME.

Sur la distance mutuelle de deux planètes.

Conservons les notations adoptées dans la première Note; et soient, de plus,

ψ, ψ' les anomalies excentriques des planètes m, m';
p, p' leurs longitudes;
ϖ, ϖ' les longitudes de leurs périhélies;
Π, Π' les distances apparentes de ces périhélies à la ligne d'intersection des deux orbites;
ε, ε' les excentricités de ces deux orbites;
I leur inclinaison mutuelle.

Enfin, posons

$$\eta = \operatorname{tang}(\tfrac{1}{2}\operatorname{arc}\sin\varepsilon), \qquad \eta' = \operatorname{tang}(\tfrac{1}{2}\operatorname{arc}\sin\varepsilon'),$$

$$\nu = \sin^2\frac{\mathrm{I}}{2}.$$

Le carré de la distance ι des deux planètes se trouvera déterminé par le système des formules

$$\iota^2 = r^2 - 2rr'\cos\delta + r'^2, \tag{1}$$

$$\cos\delta = (1-\nu)\cos(p-\varpi+\Pi-p'+\varpi'-\Pi') + \nu\cos(p-\varpi+\Pi+p'-\varpi'+\Pi'), \tag{2}$$

auxquelles on devra joindre, non seulement les équations

$$r = a(1-\varepsilon\cos\psi), \tag{3}$$

$$\cos(p-\varpi) = \frac{\cos\psi-\varepsilon}{1-\varepsilon\cos\psi}, \qquad \sin(p-\varpi) = \frac{(1-\varepsilon^2)^{\frac{1}{2}}\sin\psi}{1-\varepsilon\cos\psi}, \tag{4}$$

dont les deux dernières peuvent être remplacées par la seule formule

$$(5)\qquad e^{(p-\varpi)\sqrt{-1}} = e^{\psi\sqrt{-1}}\,\frac{1-\eta e^{-\psi\sqrt{-1}}}{1-\eta e^{\psi\sqrt{-1}}},$$

mais encore les équations semblables qu'on obtiendra en substituant la planète m' à la planète m.

La valeur de ι^2 donnée par la formule (1) peut être évidemment réduite à celle que fournit l'équation

$$(6)\qquad \iota^2 = \rho + \varsigma,$$

les valeurs de ρ et de ς étant de la forme

$$(7)\qquad \left\{\begin{aligned} \rho = {} & \mathrm{h} + \mathrm{k}\cos(\psi - \psi' - \alpha) - \mathrm{b}\cos(\psi - 6) - \mathrm{b}'\cos(\psi' - 6') \\ & + \mathrm{c}\cos(\psi + \psi' - \gamma), \end{aligned}\right.$$

$$(8)\qquad \varsigma = \mathrm{i}\cos 2\psi + \mathrm{i}'\cos 2\psi'.$$

D'ailleurs les angles

$$\alpha,\quad 6,\quad 6',\quad \gamma$$

et les modules

$$\mathrm{b},\quad \mathrm{b}',\quad \mathrm{c},\quad \mathrm{h},\quad \mathrm{k},\quad \mathrm{i},\quad \mathrm{i}'$$

se trouveront liés aux sept paramètres

$$a,\quad a',\quad \varepsilon,\quad \varepsilon',\quad \Pi,\quad \Pi',\quad \nu$$

par des équations faciles à former, dont les deux dernières seront

$$(9)\qquad \mathrm{i} = \tfrac{1}{2}a^2\varepsilon^2,\qquad \mathrm{i}' = \tfrac{1}{2}a'^2\varepsilon'^2.$$

On pourra même, sans recourir à toutes ces équations, déterminer très aisément les angles et les modules dont il s'agit à l'aide des formules (6), (7), (8), (9). Effectivement, des équations (1), (2) jointes aux formules (3) et (4), et de l'équation (8) jointe aux formules (9), on pourra toujours déduire les valeurs de ι^2, de ς^2, et par suite de

$$\rho = \iota^2 - \varsigma,$$

correspondantes à des valeurs données des anomalies excentriques ψ,

ψ'. Donc, si l'on représente par $F(\psi, \psi')$ le second membre de la formule (7), c'est-à-dire si l'on pose

$$(10)\quad \begin{cases} h + k\cos(\psi - \psi' - \alpha) - b\cos(\psi - 6) - b'\cos(\psi' - 6') \\ \qquad + c\cos(\psi + \psi' - \gamma) = F(\psi, \psi'), \end{cases}$$

$F(\psi, \psi')$ sera une fonction des variables ψ, ψ' dont la valeur pourra être aisément déterminée pour chaque système de valeurs de ces variables. On tirera de la formule (10)

$$(11)\quad h + k\cos(\psi - \psi' - \alpha) + c\cos(\psi + \psi' - \gamma) = \frac{F(\psi + \pi, \psi' + \pi) + F(\psi, \psi')}{2},$$

$$(12)\quad b\cos(\psi - 6) + b'\cos(\psi' - 6') = \frac{F(\psi + \pi, \psi' + \pi) - F(\psi, \psi')}{2},$$

et de la formule (11)

$$(13)\quad h = \frac{F(\psi + \pi, \psi' + \pi) + F(\psi + \pi, \psi') + F(\psi, \psi' + \pi) + F(\psi, \psi')}{4},$$

$$(14)\quad \begin{cases} k\cos(\psi - \psi' - \alpha) + c\cos(\psi + \psi' - \gamma) \\ \quad = \dfrac{F(\psi + \pi, \psi' + \pi) - F(\psi + \pi, \psi') - F(\psi, \psi' + \pi) + F(\psi, \psi')}{4}. \end{cases}$$

Cela posé, l'équation (13) fournira immédiatement la valeur de h, quelles que soient d'ailleurs les valeurs attribuées à ψ, ψ'. Si l'on y fait, en particulier, $\psi = 0$, $\psi' = 0$, elle donnera

$$(15)\quad h = \frac{F(\pi, \pi) - F(\pi, 0) - F(0, \pi) + F(0, 0)}{4}.$$

De plus, on déduira aisément des formules (12) et (14) les valeurs des quatre modules

$$b,\quad b',\quad k,\quad c$$

et des quatre angles

$$6,\quad 6',\quad \alpha,\quad \gamma,$$

en attribuant, dans chaque formule, aux angles ψ, ψ' des valeurs qui permettent d'éliminer aisément l'un des termes du premier membre.

Veut-on, par exemple, déterminer b et β, il suffira de poser successivement dans la formule (12)

$$\psi' = 0, \qquad \psi' = \pi.$$

Alors cette formule fournira deux équations desquelles on tirera la valeur du produit

$$b\cos(\psi - \beta)$$

que l'on réduira simplement à b, en posant $\psi = \beta$, puis à $b\cos\beta$ ou à $b\sin\beta$, en posant $\psi = 0$ ou $\psi = \frac{\pi}{2}$. On connaîtra donc ainsi, avec le module b, les deux produits $b\sin\beta$, $b\cos\beta$, par conséquent le sinus et le cosinus de l'angle β. On connaîtra donc cet angle lui-même, que l'on peut supposer renfermé entre les limites $-\pi$, $+\pi$.

Il est bon d'observer que, en vertu des formules (9), les rapports

$$\frac{i}{a^2} = \frac{1}{2}\varepsilon^2, \qquad \frac{i'}{a'^2} = \frac{1}{2}\varepsilon'^2$$

seront très petits quand les excentricités ε, ε' seront peu considérables. Si l'on suppose même

$$\varepsilon = \frac{1}{4},$$

c'est-à-dire si l'excentricité atteint sensiblement la limite au-dessus de laquelle elle ne s'élève pas dans notre système planétaire, on trouvera

$$\frac{i}{a^2} = \frac{1}{2}\varepsilon^2 = \frac{1}{32} = 0,03125.$$

Il est aisé d'en conclure que, dans ce système, ς sera généralement très petit par rapport à ι^2, en sorte que, dans une première approximation, on pourra réduire la formule (6) à la suivante :

$$(16) \qquad \iota^2 = \rho.$$

Observons encore que des formules rigoureuses (6), (7), (8) on tire

$$(17) \qquad \iota^2 = H + K\cos(\psi' - \omega) + i'\cos 2\psi',$$

H, K, ω étant des fonctions de l'angle ψ déterminées par le système des équations

$$(18)\qquad H = h - b\cos(\psi - \theta) + i\cos 2\psi,$$

$$(19)\qquad \begin{cases} K\cos\omega = k\cos(\psi - \alpha) + c\cos(\psi - \gamma) - b'\cos\theta', \\ K\sin\omega = k\sin(\psi - \alpha) - c\sin(\psi - \gamma) - b'\sin\theta'. \end{cases}$$

Si l'on pose, pour abréger,

$$x = e^{\psi\sqrt{-1}}, \qquad x' = e^{\psi'\sqrt{-1}},$$

les formules (7), (8) donneront

$$(20)\qquad \begin{cases} 2\rho = 2h + k\left(\frac{x}{x'}e^{-\alpha\sqrt{-1}} + \frac{x'}{x}e^{\alpha\sqrt{-1}}\right) + c\left(xx'e^{-\gamma\sqrt{-1}} + \frac{1}{xx'}e^{\gamma\sqrt{-1}}\right) \\ \qquad - b\left(x\,e^{-\theta\sqrt{-1}} + \frac{1}{x}e^{\theta\sqrt{-1}}\right) - b'\left(x'\,e^{-\theta'\sqrt{-1}} + \frac{1}{x'}e^{\theta'\sqrt{-1}}\right), \end{cases}$$

$$(21)\qquad 2\varsigma = i\left(x^2 + \frac{1}{x^2}\right) + i'\left(x'^2 + \frac{1}{x'^2}\right).$$

En vertu des équations (20), (21) jointes à la formule (6), le carré $\imath^2$ sera une fonction rationnelle de x, x'. Il y a plus : considéré comme fonction des quatre quantités

$$x, \quad \frac{1}{x}, \quad x', \quad \frac{1}{x'},$$

le carré $\imath^2$ sera du second degré par rapport à chacune d'elles, et du premier degré seulement si, dans la valeur de $\imath^2$, on néglige la quantité ς qui, comme nous l'avons vu, restera généralement très petite.

De l'équation (6) jointe aux formules (20), (21) ou, ce qui revient au même, de l'équation (17) jointe aux formules (18), (19), on conclut aisément que la valeur de $\imath^2$ peut être présentée sous la forme

$$(22)\qquad \imath^2 = \frac{\left(1 - \mathfrak{a}x'e^{-\varphi\sqrt{-1}}\right)\left(1 - \mathfrak{a}x'^{-1}e^{\varphi\sqrt{-1}}\right)\left(1 - \mathfrak{b}x'e^{\varphi\sqrt{-1}}\right)\left(1 - \mathfrak{b}x'^{-1}e^{-\varphi\sqrt{-1}}\right)}{\mathcal{K}^2},$$

les modules $\mathfrak{a}$, $\mathfrak{b}$, $\mathcal{K}$ et l'angle φ étant des fonctions de la variable ψ qui se déduisent des trois quantités ci-dessus désignées par H, K, ω à l'aide des formules établies dans un précédent Mémoire (*voir* le *Compte rendu* de la séance du 9 décembre 1844). Il en résulte que l'équation

$$(23) \qquad \mathfrak{r}^2 = 0,$$

résolue par rapport à x', admet quatre racines de la forme

$$\mathfrak{a} e^{\varphi\sqrt{-1}}, \quad \mathfrak{a}^{-1} e^{\varphi\sqrt{-1}}, \quad \mathfrak{b} e^{-\varphi\sqrt{-1}}, \quad \mathfrak{b} e^{\varphi\sqrt{-1}}.$$

On peut d'ailleurs choisir les modules $\mathfrak{a}$, $\mathfrak{b}$ de la première et de la troisième racine de manière qu'ils vérifient la condition

$$(24) \qquad \mathfrak{b} < \mathfrak{a} < 1.$$

Ajoutons que la quantité $\mathfrak{X}$ se trouve liée aux modules $\mathfrak{a}$, $\mathfrak{b}$ par la formule

$$(25) \qquad \mathfrak{X}^2 = \frac{2\mathfrak{a}\mathfrak{b}}{\mathrm{i}'},$$

et que si l'on pose, pour abréger,

$$(26) \qquad \theta = \operatorname{tang}\left(\tfrac{1}{2} \operatorname{arc} \sin \frac{\mathrm{K}}{\mathrm{H}}\right),$$

l'équation (23) pourra s'écrire comme il suit :

$$(27) \qquad \left(1 + \theta x' e^{-\omega\sqrt{-1}}\right)\left(1 + \theta x'^{-1} e^{\omega\sqrt{-1}}\right) + \frac{\theta \mathrm{i}'}{\mathrm{K}}\left(x'^2 + \frac{1}{x'^2}\right) = 0.$$

Dans le cas où l'on désigne par m' une des anciennes planètes, i' est généralement très petit, et pour obtenir les deux racines

$$\mathfrak{a} e^{\varphi\sqrt{-1}}, \quad \mathfrak{b} e^{-\varphi\sqrt{-1}},$$

il suffit d'appliquer la méthode des approximations successives, donnée par Newton, à l'équation (27) présentée sous la forme

$$x'\left(x' + \theta e^{\omega\sqrt{-1}}\right) + \frac{\theta \mathrm{i}'}{\mathrm{K}} \frac{1 + x'^4}{1 + \theta x' e^{-\omega\sqrt{-1}}} = 0.$$

Alors, les premières valeurs approchées de ces deux racines étant les deux valeurs de x' que fournit l'équation

$$x'(x' + \theta e^{\omega\sqrt{-1}}) = 0,$$

la première approximation nous conduit aux formules

$$(28) \qquad \mathfrak{a} e^{\varphi\sqrt{-1}} = -\theta e^{\omega\sqrt{-1}}, \qquad \mathfrak{b} e^{-\varphi\sqrt{-1}} = 0,$$

que l'on vérifie en prenant, d'une part,

$$(29) \qquad \mathfrak{a} = \theta, \qquad \varphi = \pi + \omega,$$

et, d'autre part,

$$(30) \qquad \mathfrak{b} = 0.$$

De plus, la seconde approximation donne, d'une part,

$$(31) \qquad \mathfrak{a} e^{\varphi\sqrt{-1}} = -\theta e^{\omega\sqrt{-1}}\left(1 - \frac{\mathrm{i}'}{\mathrm{K}}\,\frac{\theta^{-2} e^{-2\omega\sqrt{-1}} + \theta^2 e^{2\omega\sqrt{-1}}}{\theta^{-1} - \theta}\right),$$

d'autre part,

$$(32) \qquad \mathfrak{b} e^{-\varphi\sqrt{-1}} = -\frac{\mathrm{i}'}{\mathrm{K}} e^{-\omega\sqrt{-1}},$$

et par suite la seconde valeur approchée de $\mathfrak{b}$ est

$$(33) \qquad \mathfrak{b} = \frac{\mathrm{i}'}{\mathrm{K}}.$$

Alors aussi, en prenant pour valeurs approchées de $\mathfrak{a}$ et $\mathfrak{b}$ celles que fournissent les équations (29) et (33), on tire de la formule (25)

$$(34) \qquad \mathcal{K}^2 = \frac{2\theta}{\mathrm{K}}.$$

Il peut être utile, comme nous le verrons dans les Notes suivantes, de connaître la valeur *maximum maximorum* du module $\mathfrak{a}$ ou θ considéré comme fonction de ψ. On y parviendra en appliquant les règles connues à la recherche des maxima de ce module. Si l'on veut trouver, en particulier, les maxima de θ, on observera que, en vertu de la formule (24), ces maxima correspondent aux maxima du rapport $\frac{\mathrm{K}}{\mathrm{H}}$, par conséquent aux valeurs de ψ qui vérifient la formule

$$\frac{D_\psi K}{K} - \frac{D_\psi H}{H} = 0. \tag{35}$$

Or, pour réduire le premier membre de cette formule à une fonction connue de ψ, il suffira d'y substituer la valeur de H, tirée de l'équation (18), et de la valeur de K, tirée des équations (19), c'est-à-dire la valeur de K déterminée par la formule

$$\left\{\begin{aligned} K^2 = &\ [k\cos(\psi-\alpha) + c\cos(\psi-\beta) - b'\cos\beta']^2 \\ &+ [k\sin(\psi-\alpha) - c\sin(\psi-\beta) - b'\sin\beta']^2. \end{aligned}\right. \tag{36}$$

Lorsque la planète m est Pallas, et la planète m' Jupiter, alors, en prenant pour unité la distance de la Terre au Soleil, on a

$$a = 2,77263, \qquad a' = 5,202798;$$

alors aussi l'on trouve

$$\varepsilon = 0,242, \qquad \varepsilon' = 0,048162;$$

et, en adoptant l'ancienne division de la circonférence, on a encore

$$\Pi = -53^\circ 48' 20'', \qquad \Pi' = -163^\circ 22' 5'',$$
$$I = 34^\circ 15' 36''.$$

En partant de ces données, on obtient facilement les valeurs des angles

$$\alpha, \quad \beta, \quad \beta', \quad \gamma$$

et celles des modules

$$h, \quad k, \quad c, \quad b, \quad b', \quad i, \quad i'.$$

En comparant ces modules au carré du demi grand axe a' de l'orbite de Jupiter, on trouve, en réalité,

$$h = 1,2981273\,a'^2, \qquad k = 0,9579587\,a'^2,$$
$$b' = 0,2839067\,a'^2, \qquad b = 0,1631624\,a'^2, \qquad c = 0,0881646\,a'^2,$$
$$i = 0,0083159\,a'^2, \qquad i' = 0,0011598\,a'^2$$

et

$$\alpha = 70^\circ 21' 26'',$$

$$\beta' = -47^\circ 9' 54'', \qquad \beta = 16^\circ 10' 54'', \qquad \gamma = 28^\circ 22' 54''.$$

La valeur ici trouvée pour i' étant à peu près $\frac{1}{1000}$ de a'^2, et par conséquent très petite, il en résulte que, dans la théorie de Pallas et de Jupiter, le module $\mathfrak{a}$ sera sensiblement égal au module θ, et le module $\mathfrak{b}$ sensiblement nul. Si l'on cherche alors le *maximum maximorum* de θ, on reconnaîtra qu'il répond à une anomalie excentrique de 230° environ; et, si l'on pose en réalité

$$\psi = 230^\circ,$$

on trouvera

$$\theta = 0{,}646, \qquad \mathfrak{a} = 0{,}645, \qquad \mathfrak{b} = 0{,}000889.$$

NOTE TROISIÈME.

Sur les développements de la fonction perturbatrice en séries ordonnées suivant les puissances entières des exponentielles trigonométriques dont les arguments sont, ou les anomalies moyennes, ou les anomalies excentriques.

Quand on cherche les perturbations d'un ordre élevé, produites dans le mouvement de la planète m par l'action de la planète m', la fonction perturbatrice peut être, sans erreur sensible, réduite au terme réciproquement proportionnel à la distance $\mathfrak{r}$. Alors, pour développer la fonction perturbatrice en une série double ordonnée suivant les puissances ascendantes des exponentielles dont les arguments sont

$$e^{T\sqrt{-1}}, \quad e^{T'\sqrt{-1}},$$

il suffit de construire le développement de $\frac{1}{\mathfrak{r}}$ en une semblable série. D'ailleurs ce développement peut aisément se déduire du développement de $\frac{1}{\mathfrak{r}}$ en une série double, ordonnée suivant les puissances entières des exponentielles trigonométriques

$$x = e^{\psi\sqrt{-1}}, \qquad x' = e^{\psi'\sqrt{-1}}$$

Entrons à ce sujet dans quelques détails.

Soit A_n le coefficient de l'exponentielle $e^{nT\sqrt{-1}}$ dans le développement de $\frac{1}{\iota}$ en série ordonnée suivant les puissances entières de $e^{T\sqrt{-1}}$, et $\mathcal{A}_n$ le coefficient de $e^{n\psi\sqrt{-1}}$ dans le développement de $\frac{1}{\iota}$ en série ordonnée suivant les puissances entières de $x = e^{\psi\sqrt{-1}}$ On aura, non seulement

(1) $$A_n = \frac{1}{2\pi}\int_{-\pi}^{\pi} \frac{1}{\iota} e^{-nT\sqrt{-1}}\, dT,$$

mais encore

(2) $$\frac{1}{\iota} = \Sigma\, \mathcal{A}_l x^l = \Sigma\, \mathcal{A}_{n-l}\, x^{n-l},$$

la somme qu'indique le signe Σ s'étendant à toutes les valeurs entières, positives, nulle et négatives de l. On aura donc, par suite,

(3) $$A_n = \frac{1}{2\pi}\, \Sigma \mathcal{A}_{n-l} \int_{-\pi}^{\pi} x^{n-l}\, e^{-nT\sqrt{-1}}\, dT.$$

Mais, en intégrant par partie et ayant égard à la formule

$$D_t x = x\sqrt{-1},$$

on trouvera

$$\frac{1}{2\pi}\int_{-\pi}^{\pi} x^{n-l}\, e^{-nT\sqrt{-1}}\, dT = \frac{n-l}{n}\, \mathcal{E}_l,$$

la valeur de $\mathcal{E}_l$ étant déterminée par l'équation

(4) $$\mathcal{E}_l = \frac{1}{2\pi}\int_{-\pi}^{\pi} x^{-l}\, e^{\frac{n\varepsilon}{2}\left(x - \frac{1}{x}\right)}\, d\psi.$$

Donc la formule (3) donnera simplement

(5) $$A_n = \sum\left(1 - \frac{l}{n}\right) \mathcal{A}_{n-l}\, \mathcal{E}_l.$$

Ajoutons que, en vertu de la formule (4), $\mathcal{E}_l$ sera précisément le coefficient de x_l dans le développement de l'exponentielle

$$e^{\frac{n\varepsilon}{2}\left(x - \frac{1}{x}\right)},$$

ordonné suivant les puissances entières de x. Le facteur $\mathfrak{C}_l$, déterminé comme on vient de le dire, est la transcendante de M. Bessel. Pour en obtenir le développement en série convergente, il suffit de décomposer l'exponentielle

$$e^{\frac{n\varepsilon}{2}\left(x-\frac{1}{x}\right)},$$

dans laquelle nous poserons, pour abréger,

$$\frac{n\varepsilon}{2}=\mathfrak{c},$$

en deux facteurs de la forme

$$e^{\mathfrak{c}x}, \quad e^{-\frac{\mathfrak{c}}{x}},$$

puis de développer chacun de ces facteurs et leur produit en séries ordonnées suivant les puissances ascendantes de $\mathfrak{c}$. En opérant ainsi, on trouve, pour une valeur positive de l, non seulement

$$(6) \qquad \mathfrak{C}_{-l}=(-1)^l\,\mathfrak{C}_l,$$

mais encore

$$(7) \qquad \mathfrak{C}_l=\frac{\mathfrak{c}^l}{1.2\ldots l}\mathfrak{Z}_l,$$

la valeur de $\mathfrak{Z}_l$ étant

$$(8) \qquad \mathfrak{Z}_l=1-\frac{\mathfrak{c}}{1}\,\frac{\mathfrak{c}}{l+1}+\frac{\mathfrak{c}^2}{1.2}\,\frac{\mathfrak{c}^2}{(l+1)(l+2)}-\ldots.$$

De plus, si l'on commence par déduire de l'équation (8) la valeur de $\mathfrak{Z}_l$, pour deux valeurs consécutives de l, par exemple pour $l=7$ et pour $l=8$, on obtiendra ensuite, avec la plus grande facilité, les valeurs de $\mathfrak{Z}_l$ correspondantes à de moindres valeurs de l, à l'aide de la formule

$$(9) \qquad \mathfrak{Z}_{l-1}=\mathfrak{Z}_l-\frac{\mathfrak{c}^2}{l(l+1)}\mathfrak{Z}_{l+1}.$$

J'ai calculé de cette manière les valeurs diverses qu'on obtient pour $\mathfrak{C}_l$, dans le cas où l'on fait coïncider la planète m avec Pallas, en posant d'ailleurs $n=7$, ou avec Jupiter, en posant d'ailleurs $n=18$.

J'ai trouvé, dans le premier cas,

$$(10)\quad \begin{cases} \mathcal{E}_0 = 0{,}40145052, & \mathcal{E}_1 = 0{,}5774091, & \mathcal{E}_2 = 0{,}2802605, \\ \mathcal{E}_3 = 0{,}0843629, & \mathcal{E}_4 = 0{,}0185457, & \mathcal{E}_5 = 0{,}0032200, \\ \mathcal{E}_6 = 0{,}0002928, & \mathcal{E}_7 = 0{,}0000567, & \mathcal{E}_8 = 0{,}0000061, \\ \mathcal{E}_9 = 0{,}0000006, & \mathcal{E}_{10} = 0{,}0000000, & \end{cases}$$

et, dans le second cas,

$$(11)\quad \begin{cases} \mathcal{E}_0 = 0{,}82075740, & \mathcal{E}_1 = 0{,}39399300, & \mathcal{E}_2 = 0{,}08823648, \\ \mathcal{E}_3 = 0{,}01294772, & \mathcal{E}_4 = 0{,}00141646, & \mathcal{E}_5 = 0{,}00012357, \\ \mathcal{E}_6 = 0{,}00000897, & \mathcal{E}_7 = 0{,}00000056, & \mathcal{E}_8 = 0{,}00000003, \\ \mathcal{E}_9 = 0{,}00000000. & & \end{cases}$$

Les valeurs de $\mathcal{E}_l$ étant ainsi calculées, on pourra facilement déduire de la formule (5) la valeur du coefficient A_n, quand on connaîtra celles des coefficients

$$\ldots, \quad \mathcal{A}_{n-2}, \quad \mathcal{A}_{n-1}, \quad \mathcal{A}_n, \quad \mathcal{A}_{n+1}, \quad \mathcal{A}_{n+2}, \quad \ldots.$$

Il y a plus : si, en prenant pour m' Jupiter et pour m Pallas, on nomme

$$A_{n',-n} \quad \text{et} \quad \mathcal{A}_{n',-n}$$

les coefficients respectifs des exponentielles

$$e^{(n'T'-nT)\sqrt{-1}} \quad \text{et} \quad e^{(n'\psi'-n\psi)\sqrt{-1}}$$

dans les développements de $\frac{1}{\mathfrak{r}}$ en séries doubles ordonnées suivant les puissances entières des exponentielles trigonométriques dont les arguments sont T, T' ou ψ, ψ', alors, en joignant aux valeurs trouvées de $\mathcal{E}_l$ la formule

$$(12)\qquad A_{n',-n} = \sum\left(1 - \frac{l'}{n'}\right)\left(1 - \frac{l}{n}\right)\mathcal{A}_{n'-l',-n+l}\,\mathcal{E}_l\,\mathcal{E}_{l'},$$

on déduira aisément de cette formule la valeur de $A_{n',-n}$ correspondante à $n' = 18$, $n = 7$, quand on connaîtra les diverses valeurs de

$$\mathcal{A}_{n'-l',-n+l},$$

pourvu que l'on considère les indices variables l, l' comme étant relatifs, le premier à Pallas, le second à Jupiter, et qu'en conséquence on ait recours à la Table (10) pour déterminer les diverses valeurs de $\mathcal{E}_l$, puis à la Table (11) pour déterminer les diverses valeurs de $\mathcal{E}_{l'}$.

En résumé, il suit des formules (5) et (12), que, en supposant connu le développement de $\frac{1}{\iota}$ en une série ordonnée suivant les puissances entières des exponentielles dont les arguments sont les anomalies excentriques, on peut facilement obtenir le développement de $\frac{1}{\iota}$ en une série ordonnée suivant les puissances entières des exponentielles dont les arguments soient les anomalies moyennes. D'ailleurs, les formules nouvelles que j'ai données dans les précédents Mémoires permettent de construire directement et avec facilité le dernier de ces deux développements. J'ai appliqué, en effet, d'une part, la formule (5), d'autre part, les nouvelles formules dont il s'agit, à la détermination de la grande inégalité de Pallas, et je suis ainsi parvenu, comme on le verra dans les Notes suivantes, aux résultats précédemment indiqués.

287.

Astronomie. — *Suite des Notes annexées au Rapport sur le Mémoire de M.* Le Verrier, *et relatives à la détermination des inégalités périodiques des mouvements planétaires (voir le* Compte rendu *de la séance du 17 mars).*

C. R., T. XX, p. 825 (24 mars 1845).

NOTE QUATRIÈME.

Développement du rapport de l'unité à la distance de deux planètes en une série ordonnée suivant les puissances entières des exponentielles dont les arguments sont les anomalies excentriques.

Conservons les mêmes notations que dans les Notes précédentes. Représentons, en conséquence, par ι la distance des deux planètes

m, m', par ψ, ψ' leurs anomalies excentriques, par n, n' deux nombres entiers donnés; et soit toujours $\mathcal{A}_n$ le coefficient de l'exponentielle

$$e^{n\psi\sqrt{-1}} = x^n$$

dans le développement de $\frac{1}{\iota}$ en une série ordonnée suivant les puissances entières de la variable

$$x = e^{\psi\sqrt{-1}}.$$

On aura

$$(1) \qquad \frac{1}{\iota} = \ldots \mathcal{A}_{-2}x^{-2} + \mathcal{A}_{-1}x^{-1} + \mathcal{A}_0 + \mathcal{A}_1 x + \mathcal{A}_2 x^2 + \ldots;$$

puis on tirera de la formule (1)

$$(2) \qquad \mathrm{A}_n = \frac{1}{2\pi}\int_{-\pi}^{\pi} x^{-n}\,\frac{1}{\iota}\,d\psi;$$

et, comme l'exponentielle

$$x^{-n} = e^{-n\psi\sqrt{-1}}$$

aura pour module l'unité, on conclura de l'équation (2) que le module de $\mathcal{A}_n$ est inférieur au plus grand module de $\frac{1}{\iota}$. Il y a plus : en supposant que l'on désigne par l un nombre entier quelconque, et que l'on indique à l'aide de la lettre caractéristique Σ une somme de termes semblables, correspondants aux diverses valeurs de x qui vérifient l'équation

$$(3) \qquad x^l = 1,$$

on tirera encore de la formule (2)

$$(4) \qquad \frac{1}{l}\sum \frac{x^{-n}}{\iota} = \mathcal{A}_n + \mathcal{A}_{n+l} + \mathcal{A}_{n+2l} + \ldots + \mathcal{A}_{n-l} + \mathcal{A}_{n-2l} + \ldots,$$

et, par suite,

$$(5) \qquad \mathcal{A}_n = \frac{1}{l}\sum \frac{x^{-n}}{\iota} - s,$$

la valeur de s étant

$$(6) \qquad s = \mathcal{A}_{n+l} + \mathcal{A}_{n+2l} + \ldots + \mathcal{A}_{n-l} + \mathcal{A}_{n-2l} + \ldots.$$

Donc à l'équation (2) on pourra substituer la formule

$$(7) \qquad \mathcal{A}_n = \frac{1}{l} \sum \frac{x^{-n}}{\mathfrak{r}},$$

si le nombre l est assez considérable pour qu'on puisse, sans erreur sensible, négliger la somme que représente la lettre s.

Si, dans les formules (2), (5), (6), on remplace n par $-n$, on trouvera, non seulement

$$(8) \qquad \mathcal{A}_{-n} = \frac{1}{2\pi} \int_{-\pi}^{\pi} \frac{x^n}{\mathfrak{r}} d\psi,$$

mais encore

$$(9) \qquad \mathcal{A}_{-n} = \frac{1}{l} \sum \frac{x^n}{\mathfrak{r}} - s,$$

la valeur de s étant

$$(10) \qquad s = \mathcal{A}_{-n+l} + \mathcal{A}_{-n+2l} + \ldots + \mathcal{A}_{-n-l} + \mathcal{A}_{-n-2l} + \ldots.$$

Cela posé, on pourra évidemment à l'équation (9) substituer la suivante

$$(11) \qquad \mathcal{A}_{-n} = \frac{1}{l} \sum \frac{x^n}{\mathfrak{r}},$$

si le nombre l est assez considérable pour qu'on puisse, sans erreur sensible, négliger la somme s, déterminée par la formule (10).

Enfin, si l'on nomme $\mathcal{A}_{n'}$ le coefficient de l'exponentielle

$$e^{n'\psi'\sqrt{-1}},$$

dans le développement de $\frac{1}{\mathfrak{r}}$ en série ordonnée suivant les puissances ascendantes de la variable

$$x' = e^{\psi'\sqrt{-1}},$$

et si l'on indique par le signe Σ une somme de termes semblables et correspondants aux diverses valeurs de x' qui vérifient l'équation

$$(12) \qquad x'^{l'} = 1,$$

on aura, non seulement

(13) $$\mathcal{A}_{n'} = \frac{1}{2\pi}\int_{-\pi}^{\pi} \frac{x'^{-n'}}{\imath}\, d\psi',$$

mais aussi

(14) $$\mathcal{A}_{n'} = \frac{1}{l'}\sum \frac{x'^{-n'}}{\imath} - s',$$

la valeur de s' étant

(15) $$s' = \mathcal{A}_{n'+l'} + \mathcal{A}_{n'+2l'} + \ldots + \mathcal{A}_{n'-l'} + \mathcal{A}_{n'-2l'} + \ldots;$$

et à l'équation (14) on pourra évidemment substituer la suivante

(16) $$\mathcal{A}_{n'} = \frac{1}{l'}\sum \frac{x'^{-n'}}{\imath},$$

si le nombre l' est assez considérable pour que l'on puisse, sans erreur sensible, négliger la somme s' déterminée par la formule (15).

Soit maintenant

$$\mathcal{A}_{n',-n}$$

le coefficient de l'exponentielle

$$e^{(n'\psi'-n\psi)\sqrt{-1}}$$

dans le développement de $\frac{1}{\imath}$ en série ordonnée suivant les puissances entières des deux variables

$$x = e^{\psi\sqrt{-1}}, \qquad x' = e^{\psi'\sqrt{-1}}.$$

On aura, non seulement

(17) $$\mathcal{A}_{n',-n} = \frac{1}{2\pi}\int_{-\pi}^{\pi} \mathcal{A}_{n'} x^{n}\, d\psi,$$

mais encore

(18) $$\mathcal{A}_{n',-n} = \frac{1}{2\pi}\int_{-\pi}^{\pi} \mathcal{A}_{-n} x^{-n'}\, d\psi',$$

et l'on tirera de l'équation (18), combinée avec les formules (9) et (13),

(19) $$\mathcal{A}_{n',-n} = \frac{1}{l}\Sigma \mathcal{A}_{n'} x^{n} - \iota,$$

la valeur de ι étant

$$(20)\qquad \iota = \frac{1}{2\pi}\int_{-\pi}^{\pi} s x^n \, d\psi,$$

puis de l'équation (17), combinée avec les formules (14) et (8),

$$(21)\qquad \mathcal{A}_{n',-n} = \frac{1}{l'}\Sigma \mathcal{A}_{-n} x'^{-n'} - \iota',$$

la valeur de ι' étant

$$(22)\qquad \iota' = \frac{1}{2\pi}\int_{-\pi}^{\pi} s' x'^{-n'} \, d\psi'.$$

Il est bon d'observer que, les modules de x^n et de $x'^{-n'}$ étant égaux à l'unité, les modules de ι et de ι' seront respectivement inférieurs, en vertu des formules (20) et (22), le premier, au plus grand module de la somme représentée par s, le second, au plus grand module de la somme représentée par s'. Donc, pour obtenir la valeur du coefficient $\mathcal{A}_{n',-n}$, avec un degré donné d'approximation, en sorte que l'erreur commise ne surpasse pas une certaine limite fixée d'avance, il suffira d'employer, au lieu de l'équation (19), la formule

$$(23)\qquad \mathcal{A}_{n',-n} = \frac{1}{l}\Sigma \mathcal{A}_{n'} x^n,$$

en supposant l choisi de manière que le module de la somme s reste toujours inférieur à la limite dont il s'agit, ou, au lieu de l'équation (21), la formule

$$(24)\qquad \mathcal{A}_{n',-n} = \frac{1}{l'}\Sigma \mathcal{A}_{-n} x'^{-n'},$$

en supposant l' choisi de manière que le module de la somme s' reste toujours inférieur à cette même limite.

Des formules (23) et (16), ou (24) et (11), on tire immédiatement

$$(25)\qquad \mathcal{A}_{n',-n} = \frac{1}{ll'}\sum \frac{x^n x'^{-n'}}{\mathfrak{r}},$$

la somme qu'indique le signe Σ s'étendant à toutes les valeurs de x, x' qui vérifient les équations (3) et (12).

Les formules (11), (16), et par suite la formule (25) qui se déduit des deux premières, ne diffèrent pas des formules d'interpolation connues depuis longtemps, et relatives à une ou à deux variables. Déjà, dans le § III du Mémoire publié en 1832, j'avais indiqué ces formules d'interpolation comme applicables au développement de la fonction perturbatrice. On peut effectivement, lorsque les nombres n, n' deviennent considérables, faire servir l'équation (25), ou d'autres formules du même genre, à la détermination des coefficients que renferme le développement dont il s'agit. Mais il est plus simple de combiner l'équation (23) ou (24) avec d'autres formules que je vais maintenant rappeler.

Comme je l'ai remarqué dans la deuxième Note, la valeur de $\mathfrak{r}$ est de la forme

$$(26)\qquad \mathfrak{r}^2 = \frac{(1-\mathfrak{a}x'e^{-\varphi\sqrt{-1}})(1-\mathfrak{a}x'^{-1}e^{\varphi\sqrt{-1}})(1-\mathfrak{b}x'e^{\varphi\sqrt{-1}})(1-\mathfrak{b}x'^{-1}e^{-\varphi\sqrt{-1}})}{\mathcal{K}^2},$$

les modules $\mathfrak{a}$, $\mathfrak{b}$, $\mathcal{K}$ et l'angle φ étant des fonctions de la variable ψ. Cela posé, on aura

$$(27)\qquad \frac{1}{\mathfrak{r}} = \mathcal{K}(1-\mathfrak{a}x'e^{-\varphi\sqrt{-1}})^{-\frac{1}{2}}\left(1-\frac{\mathfrak{a}}{x'}e^{\varphi\sqrt{-1}}\right)^{-\frac{1}{2}}(1-\mathfrak{b}x'e^{\varphi\sqrt{-1}})^{-\frac{1}{2}}\left(1-\frac{\mathfrak{b}}{x'}e^{-\varphi\sqrt{-1}}\right)^{-\frac{1}{2}}$$

Soient d'ailleurs

$$\mathfrak{A}_{n'} \quad \text{et} \quad \mathfrak{B}_{n'}$$

les coefficients de $x^{n'}$ dans les développements des deux produits

$$(1-\mathfrak{a}x')^{-\frac{1}{2}}\left(1-\frac{\mathfrak{a}}{x'}\right)^{-\frac{1}{2}}, \quad (1-\mathfrak{b}x')^{-\frac{1}{2}}\left(1-\frac{\mathfrak{b}}{x'}\right)^{-\frac{1}{2}},$$

et faisons, pour abréger, non seulement

$$[\tfrac{1}{2}]_{n'} = \frac{1.3.5\ldots(2n'-1)}{2.4.6\ldots2n'},$$

mais encore

$$(28)\qquad \mathfrak{l} = \frac{\mathfrak{a}^2}{1-\mathfrak{a}^2}.$$

On trouvera, pour des valeurs positives de n',

$$(29)\qquad \mathfrak{A}_{n'} = \mathfrak{A}_{-n'} = [\tfrac{1}{2}]_{n'} \frac{\mathfrak{a}^{n'}}{\sqrt{1-\mathfrak{a}^2}} \mathfrak{I}_{n'},$$

la valeur de $\mathfrak{I}_{n'}$ étant

$$(30)\qquad \mathfrak{I}_{n'} = 1 - \frac{1}{2}\,\frac{1}{2n'+2}\,\mathfrak{l} + \frac{1.3}{2.4}\,\frac{1.3}{(2n'+2)(2n'+4)}\,\mathfrak{l}^2 + \ldots.$$

On aura donc, pour des valeurs positives de n',

$$(31)\qquad \mathfrak{A}_{n'} = \mathfrak{A}_{-n'} = [\tfrac{1}{2}]_{n'} \frac{\mathfrak{a}^{n'}}{\sqrt{1-\mathfrak{a}^2}} \left(1 - \frac{1}{2}\,\frac{1}{2n'+2}\,\frac{\mathfrak{a}^2}{1-\mathfrak{a}^2} + \ldots\right)$$

et pareillement

$$(32)\qquad \mathfrak{B}_{n'} = \mathfrak{B}_{-n'} = [\tfrac{1}{2}]_{n'} \frac{\mathfrak{b}^{n'}}{\sqrt{1-\mathfrak{b}^2}} \left(1 - \frac{1}{2}\,\frac{1}{2n'+2}\,\frac{\mathfrak{b}^2}{1-\mathfrak{b}^2} + \ldots\right).$$

En adoptant ces valeurs de $\mathfrak{A}_{\pm n'}$ et de $\mathfrak{B}_{\pm n'}$, on tirera de la formule (27)

$$(33)\qquad \frac{1}{\mathfrak{r}} = \mathcal{K}\,\Sigma\,\mathfrak{A}_{n'}\,x'^{n'} e^{-n'\varphi\sqrt{-1}}\,\Sigma\,\mathfrak{B}_{n'}\,x'^{n'} e^{n'\varphi\sqrt{-1}},$$

chacune des sommes qu'indique le signe Σ devant être étendue à toutes les valeurs entières, positives, nulle et négatives de n'. Enfin, si l'on égale entre eux les coefficients de $x^{n'}$ dans les développements des deux membres de la formule (33), on trouvera

$$(34)\quad \begin{cases} \mathcal{A}_{n'} = \mathcal{K}\, e^{-n'\varphi\sqrt{-1}} \big(\mathfrak{B}_0 \mathfrak{A}_{n'} + \mathfrak{B}_1 \mathfrak{A}_{n'+1} e^{-2\varphi\sqrt{-1}} + \mathfrak{B}_2 \mathfrak{A}_{n'+2} e^{-4\varphi\sqrt{-1}} + \ldots \\ \qquad\qquad + \mathfrak{B}_1 \mathfrak{A}_{n'-1} e^{2\varphi\sqrt{-1}} + \mathfrak{B}_2 \mathfrak{A}_{n'-2} e^{4\varphi\sqrt{-1}} + \ldots\big). \end{cases}$$

On peut assez facilement, et avec un degré d'approximation fixé *a priori*, déterminer la valeur de $\mathcal{A}_{n',-n}$, en joignant l'équation (34) à la formule (23), ou l'équation analogue qui fournirait la valeur de $\mathcal{A}_n$ à la formule (24).

Dans le cas où le nombre n' devient considérable, les formules (31), (32) donnent, à très peu près,

$$(35)\qquad \mathfrak{A}_{n'} = \mathfrak{A}_{-n'} = [\tfrac{1}{2}]_{n'} \frac{\mathfrak{a}^{n'}}{\sqrt{1-\mathfrak{a}^2}},$$

$$(36)\qquad \mathfrak{B}_{n'} = \mathfrak{B}_{-n'} = [\tfrac{1}{2}]_{n'} \frac{\mathfrak{b}^{n'}}{\sqrt{1-\mathfrak{b}^2}}.$$

D'ailleurs, dans notre système planétaire, le module $\mathfrak{b}$, dont la première valeur approchée se réduit à zéro [*voir* la formule (30) de la deuxième Note], reste généralement très petit. Donc, appliquée à ce système, la formule (36) donnera sensiblement

$$\mathfrak{B}_0 = 1, \qquad \mathfrak{B}_1 = \mathfrak{B}_{-1} = 0, \qquad \mathfrak{B}_2 = \mathfrak{B}_{-2} = 0, \qquad \ldots.$$

Donc, en vertu des formules (34), (35), on aura encore à très peu près, pour des valeurs positives de n',

$$(37) \qquad \mathcal{A}_{n'} = [\tfrac{1}{2}]_{n'} (1 - \mathfrak{a}^2)^{-\frac{1}{2}} \mathcal{H} \mathfrak{a}^{n'} e^{-n'\varphi\sqrt{-1}}.$$

Il y a plus : comme, pour de grandes valeurs de n', on a sensiblement

$$[\tfrac{1}{2}]_{n'} = \frac{1}{\sqrt{\pi n'}},$$

la formule (37) pourra être remplacée par la suivante :

$$(38) \qquad \mathcal{A}_{n'} = \frac{\mathcal{H}}{\sqrt{\pi n'(1 - \mathfrak{a}^2)}} \mathfrak{a}^{n'} e^{-n'\varphi\sqrt{-1}}.$$

NOTE CINQUIÈME.

Développement du rapport de l'unité à la distance de deux planètes en une série ordonnée suivant les puissances entières des exponentielles dont les arguments sont les anomalies moyennes.

Nommons toujours r la distance des deux planètes m, m'. Soient T, T' leurs anomalies moyennes liées aux anomalies excentriques ψ, ψ' par les équations

$$(1) \qquad T = \psi - \varepsilon \sin\psi, \qquad T' = \psi' - \varepsilon' \sin\psi',$$

dans lesquelles ε, ε' représentent les excentricités des orbites; et posons, non seulement

$$(2) \qquad x = e^{\psi\sqrt{-1}}, \qquad x' = e^{\psi'\sqrt{-1}},$$

mais encore

$$(3) \qquad u = e^{T\sqrt{-1}}, \qquad u' = e^{T'\sqrt{-1}}.$$

On aura, en vertu des formules (1),

$$(4)\qquad u = x\,e^{-\frac{\varepsilon}{2}\left(x-\frac{1}{x}\right)},\qquad u' = x'\,e^{-\frac{\varepsilon'}{2}\left(x'-\frac{1}{x'}\right)}.$$

Représentons d'ailleurs par n, n' deux nombres entiers; par

$$\mathcal{A}_{-n},\quad \mathcal{A}_{n'},\quad \mathcal{A}_{n',-n}$$

les coefficients de

$$x^{-n},\quad x'^{n'},\quad x'^{n'}x^{-n}$$

dans les développements de $\frac{1}{\iota}$ en une série simple ordonnée suivant les puissances entières de x ou de x', ou en une série double ordonnée suivant les puissances entières de x et de x'; enfin par

$$A_{-n},\quad A_{n'},\quad A_{n',-n}$$

les coefficients de

$$u^{-n},\quad u'^{n'},\quad u'^{n'}u^{-n}$$

dans les développements de $\frac{1}{\iota}$ en une série simple ordonnée suivant les puissances entières de u ou de u', ou en une série double ordonnée suivant les puissances entières de u et de u'. On pourra, en supposant connues les diverses valeurs du coefficient $\mathcal{A}_{-n}$ ou du coefficient $\mathcal{A}_{n'}$, en déduire assez facilement, à l'aide des formules rappelées dans les Notes précédentes, la valeur du coefficient $A_{n',-n}$ surtout lorsque les nombres n, n' deviendront considérables. Entrons, à ce sujet, dans quelques détails.

On a généralement

$$(5)\qquad A_{n',-n} = \frac{1}{2\pi}\int_{-\pi}^{\pi} A_{n'}\,u^n\,dT.$$

D'autre part, si l'on substitue la planète m' à la planète m, les formules (4) et (5) de la troisième Note (*voir* page 138) donneront

$$(6)\qquad A_{n'} = \sum\left(1-\frac{l'}{n'}\right)\mathcal{A}_{n'-l'}\,\mathcal{E}_{l'},$$

$\mathcal{E}_{l'}$ désignant le coefficient de $x'^{l'}$ dans le développement de l'exponentielle

$$e^{\frac{n'\varepsilon'}{2}\left(x'-\frac{1}{x'}\right)}$$

en une série ordonnée suivant les puissances entières de x^l, et la somme qu'indique le signe Σ s'étendant à toutes les valeurs entières de l'. Enfin, si l'on désigne par k' un nombre entier déterminé, dont la valeur soit très grande, la formule (14) de la Note précédente donnera

$$(7) \qquad \mathcal{A}_{n'-l'} = \frac{1}{k'}\sum \frac{x'^{l'-n'}}{\iota} - s',$$

la somme qu'indique le signe Σ s'étendant à toutes les valeurs de x' qui vérifient l'équation

$$(8) \qquad x'^{k'} = 1,$$

et la valeur de s' étant

$$(9) \qquad s' = \mathcal{A}_{n'-l'+k'} + \mathcal{A}_{n'-l'+2k'} + \ldots + \mathcal{A}_{n'-l'-k'} + \mathcal{A}_{n'-l'-2k'} + \ldots.$$

Cela posé, comme on aura

$$\frac{1}{2\pi}\int_{-\pi}^{\pi} \frac{u^n}{\iota}\,dT = \mathrm{A}_{-n},$$

on tirera évidemment des formules (5), (6) et (7)

$$(10) \qquad \mathrm{A}_{n',-n} = \frac{1}{k'}\sum\left(1-\frac{l'}{n'}\right)\mathcal{E}_{l'}\,\mathrm{A}_{-n}\,x'^{l'-n'} - i',$$

la valeur de i' étant

$$(11) \qquad i' = \frac{1}{2\pi}\int_{-\pi}^{\pi}\sum\left(1-\frac{l'}{n'}\right)\mathcal{E}_{l'}\,s'\,u^n\,dT.$$

Il y a plus : comme, en supposant la somme qu'indique le signe Σ étendue à toutes les valeurs entières de l', on aura identiquement

$$(12) \qquad e^{\frac{n'\varepsilon'}{2}\left(x'-\frac{1}{x'}\right)} = \Sigma\,\mathcal{E}_{l'}\,x'^{l'},$$

et, par suite,

$$(13)\quad \begin{cases} \sum\left(1-\frac{l'}{n'}\right)\mathcal{E}_{l'}x'^{l'} = \left(1-\frac{x'}{n'}\mathrm{D}_{x'}\right)e^{\frac{n'\varepsilon'}{2}\left(x'-\frac{1}{x'}\right)} \\ \qquad = \left[1-\frac{\varepsilon'}{2}\left(x'+\frac{1}{x'}\right)\right]e^{\frac{n'\varepsilon'}{2}\left(x'-\frac{1}{x'}\right)} \\ \qquad = \left[1-\frac{\varepsilon'}{2}\left(x'+\frac{1}{x'}\right)\right]\left(\frac{x'}{u'}\right)^{n'}, \end{cases}$$

la formule (10) donnera

$$(14)\qquad \mathrm{A}_{n',-n} = \frac{1}{k'}\Sigma\mathrm{A}_{-n}\,u'^{-n'}\left[1-\frac{\varepsilon'}{2}\left(x'+\frac{1}{x'}\right)\right]-i',$$

la somme qu'indique le signe Σ s'étendant à toutes les valeurs de x' qui vérifient l'équation (8). On trouvera pareillement

$$(15)\qquad \mathrm{A}_{n',-n} = \frac{1}{k}\Sigma\mathrm{A}_{n'}\,u^{n}\left[1-\frac{\varepsilon}{2}\left(x+\frac{1}{x}\right)\right]-i,$$

la somme qu'indique le signe Σ, dans la formule (15), s'étendant à toutes les valeurs de x qui vérifient l'équation

$$(16)\qquad x^k = 1,$$

et la valeur de i étant déterminée par le système des formules

$$(17)\qquad i = \frac{1}{2\pi}\int_{-\pi}^{\pi}\sum\left(1-\frac{l}{n}\right)\mathcal{E}_l\,s u'^{-n'}dT',$$

$$(18)\qquad s = \mathcal{A}_{-n+l-k} + \mathcal{A}_{-n+l-2k} + \ldots + \mathcal{A}_{-n+l+k} + \mathcal{A}_{-n+l+2k} + \ldots.$$

Ajoutons que le signe Σ, dans la formule (17), devra s'étendre à toutes les valeurs entières de l, et que la quantité $\mathcal{E}_l$ sera le coefficient de x^l dans le développement de l'exponentielle

$$e^{\frac{n\varepsilon}{2}\left(x-\frac{1}{x}\right)}$$

en une série ordonnée suivant les puissances entières de x. Remarquons enfin que, si l'on échange entre elles les planètes m, m', et par suite les quantités $-n$, n', on obtiendra, à la place de la formule (6), la formule semblable

$$(19)\qquad A_{-n} = \sum \left(1 - \frac{l}{n}\right) \mathcal{A}_{-n+l} \mathcal{E}_l,$$

la somme qu'indique le signe Σ s'étendant à toutes les valeurs entières de l.

Lorsque le nombre k deviendra notablement supérieur au nombre n, ou le nombre k' au nombre n', les modules des sommes s, s', et par suite les modules de i et i', seront généralement très petits. On pourra donc alors, sans erreur sensible, remplacer l'équation (14) par la formule

$$(20)\qquad A_{n',-n} = \frac{1}{k'} \Sigma A_{-n} u'^{-n'} \left[1 - \frac{\varepsilon'}{2}\left(x' + \frac{1}{x'}\right)\right],$$

ou, ce qui revient au même, par la suivante

$$(21)\qquad A_{n',-n} = \frac{1}{k'} \Sigma A_{-n} u'^{-n'} (1 - \varepsilon' \cos\psi'),$$

et l'équation (15) par la formule

$$(22)\qquad A_{n',-n} = \frac{1}{k} \Sigma A_{n'} u^{n} \left[1 - \frac{\varepsilon}{2}\left(x + \frac{1}{x}\right)\right],$$

ou, ce qui revient au même, par la suivante

$$(23)\qquad A_{n',-n} = \frac{1}{k} \Sigma A_{n'} u^{n} (1 - \varepsilon \cos\psi).$$

Donc alors on pourra, de l'équation (21) jointe à la formule (19), et de l'équation (23) jointe à la formule (6), déduire une valeur très approchée du coefficient $A_{n',-n}$. Il y a plus : on pourra facilement estimer le degré d'approximation ainsi obtenu, en cherchant une valeur approchée du module de i ou de i', ou plutôt d'une limite supérieure à ce module. Concevons, pour fixer les idées, qu'on veuille savoir quel est le degré d'approximation auquel on parvient quand on réduit l'équation (14) à la formule (21), en négligeant i'. On remarquera, d'une part, que l'erreur commise, dans cette hypothèse, sur le module de $A_{n',-n}$ ne peut surpasser le module de i'; d'autre part, que, le module de u^n étant l'unité, le module de i' sera, en vertu de la formule (11), inférieur au module maximum de la somme

$$\sum\left(1-\frac{l'}{n'}\right)\mathcal{E}_l s'. \tag{24}$$

On pourra d'ailleurs calculer aisément une valeur approchée de cette somme, en joignant à l'équation (9) l'équation (38) de la quatrième Note, c'est-à-dire la formule

$$\mathcal{A}_{n'} = \frac{\mathcal{K}}{\sqrt{\pi n'(1-\alpha^2)}}\alpha^{n'} e^{-n'\varphi\sqrt{-1}}, \tag{25}$$

et en observant que cette formule continue de subsister quand on y remplace $\mathcal{A}_{n'}$ par $\mathcal{A}_{-n'}$ et $\sqrt{-1}$ par $-\sqrt{-1}$; de sorte qu'on a encore à très peu près

$$\mathcal{A}_{-n'} = \frac{\mathcal{K}}{\sqrt{\pi n'(1-\alpha^2)}}\alpha^{n'} e^{n'\varphi\sqrt{-1}}. \tag{26}$$

Considérons en particulier le cas où la différence $k'-n'$ est notablement supérieure aux valeurs de l' pour lesquelles $\mathcal{E}_{l'}$ conserve une valeur sensible, et supposons encore que α reste sensiblement inférieur à l'unité. Alors, $\alpha^{k'}$ étant un petit nombre, la valeur approchée de s' tirée des formules (9) et (26) sera

$$s' = \mathcal{A}_{n'-l'-k'} = \frac{\mathcal{K}(1-\alpha^2)^{-\frac{1}{2}}}{\sqrt{\pi(k'-n'+l')}}\alpha^{k'-n'+l'} e^{(k'-n'+l')\varphi\sqrt{-1}},$$

ou encore, à très peu près,

$$s' = \frac{\mathcal{K}(1-\alpha^2)^{-\frac{1}{2}}}{\sqrt{\pi(k'-n')}}\alpha^{k'-n'+l'} e^{(k'-n'+l')\varphi\sqrt{-1}}. \tag{27}$$

Or, en substituant cette valeur approchée de s' dans la somme (24) et ayant égard à l'équation (13), on obtiendra la formule approximative

$$\sum\left(1-\frac{l'}{n'}\right)\mathcal{E}_{l'} s' = \mathcal{L}(k'-n')^{-\frac{1}{2}}\alpha^{k'-n'} e^{(k'-n')\varphi\sqrt{-1}}, \tag{28}$$

la valeur de $\mathcal{L}$ étant déterminée par le système des deux formules

$$(29)\qquad \begin{cases} \mathcal{L} = \dfrac{\mathcal{K}}{\sqrt{\pi(1-\mathfrak{a}^2)}}\left[1 - \dfrac{\varepsilon'}{2}\left(x' + \dfrac{1}{x'}\right)\right] e^{\frac{n'\varepsilon'}{2}\left(x' - \frac{1}{x'}\right)}, \\ x' = \mathfrak{a}\, e^{\varphi\sqrt{-1}}. \end{cases}$$

Soit maintenant Λ le module de $\mathcal{L}$, et $\mathfrak{s}$ le module de la somme

$$\sum\left(1 - \frac{l'}{n'}\right)\mathcal{E}_{l'} s'_{l'}.$$

On aura, en vertu de la formule (28),

$$(30)\qquad \Lambda(k'-n')^{-\frac{1}{2}}\mathfrak{a}^{k'-n'} = \mathfrak{s}.$$

Or, de l'équation (30), dont le premier membre décroît sans cesse pour des valeurs croissantes de la différence $k' - n'$, on déduirait sans peine la valeur approchée de cette différence, si l'on supposait connues les valeurs de $\mathfrak{s}$ et de $\mathfrak{a}$. Pour y parvenir très simplement, dans le cas où le module $\mathfrak{s}$ est très petit, il suffit d'observer que l'on tire de l'équation (30)

$$(k'-n')\mathrm{L}(\mathfrak{a}^{-1}) + \tfrac{1}{2}\mathrm{L}(k'-n') = \mathrm{L}(\mathfrak{s}^{-1}\Lambda),$$

par conséquent

$$(31)\qquad k' - n' = \frac{\mathrm{L}(\mathfrak{s}^{-1}\Lambda)}{\mathrm{L}(\mathfrak{a}^{-1})} - \frac{1}{2}\,\frac{\mathrm{L}(k'-n)}{\mathrm{L}(\mathfrak{a}^{-1})},$$

puis d'appliquer à l'équation (31) la méthode des substitutions successives, en considérant

$$\frac{\mathrm{L}(\mathfrak{s}^{-1}\Lambda)}{\mathrm{L}(\mathfrak{a}^{-1})}$$

comme la première valeur approchée de la différence

$$k' - n',$$

et déduisant chaque nouvelle valeur approchée de celle qui la précède, par la substitution de celle-ci dans le second membre de l'équation (31).

Il importe d'observer que, pour de très petites valeurs de ε', la première des formules (29) donne, à très peu près,

$$(32) \qquad \Lambda = \frac{\mathcal{K}}{\sqrt{\pi(1-\mathfrak{a}^2)}} e^{-\left(\frac{n'+1}{2}\frac{1}{\mathfrak{a}} - \frac{n'-1}{2}\mathfrak{a}\right)\varepsilon'\cos\varphi},$$

la valeur de $\mathcal{K}^2$ étant celle que fournit l'équation (25) de la deuxième Note. Observons encore que la valeur de $\mathfrak{z}$, déterminée par la formule (30), dépend, non seulement du nombre $k'-n'$, mais aussi de l'argument ψ, dont $\mathfrak{a}$ et Λ sont tous deux fonctions. Si, en attribuant à la différence $k'-n'$ une valeur constante, très considérable, on fait varier l'angle ψ, le module $\mathfrak{z}$ variera proportionnellement au produit

$$\Lambda\mathfrak{a}^{k'-n'},$$

dont la plus grande valeur correspondra sensiblement à la plus grande valeur de $\mathfrak{a}$. En effet, les valeurs maxima de ce produit, considéré comme fonction de ψ, se déduiront de la formule

$$(33) \qquad D_\psi\mathfrak{a} + \frac{1}{k'-n'}D_\psi\Lambda = 0;$$

et, pour de grandes valeurs de $k'-n'$, cette équation se réduira sensiblement à la suivante

$$(34) \qquad D_\psi\mathfrak{a} = 0,$$

c'est-à-dire à celle qui fournit les valeurs maxima de $\mathfrak{a}$. Ajoutons que, pour des valeurs croissantes de ψ, le produit

$$\Lambda\mathfrak{a}^{k'-n'}$$

croîtra, tant que le premier membre de la formule (33) sera positif, et que, pour de très grandes valeurs de $k'-n'$, le signe de ce premier membre est en même temps le signe de la dérivée $D_\psi\mathfrak{a}$, excepté lorsque la valeur de ψ diffère peu de l'une de celles qui vérifient la formule (34).

Si l'on assujettit le module $\mathfrak{z}$ à ne point dépasser une certaine limite supérieure, la résolution de l'équation (31) fera connaître la limite correspondante au-dessous de laquelle ne pourra s'abaisser la différence $k' - n'$. Si la limite assignée à ε est très petite, la valeur correspondante de $k' - n'$, tirée de la formule (31), sera très considérable, et le *maximum maximorum* de cette valeur, considérée comme fonction de ψ, répondra sensiblement au *maximum maximorum* du module $\mathfrak{a}$. Il en résulte qu'on peut déterminer *a priori* la valeur qu'il conviendra d'attribuer à k', pour que les formules précédentes fournissent une perturbation du moyen mouvement ou de l'un quelconque des éléments elliptiques avec un degré d'approximation donné.

Concevons, pour fixer les idées, qu'il s'agisse d'obtenir, à une seconde près, la grande inégalité du moyen mouvement de la planète Pallas, savoir, celle qui est due à l'action de Jupiter et qui correspond à l'argument $18T' - 7T$, les deux lettres T, T' représentant les anomalies moyennes de ces deux planètes. Alors, comme nous l'avons vu dans la première Note, il suffira que l'erreur commise sur le module de $2A_{n',-n}$ ne surpasse pas

$$\frac{3}{10^9}.$$

Il suffira donc que l'erreur commise sur le module de $A_{n',-n}$ ne surpasse pas le rapport

$$\frac{1,5}{10^9},$$

et l'on pourra prendre, pour limite de ε,

$$\varepsilon = \frac{1,5}{10^9}.$$

D'autre part, si l'on cherche le *maximum maximorum* de $\mathfrak{a}$, on reconnaîtra qu'il répond à une anomalie excentrique de 230° environ; et si l'on pose en réalité

$$\psi = 230°,$$

on trouvera, non seulement, comme on l'a déjà dit dans la deuxième Note,

$$\mathfrak{a} = 0,645, \qquad \mathfrak{b} = 0,000889,$$

et, par suite,

$$\mathcal{K}^2 = \frac{2\mathfrak{a}\mathfrak{b}}{\mathfrak{i}'} = 0,0366, \qquad \mathcal{K} = 0,1912,$$

mais encore

$$\varphi = -26^\circ 9' 30'',$$

et, par suite, en vertu de la formule (32),

$$\Lambda = 0{,}09473.$$

Cela posé, l'équation (31) deviendra

$$k' - n' = 41{,}012 - 2{,}629\,\mathrm{L}(k' - n').$$

Or cette dernière équation, résolue par rapport à $k' - n'$, donnerait à très peu près

$$k' - n' = 36{,}90.$$

Donc le maximum de l'erreur commise sur l'inégalité cherchée ne pourra être que d'environ une seconde sexagésimale, si l'on applique à la détermination de cette inégalité les formules (21) et (19), en supposant

$$k' - n' > 36,$$

ou, ce qui revient au même, puisque l'on a $n' = 18$,

$$(35) \qquad k' > 54.$$

Si l'on veut appliquer à la détermination de l'inégalité cherchée, non plus les formules (21) et (19), mais les formules (23) et (6), alors, en raisonnant toujours de la même manière, on obtiendra sans difficulté la condition à laquelle k devra satisfaire pour que l'erreur commise soit d'environ une seconde sexagésimale, et l'on reconnaîtra que cette condition est

$$(36) \qquad k > 29.$$

La condition (36) se trouve vérifiée lorsque dans la formule (23) on suppose la somme qu'indique le signe Σ étendue à toutes les valeurs de ψ qui représentent des arcs inférieurs à la circonférence et multiples d'un arc de 10°. En effet, dans cette hypothèse, on a $k = 36$. Alors, en désignant par $\mathcal{B}$ la partie réelle du produit

$$\mathrm{A}_{n'} u^n (1 - \varepsilon \cos\psi),$$

et posant, en conséquence,

$$A_{n'} u^n (1 - \varepsilon \cos\psi) = \mathfrak{P} + \mathfrak{Q}\sqrt{-1}, \tag{37}$$

on peut assez facilement déterminer les diverses valeurs de $\mathfrak{P}$ et $\mathfrak{Q}$, à l'aide de la formule (6) jointe à l'équation (34) de la quatrième Note. En opérant ainsi, et calculant les valeurs des produits

$$10^9\mathfrak{P}, \quad 10^9\mathfrak{Q},$$

correspondantes aux dix-sept termes de la progression arithmétique

$$140^\circ, \quad 150^\circ, \quad 160^\circ, \quad \ldots, \quad 290^\circ, \quad 300^\circ,$$

on trouvera

	$10^9\mathfrak{P} =$	$10^9\mathfrak{Q} =$
Pour $\psi = 140^\circ$	+ 6	+ 11
» 150	+ 28	− 13
» 160	− 15	− 85
» 170	− 228	− 85
» 180	− 581	+ 351
» 190	− 492	+ 1766
» 200	+ 1652	+ 4184
» 210	+ 7753	+ 5469
» 220	+15902	+ 982
» 230	+17377	− 9445
» 240	+ 7720	−15267
» 250	− 2200	− 9932
» 260	− 3664	− 2228
» 270	− 1241	+ 555
» 280	+ 10	+ 345
» 290	+ 75	+ 8
» 300	− 2	− 15
Sommes totales :	+42100	−23399

Les valeurs des produits

$$10^9\mathfrak{P}, \quad 10^9\mathfrak{Q},$$

qui correspondent aux autres termes de la progression arithmétique

$$0^\circ, \quad 10^\circ, \quad 20^\circ, \quad \ldots, \quad 360^\circ, \tag{38}$$

seront sensiblement nulles; et, par suite, les sommes totales des diverses valeurs de $\mathfrak{P}$ et de $\mathfrak{Q}$, correspondantes aux divers termes de la progression (38), seront respectivement

$$+\frac{42100}{10^9}, \quad -\frac{23399}{10^9}.$$

On aura donc

$$(39) \qquad \Sigma A_{n'} u^n(1-\varepsilon\cos\psi) = \frac{42100 - 23399\sqrt{-1}}{10^9}.$$

Donc la formule (21), dans laquelle on devra prendre $k = 36$, donnera

$$(40) \qquad A_{n',-n} = \frac{11694 - 6500\sqrt{-1}}{10^{10}};$$

et par suite, si l'on pose, comme dans la première Note,

$$2A_{n',-n} = \mathfrak{N} e^{\Omega\sqrt{-1}},$$

on trouvera

$$\mathfrak{N} = \frac{26759}{10^{10}}, \qquad \Omega = -29^\circ 3' 55''.$$

Soit maintenant R la fonction perturbatrice relative à la planète Pallas, et nommons ΔR la partie de cette fonction qui correspond à l'argument $\pm(n'T' - nT)$. On aura

$$\Delta R = A_{n',-n} e^{(n'T'-nT+\Omega)\sqrt{-1}} + A_{-n',n} e^{-(n'T'-nT+\Omega)\sqrt{-1}},$$

ou, ce qui revient au même,

$$(41) \qquad \Delta R = \mathfrak{N}\cos(n'T' - nT + \Omega).$$

De plus, en nommant μ le moyen mouvement de Pallas dans l'orbite elliptique, on trouvera

$$D_t\Delta\mu = \frac{3m'n}{(n'\mu' - n\mu)a^2} D_t\Delta R$$

ou, ce qui revient au même,

$$(42) \qquad D_t\Delta\mu = \frac{3m'n}{(n'\mu' - n\mu)a^2}\mathfrak{N} D_t\cos(n'T' - nT + \Omega);$$

puis on en conclura, en intégrant deux fois de suite et conservant seulement dans chaque intégrale les termes périodiques,

$$\Delta \int \mu \, dt = \frac{3 m' n}{(n'\mu' - n\mu)^2} a^2 \mathfrak{M} \sin(n' T' - n T + \Omega$$

ou, à très peu près,

$$(43) \qquad \Delta \int \mu \, dt = 3 m' n a \left(\frac{\mu}{n'\mu' - n\mu}\right)^2 \mathfrak{M} \sin(n' T' - n T + \Omega).$$

En substituant dans cette dernière formule les valeurs de m', n, n', μ, μ', a, $\mathfrak{M}$ et Ω, on trouve, non seulement

$$(44) \qquad \Delta \int \mu \, dt = \frac{\mathfrak{M}}{0{,}00000000029515} \sin(18 T' - 7 T + \Omega),$$

mais encore

$$(45) \qquad \Delta \int \mu \, dt = (906'',6) \sin(18 T' - 7 T - 29^\circ 3' 55'').$$

Telle est la formule qui détermine, à une seconde près, la grande inégalité du moyen mouvement de Pallas, savoir, celle qui est due à l'action de Jupiter, et qui est du premier ordre par rapport aux masses.

NOTE SIXIÈME.

Sur les moyens de simplifier le calcul des inégalités périodiques des mouvements planétaires.

Les calculs développés dans la cinquième Note peuvent encore être simplifiés à l'aide des nouvelles formules que j'ai données dans mes précédents Mémoires. Je me bornerai, pour le moment, à indiquer la simplification que produit une de ces formules, savoir l'équation (56) de la page 112.

Conservons les mêmes notations que dans les Notes précédentes, et supposons de plus que, l'équation

$$(1) \qquad \mathfrak{r}^2 = 0$$

étant résolue par rapport à x', on nomme ξ' celle de ses racines qui offre le plus petit module au-dessus de l'unité. On aura identiquement

$$\xi' = \mathfrak{a}^{-1} e^{\varphi\sqrt{-1}}, \tag{2}$$

et ι, considéré comme fonction de x', aura pour facteur l'expression

$$\left(1 - \frac{x'}{\xi'}\right)^{-\frac{1}{2}}$$

D'autre part, comme on aura

$$A_{n'} = \frac{1}{2\pi}\int_{-\pi}^{\pi} \frac{u'^{-n'}}{\iota'}\, dT'$$

ou, ce qui revient au même,

$$A_{n'} = \frac{1}{2\pi}\int_{-\pi}^{\pi} x'^{-n'}\,\frac{1 - \varepsilon'\cos\psi'}{\iota}\, e^{\mathfrak{c}'\left(x' - \frac{1}{x'}\right)}\, d\psi',$$

la valeur de $\mathfrak{c}'$ étant

$$\mathfrak{c}' = \frac{n'\varepsilon'}{2},$$

on en conclura que $A_{n'}$ représente le coefficient de $x^{n'}$ dans le développement de la fonction

$$\frac{1 - \frac{\varepsilon'}{2}\left(x' + \frac{1}{x'}\right)}{\iota}\, e^{\mathfrak{c}'\left(x' - \frac{1}{x'}\right)}$$

en une série ordonnée suivant les puissances entières de x'. D'ailleurs, cette même fonction aura pour facteur

$$\left(1 - \frac{x'}{\xi'}\right)^{-\frac{1}{2}};$$

et, si l'on désigne l'autre facteur par $\mathcal{F}\left(x', \frac{1}{x'}\right)$, c'est-à-dire si l'on pose

$$\mathcal{F}\left(x', \frac{1}{x'}\right) = \frac{\left(1 - \frac{x'}{\xi'}\right)^{\frac{1}{2}}}{\iota}\left[1 - \frac{\varepsilon'}{2}\left(x' + \frac{1}{x'}\right)\right] e^{\mathfrak{c}'\left(x' - \frac{1}{x'}\right)}, \tag{3}$$

la formule (56) de la page 112 donnera

$$(4)\qquad \mathrm{A}_{n'} = \xi'^{-n'}\,\mathcal{F}(\xi' - \xi'\nabla, \xi'^{-1} + \xi'^{-1}\Delta)\,[\tfrac{1}{2}]_{n'},$$

la lettre caractéristique Δ étant relative au nombre n', et la caractéristique ∇ étant liée à Δ par la formule

$$(5)\qquad \nabla = \frac{\Delta}{1+\Delta}.$$

Si maintenant on développe le second membre de l'équation (4), en s'arrêtant aux premières puissances de Δ et de ∇, on trouvera sensiblement

$$(6)\qquad \mathrm{A}_{n'} = \mathcal{S} e^{\mathfrak{T}},$$

les valeurs de $\mathcal{S}$ et de $\mathfrak{T}$ étant

$$(7)\qquad \begin{cases} \mathcal{S} = [\tfrac{1}{2}]_{n'}\,\mathcal{K}(1-\mathfrak{a}^2)^{-\frac{1}{2}}\xi'^{-n'}, \\ \mathfrak{T} = \mathfrak{c}'\left(\xi' - \dfrac{1}{\xi'}\right) - \dfrac{\varepsilon'}{4}\left(\xi + \dfrac{1}{\xi'}\right) - \dfrac{1}{4n'}\,\dfrac{\mathfrak{a}^2}{1-\mathfrak{a}^2}. \end{cases}$$

Or, de l'équation (6), jointe aux formules (2) et (7), on déduira directement la valeur de $\mathrm{A}_{n'}$ correspondante à une valeur donnée de ψ, sans être forcé de calculer les diverses valeurs de $\mathcal{A}_{n'-l'}$, et de la transcendante de M. Bessel, comme on était obligé de le faire quand on avait recours à la formule (6) de la Note précédente. En appliquant ces formules à la recherche de la grande inégalité de Pallas, et posant, comme ci-dessus,

$$\mathrm{A}_{n'}\,u^n(1-\varepsilon\cos\psi) = \mathcal{U} + \mathcal{Q}\sqrt{-1},$$

nous avons obtenu sans peine les diverses valeurs des produits

$$10^9\,\mathcal{U},\quad 10^9\,\mathcal{Q},$$

correspondantes aux valeurs de ψ que renferme la progression arithmétique

$$140^\circ,\quad 150^\circ,\quad \ldots,\quad 300^\circ,$$

et nous avons trouvé

Pour $\psi = 140^\circ$	$10^9\,\mathfrak{B} = +\ 7$	$10_9\,\mathfrak{C} = +\ 11$
» 150	» $+\ 29$	» $-\ 14$
» 160	» $-\ 14$	» $-\ 85$
» 170	» $-\ 228$	» $-\ 83$
» 180	» $-\ 580$	» $+\ 354$
» 190	» $-\ 492$	» $+\ 1764$
» 200	» $+\ 1650$	» $+\ 4186$
» 210	» $+\ 7748$	» $+\ 5467$
» 220	» $+15894$	» $+\ 987$
» 230	» $+17373$	» $-\ 9440$
» 240	» $+\ 7720$	» -15264
» 250	» $-\ 2198$	» $-\ 9934$
» 260	» $-\ 3663$	» $-\ 2228$
» 270	» $-\ 1240$	» $+\ 556$
» 280	» $+\ 9$	» $+\ 345$
» 290	» $+\ 75$	» $+\ 8$
» 300	» $-\ 1$	» $-\ 15$
Sommes totales.....	$+42089$	-23385

D'après le Tableau qui précède, on aura

$$\Sigma A_{n'} u^n (1 - \varepsilon \cos\psi) = \frac{42089 - 23385\sqrt{-1}}{10^9}$$

et, par suite,

$$A_{n', -n} = \frac{11692 - 6496\sqrt{-1}}{10^{10}}.$$

On en conclura

$$\mathfrak{N} = \frac{26750}{10^{10}}, \qquad \Omega = -\ 29^\circ 3' 25''.$$

Donc, en vertu de la formule (44) de la cinquième Note, l'inégalité cherchée du moyen mouvement de Pallas sera

$$(8) \qquad \Delta \int \mu\, dt = (906'',3) \sin(18\,T' - 7\,T - 29^\circ 3' 25'').$$

Cette dernière équation s'accorde parfaitement avec celle que nous avons obtenue dans la Note précédente. Elle s'accorde aussi avec les calculs de M. Le Verrier, qui a trouvé

$$\Delta \int \mu\, dt = (895'') \sin(18\,T' - 7\,T - 29^\circ 4').$$

Dans d'autres articles, je montrerai l'usage qu'on peut faire de mes autres formules générales pour obtenir des simplifications nouvelles.

288.

Calcul intégral. — *Mémoire sur la détermination approximative des fonctions représentées par des intégrales.*

C. R., T. XX, p. 907 (31 mars 1845).

Lorsqu'une fonction est représentée par une intégrale et qu'on ne peut obtenir la valeur exacte de cette intégrale en termes finis, on a ordinairement recours à l'intégration par série. D'ailleurs, pour effectuer cette espèce d'intégration, il suffit de développer la fonction sous le signe $\int$ en une série convergente, puis d'intégrer chaque terme de la série obtenue. Or, on peut concevoir un nombre infini de développements divers d'une fonction donnée, même lorsque cette fonction dépend d'une seule variable. Car, en supposant que l'on attribue à cette variable une valeur près de laquelle la fonction reste continue, on pourra, par exemple, développer la fonction, ou suivant les puissances entières de la variable dont il s'agit, ou suivant les puissances entières de toute autre variable qui serait fonction continue de la première. Il résulte de cette observation qu'il existe une infinité de manières d'appliquer l'intégration par série à une intégrale donnée. Mais, parmi les développements divers qu'une intégrale peut ainsi acquérir, il importe de rechercher et de choisir ceux qui sont rapidement convergents. Une étude approfondie de la question m'a conduit à un principe général qui est éminemment propre à guider les géomètres dans cette recherche. Je vais exposer en peu de mots ce principe et les conséquences remarquables qui s'en déduisent.

Supposons que, dans une intégrale, la fonction sous le signe $\int$ ait été développée en une série ordonnée suivant les puissances entières, positives, nulle et négatives d'une seule variable t. Cette série sera convergente si ses deux modules sont inférieurs à l'unité, et cette condition sera généralement remplie pour tout module de la variable t compris entre certaines limites qui permettront à la fonction de devenir infinie ou discontinue. Il y a plus : la série trouvée offrira, en général, une convergence rapide, lorsque le module de la variable sera fort éloigné des deux limites dont nous venons de parler; mais la convergence deviendra très lente dans le cas contraire. Or, pour remédier à cet inconvénient, il suffira évidemment de reculer ces deux limites, ou plutôt de les remplacer par des limites nouvelles, en considérant la fonction sous le signe $\int$ comme composée de deux facteurs dont le premier seul puisse devenir infini ou discontinu, quand le module de la variable atteint les deux limites primitivement calculées, et en développant le second facteur en série, sans altérer la forme du premier facteur. Si les nouvelles limites entre lesquelles le module de t peut varier, sans que le second facteur cesse d'être fini et continu, diffèrent notablement des limites primitivement calculées, alors, au développement de ce second facteur correspondra un développement de la fonction sous le signe $\int$ en une série nouvelle qui sera, en général, rapidement convergente, dans le cas où la convergence de la série primitivement obtenue devenait très lente. Si, d'ailleurs, le premier facteur est tel que l'on puisse facilement intégrer chaque terme de la nouvelle série, l'intégrale proposée pourra être représentée, avec une grande approximation, par la somme d'un petit nombre de termes.

Le principe général que nous venons d'établir s'applique avec succès à la détermination des mouvements des corps célestes. Les astronomes ont quelquefois exprimé le vœu que l'on parvînt à remplacer les développements ordinaires des coordonnées des planètes en séries de sinus et cosinus par d'autres développements plus convergents, composés de termes périodiques que l'on pût calculer facilement à l'aide de certaines Tables construites une fois pour toutes. Il y a plus : on a dit avec raison que, pour faciliter le calcul des perturbations observées dans les mouvements des planètes et des comètes, il pourrait être avantageux de substituer aux séries composées de termes périodiques des séries composées de termes non périodiques, dont l'usage serait restreint, pour chaque astre, à une portion de l'orbite que cet astre décrit. Mais quelle est précisément la nature des tentatives que les géomètres ont pu faire pour réaliser cette pensée? C'est ce que j'ignore; et, à ma connaissance, on ne trouve rien qui soit propre à éclaircir cette question dans les Ouvrages publiés jusqu'à ce jour. Après avoir reconnu les avantages qui s'attachent à la décomposition des fonctions en facteurs, dans la détermination des coefficients que renferment les développements connus de ces fonctions, j'ai voulu voir s'il ne serait pas possible de tirer parti de cette décomposition pour développer les intégrales que présente la théorie des planètes et des comètes elles-mêmes en séries nouvelles qui fussent rapidement convergentes, au moins pour des portions considérables des orbites. Le principe ci-dessus rappelé m'a indiqué la marche que je devais suivre pour obtenir de semblables séries, et il fait ainsi disparaître les difficultés que le problème semblait offrir au premier abord. Quelques lignes suffiront pour donner aux géomètres une idée nette des résultats que j'ai trouvés, et qui me paraissent mériter de fixer un moment l'attention de l'Académie.

Les variations des éléments elliptiques des planètes et des comètes sont généralement représentées par des sommes d'intégrales de divers ordres. Considérons en particulier les variations du premier ordre, qui peuvent toujours être réduites à des intégrales simples, et celles de ces intégrales dans lesquelles la fonction sous le signe $\int$ a pour dénominateur, ou la distance ι de deux planètes, ou le cube de ι. En égalant la distance ι à zéro, on obtiendra une équation transcendante qui, résolue par rapport au temps t, admettra généralement une infinité de racines imaginaires; et à chacune de ces racines correspondra un facteur linéaire, mais imaginaire, de la distance ι. Cela posé, le principe indiqué plus haut me conduit à décomposer la distance ι en deux facteurs réels, dont le premier soit le produit des deux facteurs linéaires et conjugués, correspondants aux racines imaginaires qui offrent le plus petit module. En divisant l'unité par ce même produit, on obtient un premier facteur réel de la fonction qui se trouve renfermée sous le signe $\int$ dans chaque intégrale, savoir, le facteur dont la forme ne doit point être altérée. Quant à l'autre facteur, il convient de le développer en série ordonnée suivant les puissances ascendantes d'une variable nouvelle qui, différentiée par rapport au temps, donne pour dérivée précisément le rapport de l'unité au produit mentionné ci-dessus; et, en opérant de cette manière, on voit la valeur de chaque intégrale se réduire elle-même à une série dont les divers termes sont tous, à l'exception des premiers, respectivement proportionnels aux puissances entières, positives et négatives de la nouvelle variable.

Ajoutons qu'on obtiendra encore, pour représenter chaque intégrale, une série qui pourra être employée avec succès dans la détermination des mouvements des corps célestes, si, au produit dont nous avons parlé, on substitue le carré de la distance entre deux planètes assujetties à se mouvoir, dans des orbites circulaires, avec des éléments elliptiques choisis de manière que ce carré ait pour facteur ce même produit.

Dans les recherches que je viens d'analyser, j'ai ramené la détermination d'une intégrale à la décomposition de la fonction sous le signe $\int$ en deux facteurs, dont l'un reste inaltérable, tandis que l'autre se développe en série convergente; et j'ai, de plus, supposé le premier facteur choisi de manière que la substitution du second facteur à la fonction eût pour effet de reculer les limites entre lesquelles cette fonction demeurait finie et continue. Il n'est pas absolument nécessaire d'assujettir le premier facteur à cette dernière condition; et, pour obtenir le développement de l'intégrale en une série qui soit rapidement convergente, au moins dans ses premiers termes, il suffit souvent de considérer, comme premier facteur de la fonction sous le signe $\int$, une seconde fonction dont elle diffère très peu. Cette remarque fort simple permet de développer les coordonnées des corps célestes, ou plutôt les accroissements de ces coordonnées, dus aux forces perturbatrices, en séries qui paraissent dignes de remarque. Pour obtenir ces nouvelles séries, je décompose la fonction perturbatrice, ou plutôt la partie de cette fonction qui est réciproquement proportionnelle à la distance des deux planètes, en deux facteurs, dont le premier est de la forme que ce rapport acquiert quand les deux planètes se meuvent dans des orbites circulaires; puis, en laissant ce premier facteur inaltérable, je développe le second facteur suivant les puissances entières des exponentielles qui ont pour arguments les anomalies moyennes. Alors les inconnues se trouvent exprimées par des séries d'intégrales simples ou doubles dans chacune desquelles la fonction sous le signe $\int$ est le produit du premier facteur par une exponentielle trigonométrique dont l'argument est proportionnel au temps. Je prouve ensuite qu'on peut réduire l'évaluation numérique des intégrales à la construction de certaines Tables, et je montre comment on peut ramener : 1° la détermination des intégrales simples au calcul des seules transcendantes elliptiques de première et de seconde espèce; 2° la détermination des intégrales doubles au calcul de deux autres transcendantes, qui sont ce que deviennent les premières quand on multiplie, dans chacune d'elles, la fonction sous le signe $\int$ par la variable à laquelle se rapporte l'intégration.

Il est bon d'observer qu'on peut modifier de diverses manières la méthode et les séries nouvelles que je viens de signaler, soit en faisant subir de légères modifications à la forme du facteur qu'on laisse inaltérable, soit en substituant au temps t une autre variable indépendante. Parmi les résultats auxquels on parvient en opérant de la sorte, on doit surtout distinguer ceux qu'on obtient quand on exprime toutes les variables en fonction de l'angle qui représente la différence entre les anomalies excentriques des deux astres que l'on considère.

Dans mes précédents Mémoires, j'ai donné des formules et des méthodes nouvelles pour le calcul des perturbations des planètes et des comètes, et j'ai montré les avantages que présentent ces méthodes par des applications numériques relatives à la théorie de Pallas et de Jupiter. Mais je supposais toujours les accroissements des coordonnées développés en séries qui conservaient la forme adoptée jusqu'à ce jour. Dans le présent Mémoire, je change la forme des séries elles-mêmes, et je n'ignore pas que cette innovation obligera les géomètres et les astronomes à changer complètement le système des opérations qu'ils emploient pour construire les Tables astronomiques. Toutefois, cette innovation semble destinée à prévaloir, non seulement en raison de l'économie de temps et de travail qu'elle entraînera nécessairement, mais aussi et surtout parce que les nouveaux développements s'appliquent avec succès au cas même où il s'agit de calculer les perturbations observées dans le mouvement de comètes dont l'excentricité devient fort considérable et s'éloigne peu de l'unité.

Analyse.

§ I. — *Considérations générales.*

Soit $\mathrm{f}(x)$ une fonction donnée de la variable x, et supposons que l'on demande la valeur de l'intégrale

$$\mathrm{S} = \int \mathrm{f}(x)\,dx, \tag{1}$$

prise à partir d'une certaine origine, cette intégrale n'étant pas du nombre de celles qui s'obtiennent en termes finis. On pourra, dans un grand nombre de cas, trouver assez facilement la valeur demandée à l'aide de l'intégration par séries. Pour y parvenir, il suffira de développer la fonction $\mathrm{f}(x)$ en une série qui demeure convergente, du moins pour les valeurs de x comprises entre les limites de l'intégration. Il y a plus : on pourra effectuer cette opération d'une infinité de manières, en développant, par exemple, ou la fonction $\mathrm{f}(x)$, ou même un facteur de cette fonction, en une série ordonnée suivant les puissances entières d'une variable liée à x par une équation donnée. Si, pour fixer les idées, on a non seulement

$$\mathrm{f}(x) = \varphi(x)\,\chi(x), \tag{2}$$

mais encore, pour toutes les valeurs de x comprises entre les limites de l'intégration,

$$\chi(x) = u + v + w + \ldots, \tag{3}$$

la valeur de l'intégrale s, développée en série, sera

$$s = \int u\,\varphi(x)\,dx + \int v\,\varphi(x)\,dx + \int w\,\varphi(x)\,dx + \ldots. \tag{4}$$

D'ailleurs, pour que la formule (4) puisse servir à trouver aisément une valeur très approchée de l'intégrale s, il est nécessaire d'attribuer au facteur $\varphi(x)$ et au développement de $\chi(x)$ des formes telles que, d'une part, les intégrales

$$\int u\,\varphi(x)\,dx, \quad \int v\,\varphi(x)\,dx, \quad \int w\,\varphi(x)\,dx \tag{5}$$

se réduisent, ou à des fonctions exprimées en termes finis, ou, du moins, à des transcendantes dont on puisse calculer facilement la valeur, et que, d'autre part, la série de ces intégrales soit rapidement convergente. La première condition sera remplie si l'on réduit, par exemple, le facteur $\varphi(x)$ à une fonction rationnelle de la variable x, ou d'une exponentielle dont l'exposant serait proportionnel à x, et si, en même temps, on développe le facteur $\chi(x)$ suivant les puissances entières de cette variable ou de cette exponentielle. On pourrait même, à la fonction rationnelle dont nous venons de parler, substituer une fonction algébrique et, en particulier, un radical du second degré analogue à ceux que renferment les transcendantes elliptiques. D'ailleurs, en vertu d'un théorème établi dans le résumé des *Leçons sur le Calcul infinitésimal* (*voir* la trente-huitième Leçon) (1), la série (5) sera convergente lorsque la série

$$u, \quad v, \quad w, \quad \ldots \tag{6}$$

restera convergente pour toutes les valeurs de x comprises entre les limites de l'intégration; et l'on peut ajouter que, dans ce cas, une convergence rapide de la série (6) entraînera généralement une conver-

(1) *Œuvres de Cauchy*, S. II, T. IV.

gence rapide de la série (5). Mais comment doit-on opérer pour rendre la série (6) rapidement convergente, ou dans toute son étendue, ou au moins dans ses premiers termes? C'est ce que nous allons maintenant examiner.

Supposons d'abord que la série (6) se réduise au développement de la fonction $\chi(x)$ suivant les puissances entières de la variable x. La rapidité de la convergence de cette série dépendra de la nature même de la fonction $\chi(x)$, et par conséquent de la nature du premier facteur $\varphi(x)$ de la fonction donnée $f(x)$. Si ce premier facteur se réduit à l'unité, le facteur $\chi(x)$ n'étant alors autre chose que la fonction $f(x)$ elle-même, la série (6) sera précisément le développement de $f(x)$ suivant les puissances entières de x, et restera convergente tant que le module de x ne dépassera pas les limites entre lesquelles il peut varier sans que la fonction $f(x)$ cesse d'être finie et continue. Nommons a et $a_{,}$ ces deux limites, $a_{,}$ étant la limite inférieure et a la limite supérieure. La série

$$(7)\qquad \int u\,dx,\quad \int v\,dx,\quad \int w\,dx,\quad \ldots$$

qui, dans l'hypothèse admise, représentera le développement de l'intégrale s, sera convergente, si les limites de l'intégration demeurent comprises entre les deux modules $a_{,}$, a; et elle sera même rapidement convergente si ces limites restent placées à une distance considérable de ces modules. Supposons maintenant que, l'origine ou la limite inférieure de l'intégrale demeurant constante, la limite variable, c'est-à-dire la limite supérieure, se rapproche considérablement du module a. Alors la convergence de la série (7) deviendra généralement très lente; mais, pour retrouver un développement de s rapidement convergent, il suffira de substituer à la série (7) la série (5), en supposant, s'il est possible, le facteur $\varphi(x)$ tellement choisi, que la fonction $\chi(x)$ reste continue pour des modules de x notablement supérieurs au module a. Or il est souvent facile de remplir cette dernière condition. Supposons, pour fixer les idées, que a représente le module d'une valeur particulière a de x, pour laquelle la fonction $f(x)$

devienne infinie, en sorte que l'on ait

$$a = \mathrm{a}e^{\alpha\sqrt{-1}},$$

α désignant un arc réel. Alors a sera une racine de l'équation

$$\frac{1}{\mathrm{f}(x)} = 0. \tag{8}$$

Alors aussi $\mathrm{f}(x)$ sera généralement proportionnel au binôme

$$x - a$$

élevé à une puissance dont l'exposant sera négatif ou offrira du moins une partie réelle négative. Représentons cette puissance par

$$(x - a)^{-s},$$

et supposons qu'il soit possible de choisir l'exposant s de telle sorte que le produit

$$(x - a)^{s}\,\mathrm{f}(x)$$

ne devienne pas infini pour $x = a$. Enfin supposons que ce même produit ne cesse jamais d'être fini et continu, ou du moins ne cesse de l'être que pour un module b de x, placé à une distance notable du module a. Pour remplir la condition énoncée, il suffira de prendre

$$\varphi(x) = (x - a)^{-s}, \qquad \chi(x) = (x - a)^{s}\,\mathrm{f}(x), \tag{9}$$

ou bien

$$\varphi(x) = \left(1 - \frac{x}{a}\right)^{-s}, \qquad \chi(x) = \left(1 - \frac{x}{a}\right)^{s}\mathrm{f}(x), \tag{10}$$

ou encore

$$\varphi(x) = \left(1 - \frac{a}{x}\right)^{-s}, \qquad \chi(x) = \left(1 - \frac{a}{x}\right)^{s}\mathrm{f}(x). \tag{11}$$

Ajoutons que l'on pourrait attribuer à la fonction $\varphi(x)$ une infinité d'autres formes, pour lesquelles la condition énoncée serait satisfaite. On pourrait supposer, par exemple,

$$\varphi(x) = (e^{x} - e^{a})^{-s}, \tag{12}$$

ou plus généralement

$$\varphi(x) = (\mathcal{X} - \mathcal{A})^{-s}, \tag{13}$$

$\mathcal{X}$ désignant une fonction continue de x, et $\mathcal{A}$ la valeur particulière que cette fonction acquiert pour $x = a$.

Lorsque la fonction $f(x)$ est réelle, les racines de l'équation (8) sont généralement, ou des racines réelles, ou des racines imaginaires conjuguées deux à deux. Donc alors, si cette équation admet une racine imaginaire de la forme

$$x = \mathrm{a}e^{\alpha\sqrt{-1}},$$

elle admettra une autre racine imaginaire de la forme

$$x = \mathrm{a}e^{-\alpha\sqrt{-1}};$$

et si la fonction $f(x)$ peut être considérée comme ayant pour facteur

$$(x - \mathrm{a}e^{\alpha\sqrt{-1}})^{-s},$$

elle aura encore pour facteur

$$(x - \mathrm{a}e^{-\alpha\sqrt{-1}})^{-s}.$$

Adoptons cette hypothèse, et supposons que le produit

$$(x - \mathrm{a}e^{\alpha\sqrt{-1}})^{s}(x - \mathrm{a}e^{-\alpha\sqrt{-1}})^{s} f(x) = (x^2 - 2\mathrm{a}x\cos\alpha + \mathrm{a}^2)^s f(x)$$

ne cesse d'être fini et continu, par rapport à x, que pour un module b de x placé à une distance notable du module a. Pour remplir la condition ci-dessus énoncée, il suffira de prendre

$$\varphi(x) = (x^2 - 2\mathrm{a}x\cos\alpha + \mathrm{a}^2)^{-s} \tag{14}$$

et, par suite,

$$\chi(x) = (x^2 - 2\mathrm{a}x\cos\alpha + \mathrm{a}^2)^{s}\varphi(x). \tag{15}$$

Nous venons de montrer, par des exemples, comment on peut déterminer le facteur $\varphi(x)$ de manière à rendre les séries (6) et (5) rapidement convergentes dans des cas où la convergence aurait été fort lente, si l'on eût pris simplement $\varphi(x) = 1$. Mais, dans ce qui vient d'être dit, nous avons supposé que la série (6) se réduisait au développement de $\chi(x)$ suivant les puissances entières de x. Dans cette hypothèse, le terme général de la série (6) est de la forme

$$k_n x^n,$$

n désignant une quantité entière positive ou négative, et par suite le terme général de la série (5) est de la forme

$$k_n \int x^n \varphi(x)\,dx.$$

Or l'intégrale renfermée dans celui-ci, savoir,

$$(16) \qquad \int x^n \varphi(x)\,dx,$$

peut, ou s'exprimer sous forme finie, ou se réduire à des transcendantes connues, dans plusieurs des cas que nous avons considérés. Ainsi, en particulier, elle s'exprimera sous forme finie, si l'on prend pour $\varphi(x)$ une des fonctions

$$(x-a)^{-s}, \quad \left(1-\frac{x}{a}\right)^{-s}, \quad \left(1-\frac{a}{x}\right)^{-s},$$

en réduisant l'exposant s à un nombre entier ou fractionnaire, ou bien, si l'on prend pour $\varphi(x)$ la fonction

$$(x^2 - 2\mathrm{a}x\cos\alpha + \mathrm{a}^2)^{-s},$$

en réduisant s à l'une des fractions

$$\tfrac{1}{2}, \quad \tfrac{3}{2}, \quad \tfrac{5}{2}, \quad \ldots.$$

Au reste, on étendra sans difficulté les raisonnements dont nous avons fait usage au cas où la série (6) serait ordonnée, non plus suivant les puissances entières de la variable x, mais suivant les puissances entières d'une autre variable y liée à x par une certaine équation. Si, pour fixer les idées, on supposait cette équation réduite à la formule

$$y = e^x,$$

alors, en posant comme ci-dessus

$$\varphi(x) = (e^x - e^a)^{-s},$$

et désignant par $k_n y^n$ le terme général de la série (6), on obtiendrait pour terme général de la série (5) un produit de la forme

$$k_n \int y^n (e^x - e^a)^{-s}\, dx.$$

Alors aussi l'intégrale

$$\int y^n (e^x - e^a)^{-s}\, dx = \int y^{n-1} (y - e^a)^{-s}\, dy$$

pourrait s'obtenir sous forme finie, si l'exposant s se réduisait à un nombre entier ou fractionnaire.

En terminant ce paragraphe, je ferai une dernière observation, et je remarquerai que, pour rendre la série (5) rapidement convergente, au moins dans ses premiers termes, il n'est pas absolument nécessaire d'assujettir le facteur $\varphi(x)$ à la condition particulière que nous avons indiquée. Il suffit généralement de prendre pour $\varphi(x)$ une fonction telle que le rapport

$$\chi(x) = \frac{\mathrm{f}(x)}{\varphi(x)}$$

se rapproche beaucoup de l'unité, pour toute valeur de x comprise entre les limites de l'intégration, puis, de développer ce rapport suivant les puissances ascendantes de paramètres qui soient très petits et du même ordre que la différence

$$\chi(x) - 1.$$

§ II. — *Applications diverses des principes établis dans le paragraphe I.*

Considérons d'abord l'intégrale

$$\int \mathrm{f}(t)\, dt, \tag{1}$$

la valeur de $\mathrm{f}(t)$ étant donnée par l'équation

$$\mathrm{f}(t) = (1 - 2\theta \cos t + \theta^2)^{-s}, \tag{2}$$

dans laquelle θ, s représentent deux nombres dont le premier soit compris entre les limites 0, 1; et supposons cette intégrale prise à partir de l'origine zéro. Comme, en vertu de la formule (2), la fonction $f(t)$ ne changera pas de valeur quand on fera croître l'angle t d'un multiple de la circonférence, on pourra, dans la détermination de l'intégrale (1), ramener tous les cas à celui où la valeur numérique de t serait supposée inférieure à π. Adoptons cette supposition, et concevons que l'on se propose d'appliquer l'intégration par série à l'intégrale (1). On pourra y parvenir assez simplement en développant le facteur $f(t)$ suivant les puissances entières de l'exponentielle trigonométrique

$$e^{t\sqrt{-1}},$$

et comme, en posant

$$x = e^{t\sqrt{-1}},$$

on trouvera

$$1 - 2\theta\cos t + \theta^2 = (1 - \theta x)\left(1 - \frac{\theta}{x}\right),$$

on en conclura

$$(1 - 2\theta\cos t + \theta^2)^{-s} = (1 - \theta x)^{-s}\left(1 - \frac{\theta}{x}\right)^{-s}$$
$$= \Theta_0 + \Theta_1\left(x + \frac{1}{x}\right) + \Theta_2\left(x^2 + \frac{1}{x^2}\right) + \ldots$$

ou, ce qui revient au même,

$$(3) \qquad (1 + 2\theta\cos t + \theta^2)^{-s} = \Theta_0 + 2\Theta_1\cos t + 2\Theta_2\cos 2t + \ldots,$$

la valeur de Θ_n étant déterminée par la formule

$$\Theta_n = \{[s]_n + [s]_1[s]_{n+1}\theta^2 + [s]_2[s]_{n+2}\theta^4 + \ldots\}\theta^n,$$

et la valeur de $[s]_n$ étant

$$[s]_n = \frac{s(s+1)\ldots(s+n-1)}{1.2\ldots n}.$$

D'ailleurs, on tirera de la formule (3), en supposant l'intégration effectuée à partir de l'origine zéro,

$$(4) \qquad \int f(t)\,dt = \Theta_0 t + 2\Theta_1\sin t + 2\Theta_2\frac{\sin 2t}{2} + \ldots.$$

De plus, comme l'équation

$$(5)\qquad \frac{1}{f(t)} = 0$$

pourra être présentée sous la forme

$$(6)\qquad (1-\theta x)\left(1-\frac{\theta}{x}\right) = 0,$$

cette équation, résolue par rapport à x, offrira deux racines, savoir :

$$(7)\qquad x = \theta, \qquad x = \frac{1}{\theta};$$

et par suite θ, $\frac{1}{\theta}$ seront les deux modules de chacune des séries que renferment les seconds membres des formules (3) et (4). Donc ces séries seront rapidement convergentes, si θ est un petit nombre; mais la convergence deviendra très lente, si θ se rapproche beaucoup de l'unité. Voyons comment il sera possible, dans ce dernier cas, d'obtenir, pour l'intégrale proposée, un développement plus convergent que la série déjà connue et reproduite par la formule (4).

L'équation (5) ou (6) peut s'écrire comme il suit

$$(8)\qquad \cos t = \frac{1}{2}\left(\theta + \frac{1}{\theta}\right),$$

et, si l'on pose, pour abréger,

$$(9)\qquad \theta = e^{-\alpha},$$

elle deviendra

$$(10)\qquad \cos t = \cos(\alpha\sqrt{-1}).$$

Présentée sous cette dernière forme, et résolue par rapport à t, elle fournira une infinité de racines imaginaires déterminées par la formule

$$(11)\qquad t = 2n\pi \pm \alpha\sqrt{-1},$$

dans laquelle n désigne une quantité entière quelconque positive ou négative; et parmi ces racines, celles qui offriront le plus petit module seront les deux suivantes :

(12) $$t = \alpha\sqrt{-1}, \qquad t = -\alpha\sqrt{-1}.$$

Or les facteurs linéaires correspondants à ces deux racines, dans la fonction $f(t)$, seront

$$(t - \alpha\sqrt{-1})^{-s}, \quad (t + \alpha\sqrt{-1})^{-s};$$

et le produit de ces deux facteurs sera

$$(t^2 + \alpha^2)^{-s}.$$

Ajoutons que celles des racines de l'équation (5) qui offriront le plus petit module au-dessus de α seront

$$t = 2\pi \pm \alpha\sqrt{-1}, \qquad t = -2\pi \pm \alpha\sqrt{-1},$$

et que leur module commun

$$\sqrt{4\pi^2 + \alpha^2}$$

sera séparé par une distance notable du module α. Donc, en vertu de ce qui a été dit dans le § I, pour obtenir un développement très convergent de l'intégrale cherchée, il suffira de décomposer la fonction $f(t)$ en deux facteurs $\varphi(t)$, $\chi(t)$, dont le premier soit déterminé par la formule

$$\varphi(t) = (t^2 + \alpha^2)^{-s},$$

puis de développer le second facteur $\chi'(t)$ en une série ordonnée suivant les puissances entières de t. On y parviendra sans peine, en observant que le trinôme

$$1 - 2\theta\cos t + \theta^2$$

est proportionnel au produit de tous les facteurs de la forme

$$1 - \frac{t}{2n\pi \pm \alpha\sqrt{-1}},$$

et qu'en conséquence $f(t)$ sera le produit de tous les facteurs de la forme

$$\left(1 - \frac{t}{2n\pi \pm \alpha\sqrt{-1}}\right)^{-s},$$

multiplié par le facteur constant $(1-\theta)^{-2s}$. Il en résulte que, si l'on fait, pour abréger,

$$(13)\qquad c_m = \sum \frac{1}{(2n\pi + \alpha\sqrt{-1})^m},$$

en supposant la somme qu'indique le signe Σ étendue aux seules valeurs entières positives et négatives de n, et en excluant la valeur $n = 0$, on aura

$$\chi(t) = \alpha^{2s}(1-\theta)^{-2s} e^{s(c_2 t^2 - \frac{1}{2}c_4 t^4 + \frac{1}{3}c_6 t^6 + \ldots)}$$

et, par conséquent,

$$\chi(t) = a^{2s}(1-\theta)^{-2s}\left[1 + st^2(c_2 - \tfrac{1}{2}c_4 t^2 + \ldots) + \frac{s^2 t^4}{1.2}(c_2 - \ldots)^2 + \ldots\right].$$

En ordonnant ce dernier développement de $\chi(t)$ suivant les puissances entières et ascendantes de t, on obtiendra une équation de la forme

$$(14)\qquad \chi(t) = k_0 + k_1 t^2 + k_2 t^4 + \ldots,$$

et le module de la série comprise dans le second membre de cette équation sera précisément égal au module de celle que produit le développement de l'expression

$$\left(1 \pm \frac{t}{2\pi \pm \alpha\sqrt{-1}}\right)^{-s},$$

c'est-à-dire qu'il se réduira au rapport

$$\frac{t}{\sqrt{4\pi^2 + \alpha^2}}.$$

Ajoutons que ce rapport sera nécessairement inférieur à $\frac{1}{2}$, si, comme on l'a supposé, la valeur de t reste comprise entre les limites $-\pi$, $+\pi$. Donc alors le développement de $\chi(t)$ offrira une convergence rapide, et l'on pourra en dire autant, à plus forte raison, du développement correspondant de l'intégrale $\int f(t)\,dt$, qui se déterminera par la formule

$$(15)\qquad \int f(t)\,dt = k_0 \int \frac{dt}{(t^2+\alpha^2)^s} + k_1 \int \frac{t^2\,dt}{(t^2+\alpha^2)^s} + \ldots.$$

Observons, d'ailleurs, que chacune des intégrales comprises dans le second membre de cette formule pourra s'obtenir sous forme finie, si s est un nombre entier quelconque ou un nombre fractionnaire dont le dénominateur soit égal à 2.

Examinons en particulier le cas où l'on prend $s = \frac{1}{2}$. Alors, en effectuant l'intégration à partir de l'origine $t = 0$, on trouvera,

$$(16) \qquad \int \frac{dt}{\sqrt{t^2+\alpha^2}} = \mathrm{l}\frac{t+\sqrt{t^2+\alpha^2}}{\alpha}.$$

Donc, en posant, pour abréger,

$$z = \frac{t+\sqrt{t^2+\alpha^2}}{\alpha},$$

on aura simplement

$$\int \frac{dt}{\sqrt{t^2+\alpha^2}} = \mathrm{l}(z).$$

D'ailleurs, on tirera de ces formules

$$t = \frac{\alpha}{2}\left(z - \frac{1}{z}\right), \qquad \frac{dt}{\sqrt{t^2+\alpha^2}} = \frac{dz}{z}$$

et, par suite,

$$(17) \qquad \int \frac{t^{2n}\,dt}{\sqrt{t^2+\alpha^2}} = \left(\frac{\alpha}{2}\right)^{2n} \int \left(z - \frac{1}{z}\right)^{2n} \frac{dz}{z}.$$

Or, des équations (16) et (17), jointes à la formule (15), on déduira immédiatement la valeur de l'intégrale

$$\int \mathrm{f}(t)\,dt = \int \frac{dt}{\sqrt{1-2\theta\cos t+\theta^2}},$$

exprimée par une série ordonnée suivant les puissances entières et paires de z, à laquelle s'ajoutera un terme proportionnel à $\mathrm{l}(z)$. Au reste, on peut obtenir encore la même série, à l'aide des considérations suivantes.

La formule

$$(18) \qquad f(t) = \frac{1}{\sqrt{1-2\theta\cos t+\theta^2}} = \frac{\chi(t)}{\sqrt{t^2+\alpha^2}}$$

donne

$$\chi(t) = \left(\frac{t^2 + \alpha^2}{1 - 2\theta\cos t + \theta^2}\right)^{\frac{1}{2}}. \tag{19}$$

Or, concevons que la valeur précédente de $\chi(t)$ soit développée suivant les puissances entières de la variable z, liée à la variable t par l'équation

$$t = \frac{\alpha}{2}\left(z - \frac{1}{z}\right), \tag{20}$$

et posons, en conséquence,

$$\chi(t) = h_0 + h_1\left(z^2 + \frac{1}{z^2}\right) + h_2\left(z^4 + \frac{1}{z^4}\right) + \ldots. \tag{21}$$

Des formules (18) et (21), jointes à l'équation

$$\frac{dt}{\sqrt{t^2 + \alpha^2}} = \frac{dz}{z},$$

on tirera

$$\int \mathrm{f}(t)\,dt = \int \left[h_0 + h_1\left(z^2 + \frac{1}{z^2}\right) + h_2\left(z^4 + \frac{1}{z^4}\right) + \ldots\right]\frac{dz}{z},$$

et par conséquent on trouvera, en effectuant les intégrations à partir des origines correspondantes $t = 0$, $z = 1$,

$$\int \mathrm{f}(t)\,dt = h_0\,\mathrm{l}(z) + \frac{h_1}{2}\left(z^2 - \frac{1}{z^2}\right) + \frac{h_2}{4}\left(z^4 - \frac{1}{z^4}\right) + \ldots. \tag{22}$$

Concevons maintenant que l'on considère les deux intégrales

$$\int \frac{dt}{\iota}, \quad \int \frac{t\,dt}{\iota}, \tag{23}$$

en supposant la valeur de ι déterminée par la formule

$$\iota = (1 - 2\theta\cos\lambda t + \theta^2)^{\frac{1}{2}}, \tag{24}$$

et les deux intégrales prises à partir de l'origine $t = 0$. On reconnaîtra immédiatement que la détermination de ces intégrales peut toujours être ramenée au cas où la valeur de t est renfermée entre les limites

$$-\frac{\pi}{\lambda}, \quad +\frac{\pi}{\lambda}.$$

Adoptons cette hypothèse, et concevons encore que l'on attribue au module θ une valeur peu différente de l'unité. Alors, en posant, comme ci-dessus,

$$\theta = e^{-\alpha}$$

et, de plus,

$$\frac{1}{\iota} = \mathrm{f}(t) = \varphi(t)\chi(t),$$

on prouvera que, pour obtenir des développements très convergents des intégrales proposées, il convient de prendre

$$\varphi(t) = (\lambda^2 t^2 + \alpha^2)^{-\frac{1}{2}}$$

et de développer le seul facteur

$$\chi(t) = \left(\frac{\lambda^2 t^2 + \alpha^2}{1 - 2\theta\cos\lambda t + \theta^2}\right)^{\frac{1}{2}}, \tag{25}$$

ou le produit $t\chi(t)$, suivant les puissances ascendantes de la variable z, liée à la variable t par l'équation

$$t = \frac{\alpha}{\lambda}\left(z - \frac{1}{z}\right), \tag{26}$$

de laquelle on tire

$$\frac{\lambda\, dt}{\sqrt{\lambda^2 t^2 + \alpha^2}} = \frac{dz}{z}.$$

En opérant ainsi, et supposant toujours le développement de $\chi(t)$ représenté par le second membre de la formule (21), on trouvera

$$\int \frac{dt}{\iota} = \frac{h_0}{\lambda}\,\mathrm{l}(z) + \frac{h_1}{2\lambda}\left(z^2 - \frac{1}{z^2}\right) + \frac{h_2}{4\lambda}\left(z^4 - \frac{1}{z^4}\right) + \ldots \tag{27}$$

et

$$\int \frac{t\,dt}{\iota} = \frac{h_0 - h_1}{\lambda}\left(z - 2 + \frac{1}{z}\right) + \frac{h_1 - h_2}{3\lambda}\left(z^3 - 2 + \frac{1}{z^3}\right) + \ldots \tag{28}$$

ou, ce qui revient au même,

$$\int \frac{t\,dt}{\iota} = \frac{h_0 - h_1}{\lambda}\left(z^{\frac{1}{2}} - z^{-\frac{1}{2}}\right)^2 + \frac{h_1 - h_2}{3\lambda}\left(z^{\frac{3}{2}} - z^{-\frac{3}{2}}\right)^2 + \ldots . \tag{29}$$

On établirait avec la même facilité les formules qui serviraient à développer, en séries très convergentes, les valeurs des intégrales

$$(30) \qquad \int \iota\, dt \quad \text{et} \quad \int t\iota\, dt.$$

Observons d'ailleurs que, si l'on pose, pour plus de commodité,

$$x = e^{\lambda t\sqrt{-1}},$$

on aura, non seulement

$$\iota^2 = 1 - 2\theta\cos\lambda t + \theta^2 = (1 - \theta x)\left(1 - \frac{\theta}{x}\right),$$

mais encore

$$D_t x = \lambda x\sqrt{-1}, \qquad D_t \iota = \frac{\theta\lambda}{2}\,\frac{\frac{1}{x} - x}{\iota}\sqrt{-1}.$$

et, par suite,

$$(31) \quad D_t(x^n\iota) = \frac{\lambda x\sqrt{-1}}{\iota}\left[n(1+\theta^2)x^n - (n+\tfrac{1}{2})\theta x^{n+1} - (n-\tfrac{1}{2})\theta x^{n-1}\right].$$

Or, de cette dernière formule, jointe aux équations

$$(32) \quad D_t(tx^n\iota) = x^n\iota + t\,D_t(x^n\iota), \qquad \iota = \frac{(1-\theta x)(1-\theta x^{-1})}{\iota},$$

on conclura immédiatement que la détermination des intégrales de la forme

$$(33) \qquad \int \frac{x^n\,dt}{\iota}, \quad \int \frac{tx^n}{\iota}\,dt,$$

et même de la forme

$$(34) \qquad \int x^n\iota\,dt, \quad \int tx^n\iota\,dt,$$

peut être ramenée à la détermination des seules intégrales

$$(35) \qquad \left\{ \begin{array}{ll} \displaystyle\int \frac{dt}{\iota}, & \displaystyle\int \frac{x\,dt}{\iota}, \\ \displaystyle\int \frac{t\,dt}{\iota}, & \displaystyle\int \frac{tx\,dt}{\iota}. \end{array} \right.$$

Il y a plus : si l'on nomme μ un coefficient distinct de λ, on pourra développer l'exponentielle $e^{\mu t\sqrt{-1}}$ suivant les puissances ascendantes de $x = e^{\lambda t\sqrt{-1}}$, à l'aide de la formule

$$(36) \qquad e^{\mu t\sqrt{-1}} = \frac{1}{\pi}\sin\frac{\pi\mu}{\lambda}\Sigma(-1)^n\frac{x^n}{\frac{\mu}{\lambda}-n},$$

qui subsiste pour toutes les valeurs de t comprises entre les limites $t=-\frac{\pi}{\lambda}$, $t=\frac{\pi}{\lambda}$, la somme qu'indique le signe Σ s'étendant à toutes les valeurs entières, positives, nulle et négatives de n; et la formule (36) continuera de subsister si l'on y remplace l'exponentielle

$$e^{\mu t\sqrt{-1}}$$

par une exponentielle de la forme

$$e^{\pm n'\mu t\sqrt{-1}},$$

n' désignant un nombre entier quelconque. Il en résulte que, si l'on pose

$$y = e^{\mu t\sqrt{-1}},$$

on pourra développer les puissances entières de y en séries ordonnées suivant les puissances entières de x. Donc, par suite, on pourra réduire encore la détermination des intégrales de la forme

$$(37) \qquad \int y^n\frac{dt}{\imath}, \quad \int ty^n\frac{dt}{\imath}, \quad \int y^n\imath\,dt, \quad \int y^n t\imath\,dt$$

à la détermination des transcendantes déjà indiquées, c'est-à-dire des intégrales (35).

Concevons à présent que l'on prenne pour r, dans les intégrales (30), (33), (34), etc., non plus la fonction de t que détermine la formule (24), mais la distance mutuelle de deux planètes, et que le temps soit désigné par la variable t. Alors, en raisonnant comme on vient de le faire, on pourra encore développer facilement en séries convergentes les intégrales (33), (34) et les intégrales du même genre qui serviront à exprimer les variations des éléments elliptiques. Seulement, lorsqu'on voudra évaluer les intégrales (35), le facteur que nous avons désigné par $\varphi(t)$, et qui devra rester inaltérable dans chaque intégrale, ne sera plus le facteur

$$(\lambda^2 t^2 + \alpha^2)^{-\frac{1}{2}},$$

mais un facteur de la forme

$$[(t-\alpha)^2 + 6^2]^{-\frac{1}{2}},$$

les binômes $\alpha + 6\sqrt{-1}$, $\alpha - 6\sqrt{-1}$ désignant deux racines imaginaires et conjuguées de l'équation

$$\iota^2 = 0, \tag{38}$$

résolue par rapport à t, savoir celles d'entre ces racines imaginaires qui offriront le plus petit module.

J'ajouterai qu'on pourra développer facilement les variations des éléments elliptiques en séries rapidement convergentes, si l'on attribue au facteur invariable $\varphi(t)$, non plus la forme que nous venons d'indiquer, mais une forme semblable à celle que prend le rapport $\frac{1}{\iota}$, quand les deux astres se meuvent dans des orbites circulaires. Alors on réduira aisément la détermination des inégalités produites dans le mouvement d'une planète m par l'action d'une autre planète m' à la détermination de quelques transcendantes, dont les valeurs pourront être fournies par certaines Tables à simple entrée, construites une fois pour toutes. Parmi les diverses méthodes qui produisent cet effet, on doit remarquer celle qui consiste à considérer le rapport $\frac{1}{\iota}$ comme une fonction de deux exponentielles trigonométriques variables dont la première a pour argument l'anomalie moyenne de la planète m', tandis que la seconde a pour argument la différence entre les anomalies moyennes des deux planètes, puis à développer le rapport $\frac{1}{\iota}$ en une série simple ordonnée suivant les puissances entières de la première exponentielle. A ce développement de $\frac{1}{\iota}$ correspondent des séries d'intégrales qui représentent les variations des éléments elliptiques. D'ailleurs, pour réduire ces intégrales à un très petit nombre de transcendantes, il suffit de recourir aux formules que nous venons d'établir, et spécialement à la formule (36).

Au reste, je me propose de consacrer un nouvel article au développement spécial de celles d'entre ces formules qui ont pour objet la détermination des mouvements planétaires (1).

289.

Astronomie. — *Note sur l'application des nouvelles formules à l'Astronomie.*

C. R., T. XX, p. 996 (7 avril 1845).

J'ai lu, dans la dernière séance, un Mémoire sur la détermination approximative des fonctions représentées par des intégrales. A la suite de cette lecture, notre honorable confrère, M. Liouville, a présenté à l'Académie quelques observations. J'ai souscrit le premier à celle qui avait pour objet la mention du sujet de prix mis au concours en 1840. Quant au Mémoire lui-même et aux calculs qu'il renferme, je les avais crus d'abord, je l'avoue, attaqués par M. Liouville. Notre confrère a déclaré qu'il n'en était rien, et qu'il ne voulait point critiquer une méthode qu'il ne connaissait pas. J'ai été heureux d'entendre sa déclaration. Elle aurait dû être, je crois, plus que suffisante pour modérer l'ardeur belliqueuse d'un écrivain qui assistait, comme étranger, à cette discussion, et pour lui enlever tout prétexte de publier à cette occasion, contre l'Académie et contre ses membres,

(1) M. Liouville présente verbalement quelques remarques sur la Communication que vient de faire M. Cauchy, et aussi sur le Rapport que le savant académicien a lu dans la séance du 17 mars, à laquelle M. Liouville n'assistait pas. Les observations de M. Liouville ne portent, du reste, que sur quelques-unes des assertions contenues dans ce Rapport et non sur les conclusions mêmes auxquelles il adhère volontiers.

un long réquisitoire, tout en déclarant que la question était du nombre de celles qui n'ont pas un rapport direct avec les objets de ses études. C'en serait bientôt fait de la science, si les savants et l'Académie devaient prendre pour unique règle de leur conduite les prescriptions de quelques auteurs chargés, dans certaines feuilles, de la rédaction des articles académiques; s'il fallait renoncer, quand ils l'exigent, non seulement à la carrière de l'enseignement et aux dignités scientifiques, mais encore à la culture même des sciences et à la publication des découvertes qu'on aurait pu faire. Les savants seraient bien à plaindre si, après s'être exténués de veilles et de fatigues pour contribuer au perfectionnement de l'Analyse et de la Géométrie, ils n'avaient, pour exciter et ranimer leur zèle, d'autre motif que les singuliers encouragements qui leur sont donnés, de temps à autre, par les feuilles dont je parle. Les mêmes écrivains, qui ne pardonneraient pas à un académicien d'oublier la date d'un Rapport ou d'un Programme, ont parfois, il faut l'avouer, des distractions bien étranges. Que, pendant plusieurs années consécutives, un membre de l'Académie expose une théorie nouvelle, qu'il en démontre les avantages, que cette théorie n'ait pas seulement pour objet le perfectionnement du Calcul intégral, qu'elle passe de la spéculation à la pratique, qu'elle se traduise en résultats positifs, en nombres et en chiffres, qu'elle offre un moyen prompt et facile de construire les Tables astronomiques, et réduise à quelques heures des calculs qui exigeaient des astronomes plusieurs mois ou plusieurs années de travail : ils se garderont bien d'en parler. Mais qu'un débat s'élève dans le sein de l'Académie, que, sur une question difficile, deux académiciens semblent ne pas être entièrement d'accord entre eux : des auditeurs s'empresseront de faire part au public d'une discussion qu'ils déclarent eux-mêmes n'avoir pas comprise, et s'exposeront ainsi à prêter aux paroles prononcées un sens contraire à celui qu'elles avaient en réalité. On dirait quelquefois qu'ils ne sont admis à nos séances que pour y entendre ce qu'on ne dit pas, et ne pas entendre ce qu'on y dit. Mais je m'arrête. J'aime à croire que l'auteur de l'article dont il s'agit, en relisant son œuvre, reconnaîtra lui-même qu'il est tombé, sur plusieurs points, dans des erreurs graves, et s'empressera de les rectifier. D'ailleurs, les moments de l'Académie sont trop précieux pour que je veuille plus longtemps m'occuper de cet incident. S'il n'eût intéressé que moi, j'aurais pu garder le silence. La bienveillance toute spéciale avec laquelle mes derniers Mémoires et les méthodes nouvelles qu'ils renferment ont été généralement accueillis par les géomètres, m'autorise dans la conviction où je suis que les avantages de ces méthodes seront reconnus par ceux-là mêmes qui, n'ayant point assisté à plusieurs de nos précédentes séances, n'ont pu suivre les développements que j'ai donnés; et l'assentiment de mes honorables confrères du Bureau des Longitudes, exprimé à moi-même en termes qui m'ont vivement touché, me dédommage amplement d'attaques qui sembleraient inspirées par les préventions les plus singulières et les moins faciles à comprendre, qui sembleraient avoir pour but de troubler la bonne harmonie qui règne au sein de cette Académie, en mettant, s'il était possible, les divers membres en contradiction les uns avec les autres. Mais, en laissant de côté cet article, je ne puis passer sous silence au moins une des questions soulevées dans le débat, une question qui intéresse trop directement le progrès des sciences, pour qu'il ne soit pas convenable d'en dire ici quelques mots.

L'Académie est instituée, sans aucun doute, pour favoriser le progrès des Sciences physiques et mathématiques, pour contribuer ellemême à ce progrès. C'est dans ce dessein qu'elle propose, chaque année, des sujets de prix. Quelquefois les questions mises au concours se trouvent circonscrites dans d'étroites limites. C'est ce qui est arrivé, par exemple, lorsque l'Académie a donné pour sujet de recherches aux géomètres le seul des théorèmes de Fermat qui soit encore à démontrer. Je doute que, dans ce cas-là même, l'Académie prétende interdire absolument aux savants de tous les pays, aux académiciens français ou étrangers, la faculté de résoudre la question, s'ils le peuvent, et de publier leur solution. J'admettrai néanmoins très volontiers qu'il peut y avoir convenance à ce que la solution d'un problème ainsi limité ne soit pas rendue publique avant l'époque où le concours expire. Mais souvent aussi l'Académie adopte un programme énoncé en termes très vagues et très généraux. Ce programme dit, par exemple : Le prix sera donné au meilleur Ouvrage publié sur l'Analyse mathématique; ou bien encore, le programme est relatif aux applications de l'Analyse à l'Astronomie, et il propose aux géomètres de *perfectionner en quelque point essentiel la théorie des perturbations planétaires*. Or est-il permis de s'imaginer qu'en adoptant un tel programme l'Académie ait voulu arrêter le développement de la science, éteindre les lumières, suspendre les travaux du Bureau des Longitudes et de toutes les Sociétés savantes de l'Europe, enfin porter un arrêt de mort contre l'Astronomie, condamnée à ne profiter d'aucune découverte, et à suivre, dans la pratique, de vieilles méthodes très souvent impraticables, jusqu'à l'expiration du concours? Est-il possible de supposer qu'une pareille idée puisse entrer dans l'esprit de qui que ce soit? Et pourtant cette idée se trouve exprimée par écrit, et la feuille où elle est énoncée semble vouloir en prendre occasion pour incriminer celui auquel on a si souvent, mais inutilement, reproché d'avoir une conscience trop délicate, d'avoir témoigné par trop de sacrifices son dévouement à l'infortune, et d'avoir tenu, dans des temps difficiles, une conduite qu'honorent tous les partis. Quelquefois on a recours, en Géométrie, à ce qu'on appelle des démonstrations *ab absurdo*. Une démonstration de ce genre, appliquée à la question présente, ne suffirait-elle pas à montrer le côté faible de la thèse que je combats, et à convaincre même les personnes qui, par irréflexion, j'en suis sûr, ont pu adopter cette thèse, sans chercher d'abord à en prévoir ou approfondir les conséquences? L'Académie me rendra d'ailleurs cette justice, qu'il n'est pas possible de m'adresser ici le moindre reproche. Elle a vu, dans la dernière séance, avec quelle franchise, avec quelle loyauté j'ai déclaré que j'attendrais sa décision avant d'imprimer mon Mémoire. Les paroles prononcées par M. le Secrétaire perpétuel et l'adhésion unanime de mes honorables confrères n'ont pas laissé subsister le plus léger doute sur le parti que j'avais à prendre. Ce qu'il y a de plus remarquable dans cette affaire, c'est que mes nouvelles théories sont le développement d'une pensée émise il y a plusieurs années, c'est-à-dire au mois d'août 1841, dans l'un des Mémoires que j'ai publiés sur l'Astronomie, dans celui-là même qui avait particulièrement attiré l'attention des astronomes, et auquel ils ont paru attacher plus de prix. Il serait assez extraordinaire qu'il fût interdit à un géomètre français de publier les développements des théories qu'il a pu découvrir, et qu'il lui fût ordonné, sans doute pour la plus grande gloire des sciences et de la patrie, d'attendre que ses propres pensées soient peut-être mises en lumière par quelque savant étranger.

290.

Astronomie. — *Mémoire sur les séries nouvelles que l'on obtient, quand on applique les méthodes exposées dans les précédentes séances au développement de la fonction perturbatrice et à la détermination des inégalités périodiques des mouvements planétaires.*

C. R., T. XX, p. 1166 (21 avril 1845).

Dans les mouvements planétaires, les inégalités périodiques des divers ordres sont représentées, comme on le sait, par des intégrales simples ou multiples relatives au temps. De plus, les fonctions renfermées sous le signe $\int$, dans les intégrales dont il s'agit, se réduisent aux dérivées de la fonction perturbatrice, différentiée par rapport à un ou à plusieurs des éléments elliptiques ; et, comme les valeurs de ces intégrales ne peuvent se calculer en termes finis, on a cherché à en obtenir des valeurs approchées à l'aide de l'intégration par séries. On a été conduit, de cette manière, à développer la fonction perturbatrice en une série dont chaque terme pût être facilement intégré par rapport au temps. Cette condition se trouve remplie lorsque, en suivant la marche généralement adoptée jusqu'ici par les géomètres, on suppose chaque terme proportionnel au sinus ou au cosinus d'un angle représenté par une fonction linéaire des anomalies moyennes des deux planètes que l'on considère, ou, ce qui revient au même, lorsqu'on suppose la fonction perturbatrice développée suivant les puissances entières des exponentielles trigonométriques qui ont pour arguments ces anomalies moyennes. Mais la série ainsi obtenue a l'inconvénient d'être une série double, ordonnée suivant les puissances entières de deux variables distinctes, et d'être souvent peu convergente, ce qui oblige quelquefois à calculer, pour obtenir des approximations suffisantes, un très grand nombre de termes. Les formules et les méthodes que j'ai indiquées dans les précédents Mémoires permettent de faire disparaître ces difficultés. A la vérité, il semble au premier abord que, en suivant ces méthodes, on peut perdre quelque chose sous le rapport de la généralité, et que les formules trouvées, du moins dans certains cas, s'appliquent seulement à des portions considérables de l'orbite qu'un astre décrit. Mais on peut modifier ces formules de manière à en obtenir d'autres qui subsistent au bout d'un temps quelconque. On peut, d'ailleurs, appliquer ces formules de diverses manières au développement de la fonction perturbatrice. Enfin, on peut les combiner avec de nouveaux théorèmes auxquels mes recherches m'ont conduit, particulièrement avec deux propositions qui me paraissent dignes de remarque, et que je vais énoncer.

Théorème I. — *Étant données deux exponentielles trigonométriques dont les arguments sont proportionnels au temps, et une fonction développable suivant les puissances entières de la première exponentielle, on pourra toujours représenter par une intégrale définie simple relative au temps la partie non périodique de l'intégrale indéfinie, dans laquelle la fonction sous le signe* $\int$ *se réduirait au produit de la seconde exponentielle par la fonction donnée.*

THÉORÈME II. — *La fonction perturbatrice, ou même une fonction quelconque des anomalies excentriques de deux planètes, peut toujours être décomposée en deux parties, dont la première est évidemment la dérivée exacte par rapport au temps d'une autre fonction dont il est facile d'assigner la valeur, tandis que la seconde partie est une fonction finie de l'anomalie moyenne relative à l'une des planètes et d'une nouvelle variable liée aux deux anomalies moyennes par une équation très simple.*

Ce dernier théorème réduit l'intégration de la fonction perturbatrice à l'intégration d'une autre fonction qui peut être développée, à l'aide de la formule de Lagrange, en une série simple et rapidement convergente, ordonnée suivant les puissances ascendantes d'une fonction linéaire des deux excentricités.

J'ajouterai que, à l'aide des principes ci-dessus énoncés, on peut développer, ou la fonction perturbatrice, ou un facteur de cette fonction en une série simple ordonnée suivant les puissances ascendantes, non plus de deux exponentielles trigonométriques, mais d'une seule exponentielle dont l'argument soit proportionnel au temps. On pourrait, d'ailleurs, prendre pour cet argument, ou l'une des anomalies moyennes, ou, ce qui paraît préférable, un angle équivalent, soit à la différence des anomalies moyennes, soit à cette différence augmentée d'une quantité constante.

§ I. — *Sur la série qu'on obtient quand on développe deux fonctions d'une seule variable suivant les puissances ascendantes de l'exponentielle trigonométrique qui a pour argument cette même variable.*

Soit $f(\omega)$ une fonction de la variable ω qui reste finie et continue pour toutes les valeurs réelles de ω comprises entre les limites

$$\omega = -\pi, \qquad \omega = \pi.$$

En vertu des principes établis dans le second Volume des *Exercices de Mathématiques* (¹), $f(\omega)$ sera généralement développable en série ordon-

(¹) *OEuvres de Cauchy*, S. II, T. VII, p. 366 et suiv.

née suivant les puissances entières de l'exponentielle trigonométrique

$$e^{\omega\sqrt{-1}};$$

et, si l'on pose en conséquence

$$\text{(1)} \qquad f(\omega) = \Sigma k_n e^{n\omega\sqrt{-1}},$$

la somme qu'indique le signe Σ s'étendant à toutes les valeurs entières positives, nulle et négatives de n, on aura

$$\text{(2)} \qquad k_n = \frac{1}{2\pi}\int_{-\pi}^{\pi} e^{-n\omega\sqrt{-1}} f(\omega)\, d\omega.$$

Supposons maintenant que la fonction f(ω) reste finie et continue pour toutes les valeurs réelles et finies de la variable ω; et nommons υ l'angle variable qui, étant compris entre les limites

$$-\pi, \quad +\pi,$$

vérifie les deux conditions

$$\text{(3)} \qquad \cos\upsilon = \cos\omega, \qquad \sin\upsilon = \sin\omega,$$

en sorte qu'on ait généralement

$$\text{(4)} \qquad \omega = 2i\pi + \upsilon,$$

i désignant une quantité entière positive, nulle ou négative. Alors, à la place des formules (1) et (2), on obtiendra les deux équations

$$\text{(5)} \qquad f(\omega) = \Sigma k_n e^{n\upsilon\sqrt{-1}},$$

$$\text{(6)} \qquad k_n = \frac{1}{2\pi}\int_{-\pi}^{\pi} e^{-n\upsilon\sqrt{-1}} f(\omega)\, d\upsilon,$$

dont la seconde peut s'écrire comme il suit :

$$\text{(7)} \qquad k_n = \frac{1}{2\pi}\int_{-\pi}^{\pi} e^{-n\upsilon\sqrt{-1}} f(2i\pi + \upsilon)\, d\upsilon.$$

En partant des formules (5) et (7), on pourra aisément intégrer une ou plusieurs fois de suite la fonction f(ω) par rapport à la variable ω, ou, ce qui revient au même, par rapport à la variable υ. Concevons, pour fixer les idées, que l'on cherche la valeur de l'intégrale

$$\int_{\omega_0}^{\omega} \mathrm{f}(\omega)\,d\omega,$$

ω_0 désignant une valeur particulière de ω. Comme on aura

$$\int_{\omega_0}^{\omega} \mathrm{f}(\omega)\,d\omega = \int_0^{\omega} \mathrm{f}(\omega)\,d\omega - \int_0^{\omega_0} \mathrm{f}(\omega)\,d\omega,$$

le seul problème à résoudre sera évidemment de trouver la valeur de l'intégrale

$$\int_0^{\omega} \mathrm{f}(\omega)\,d\omega.$$

Il y a plus : comme on aura encore

$$\int_0^{\omega} \mathrm{f}(\omega)\,d\omega = \int_0^{2i\pi} \mathrm{f}(\omega)\,d\omega + \int_{2i\pi}^{\upsilon} \mathrm{f}(\omega)\,d\upsilon$$

et

$$\int_{2i\pi}^{\omega} \mathrm{f}(\omega)\,d\omega = \int_0^{\upsilon} \mathrm{f}(\omega)\,d\upsilon,$$

il est clair que, si l'on pose, pour abréger,

$$(8) \quad \Omega = \int_0^{2i\pi} \mathrm{f}(\omega)\,d\omega = \int_0^{2\pi} \{\mathrm{f}(\upsilon) + \mathrm{f}(2\pi+\upsilon) + \ldots + \mathrm{f}[2(i-1)\pi+\upsilon]\}\,d\upsilon,$$

on aura définitivement

$$(9) \qquad \int_0^{\omega} \mathrm{f}(\omega)\,d\omega = \Omega + \int_0^{\upsilon} \mathrm{f}(\omega)\,d\upsilon,$$

et, par suite, eu égard à la formule (5),

$$(10) \qquad \int_0^{\omega} \mathrm{f}(\omega)\,d\omega = \Omega + \Sigma k_n \frac{e^{n\upsilon\sqrt{-1}} - 1}{n\sqrt{-1}}.$$

Pour montrer une application très simple des formules (5) et (7), posons

$$f(\omega) = e^{\lambda\omega\sqrt{-1}},$$

λ désignant une quantité constante. Alors la formule (7) donnera

$$(11) \qquad k_n = e^{2\lambda i\pi\sqrt{-1}} \frac{\sin(\lambda - n)\pi}{(\lambda - n)\pi} = e^{\lambda(\omega - \upsilon)\pi\sqrt{-1}} \frac{\sin(\lambda - n)\pi}{(\lambda - n)\pi}.$$

On aura donc

$$(12) \qquad e^{\lambda\omega\sqrt{-1}} = e^{\lambda(\omega-\upsilon)\sqrt{-1}} \sum \frac{\sin(\lambda - n)\pi}{(\lambda - n)\pi} e^{n\upsilon\sqrt{-1}}.$$

§ II. — *Sur l'application des formules établies dans le* § I, *au calcul des inégalités périodiques des mouvements planétaires.*

Soient

$\imath$ la distance mutuelle de deux planètes m, m';
r, r' les distances de ces planètes au Soleil;
δ leur distance apparente, vue du centre du Soleil;
p, p' les longitudes des deux planètes;
ϖ, ϖ' les longitudes de leurs périhélies;
Π, Π' les distances apparentes de ces périhélies à la ligne d'intersection des orbites;
I l'inclinaison mutuelle de ces orbites;
T, T' les anomalies moyennes des deux planètes;
ψ, ψ' leurs anomalies excentriques;
ε, ε' les excentricités des deux orbites;

et posons, pour abréger,

$$\nu = \sin^2 \frac{I}{2}.$$

On aura, non seulement

$$(1) \qquad \imath^2 = r^2 + r'^2 - 2rr'\cos\delta,$$

mais encore

$$(2) \qquad \begin{cases} \cos\delta = \cos(p - \varpi + \Pi - p' + \varpi' - \Pi') \\ \qquad\qquad - 2\nu\sin(p - \varpi + \Pi)\sin(p' - \varpi' + \Pi'). \end{cases}$$

On aura, de plus,

$$(3)\qquad T = \psi - \varepsilon \sin\psi,$$

$$(4)\qquad \cos(p-\varpi) = \frac{\cos\psi - \varepsilon}{1 - \varepsilon\cos\psi}, \qquad \sin(p-\varpi) = \frac{(1-\varepsilon^2)^{\frac{1}{2}}\sin\psi}{1-\varepsilon\cos\psi},$$

et les formules (3), (4) continueront de subsister, quand on y remplacera

$$p, \quad T, \quad \psi, \quad \varpi, \quad \varepsilon$$

par

$$p', \quad T', \quad \psi', \quad \varpi', \quad \varepsilon'.$$

D'ailleurs, en supposant ε, ε' et ν assez petits pour qu'on puisse, sans erreur sensible, les remplacer par zéro dans les formules (2), (3), (4), ..., on tirera de ces formules

$$p - \varpi = \psi = T, \qquad p' - \varpi' = \psi' = T',$$

et, par suite,

$$\cos\delta = \cos\omega,$$

la valeur de ω étant

$$(5)\qquad \omega = T - T' + \Pi - \Pi'.$$

On pourra donc prendre alors

$$\delta = \omega,$$

et généralement on peut dire que, pour des valeurs peu considérables de ε, ε', ν, la valeur de ω déterminée par la formule (5) représentera une valeur approchée de δ.

Soit maintenant R la fonction perturbatrice relative à la planète m, ou plutôt la partie de cette fonction qui se rapporte aux deux planètes m, m', on aura

$$(6)\qquad \mathrm{R} = -\frac{m'}{\mathfrak{r}} + \frac{m' r \cos\delta}{r'^2},$$

et, parmi les variations périodiques des éléments elliptiques de la planète m, celles qui seront du premier ordre par rapport aux masses se calculeront aisément si l'on sait intégrer une ou deux fois de suite, par rapport au temps, la fonction R et ses dérivées partielles prises par rapport aux éléments dont il s'agit. Or, une semblable intégration ne pouvant s'effectuer en termes finis, on est obligé, pour résoudre la question, de recourir à l'intégration par série, et par conséquent de développer la fonction R en une série dont chaque terme puisse être facilement intégré par rapport au temps. Cette condition se trouve remplie lorsque, en suivant la marche généralement adoptée, on développe R en une série ordonnée suivant les puissances entières des deux exponentielles

$$e^{T\sqrt{-1}}, \quad e^{T'\sqrt{-1}}.$$

Mais le développement ainsi obtenu a l'inconvénient d'être une série double, et la convergence de cette série est quelquefois assez lente pour obliger les géomètres à conserver, dans le calcul, un grand nombre de termes. Or il importe d'observer, en premier lieu, qu'on peut réduire la série double à une série simple en opérant comme il suit.

Soient μ et μ' les moyens mouvements des planètes m, m', et posons, pour abréger,

$$\lambda = \frac{\mu}{\mu - \mu'}, \qquad \lambda' = \frac{\mu'}{\mu - \mu'}.$$

On aura

$$\lambda = \lambda' + 1. \tag{7}$$

De plus, comme les valeurs de T, T' seront de la forme

$$T = \mu(t - \tau), \qquad T' = \mu'(t - \tau'),$$

on en conclura

$$T - T' = (\mu - \mu')t - (\mu\tau - \mu'\tau').$$

Donc les parties variables des quantités

$$T, \quad T', \quad \omega$$

seront respectivement

$$\mu t, \quad \mu' t, \quad (\mu - \mu')t,$$

et, par suite, les exponentielles

$$e^{T\sqrt{-1}}, \quad e^{T'\sqrt{-1}}$$

seront proportionnelles aux exponentielles

$$x = e^{\lambda\omega\sqrt{-1}}, \qquad x' = e^{\lambda'\omega\sqrt{-1}}$$

Cela posé, concevons que, la fonction R étant développée suivant les puissances entières de x et x', on nomme

$$A_{n,n'}$$

le coefficient du produit

$$x^n x'^{n'}$$

dans le développement dont il s'agit. On aura

$$R = \Sigma A_{n,n'} e^{n\lambda\omega\sqrt{-1}} e^{n'\lambda'\omega\sqrt{-1}}$$

ou, ce qui revient au même, eu égard à la formule (7),

$$R = \Sigma A_{n,n'} e^{n\omega\sqrt{-1}} e^{(n+n')\lambda'\omega\sqrt{-1}},$$

par conséquent

(8) $$R = \Sigma A_{n,n'-n} e^{n\omega\sqrt{-1}} e^{n'\lambda'\omega\sqrt{-1}}.$$

Soit d'ailleurs υ celui des angles, renfermés entre les limites $-\pi$, $+\pi$, qui vérifie les deux conditions

(9) $$\cos\upsilon = \cos\omega, \qquad \sin\upsilon = \sin\omega.$$

La différence

$$\omega - \upsilon$$

sera un multiple de 2π; et, en nommant l une quantité entière quelconque, on tirera de la formule (12) du § I

$$e^{n'\lambda'\omega\sqrt{-1}} = e^{n'\lambda'(\omega-\upsilon)\sqrt{-1}} \sum \frac{\sin(n'\lambda' - l)\pi}{(n'\lambda' - l)\pi} e^{l\upsilon\sqrt{-1}}.$$

En conséquence, la formule (8) donnera

$$R = \Sigma A_{n,n'-n} \frac{\sin(n'\lambda' - l)\pi}{(n'\lambda' - l)\pi} e^{n'\lambda'(\omega-\upsilon)\sqrt{-1}} e^{(n+l)\upsilon\sqrt{-1}}$$

ou, ce qui revient au même,

(10) $$R = \Sigma A_{n-l,n'-n+l} \frac{\sin(n'\lambda' - l)\pi}{(n'\lambda' - l)\pi} e^{n'\lambda'(\omega-\upsilon)\sqrt{-1}} e^{n\upsilon\sqrt{-1}},$$

et, par suite,

$$\text{(11)} \qquad R = \Sigma A_n e^{n\upsilon\sqrt{-1}},$$

la valeur de A_n étant

$$\text{(12)} \qquad A_n = \sum \frac{\sin(n'\lambda' - l)\pi}{(n'\lambda' - l)\pi} A_{n-l,n'-n+l}\, e^{n'\lambda'(\omega-\upsilon)\sqrt{-1}}.$$

Ainsi la fonction perturbatrice R peut être développée en une série simple ordonnée suivant les puissances ascendantes de l'exponentielle trigonométrique

$$e^{\upsilon\sqrt{-1}} = e^{\omega\sqrt{-1}};$$

et, dans cette série, le coefficient A_n de la $n^{\text{ième}}$ puissance de l'exponentielle dont il s'agit est déterminé par la formule (12), en vertu de laquelle il conservera la même valeur pour toutes les valeurs de ω comprises entre deux termes consécutifs de la progression arithmétique

$$\ldots, \quad -4\pi, \quad -2\pi, \quad 0, \quad 2\pi, \quad 4\pi, \quad \ldots.$$

La fonction R étant développée, comme on vient de le dire, en une série ordonnée suivant les puissances entières de

$$e^{\upsilon\sqrt{-1}} = e^{\omega\sqrt{-1}},$$

il deviendra facile d'intégrer par rapport à R, ou cette fonction, ou la dérivée de cette fonction différentiée par rapport à l'un des éléments elliptiques. Les formules qu'on obtiendra de cette manière seront analogues à l'équation (10) du paragraphe précédent. D'ailleurs, des intégrales relatives à ω on déduira immédiatement les intégrales relatives à t, en ayant égard à la formule

$$d\omega = (\mu - \mu')\, dt,$$

de laquelle on tire

$$dt = \frac{d\omega}{\mu - \mu'}.$$

Des deux parties qui composent la fonction R, une seule est difficile à développer, savoir celle qui est réciproquement proportionnelle à la distance $\mathfrak{r}$. Considérons séparément cette partie, ou, ce qui revient au même, le rapport $\frac{1}{\mathfrak{r}}$. Si, en opérant comme on vient de le dire, on développe ce rapport en une série simple ordonnée suivant les puissances entières de l'exponentielle

$$e^{\omega\sqrt{-1}},$$

la série obtenue sera, il est vrai, une série simple, mais elle pourra n'être pas très rapidement convergente. Pour rendre la convergence plus rapide, il suffira, conformément au principe établi dans un précédent Mémoire, de décomposer la fonction $\frac{1}{\mathfrak{r}}$ en deux facteurs, dont le premier, étant d'une forme très simple, diffère peu de $\frac{1}{\mathfrak{r}}$, puis de laisser ce premier facteur inaltérable, et de développer le second facteur suivant les puissances entières de l'exponentielle

$$e^{\omega\sqrt{-1}}.$$

Si l'on nomme a, a' les demi grands axes des orbites décrites par les planètes m, m', une première valeur approchée du rapport $\frac{1}{\mathfrak{r}}$ sera l'expression

$$(a^2 - 2aa'\cos\omega + a'^2)^{-\frac{1}{2}},$$

à laquelle on pourra réduire le premier facteur de $\frac{1}{\mathfrak{r}}$. On pourra, d'ailleurs, dans cette hypothèse, intégrer par rapport à t les divers termes du développement de $\frac{1}{\mathfrak{r}}$, à l'aide de formules analogues aux équations (26), (27) de la page 182. Ajoutons qu'il sera facile de modifier ces équations de manière qu'elles deviennent applicables à toutes les époques du mouvement, et subsistent pour des valeurs quelconques de t.

§ III. — *Sur une transformation remarquable de la fonction perturbatrice.*

Conservons les notations adoptées dans le précédent paragraphe, et désignons par $F(\psi, \psi')$, ou la fonction perturbatrice R, ou même, plus généralement, une fonction donnée des anomalies excentriques ψ, ψ', liées aux anomalies moyennes T, T' par les deux équations

(1) $$T = \psi - \varepsilon \sin\psi,$$

(2) $$T' = \psi' - \varepsilon' \sin\psi'.$$

Pour des valeurs de ε inférieures à une certaine limite, la fonction

$$F(\psi, \psi')$$

pourra être développée suivant les puissances ascendantes de ε, ou à l'aide du théorème de Lagrange relatif au développement des fonctions implicites, ou encore à l'aide de la formule

(3) $$F(\psi, \psi') = \mathcal{E} \frac{(1 - \varepsilon \cos\psi) F(\psi, \psi')}{(\psi - \varepsilon \sin\psi - T)},$$

de laquelle on tirera

(4) $$F(\psi, \psi') = \sum \mathcal{E} \frac{(1 - \varepsilon \cos\psi) \varepsilon^n \sin^n\psi F(\psi, \psi')}{((\psi - T)^{n+1})}$$

ou, ce qui revient au même,

(5) $$F(\psi, \psi') = \sum \frac{\varepsilon^n}{1.2\ldots n} D_T^n[(1 - \varepsilon \cos T) \sin^n T F(T, \psi')],$$

la somme qu'indique le signe Σ s'étendant à toutes les valeurs entières, nulle et positives de n, et le produit $1.2\ldots n$ devant être remplacé par l'unité, quand n se réduit à zéro. D'autre part, comme les parties variables de T, T' seront respectivement

$$\mu t, \quad \mu' t,$$

si l'on désigne par $\mathfrak{T}$ une fonction quelconque de T, T' ou même de ψ, ψ', on aura généralement

$$D_t \mathfrak{T} = \mu D_T \mathfrak{T} + \mu' D_{T'} \mathfrak{T}$$

et, par suite,

$$D_t = \mu D_T + \mu' D_{T'}.$$

Il en résulte que D_t sera généralement facteur de la différence

$$\mu^n D_T^n - (-\mu' D_{T'})^n$$

et de la différence

$$D_T^n - \left(-\frac{\mu'}{\mu} D_{T'}\right)^n.$$

Donc l'équation (5) pourra être présentée sous la forme

$$(6)\qquad F(\psi, \psi') = D_t \mathrm{S} + \sum \frac{\left(-\frac{\varepsilon\mu'}{\mu}\sin T\right)^n}{1.2\ldots n}(1 - \varepsilon\cos T) D_{T'}^n F(T, \psi'),$$

S désignant une fonction nouvelle dont il sera facile d'assigner immédiatement la valeur. Ajoutons que, en vertu de la formule de Taylor, l'équation (6) pourra être réduite à

$$(7)\qquad F(\psi, \psi') = D_t \mathrm{S} + (1 - \varepsilon\cos T) F(T, \Psi),$$

Ψ désignant une variable nouvelle que l'on déduira de ψ', en attribuant à T' un accroissement représenté par le produit

$$-\frac{\varepsilon\mu'}{\mu}\sin T.$$

Ainsi, dans l'équation (7), Ψ sera une fonction implicite de T et T', déterminée par la formule

$$(8)\qquad \Psi - \varepsilon\sin\Psi = T' - \frac{\varepsilon\mu'}{\mu}\sin T.$$

Si l'on applique le calcul des résidus à la détermination de la fonction

$$F(T, \Psi),$$

on trouvera

$$F(T, \Psi) = \mathcal{E}\frac{(1 - \varepsilon\cos\Psi) F(T, \Psi)}{\left(\Psi - T' - \varepsilon\sin\Psi + \frac{\varepsilon\mu'}{\mu}\sin T\right)}$$

et, par suite,

$$(9)\qquad F(T, \Psi) = \sum \frac{D_{T'}^n\left[(1 - \varepsilon'\cos T')\left(\varepsilon'\sin T' - \frac{\varepsilon\mu'}{\mu}\sin T\right)^n F(T, T')\right]}{1.2\ldots n}.$$

La formule (7) réduit la détermination de l'intégrale

$$\int F(\psi, \psi')\,dt$$

à la détermination de l'intégrale

$$\int F(1-\varepsilon\cos T)\,F(T, \Psi)\,dt.$$

On doit remarquer d'ailleurs que les deux expressions

$$F(\psi, \psi'), \quad F(T, \Psi)$$

se trouvent représentées, la première par une série double, et la seconde par une série simple seulement, quand on les réduit l'une et l'autre à des fonctions explicites de T, T', en appliquant à la première la formule de Lagrange et, à la seconde, la formule (9). Ajoutons que, dans le passage de la série double à la série simple, la convergence pourra devenir sensiblement plus rapide si le rapport $\frac{\mu'}{\mu}$ est notablement inférieur à l'unité. C'est ce qui arrivera en particulier si l'on prend pour m la planète Pallas, et pour m' Jupiter, attendu qu'alors on aura sensiblement

$$\varepsilon = \frac{1}{4} \quad \text{et} \quad \frac{\mu'}{\mu}\varepsilon = \frac{1}{11}.$$

§ IV. — *Sur la détermination des parties non périodiques de certaines intégrales.*

Soit $f(\omega)$ une fonction développable suivant les puissances entières de l'exponentielle

$$e^{\omega\sqrt{-1}},$$

en sorte qu'on ait

$$f(\omega) = \Sigma k_n e^{n\omega\sqrt{-1}}, \tag{1}$$

le signe Σ s'étendant à toutes les valeurs entières, positives, nulle et négatives de n. Supposons d'ailleurs que l'équation (1) subsiste pour une valeur quelconque de ω, et prenons

$$\mathrm{s} = \int_0^\omega e^{\lambda\omega\sqrt{-1}}\,\mathrm{f}(\omega)\,d\omega, \tag{2}$$

λ étant une quantité constante. On aura, en vertu de la formule (1),

$$\mathrm{s} = \Sigma k_n \frac{e^{(n+\lambda)\omega\sqrt{-1}} - 1}{(n+\lambda)\sqrt{-1}}$$

ou, ce qui revient au même,

$$\mathrm{s} = \Sigma k_n \frac{e^{(n+\lambda)\omega\sqrt{-1}}}{(n+\lambda)\sqrt{-1}} - \mathfrak{S}, \tag{3}$$

la valeur de $\mathfrak{S}$ étant

$$\mathfrak{S} = \sum \frac{k_n}{(n+\lambda)\sqrt{-1}}. \tag{4}$$

Or, il est important d'observer que la constante $\mathfrak{S}$, c'est-à-dire la partie non périodique de s, peut être représentée par une intégrale définie simple. En effet, si, après avoir multiplié les deux membres de l'équation (2) par l'exponentielle $e^{-\lambda\omega\sqrt{-1}}$, on intègre ces deux membres entre les limites

$$\omega = -\pi, \qquad \omega = \pi,$$

une intégration par parties, appliquée au premier membre de l'équation dont il s'agit, donnera

$$\mathfrak{S} = \frac{\sqrt{-1}}{2\sin\lambda\pi} \int_0^\pi \left[e^{\lambda(\omega-\pi)\sqrt{-1}}\,\mathrm{f}(\omega) + e^{-\lambda(\omega-\pi)\sqrt{-1}}\,\mathrm{f}(-\omega)\right] d\omega. \tag{5}$$

Dans d'autres articles, nous développerons les conséquences qui se déduisent des formules auxquelles nous sommes parvenu dans celui-ci.

291.

ASTRONOMIE. — *Mémoire sur des formules et des théorèmes remarquables, qui permettent de calculer très facilement les perturbations planétaires dont l'ordre est très élevé.*

C. R., T. XX, p. 1612 (2 juin 1845).

Les principes généraux que j'ai posés dans de précédents articles, et surtout dans le Mémoire du 17 mars de cette année, fournissent, quand on les applique à l'Astronomie, des résultats qui paraissent mériter l'attention des géomètres. Ces résultats seront l'objet spécial du présent Mémoire et de quelques autres que je me propose d'offrir plus tard à l'Académie. Les formules auxquelles je suis parvenu sont très simples et, par cela même, très propres au calcul des perturbations planétaires. Pour donner une idée des avantages que peut offrir leur emploi dans les calculs astronomiques, je vais énoncer ici deux théorèmes remarquables qui se déduisent immédiatement de ces formules.

Considérons le système de deux planètes m, m', et la fonction perturbatrice relative à ce système, ou plutôt la partie R de cette fonction qui est réciproquement proportionnelle à la distance des deux planètes. On calculera aisément les perturbations périodiques de la planète m, si l'on a d'abord développé la fonction R suivant les puissances entières des exponentielles trigonométriques qui ont pour arguments les anomalies moyennes, ou même les anomalies excentriques, le développement qu'on obtient dans le premier cas pouvant aisément se déduire de celui qu'on obtiendrait dans le second, à l'aide des transcendantes de M. Bessel. Cherchons, en particulier, le premier développement, et concevons qu'il s'agisse d'obtenir un terme correspondant à des perturbations d'un ordre élevé, c'est-à-dire un terme correspondant à des puissances très élevées des deux exponentielles. Ce terme sera évidemment connu, si l'on en connaît une valeur particulière correspondante à des valeurs particulières données des deux anomalies moyennes. Or on obtiendra sans peine une telle valeur en opérant comme il suit.

Construisons une *surface auxiliaire* qui ait pour abscisses rectangulaires les deux anomalies moyennes, et pour ordonnée z le carré de la distance mutuelle. Supposons d'ailleurs que, après avoir mené un plan tangent à cette surface par un point donné P, on cherche, sur le plan tangent, un autre point S qui ait pour abscisses les deux abscisses du point P augmentées de deux nombres entiers n' et n. Par la droite PS faisons passer un plan normal à la surface; projetons sur l'axe des z le rayon de courbure de la section normale ainsi obtenue, et concevons que la moitié de la projection algébrique de ce rayon de courbure soit substituée, dans la fonction perturbatrice, au carré de la distance mutuelle des deux planètes. Enfin, multiplions le résultat ainsi trouvé par le rapport de la distance des deux points P et S à la circonférence dont le rayon est l'unité. Le produit auquel on parviendra sera une nouvelle fonction des anomalies moyennes, que nous appellerons la *fonction auxiliaire* et qui renfermera, outre ces anomalies, les deux nombres entiers n', n. Cela posé, on peut énoncer la proposition suivante :

THÉORÈME I. — *Concevons que l'on développe la fonction perturbatrice relative au système de deux planètes m, m', ou plutôt la partie de cette fonction qui est réciproquement proportionnelle à leur distance mutuelle, en une série ordonnée suivant les puissances entières de deux variables x, x' représentées par les exponentielles trigonométriques qui ont pour arguments les anomalies moyennes. Cherchons d'ailleurs, dans le développement ainsi formé, un terme proportionnel à des puissances très élevées, l'une négative, l'autre positive, de ces deux variables, les exposants des deux puissances étant, aux signes près, n et n'. Le terme dont il s'agit deviendra sensiblement égal à la fonction auxiliaire, pour un système particulier de valeurs imaginaires de deux variables x, x', savoir, pour des valeurs imaginaires qui, en réduisant à zéro la distance mutuelle de* *deux planètes, réduiront le module du rapport qu'on obtient en divisant l'unité par le produit des deux puissances à un module principal.*

Il est bon d'observer que l'expression analytique de la fonction auxiliaire peut être présentée sous une forme très simple. En effet, pour obtenir cette fonction auxiliaire, il suffit de diviser par la circonférence dont le rayon est l'unité le résultat qu'on obtient lorsque dans la fonction perturbatrice on substitue au carré de la distance mutuelle des deux planètes la moitié de la différentielle seconde de ce même carré, différentié deux fois de suite par rapport aux anomalies moyennes, après avoir remplacé, dans cette différentielle seconde, les différentielles des anomalies moyennes des planètes m et m' par les nombres entiers n' et n.

Ajoutons que l'on peut, sans inconvénient, remplacer tout à la fois dans la construction de la surface auxiliaire, dans la fonction auxiliaire et dans le théorème énoncé, les anomalies moyennes des deux planètes par leurs anomalies excentriques.

Comme l'ont remarqué les géomètres, les termes qu'il importe surtout de calculer, parce qu'ils peuvent fournir des perturbations sensibles, sont ceux qui répondent au cas où les nombres entiers n, n' sont à très peu près en raison inverse des moyens mouvements des deux planètes. En supposant cette condition remplie, on obtient, outre le premier théorème, un second théorème qui paraît digne de remarque, et dont voici l'énoncé :

Théorème II. — *Les mêmes choses étant posées que dans le théorème I, cherchons, dans le développement de la fonction perturbatrice, un terme dans lequel les exposants* n, n' *soient à très peu près en raison inverse des moyens mouvements* μ, μ' *des deux planètes. Alors, pour obtenir la fonction auxiliaire, il suffira de multiplier le rapport de* μ *à* n' *par le rapport du rayon à la circonférence, et par la valeur que prend la fonction perturbatrice quand on y remplace le carré de la distance des deux planètes par la moitié de la dérivée seconde de ce carré différentié deux fois de suite par rapport au temps.*

On peut observer que, dans ce dernier cas, les équations simultanées desquelles on doit tirer les valeurs imaginaires des anomalies moyennes se réduisent, à très peu près, aux deux équations qu'on obtient quand on égale à zéro la distance mutuelle des deux planètes et la dérivée première de cette distance différentiée par rapport au temps.

Les propositions que je viens d'énoncer réduisent, comme on le voit, le calcul des perturbations d'un ordre élevé à la résolution d'équations simultanées qui doivent être vérifiées par des valeurs imaginaires des variables. Il importait donc d'obtenir un moyen facile de calculer les racines imaginaires de plusieurs équations simultanées. J'ai été assez heureux pour trouver une méthode générale et rigoureuse qui permet d'évaluer immédiatement ces racines, en réduisant leur recherche à la résolution d'équations simultanées du premier degré. Cette méthode sera indiquée succinctement dans le dernier paragraphe du présent Mémoire.

Analyse.

§ I. — *Sur le développement de la fonction perturbatrice.*

Soient, au bout du temps t,

ι la distance de deux planètes m, m';
T, T' leurs anomalies moyennes;
ψ, ψ' leurs anomalies excentriques.

La fonction perturbatrice relative à la planète m offrira un terme proportionnel à $\frac{1}{\iota}$. On pourra d'ailleurs développer ce terme suivant les puissances entières des exponentielles

$$e^{T\sqrt{-1}}, \quad e^{T'\sqrt{-1}},$$

ou bien encore suivant les puissances entières des exponentielles

$$e^{\psi\sqrt{-1}}, \quad e^{\psi'\sqrt{-1}};$$

et, si l'on nomme

$$\mathrm{A}_{n',n} \quad \text{ou} \quad \mathcal{A}_{n',n}$$

le coefficient de

$$e^{(n'T'+nT)\sqrt{-1}} \quad \text{ou de} \quad e^{(n'\psi'+n\psi)\sqrt{-1}}$$

dans le développement de $\frac{1}{\mathfrak{r}}$ on aura, d'une part,

$$(1) \qquad \frac{1}{\mathfrak{r}} = \Sigma\Sigma\, \mathrm{A}_{n',n}\, e^{(n'T'+nT)\sqrt{-1}},$$

d'autre part,

$$(2) \qquad \frac{1}{\mathfrak{r}} = \Sigma\Sigma\, \mathcal{A}_{n',n}\, e^{(n'\psi'+n\psi)\sqrt{-1}},$$

les sommes qu'indiquent les signes Σ s'étendant à toutes les valeurs entières positives, nulle et négatives de n et de n'.

Ajoutons que, sans altérer les formules (1) et (2), on pourra évidemment y changer le signe de n ou de n'. On pourra donc aux équations (1) et (2) substituer les suivantes

$$(3) \qquad \frac{1}{\mathfrak{r}} = \Sigma\Sigma\, \mathrm{A}_{n',-n}\, e^{(n'T'-nT)\sqrt{-1}},$$

$$(4) \qquad \frac{1}{\mathfrak{r}} = \Sigma\Sigma\, \mathcal{A}_{n',-n}\, e^{(n'\psi'-n\psi)\sqrt{-1}},$$

les sommes qu'indiquent les signes Σ s'étendant toujours à toutes les valeurs entières positives, nulle et négatives de n et de n'.

Faisons maintenant, pour abréger,

$$\mathcal{R} = \mathfrak{r}^2$$

et

$$x = e^{T\sqrt{-1}}, \qquad x' = e^{T'\sqrt{-1}}.$$

On aura, en conséquence,

$$(5) \qquad \frac{1}{\mathfrak{r}} = \mathcal{R}^{\frac{1}{2}},$$

et la formule (3) donnera simplement

$$(6) \qquad \frac{1}{\mathfrak{r}} = \Sigma\Sigma\, \mathrm{A}_{n',-n}\, x^{-n} x'^{n'}.$$

Supposons d'ailleurs que, n, n' étant positifs, on attribue à x, x' des valeurs imaginaires qui, en réduisant la distance r à zéro, et par suite x' à une fonction de x, réduisent le module du rapport

$$\frac{1}{x^{-n}x'^{n'}} = x^n x'^{-n'}$$

à un module principal minimum. Les valeurs imaginaires correspondantes des anomalies moyennes T, T' vérifieront les deux équations simultanées

$$(7) \qquad \mathfrak{R} = 0, \qquad n' \mathrm{D}_T \mathfrak{R} + n \mathrm{D}_{T'} \mathfrak{R} = 0;$$

et, en attribuant à T, T' ces mêmes valeurs, puis à n et n' des valeurs positives très considérables, on déduira aisément des principes établis dans la séance du 17 mars dernier une valeur très approchée du terme qui, dans le développement de $\frac{1}{\text{r}}$, est proportionnel à l'exponentielle

$$e^{(n'T' - nT)\sqrt{-1}},$$

ou, ce qui revient au même, au produit

$$x^{-n} x'^{n'}.$$

On trouvera ainsi

$$(8) \qquad \mathrm{A}_{n', -n} e^{(n'T' - nT)\sqrt{-1}} = \frac{1+\alpha}{2\pi} \left(\frac{n'^2 \mathrm{D}_T^2 \mathfrak{R} + 2nn' \mathrm{D}_T \mathrm{D}_{T'} \mathfrak{R} + n^2 \mathrm{D}_{T'}^2 \mathfrak{R}}{2} \right)^{-\frac{1}{2}},$$

α étant infiniment petit pour des valeurs infiniment grandes de n et de n'.

Si, au contraire, on assigne à ψ, ψ' des valeurs imaginaires qui, en réduisant r à zéro, réduisent le module de l'exponentielle

$$e^{(n\psi - n'\psi')\sqrt{-1}},$$

considérée comme fonction des variables $e^{\psi\sqrt{-1}}$, $e^{\psi'\sqrt{-1}}$, à un module principal minimum, ces valeurs imaginaires vérifieront les équations simultanées

$$(9) \qquad \mathfrak{R} = 0, \qquad n' \mathrm{D}_\psi \mathfrak{R} + n \mathrm{D}_{\psi'} \mathfrak{R} = 0;$$

et, en attribuant à ψ, ψ' ces mêmes valeurs, puis à n et à n' des valeurs positives très considérables, on trouvera

$$(10)\quad \mathcal{A}_{n',-n}\, e^{(n'\psi'-n\psi)\sqrt{-1}} = \frac{1+\alpha}{2\pi}\left(\frac{n'^2 D_\psi^2 \mathcal{R} + 2nn' D_\psi D_{\psi'} \mathcal{R} + n^2 D_{\psi'}^2 \mathcal{R}}{2}\right)^{-\frac{1}{2}},$$

α étant infiniment petit pour des valeurs infiniment grandes de n et de n'.

Il est bon d'observer que, si l'on nomme ε, ε' les excentricités des orbites décrites par les planètes m, m', on aura

$$T = \psi - \varepsilon \sin\psi, \qquad T' = \psi' - \varepsilon' \sin\psi'$$

et, par suite,

$$e^{-nT\sqrt{-1}} = e^{-n\psi\sqrt{-1}} e^{n\varepsilon \sin\psi\sqrt{-1}}, \qquad e^{n'T'\sqrt{-1}} = e^{n'\psi'\sqrt{-1}} e^{-n'\varepsilon' \sin\psi'\sqrt{-1}}.$$

Lorsque, n, n' étant de grands nombres, les excentricités ε, ε' sont assez petites pour que les produits

$$n\varepsilon, \quad n'\varepsilon'$$

n'aient pas des valeurs considérables, on peut en dire autant des deux exponentielles

$$e^{n\varepsilon \sin\psi\sqrt{-1}}, \quad e^{-n'\varepsilon' \sin\psi'\sqrt{-1}},$$

qui offrent des arguments proportionnels à ces produits; et alors une valeur très approchée de $A_{n',-n}$ peut se déduire de la formule (10) jointe à la suivante

$$(11)\quad A_{n',-n}\, e^{(n'T'-nT)\sqrt{-1}} = \mathcal{A}_{n',-n}\, e^{(n'\psi'-n\psi)\sqrt{-1}} (1-\varepsilon\cos\psi)(1-\varepsilon'\cos\psi').$$

Les valeurs de $A_{n',-n}$, auxquelles correspondent des perturbations sensibles des planètes m et m', sont principalement celles qu'on obtient dans le cas où le rapport des nombres entiers n, n' est à très peu près égal, non pas au rapport direct des moyens mouvements μ et μ' des deux planètes, mais au rapport inverse, en sorte qu'on ait sensiblement

$$(12)\qquad \frac{n'}{n} = \frac{\mu}{\mu'}.$$

Or, comme on a rigoureusement

$$\mu \mathrm{D}_T \mathcal{R} + \mu' \mathrm{D}_{T'} \mathcal{R} = \mathrm{D}_t \mathcal{R} \tag{13}$$

et

$$\mu \mathrm{D}_T^2 \mathcal{R} + 2\mu\mu' \mathrm{D}_T \mathrm{D}_{T'} \mathcal{R} + \mu'^2 \mathrm{D}_{T'}^2 \mathcal{R} = \mathrm{D}_t^2 \mathcal{R}, \tag{14}$$

il est clair que, dans le cas dont il s'agit, on pourra remplacer la formule (8) par la suivante

$$\mathrm{A}_{n', -n} e^{(n'T' - nT)\sqrt{-1}} = \frac{1+\alpha}{2\pi} \frac{\mu}{n'} \left(\frac{1}{2} \mathrm{D}_t^2 \mathcal{R}\right)^{-\frac{1}{2}}, \tag{15}$$

α étant toujours infiniment petit pour des valeurs infiniment grandes de n et de n'.

Ajoutons que, dans le même cas, les valeurs imaginaires de T, T', tirées des équations (7), seront très voisines des valeurs T, T' déterminées par les formules

$$\mathcal{R} = 0, \qquad \mathrm{D}_t \mathcal{R} = 0. \tag{16}$$

Néanmoins, on ne pourra pas toujours les substituer les unes aux autres, quand il s'agira d'évaluer les produits

$$nT, \quad n'T'$$

et de fixer par suite la valeur de l'exponentielle

$$e^{(n'T' - nT)\sqrt{-1}}.$$

En effet, pour obtenir une valeur très approchée du produit nT par exemple, il est nécessaire de conserver, dans T, les quantités de l'ordre du rapport $\frac{1}{n}$.

Il est aisé de s'assurer que le premier membre de chacune des équations (7), (9) se réduit à une fonction algébrique et rationnelle des deux exponentielles

$$e^{\psi\sqrt{-1}}, \quad e^{\psi'\sqrt{-1}}.$$

Par suite, la résolution des deux équations (7) ou des deux équations (9) peut être réduite à la résolution d'une seule équation dont le premier membre soit une fonction entière d'une seule de ces exponentielles.

Remarquons encore que la résolution des équations (7) fournira généralement, non pas un seul système, mais plusieurs systèmes de valeurs imaginaires des exponentielles

$$x = e^{T\sqrt{-1}}, \qquad x' = e^{T'\sqrt{-1}}.$$

D'ailleurs ces systèmes seront conjugués deux à deux, de telle sorte que, dans le passage de l'un de ces systèmes au système conjugué, chacune des expressions imaginaires x, x' conserve le même argument, en prenant un module inverse; et, pour éviter des calculs inutiles, il conviendra de se borner à rechercher celui de ces systèmes qui, étant substitué dans la formule (8), fournira la valeur approchée de $A_{n',-n}$. Or, en vertu des principes exposés dans la séance du 17 mars, la fonction $\mathfrak{R}$ devra évidemment rester continue, tandis que les modules des expressions imaginaires

$$x = e^{T\sqrt{-1}}, \qquad x' = e^{T'\sqrt{-1}},$$

primitivement égaux à l'unité, varieront et se rapprocheront indéfiniment des modules des valeurs de x, x', déterminées par les équations (7). Il en résulte que, parmi les différentes valeurs de x, x' propres à vérifier ces équations, on devra chercher seulement celles qui offriront les modules les plus voisins de l'unité. Deux systèmes conjugués de valeurs de x, x' satisfont à cette dernière condition; et un seul de ces deux systèmes, savoir, celui que fournira pour le produit

$$x^n x'^{-n'}$$

un module inférieur à l'unité, offrira les valeurs de x et de x', ou plutôt de T et de T', qui devront être substituées dans la formule (8).

Observons d'ailleurs : 1° que le module de x ou de x' se rapprochera de l'unité, lorsque dans T ou dans T' le coefficient de $\sqrt{-1}$ se rapprochera de zéro; 2° que le module du produit

$$x^n x'^{-n'}$$

sera inférieur à l'unité, lorsque dans la différence

$$nT - n'T'$$

le coefficient de $\sqrt{-1}$ sera positif.

§ II. — *Sur la résolution des équations simultanées.*

L'emploi des formules générales que nous avons établies dans le paragraphe précédent exige la résolution d'équations simultanées, par exemple la détermination des valeurs imaginaires de T, T' propres à vérifier les équations (7). D'ailleurs, en vertu des remarques faites à la fin de ce paragraphe, on devra résoudre ces équations de manière que les modules des exponentielles

$$x = e^{T\sqrt{-1}}, \qquad x' = e^{T'\sqrt{-1}}$$

se rapprochent le plus possible de l'unité, et que le produit $x^n x'^{-n'}$ offre un module inférieur à l'unité. Enfin, en négligeant dans un premier calcul certaines quantités, par exemple les excentricités des deux orbites, ou l'une des excentricités et l'inclinaison, lorsque ces quantités sont très petites, on peut obtenir facilement des valeurs approchées des variables x, x' assujetties à vérifier les équations (7). On pourra ensuite achever la détermination des racines cherchées à l'aide d'une méthode générale qui fournit la résolution d'un système quelconque d'équations algébriques ou transcendantes, et que je vais indiquer en peu de mots.

Soient

$$u, \quad v, \quad w, \quad \ldots$$

n fonctions de n variables

$$x, \quad y, \quad z, \quad \ldots,$$

et supposons que ces fonctions restent continues, du moins pour des modules de $x, y, z, \ldots$ compris entre certaines limites. Soient encore

$$\mathrm{u},\quad \mathrm{v},\quad \mathrm{w},\quad \ldots$$

les valeurs particulières de $u, v, w, \ldots$ correspondantes à certaines valeurs réelles ou imaginaires

$$\mathrm{x},\quad \mathrm{y},\quad \mathrm{z},\quad \ldots$$

des variables $x, y, z, \ldots$, les modules de $\mathrm{x}, \mathrm{y}, \mathrm{z}, \ldots$ étant renfermés entre les limites dont il s'agit, et nommons

$$\Delta\mathrm{u},\quad \Delta\mathrm{v},\quad \Delta\mathrm{w},\quad \ldots$$

les accroissements de $\mathrm{u}, \mathrm{v}, \mathrm{w}, \ldots$ correspondants à certains accroissements

$$\Delta\mathrm{x},\quad \Delta\mathrm{y},\quad \Delta\mathrm{z},\quad \ldots$$

de $\mathrm{x}, \mathrm{y}, \mathrm{z}, \ldots$. Enfin, désignons par

$$\mathrm{u}_1,\quad \mathrm{v}_1,\quad \mathrm{w}_1,\quad \ldots,$$

par

$$\mathrm{u}_2,\quad \mathrm{v}_2,\quad \mathrm{w}_2,\quad \ldots,$$

puis par

$$\mathrm{u}_3,\quad \mathrm{v}_3,\quad \mathrm{w}_3,\quad \ldots,$$

etc., des fonctions entières de $\Delta\mathrm{x}, \Delta\mathrm{y}, \Delta\mathrm{z}, \ldots$ qui soient respectivement du premier, du second, du troisième degré, et qui représentent les termes des divers ordres dans les développements de $\Delta\mathrm{u}, \Delta\mathrm{v}, \Delta\mathrm{w}, \ldots$ fournis par la série de Taylor, en sorte qu'on ait, par exemple,

$$(1)\qquad \left\{\begin{array}{l} \mathrm{u}_1 = \mathrm{D_x u}\,\Delta\mathrm{x} + \mathrm{D_y u}\,\Delta\mathrm{y} + \ldots, \\ \mathrm{v}_1 = \mathrm{D_x v}\,\Delta\mathrm{x} + \mathrm{D_y v}\,\Delta\mathrm{y} + \ldots, \\ \ldots\ldots\ldots\ldots\ldots\ldots\ldots\ldots \end{array}\right.$$

Alors, pour de très petits modules des accroissements $\Delta\mathrm{x}, \Delta\mathrm{y}, \Delta\mathrm{z}, \ldots$, on aura rigoureusement

$$(2)\qquad \left\{\begin{array}{l} \Delta\mathrm{u} = \mathrm{u}_1 + \mathrm{u}_2 + \mathrm{u}_3 + \ldots, \\ \Delta\mathrm{v} = \mathrm{v}_1 + \mathrm{v}_2 + \mathrm{v}_3 + \ldots, \\ \ldots\ldots\ldots\ldots\ldots\ldots\ldots, \end{array}\right.$$

et, à très peu près,

$$(3) \qquad \Delta u = u_1, \quad \Delta v = v_1, \quad \ldots.$$

Cela posé, concevons qu'il s'agisse de trouver des valeurs de x, y, z, ... propres à résoudre les équations simultanées

$$(4) \qquad u = 0, \quad v = 0, \quad w = 0, \quad \ldots.$$

S'il existe de telles valeurs qui diffèrent peu de x, y, z, ..., on devra les obtenir en attribuant à x, y, z, ... certains accroissements Δx, Δy, Δz, ..., choisis de manière à vérifier rigoureusement les équations

$$(5) \qquad u + \Delta u = 0, \quad v + \Delta v = 0, \quad w + \Delta w = 0, \quad \ldots,$$

et, approximativement, eu égard aux formules (3), les équations

$$(6) \qquad u + u_1 = 0, \quad v + v_1 = 0, \quad w + w_1 = 0, \quad \ldots.$$

Ces dernières équations seront du premier degré par rapport aux accroissements

$$\Delta x, \quad \Delta y, \quad \Delta z, \quad \ldots.$$

Nommons

$$\xi, \quad \eta, \quad \zeta, \quad \ldots$$

les valeurs qu'elles fournissent pour ces mêmes accroissements. Si, en posant

$$(7) \qquad x = x + \xi, \quad y = y + \eta, \quad z = z + \zeta, \quad \ldots,$$

on obtient pour

$$u + \Delta u, \quad v + \Delta v, \quad w + \Delta w, \quad \ldots$$

des expressions dont les modules soient inférieurs à ceux de u, v, w, ...; alors, en passant des valeurs de x, y, z, ..., représentées par x, y, z, ..., aux nouvelles valeurs représentées par $x + \xi$, $y + \eta$, $z + \zeta$, ..., on aura fait un pas vers la résolution des équations (4). Dans le cas contraire, on devra aux valeurs

$$x + \xi, \quad y + \eta, \quad z + \zeta, \quad \ldots$$

substituer des valeurs de la forme

$$x + \theta x, \quad y + \theta y, \quad z + \theta z, \quad \ldots,$$

θ désignant un nombre inférieur à l'unité, et réduire successivement le facteur θ aux divers termes de la progression géométrique

$$\tfrac{1}{2}, \quad \tfrac{1}{4}, \quad \tfrac{1}{8}, \quad \ldots,$$

jusqu'à ce que, aux valeurs de $x, y, z, \ldots$, représentées par

$$x + \theta\xi, \quad y + \theta\eta, \quad z + \theta\zeta, \quad \ldots,$$

correspondent des modules de

$$u + \Delta u, \quad v + \Delta v, \quad w + \Delta w, \quad \ldots,$$

respectivement inférieurs aux modules de

$$u, \quad v, \quad w, \quad \ldots.$$

Or, c'est ce qui finira nécessairement par arriver; car, puisque, en posant

$$\Delta x = \xi, \qquad \Delta y = \eta, \qquad \Delta z = \zeta, \qquad \ldots,$$

on aura, en vertu des formules (6),

$$(8) \qquad u_1 = -u, \qquad v_1 = -v, \qquad w_1 = -w, \qquad \ldots$$

et, par suite,

$$(9) \qquad \begin{cases} \xi D_x u + \eta D_y u + \ldots = -u, \\ \xi D_x v + \eta D_y v + \ldots = -v, \end{cases}$$

il est clair que, en posant

$$(10) \qquad \Delta x = \theta\xi, \qquad \Delta y = \theta\eta, \qquad \Delta z = \theta\zeta, \qquad \ldots,$$

on tirera des formules (1)

$$(11) \qquad u_1 = -\theta u, \qquad v_1 = -\theta v, \qquad \ldots.$$

Or, en vertu de ces dernières équations, jointes aux formules (5), on aura

$$(12) \qquad \begin{cases} u + \Delta u = (1 - \theta) u + u_2 + u_3 + \ldots, \\ v + \Delta v = (1 - \theta) v + v_2 + v_3 + \ldots, \\ \ldots\ldots\ldots\ldots\ldots\ldots\ldots\ldots\ldots\ldots; \end{cases}$$

et, comme, eu égard aux équations (10),

$$u_2, \quad v_2, \quad w_2, \quad \ldots$$

seront proportionnels à θ^2,

$$u_3, \quad v_3, \quad w_3, \quad \ldots$$

proportionnels à θ^3, etc., on conclura des formules (12) que, pour de très petites valeurs positives de θ, le module de $u + \Delta u$ deviendra inférieur à celui de u, le module de $v + \Delta v$ inférieur à celui de v, ...

En résumé, quelles que soient les valeurs de x, y, z, ..., représentées par x, y, z, ..., on pourra modifier ces valeurs par une première opération, de manière à faire décroître le module du premier membre de chacune des équations (4). Une seconde opération, semblable à la première, fera décroître encore les mêmes modules; et, ce décroissement n'ayant pas de terme, du moins tant que les fonctions proposées ne cessent pas d'être continues, on finira par résoudre ainsi les équations (4).

Lorsque les équations proposées se réduisent à une seule, les équations (6) ou (9) se réduisent à la seule formule

$$\xi D_x u = -u, \tag{13}$$

de laquelle on tire

$$\xi = -\frac{u}{D_x u}. \tag{14}$$

Cette dernière équation n'est autre que la formule donnée par Newton comme propre à fournir des valeurs approchées successives d'une racine réelle d'une équation donnée. Alors aussi la méthode que nous avons exposée s'éloigne peu de celle que Legendre a donnée pour la résolution approximative d'une seule équation, dans la dernière édition de la *Théorie des nombres*. Seulement, afin d'obtenir une règle positive de calcul, il nous a paru nécessaire de fixer avec précision les valeurs qu'il convenait d'attribuer successivement au nombre θ. L'indication de ces valeurs, omise par Legendre, vient en aide au calculateur embarrasse de savoir comment il devait opérer pour passer, sans beaucoup de peine, d'une première à une seconde valeur approchée de la racine x.

La marche indiquée ne pourrait plus être suivie si, parmi les valeurs de

$$u_1, \quad v_1, \quad w_1, \quad \ldots,$$

déterminées par les équations (1), une ou plusieurs devenaient identiquement nulles, indépendamment des valeurs attribuées à

$$\Delta x, \quad \Delta y, \quad \ldots.$$

Alors, toutefois, on pourrait encore modifier la méthode de manière à obtenir la résolution des équations (4). Supposons, pour fixer les idées, que, le nombre des variables $x, y, \ldots$ étant réduit à deux, une ou plusieurs des expressions

$$u_1, \quad u_2, \quad \ldots,$$

et même une ou plusieurs des expressions

$$v_1, \quad v_2, \quad \ldots,$$

deviennent identiquement nulles, u_l étant, dans la suite $u_1, u_2, \ldots,$ et v_m dans la suite $v_1, v_2, \ldots,$ les premiers termes qui ne se réduisent pas identiquement à zéro. Alors, pour déterminer les valeurs de Δx, Δy ci-dessus représentées par ξ et η, on devra recourir, non plus aux équations

$$u + u_1 = 0, \qquad v + v_1 = 0,$$

mais aux deux suivantes

$$(15) \qquad u + u_l = 0, \qquad v + v_m = 0.$$

Or la recherche des valeurs de Δx, Δy propres à vérifier simultanément les formules (15) pourra être réduite à la recherche des valeurs de $\frac{\Delta y}{\Delta x}$ qui vérifieront la seule équation

$$\left(-\frac{u_l}{u}\right)^m = \left(-\frac{v_m}{v}\right)^l$$

ou même la seule équation

$$(16)\qquad \left(-\frac{u_l}{u}\right)^{\frac{m}{d}}=\left(-\frac{v_m}{v}\right)^{\frac{l}{d}},$$

d étant le plus grand commun diviseur des nombres entiers l, m. Donc la résolution des deux équations simultanées

$$u=0, \qquad v=0$$

dépendra, dans le cas d'exception indiqué, de la résolution de la seule équation (16). On pourra d'ailleurs appliquer à cette dernière équation la méthode relative au cas où l'on considère une seule variable. Ajoutons que l'équation (16) pourra être résolue directement en termes finis, si le plus petit des nombres entiers, divisibles par l et par m, ne surpasse pas le nombre 4.

292.

Rapport sur la singulière aptitude d'un enfant de six ans et demi pour le calcul.

C. R., T. XX, p. 1629 (2 juin 1845).

L'Académie nous a chargés de constater le singulier phénomène que présente un enfant de six ans et demi, le jeune Prolongeau. L'aptitude de cet enfant pour le calcul est véritablement extraordinaire. Ainsi que nous en avons acquis la certitude, en lui adressant un grand nombre de questions, il résout de tête, avec beaucoup de facilité, les problèmes qui se rattachent aux opérations ordinaires de l'Arithmétique et à la résolution des équations du premier degré.

Les Commissaires, après avoir longtemps examiné le jeune Prolongeau, restent persuadés qu'il convient de cultiver avec discernement ses heureuses facultés, et que ceux qui seront chargés de diriger son instruction doivent éviter, pendant plusieurs années encore, de l'appliquer trop fortement à l'étude des sciences mathématiques. Ils croient qu'on fera sagement de ne pas vouloir cueillir trop tôt des fruits qui, selon toute apparence, réaliseront les espérances qu'on a conçues, si l'on a la patience d'attendre qu'ils parviennent à leur maturité.

Au reste, les Commissaires se plaisent à exprimer hautement l'intérêt que leur a inspiré le jeune Prolongeau doué, avant l'âge de sept ans, d'une intelligence précoce et d'une étonnante facilité pour le calcul. Ils espèrent que cet intérêt sera partagé par tous les amis des sciences.

293.

MÉCANIQUE. — *Notes relatives à la Mécanique rationnelle.*

C. R., T. XX, p. 1760 (23 juin 1845).

L'examen des titres des candidats à la place de Correspondant, vacante dans la Section de Mécanique, a reporté mon attention sur divers problèmes qui sont relatifs à la Mécanique rationnelle. Quelques-uns des résultats auxquels mes réflexions m'ont conduit deviendront l'objet de plusieurs articles qui seront publiés prochainement dans mes *Exercices d'Analyse et de Physique mathématique*. Je me borne aujourd'hui à extraire de mon travail quelques recherches qui seront développées dans ces articles, et qui m'ont paru propres à intéresser l'Académie.

Note sur les équations générales d'équilibre d'un système de points matériels assujettis à des liaisons quelconques.

Les liaisons qui existent entre des points matériels sont toujours des liaisons physiques, et par conséquent dues à des actions moléculaires. Il y a plus : ces liaisons sont généralement produites par les actions mutuelles d'un très grand nombre de molécules. Ainsi, par exemple, un axe fixe de suspension n'est autre chose qu'un système de points matériels situés à très peu près sur une même droite, et retenus par une force de cohésion assez intense pour que les autres forces dont on tient compte dans le calcul n'aient pas le pouvoir de faire varier sensiblement la distance de deux quelconques de ces points. Mais, dans une première approximation, on peut ordinairement substituer à une liaison physique une liaison mathématique, représentée par une certaine équation de condition. On peut d'ailleurs arriver par deux routes différentes aux équations d'équilibre de plusieurs forces dont les points d'application sont supposés assujettis à des liaisons mathématiques. Le plus souvent on déduit ces équations du principe des vitesses virtuelles; mais on peut aussi les établir directement à l'aide de diverses méthodes. Le premier des Mémoires dans lequel les équations d'équilibre se trouvent établies directement est celui que M. Poinsot a publié dans le XIIIe Cahier du *Journal de l'École Polytechnique*. L'auteur a commencé par examiner le cas où les liaisons qui existent entre plusieurs points mobiles sont représentées par des équations de condition qui renferment seulement les distances mutuelles de ces points; puis il a montré comment on pouvait passer du cas dont il s'agit au cas général où les liaisons sont représentées par des équations de condition quelconques entre les coordonnées des points mobiles, et il a ainsi retrouvé, comme on devait s'y attendre, les formules que Lagrange avait tirées du principe des vitesses virtuelles dans la *Mécanique analytique*. J'ai, dans les *Exercices de Mathématiques*, abordé immédiatement le cas général dont je viens de parler. Mais la méthode que j'ai suivie peut encore être simplifiée. Je demanderai à l'Académie la permission d'entrer à ce sujet dans quelques détails.

Lorsque plusieurs points assujettis à des liaisons mathématiques sont en équilibre sous l'action de certaines forces, chaque liaison peut être remplacée par les résistances qu'elle oppose aux mouvements des divers points matériels. Donc, pour obtenir les équations d'équilibre, il suffit d'écrire que la force appliquée à chaque point mobile fait équilibre aux résistances que les diverses liaisons opposent au mouvement de ce point, ou, en d'autres termes, que cette force est la résultante de forces égales et contraires à ces résistances. D'ailleurs, des forces égales et contraires aux résistances qu'une seule liaison oppose aux mouvements de divers points mobiles sont précisément des forces capables de maintenir en équilibre les points assujettis à cette liaison. Donc la question peut toujours être réduite à la recherche des équations d'équilibre de points mobiles assujettis à une liaison unique. Enfin, il est facile de s'assurer que, dans ce cas, l'équilibre peut toujours avoir lieu sous l'action de forces convenablement dirigées, et dont l'une, arbitrairement choisie, peut offrir telle intensité que l'on voudra. Reste à savoir comment on peut déterminer, non seulement la droite suivant laquelle doit agir la force appliquée à chaque point, mais aussi le rapport entre deux forces appliquées à deux points distincts. Or cette détermination peut s'effectuer très simplement à l'aide des considérations suivantes.

Supposons que l'équilibre subsiste entre des forces appliquées à des points mobiles, ces points étant assujettis à une liaison unique. L'équilibre continuera évidemment de subsister, si l'on donne plus de fixité au système; par exemple, si plusieurs des points mobiles deviennent fixes, ou si l'on joint une seconde liaison à la première. Cela posé, soient A, A′ deux des points mobiles, pris au hasard, et supposons que l'on recherche les conditions auxquelles doivent satisfaire, dans le cas d'équilibre, les forces P, P′ appliquées à ces deux points. Pour y parvenir, il suffira de fixer tous les points mobiles, à l'exception de A et de A′, puis d'assujettir les points A et A′ à une liaison nouvelle qui permette de trouver facilement les conditions cherchées. Or la plus simple de toutes les liaisons, celle qui consiste à lier les deux points entre eux par une droite invariable, jouit précisément de cette propriété. En effet, supposons deux points A, A′ seuls mobiles et assujettis à deux liaisons dont l'une soit celle qu'établit entre eux une droite invariable dont ils forment les extrémités. Les six coordonnées des deux points, assujetties seulement à vérifier les deux équations qui représentent les deux liaisons dont il s'agit, pourront varier encore d'une infinité de manières, et, par suite, les mouvements virtuels des deux points, c'est-à-dire les mouvements compatibles avec les liaisons données, seront en nombre infini. On peut même remarquer que la courbe décrite par le point A dans un mouvement virtuel sera complètement arbitraire; car, en fixant à volonté la nature de cette courbe, on établira seulement deux équations nouvelles qui renfermeront les coordonnées du point A; et, si l'on en profite pour éliminer des deux premières équations ces trois coordonnées, on obtiendra une seule équation entre les coordonnées du point A'. Donc, en obligeant le point A à se mouvoir sur une certaine courbe, arbitrairement choisie, on obligera seulement le point A' à se mouvoir sur une certaine surface courbe; et alors au mouvement virtuel du point A pourra être censé correspondre, pour le point A', un mouvement virtuel en vertu duquel ce dernier point décrirait une courbe tracée à volonté sur la surface courbe dont il s'agit. Donc, en définitive, les mouvements virtuels des deux points A et A' assujettis à une liaison quelconque, et joints d'ailleurs l'un à l'autre par une droite invariable AA', sont des mouvements exécutés suivant deux courbes dont l'une est entièrement arbitraire.

Cela posé, il deviendra très facile de trouver les conditions d'équilibre de deux forces P, P', appliquées aux deux points A, A'. En effet, considérons un mouvement virtuel quelconque du système de ces deux points comme un mouvement qu'on les oblige à prendre, en fixant les deux courbes sur lesquelles il leur est permis de se déplacer. Cette fixation ne troublera pas l'équilibre. Il devra donc y avoir équilibre entre les forces P, P' lorsque leurs points d'application A, A', liés entre eux par une droite invariable, seront de plus assujettis à se mouvoir sur deux courbes fixes. Mais alors chacune des forces P, P' devra faire séparément équilibre aux deux résistances opposées aux mouvements de son point d'application par la courbe fixe et par la droite invariable. Les conditions de cet équilibre, exprimées analytiquement, détermineront à la fois et le rapport des deux forces P, P', et la direction de chacune d'elles.

Au reste, lorsque plusieurs points A, A', A'', ... sont en équilibre sous l'action de certaines forces P, P', P'', ..., alors, pour déterminer séparément la direction de la force appliquée à l'un d'entre eux, par exemple de la force P appliquée au point A, il suffit de laisser le point A seul mobile en fixant tous les autres. Alors, en effet, l'équation qui exprimait la liaison devient l'équation d'une surface que le point A est assujetti à décrire; et, comme, en fixant divers points, on ne peut troubler l'équilibre, on peut affirmer que la direction de la force P doit être perpendiculaire à la surface dont il s'agit. D'ailleurs, les directions des forces P, P', ... étant une fois déterminées, il ne reste plus qu'à trouver le rapport de deux quelconques d'entre elles. On y parviendra, pour deux forces données P, P', appliquées aux points A et A', en joignant ces deux points, comme on vient de le dire, par une droite invariable, et en fixant, d'ailleurs, tous les autres points donnés.

Dans les *Exercices de Mathématiques,* je ne m'étais pas borné à lier les deux points A, A' par une droite invariable. J'avais de plus fixé le milieu de cette droite; mais, comme on le voit, cette fixation, qui réduisait à deux courbes sphériques celles que les deux points étaient obligés de décrire dans un mouvement virtuel, n'est nullement nécessaire. Il y a plus : pour trouver le rapport de deux forces P, P', dont les points d'application A, A' sont assujettis à une liaison unique, il n'est pas absolument nécessaire de lier les points A, A' par une droite invariable. Il suffirait d'assujettir les deux points à ne pas s'écarter : 1° de deux courbes fixes, savoir de deux courbes correspondantes que ces points puissent décrire, en vertu de la liaison donnée, dans un mouvement virtuel quelconque; 2° d'une droite rigide et mobile sur laquelle ils pourraient glisser, cette droite étant choisie de manière à rendre obligatoire, pour les deux points, le mouvement virtuel dont il s'agit. Or, pour satisfaire à cette dernière condition, il suffit évidemment d'assujettir la droite mobile AA' à s'appuyer, non seulement sur les deux courbes fixes, mais en outre sur une troisième courbe ou directrice que l'on rendrait fixe elle-même, et qui pourrait, par exemple, renfermer constamment le milieu de la distance AA′; ou bien encore sur une surface cylindrique constamment touchée par la droite mobile. On pourrait aussi recourir à une idée dont M. Ampère s'est servi dans la démonstration qu'il a donnée du principe des vitesses virtuelles, et considérer la droite mobile comme la base d'un triangle dont le sommet, compris entre deux côtés d'une longueur invariable, serait assujetti à décrire une courbe fixe donnée. Au reste, quoiqu'on puisse assez facilement calculer le rapport des forces P, P′, en supposant leurs points d'application situés sur une droite mobile et rigide, mais de longueur variable, le calcul est plus simple encore quand on se borne à lier l'un à l'autre par une droite invariable, comme nous l'avions fait d'abord.

Il pourrait arriver que les deux points A, A′, assujettis à une seule liaison, ne pussent être joints l'un à l'autre par une droite invariable, sans devenir complètement immobiles. C'est ce qui aurait lieu, en effet, si les positions particulières des deux points étaient telles que leur distance mutuelle fût un minimum. Il semble que, dans ce cas, le rapport des deux forces P, P′ ne pourrait plus être fourni par la première des méthodes que nous venons d'indiquer. Toutefois, pour tirer parti de cette méthode même, il suffirait de placer les points A, A′, non plus dans les positions correspondantes au minimum de leur distance mutuelle, mais dans d'autres positions très voisines, que l'on pourrait rapprocher indéfiniment des premières; ou bien encore d'altérer très peu la liaison donnée et l'équation qui la représente, en ajoutant au premier membre de cette équation un terme que l'on pourrait rapprocher indéfiniment de zéro. Ce dernier artifice est précisément celui qu'a employé M. Poinsot pour déduire des conditions d'équilibre du levier coudé les conditions d'équilibre du levier droit.

Il est bon d'observer que plusieurs des considérations à l'aide desquelles nous avons déterminé le rapport de deux forces, dont les points d'application se trouvent assujettis à une liaison unique, peuvent servir à démontrer immédiatement le principe des vitesses virtuelles pour divers points assujettis à diverses liaisons.

Observons enfin que, dans le cas où l'on recherche les équations d'équilibre, pour un système de points matériels assujettis, non plus à des liaisons mathématiques, mais à des liaisons physiques, on peut toujours remplacer ces liaisons par les résistances qu'elles opposent aux mouvements des divers points du système. Seulement, ces résistances se réduisent alors aux pressions exercées sur le système par les points matériels que l'on considère comme étrangers à ce système, et comme servant à former les diverses liaisons auxquelles il se trouve assujetti.

Note relative à la pression totale supportée par une surface finie dans un corps solide ou fluide.

Dans un article que renferme le Tome II de mes *Exercices* [1], j'ai observé que la pression exercée en un point donné d'un corps solide contre un élément de surface passant par ce point devait être généralement, non pas normale, mais oblique; et j'ai trouvé que cette pression, variable, non seulement en direction, mais aussi en grandeur, avec le plan de l'élément, pouvait aisément se déduire de trois pressions principales respectivement normales à trois plans perpendiculaires entre eux. J'ai fait voir aussi que la pression exercée contre un plan quelconque, en un point donné, pouvait être facilement calculée quand on connaissait les pressions exercées contre trois plans rectangulaires menés à volonté par le même point. Enfin j'ai donné plus tard, dans le Tome III [2], les formules générales et très simples qui servent à exprimer les valeurs de ces pressions dans un système de molécules, non pas comme l'avait fait M. Poisson, en adoptant une hypothèse particulière qui reproduisait, avec des pressions toujours normales et les mêmes en tous sens, les équations de mouvement

(1) *OEuvres de Cauchy*, S. II, T. VII, p. 60 et suiv.
(2) *OEuvres de Cauchy*, S. II, T. VIII, p. 253, et suiv.

données par M. Navier, mais en supposant que les molécules étaient distribuées d'une manière quelconque, et inégalement dans les divers sens, autour de chaque point. En établissant ces formules, j'avais admis, avec Poisson, que la pression exercée contre un élément de surface plane dans le système peut être considérée comme due, à très peu près, à l'action des molécules comprises dans un cylindre droit qui a pour base l'élément dont il s'agit. Mais il est plus exact de dire, avec M. de Saint-Venant, que, dans un système moléculaire, la pression exercée contre un élément de surface est la résultante des forces dont les directions traversent cet élément, et dont les centres sont situés d'un même côté par rapport au plan de l'élément. A la vérité, cette dernière définition, plus rigoureuse que la première, semble encore, ainsi que l'autre, laisser subsister un doute au premier abord. On est tenté de se demander si les forces diverses que l'on compose entre elles pour obtenir la pression, et que l'on peut regarder comme appliquées aux points où elles rencontrent la surface de l'élément supposé rigide, ont effectivement une résultante unique. En toute rigueur, on devrait les remplacer généralement par une force et par un couple; mais, comme l'a encore observé M. de Saint-Venant, on peut faire abstraction du couple, quand l'élément de surface est très petit. On peut même s'assurer que, dans les cas où chaque dimension de l'élément est considérée comme une quantité infiniment petite du premier ordre, la force résultante, sensiblement proportionnelle à l'élément, est, comme celui-ci, une quantité du second ordre, et le moment du couple une quantité du quatrième ordre seulement. C'est ce que l'on reconnaît sans peine, en observant que, d'une part, l'intensité des forces du couple dépend des variations très petites qu'éprouvent les actions moléculaires dans une étendue comparable aux dimensions de l'élément, et que, d'autre part, les points d'application des forces du couple sont séparés l'un de l'autre par une distance inférieure à la plus grande de ces dimensions. Il en résulte que le couple disparaît toujours dans la valeur générale de ce qu'on doit appeler la pression supportée par une surface en un point donné.

D'ailleurs, cette valeur générale est précisément celle que j'avais obtenue dans le Tome III de mes *Exercices de Mathématiques*.

Lorsque, dans un corps solide, on cherche la pression exercée, non plus contre une surface ou un élément de surface en un point donné, mais contre une surface plane ou courbe d'une étendue finie, le couple reparaît, sans qu'on puisse le négliger, du moins en général, et il donne précisément la mesure de ce qu'on nomme des *forces d'élasticité, de torsion*, etc. On peut même faire, à ce sujet, une remarque qui n'est pas sans importance. Dans plusieurs formules que renferme la *Mécanique analytique*, Lagrange introduit ce qu'il appelle le *moment d'une force d'élasticité*, et, pour trouver ce moment, il multiplie la force par la différentielle de l'angle qu'elle tend à diminuer. Il est clair que, pour obtenir le véritable sens des formules de Lagrange, on ne doit pas attribuer ici aux expressions qu'il a employées leur signification ordinaire. Une force unique appliquée à un point unique, savoir, au sommet d'un angle, ne peut en aucune manière tendre à faire varier cet angle. Mais on peut produire cet effet, soit en fixant un des côtés de cet angle, et appliquant à l'autre côté un couple de forces dont le plan soit celui de l'angle, soit en appliquant dans ce même plan deux couples différents aux deux côtés. Cela posé, les formules de Lagrange admettent une interprétation très précise, et qu'il paraît utile de signaler. Cette interprétation, que j'ai vainement cherchée dans la *Mécanique analytique*, se déduit immédiatement du théorème que je vais énoncer :

Si l'on applique aux deux extrémités d'une droite rigide deux forces composant un couple, la somme des moments virtuels de ces deux forces sera, au signe près, le produit qu'on obtient quand on multiplie le moment du couple par la vitesse virtuelle de la droite mobile, cette vitesse étant mesurée dans le plan du couple.

En conséquence, dans la *Mécanique analytique* de Lagrange, par ces mots *force d'élasticité tendant à diminuer un angle*, on doit toujours entendre le moment d'un couple appliqué à l'un des côtés de cet angle, c'est-à-dire la surface du parallélogramme construit sur les deux forces du couple.

Pour arriver à l'équation de la courbe élastique, Lagrange a examiné en particulier le cas où l'angle que la force d'élasticité tend à diminuer devient infiniment petit. M. Binet a donné une interprétation de la formule de Lagrange relative à ce cas, dans un Mémoire (Tome X du *Journal de l'École Polytechnique*) où il a considéré la force d'élasticité comme représentant la tension d'un fil rectiligne dont les extrémités sont fixées sur les deux côtés de l'angle à des distances égales et finies du sommet.

294.

MÉCANIQUE. — *Observations sur la pression que supporte un élément de surface plane dans un corps solide ou fluide.*

C. R., T. XXI, p. 125 (14 juillet 1845).

On connaît les formules générales que j'ai données dans le Tome III des *Exercices de Mathématiques* (32e livraison, p. 218) (¹), pour la détermination des pressions exercées, dans un système de molécules ou plutôt de points matériels, contre trois plans rectangulaires menés par l'un de ces points (²). Ainsi que je l'ai observé dans une

(¹) *Œuvres de Cauchy*, S. II, T. VIII, p. 259.

(²) Des formules équivalentes se trouvent à la page 375 d'un Mémoire publié par M. Poisson, dans le Tome VIII des *Mémoires de l'Académie des Sciences*, et relatif au mouvement des corps élastiques. Si je n'ai pas mentionné ce fait dans l'article que renferme le *Compte rendu* de la séance du 23 juin, cela tient à ce que, ayant écrit cet article à la campagne, je n'ai pu consulter que mes souvenirs. Il est bien vrai, comme je l'ai dit, que les équations du mouvement des corps élastiques, déduites, dans le Mémoire de M. Poisson, de la considération des actions moléculaires, étaient précisément les équations particulières qu'avait obtenues M. Navier. Mais, après avoir donné des valeurs générales des pressions, M. Poisson avait transformé deux sommations en intégrations, et particularisé ainsi ces valeurs avant de les substituer dans les équations de mouve-

Note lue à l'Académie le 23 juin dernier, ces formules peuvent se déduire immédiatement de la définition qui consiste à regarder la pression supportée par un élément de surface plane comme la résultante des forces dont les directions traversent cet élément, et dont les centres sont situés d'un même côté par rapport au plan de l'élément, c'est-à-dire, en d'autres termes, de la définition qui a été adoptée par M. de Saint-Venant, et même, avant lui, par M. Duhamel. Afin de ne pas trop allonger l'article qui a été imprimé dans le *Compte rendu*, je m'étais abstenu d'y insérer la démonstration nouvelle que j'avais trouvée pour les formules dont il s'agit, me réservant de la donner dans les *Exercices d'Analyse et de Physique mathématique*. J'ai appris depuis que cette même démonstration, trouvée aussi par M. de Saint-Venant, sans que j'en eusse connaissance, avait été verbalement exposée par lui, dans une séance de la Société philomathique. Elle ne différait pas d'ailleurs de celle que M. de Saint-Venant a présentée lundi dernier à l'Académie, ce qui me dispensera de la transcrire. Mais je veux aujourd'hui joindre à ces observations diverses une remarque importante. Les formules ci-dessus mentionnées fournissent seulement des valeurs approximatives des pressions supportées dans un corps solide ou fluide par des éléments de surfaces planes. Or on peut obtenir, pour ces mêmes pressions, des valeurs beaucoup plus exactes, des valeurs dont l'exactitude serait rigoureuse s'il était permis de considérer le corps solide ou fluide comme une masse continue. C'est ce que je vais expliquer en peu de mots.

ment tirées des formules que j'avais moi-même établies (*voir* le Tome II des *Exercices de Mathématiques*) ([a]) comme propres à fournir *les relations qui existent, dans l'état d'équilibre d'un corps solide ou fluide, entre les pressions ou tensions et les forces accélératrices*. J'ajouterai que la date de la présentation du Mémoire de M. Poisson, rappelée en tête de ce Mémoire même, est antérieure à l'époque à laquelle a paru la 32e livraison des *Exercices*, quoique cette époque précède celle de la publication du Tome VIII des *Mémoires de l'Académie*. Je remarquerai enfin que, à la place de la densité, qui entre comme facteur dans les formules du Tome III des *Exercices*, on trouvait, dans les formules de M. Poisson, l'intervalle moléculaire moyen et que, dans son Mémoire, M. Poisson n'avait pas suffisamment défini cet intervalle moyen qu'il supposait être le même en tous sens.

([a]) *Œuvres de Cauchy*, S. II, T. VII, p. 141.

Analyse.

Considérons un corps solide ou fluide comme une masse continue, dont les divers éléments se trouvent sollicités par des forces d'attraction ou de répulsion mutuelle; et soient, au bout du temps t,

x, y, z les coordonnées rectangulaires d'un point O, choisi arbitrairement dans ce corps solide ou fluide;

ρ la densité du corps au point O;

L, M, N trois points quelconques du plan mené par le point O, perpendiculairement à l'axe des x;

s une très petite surface, comprise dans le plan LMN, et renfermant le point O;

V le volume du corps.

Supposons d'ailleurs que les deux parties, dans lesquelles le volume V est divisé par le plan LMN, soient décomposées chacune en éléments très petits, et nommons

v' l'un quelconque des éléments de V, situés par rapport au plan LMN du côté des x positives;

$v_{,}$ l'un quelconque des éléments de V, situés par rapport au plan LMN du côté des x négatives;

m' la masse comprise sous le volume v';

$m_{,}$ la masse comprise sous le volume $v_{,}$;

$x + \mathrm{x}'$, $y + \mathrm{y}'$, $z + \mathrm{z}'$ les coordonnées d'un point P compris dans le volume v';

$x - \mathrm{x}_{,}$, $y - \mathrm{y}_{,}$, $z - \mathrm{z}_{,}$ les coordonnées d'un point Q compris dans le volume $v_{,}$;

r la distance du point Q au point P;

α, β, γ les cosinus des angles formés par la droite QP avec les demi-axes des coordonnées positives;

$m'm\,\mathrm{f}(r)$ l'action mutuelle des masses élémentaires m' et $m_{,}$, la fonction $\mathrm{f}(r)$ étant positive ou négative suivant que les deux masses s'attirent ou se repoussent.

Enfin, soient

$$\begin{matrix} A, & F, & E, \\ F, & B, & D, \\ E, & D, & C \end{matrix}$$

les projections algébriques des pressions exercées au point O, et du côté des coordonnées positives, contre trois plans parallèles aux plans coordonnés. Les produits

$$As, \quad Fs, \quad Es$$

devront représenter les sommes des projections algébriques, non pas de toutes les actions de la forme

$$m'm_{,}\,\mathrm{f}(r),$$

exercées par les masses élémentaires m' sur les masses élémentaires $m_{,}$, mais seulement de celles d'entre ces forces dont les directions traverseront la surface élémentaire s. D'ailleurs, les projections algébriques de la force

$$m'm_{,}\,\mathrm{f}(r),$$

considérée comme représentant l'action de m' sur $m_{,}$, seront respectivement

$$m'm_{,}\,\mathrm{f}(r)\cos\alpha, \qquad m'm_{,}\,\mathrm{f}(r)\cos6, \qquad m'm_{,}\,\mathrm{f}(r)\cos\gamma.$$

On aura donc

$$\begin{aligned} As &= \mathrm{S}[m'm_{,}\,\mathrm{f}(r)\cos\alpha], \\ Fs &= \mathrm{S}[m'm_{,}\,\mathrm{f}(r)\cos6], \\ Es &= \mathrm{S}[m'm_{,}\,\mathrm{f}(r)\cos\gamma], \end{aligned}$$

les sommes qu'indique le signe S s'étendant aux projections algébriques des seules forces dont les directions traversent la surface s.

Considérons en particulier l'équation

$$(1) \qquad As = \mathrm{S}[m'm_{,}\,\mathrm{f}(r)\cos\alpha],$$

et nommons ρ', $\rho_{,}$ les valeurs de la densité ρ correspondantes aux points P et Q. On aura, sans erreur sensible,

$$m' = \rho'v', \qquad m_{,} = \rho_{,}v_{,}$$

et, par suite,

$$(2) \qquad As = S[\rho'\rho_{,} f(r) \cos\alpha . v'v_{,}];$$

puis, en supposant que les éléments des volumes v', $v_{,}$ se réduisent à deux parallélépipèdes rectangles, et infiniment petits, dont l'un ait pour sommet le point P, l'autre le point Q, on transformera l'équation (2) en celle-ci

$$(3) \qquad As = \int\int\int\int\int\int \rho'\rho_{,} f(r) \cos\alpha \, dx' \, dy' \, dz' \, dx_{,} \, dy_{,} \, dz_{,},$$

l'intégrale sextuple devant être étendue à toutes les valeurs des variables

$$x', \quad y', \quad z', \quad x_{,}, \quad y_{,}, \quad z_{,}$$

qui permettront à la droite PQ de traverser la surface s, en demeurant d'ailleurs comprises entre les limites inférieures

$$x' = 0, \quad y' = -\infty, \quad z' = -\infty, \quad x_{,} = 0, \quad y_{,} = -\infty, \quad z_{,} = -\infty$$

et les limites supérieures

$$x' = \infty, \quad y' = \infty, \quad z' = \infty, \quad x_{,} = \infty, \quad y_{,} = \infty, \quad z_{,} = \infty.$$

Il est vrai qu'en adoptant ces limites on semble supposer les dimensions du corps infinies, tandis qu'elles sont finies en réalité. Mais, pour tenir compte de cette dernière circonstance, il suffira de considérer la densité ρ comme une fonction de x, y, z, qui s'évanouira toujours quand le point O cessera d'être un point intérieur du corps. Soit $\varpi(x, y, z)$ une telle fonction, et supposons que l'on ait

$$(4) \qquad \rho = \varpi(x, y, z).$$

On aura encore, dans la formule (3),

$$(5) \qquad \rho' = \varpi(x + x', y + y', z + z'), \qquad \rho_{,} = \varpi(x - x_{,}, y - y_{,}, z - z_{,}).$$

Posons maintenant, pour plus de commodité,

$$(6) \qquad x = x' + x_{,}, \qquad y = y' + y_{,}, \qquad z = z' + z_{,}.$$

Alors

$$x + x, \quad y + y, \quad z + z$$

seront évidemment les coordonnées de l'extrémité R d'une droite $OR = r$ menée par le point O parallèlement à la droite QP; et, si dans le second membre de la formule (3) on substitue aux variables $x_,$, $y_,$, $z_,$ les variables x, y, z, on aura, en vertu de l'équation (6),

$$(7) \qquad As = \int\int\int\int\int\int \rho'\rho_, \, f(r) \cos\alpha \, dx' \, dy' \, dz' \, dx \, dy \, dz.$$

On peut supposer, dans la formule (7), les intégrations effectuées : 1° par rapport aux variables x, y, z entre les limites inférieures

$$x = 0, \qquad y = -\infty, \qquad z = -\infty$$

et les limites supérieures

$$x = \infty, \qquad y = \infty, \qquad z = \infty;$$

2° par rapport à la variable x′ entre les limites

$$x' = 0, \qquad x' = x;$$

3° par rapport aux variables y′ et z′ entre des limites telles que la droite QP reste renfermée dans le cylindre droit ou oblique dont la surface s est la base, et dont la génératrice est parallèle à OR. Or, en adoptant cette supposition, on aura, non seulement

$$\int\int dy' \, dz' = s,$$

mais encore, à très peu près, pour de très petites valeurs de s,

$$(8) \qquad \frac{x'}{x} = \frac{y'}{y} = \frac{z'}{z};$$

et, par suite, en prenant

$$(9) \qquad \theta = \frac{x'}{x},$$

on trouvera sensiblement

$$(10) \qquad x' = \theta x, \qquad y' = \theta y, \qquad z' = \theta z.$$

Cela posé, pour de très petites valeurs de s, la formule (7) donnera sensiblement

$$As = s \int_{-\infty}^{\infty} \int_{-\infty}^{\infty} \int_{-\infty}^{\infty} \Omega \, f(r) \cos\alpha \, dx \, dy \, dz$$

et, par suite,

$$(11) \qquad A = \int_{-\infty}^{\infty}\int_{-\infty}^{\infty}\int_{-\infty}^{\infty} \Omega\, \mathrm{f}(r)\cos\alpha\, d\mathrm{x}\, dy\, dz,$$

la valeur de Ω étant

$$(12) \qquad \Omega = \int_0^{\mathrm{x}} \rho'\rho_{,}\, d\mathrm{x}'$$

ou, ce qui revient au même, eu égard à la première des formules (10),

$$(13) \qquad \Omega = \mathrm{x}\int_0^1 \rho'\rho_{,}\, d\theta.$$

Il est bon d'observer que, dans l'équation (13), ρ' et $\rho_{,}$ seront des fonctions de θ déterminées par le système des formules (5), jointes aux équations (6) et (10); en sorte qu'on aura

$$(14) \qquad \begin{cases} \rho' = \varpi(x + \theta\mathrm{x},\ y + \theta\mathrm{y},\ z + \theta\mathrm{z}), \\ \rho_{,} = \varpi[x - (1-\theta)\mathrm{x},\ y - (1-\theta)\mathrm{y},\ z - (1-\theta)\mathrm{z}]. \end{cases}$$

En d'autres termes, ρ' et $\rho_{,}$ devront, dans l'équation (13), représenter la densité du corps en deux points G, H dont les coordonnées seront, d'une part,

$$x + \theta\mathrm{x}, \quad y + \theta\mathrm{y}, \quad z + \theta\mathrm{z},$$

d'autre part,

$$x - (1-\theta)\mathrm{x}, \quad y - (1-\theta)\mathrm{y}, \quad z - (1-\theta)\mathrm{z}.$$

D'ailleurs, ces deux points seront évidemment situés sur la droite OR, à la distance r l'un de l'autre, et à des distances du point O représentées par les produits

$$\theta r, \quad (1-\theta)r,$$

la distance θr étant mesurée, à partir du point O, dans le sens des x positives, et la distance $(1-\theta)r$ dans le sens des x négatives.

En adoptant les valeurs de ρ', $\rho_{,}$ déterminées par les équations (14), et posant, pour abréger,

$$(15) \qquad \omega = \int_0^1 \rho'\rho_{,}\, d\theta,$$

on tirera de l'équation (13)

$$\Omega = \omega \mathrm{x},$$

et par suite la formule (11) donnera

$$(16)\qquad A = \int_0^\infty \int_{-\infty}^\infty \int_{-\infty}^\infty \omega \mathrm{x}\, \mathrm{f}(r) \cos\alpha\, d\mathrm{x}\, dy\, dz.$$

On trouvera de même

$$(17)\qquad F = \int_0^\infty \int_{-\infty}^\infty \int_{-\infty}^\infty \omega \mathrm{x}\, \mathrm{f}(r) \cos\beta\, d\mathrm{x}\, dy\, dz$$

et

$$(18)\qquad E = \int_0^\infty \int_{-\infty}^\infty \int_{-\infty}^\infty \omega \mathrm{x}\, \mathrm{f}(r) \cos\gamma\, d\mathrm{x}\, dy\, dz.$$

D'ailleurs la droite OR $= r$ étant égale et parallèle à la droite QP, on aura nécessairement

$$(19)\qquad \mathrm{x}^2 + \mathrm{y}^2 + \mathrm{z}^2 = r^2$$

et

$$(20)\qquad \cos\alpha = \frac{\mathrm{x}}{r}, \qquad \cos\beta = \frac{\mathrm{y}}{r}, \qquad \cos\gamma = \frac{\mathrm{z}}{r}.$$

Donc les formules (16), (17), (18) donneront

$$(21)\qquad \left\{ \begin{aligned} A &= \int_0^\infty \int_{-\infty}^\infty \int_{-\infty}^\infty \omega \mathrm{x}^2 \frac{\mathrm{f}(r)}{r}\, d\mathrm{x}\, dy\, dz, \\ F &= \int_0^\infty \int_{-\infty}^\infty \int_{-\infty}^\infty \omega \mathrm{x}\mathrm{y} \frac{\mathrm{f}(r)}{r}\, d\mathrm{x}\, dy\, dz, \\ E &= \int_0^\infty \int_{-\infty}^\infty \int_{-\infty}^\infty \omega \mathrm{x}\mathrm{z} \frac{\mathrm{f}(r)}{r}\, d\mathrm{x}\, dy\, dz. \end{aligned} \right.$$

Enfin, comme on n'altérera pas le produit $\rho'\rho$, en y remplaçant θ par $1 - \theta$, et en substituant aux quantités x, y, z les quantités $-$ x, $-$ y, $-$ z, on conclura de la formule (15) que cette dernière substitution n'altère pas la valeur de ω. Donc, par suite, on pourra, dans les formules (21), substituer au signe

$$\int_0$$

le signe

$$\int_{-\infty}^{0},$$

ou même le signe

$$\int_{-\infty}^{\infty},$$

pourvu que, dans le dernier cas, on réduise chacun des seconds membres à sa moitié. On aura donc encore

$$(22)\qquad \begin{cases} A = \frac{1}{2}\int\int\int \omega \mathrm{x}^2 \frac{\mathrm{f}(r)}{r} d\mathrm{x}\, dy\, dz, \\ F = \frac{1}{2}\int\int\int \omega \mathrm{x}\mathrm{y} \frac{\mathrm{f}(r)}{r} d\mathrm{x}\, dy\, dz, \\ E = \frac{1}{2}\int\int\int \omega \mathrm{x}\mathrm{z} \frac{\mathrm{f}(r)}{r} d\mathrm{x}\, dy\, dz, \end{cases}$$

pourvu que chaque intégration soit effectuée entre les limites $-\infty$ et $+\infty$ de la variable x, ou y, ou z.

Par des raisonnements semblables à ceux qui précèdent, on obtiendrait sans peine les valeurs de

$$F,\quad B,\quad D$$

ou de

$$E,\quad D,\quad C,$$

et l'on trouverait définitivement

$$(23)\qquad \begin{cases} A = \frac{1}{2}\int\int\int \omega \mathrm{x}^2 \frac{\mathrm{f}(r)}{r} d\mathrm{x}\, dy\, dz, \\ B = \frac{1}{2}\int\int\int \omega \mathrm{y}^2 \frac{\mathrm{f}(r)}{r} d\mathrm{x}\, dy\, dz, \\ C = \frac{1}{2}\int\int\int \omega \mathrm{z}^2 \frac{\mathrm{f}(r)}{r} d\mathrm{x}\, dy\, dz, \end{cases}$$

$$(24)\qquad \begin{cases} D = \frac{1}{2}\int\int\int \omega \mathrm{y}\mathrm{z} \frac{\mathrm{f}(r)}{r} d\mathrm{x}\, dy\, dz, \\ E = \frac{1}{2}\int\int\int \omega \mathrm{z}\mathrm{x} \frac{\mathrm{f}(r)}{r} d\mathrm{x}\, dy\, dz, \\ F = \frac{1}{2}\int\int\int \omega \mathrm{x}\mathrm{y} \frac{\mathrm{f}(r)}{r} d\mathrm{x}\, dy\, dz, \end{cases}$$

chaque intégration étant effectuée entre les limites $-\infty$, $+\infty$ de la variable x, y ou z.

Si l'on suppose l'espace décomposé en volumes élémentaires de dimensions très petites, et dont l'un quelconque, représenté par v, renferme le point R, les équations (23), (24) pourront être, sans erreur sensible, réduites aux formules

$$(25) \qquad A = \tfrac{1}{2} S \left[\omega x^2 \frac{f(r)}{r} v \right], \quad \ldots,$$

$$(26) \qquad D = \tfrac{1}{2} S \left[\omega yz \frac{f(r)}{r} v \right], \quad \ldots,$$

les sommes qu'indique le signe S s'étendant à tous les volumes élémentaires v qui renfermeront des points pour lesquels ω ne s'évanouira pas.

Adoptons maintenant l'hypothèse généralement admise, savoir, que les actions moléculaires décroissent très rapidement quand les molécules s'éloignent les unes des autres, et supposons ce décroissement assez rapide pour que, dans les formules (25), (26), on puisse, sans erreur sensible, réduire $f(r)$ à zéro quand r cesse d'être très petit. Alors les limites inférieures et supérieures des variables x, y, z, liées à r par l'équation (19), pourront être réduites à des quantités négatives et positives, très rapprochées de zéro. Par suite, pour des valeurs de θ comprises entre zéro et l'unité, les valeurs de ρ', $\rho_,$, fournies par les équations (14), différeront très peu de la valeur de ρ fournie par l'équation (4), et la formule (15) donnera sensiblement

$$\omega = \rho^2.$$

Il y a plus : si l'on nomme m la masse comprise sous le volume v, on aura encore, à très peu près,

$$m = \rho^2, \qquad \rho m = \rho^2 v = \omega v,$$

et par suite les formules (25), (26) donneront

$$(27) \qquad A = \frac{\rho}{2} S \left[m x^2 \frac{f(r)}{r} \right], \quad \ldots,$$

$$(28) \qquad D = \frac{\rho}{2} S \left[m yz \frac{f(r)}{r} \right], \quad \ldots.$$

Ces dernières formules coïncident avec celles que j'ai données dans le Tome III des *Exercices de Mathématiques* (¹), page 218.

295.

Mémoire sur les secours que les sciences de calcul peuvent fournir aux sciences physiques ou même aux sciences morales, et sur l'accord des théories mathématiques et physiques avec la véritable philosophie.

C. R., T. XXI, p. 134 (14 juillet 1845).

En rédigeant quelques articles qui paraîtront prochainement dans mes *Exercices d'Analyse et de Physique mathématique,* je me suis vu conduit à un nouvel examen des notions et des principes qui servent de base à la Mécanique rationnelle. La lecture attentive d'un Mémoire publié dans le *Journal des Savants,* en 1837, par notre honorable confrère M. Chevreul, a été pour moi une autre occasion d'approfondir le même sujet. L'avantage que présente la culture simultanée des diverses branches des sciences mathématiques, physiques et naturelles, au sein d'une même Académie, consiste précisément en ce que ces sciences peuvent se prêter de mutuels secours, s'éclairer les unes les autres. Toutes les vérités se lient, s'enchaînent entre elles; et, comme le Mémoire de M. Chevreul se rapportait à des questions dont je me suis moi-même occupé, notre confrère a bien voulu me témoigner le désir que ces questions devinssent pour moi l'objet de méditations nouvelles. Les conclusions auxquelles je suis parvenu s'accordent, ainsi que je l'expliquerai plus tard, avec celles que notre confrère a énoncées à la fin de son Mémoire. D'ailleurs, les réflexions que m'a suggérées une étude sérieuse des faits rappelés dans ce Mémoire paraissent propres, non seulement à intéresser les amis des sciences

(¹) *OEuvres de Cauchy,* S. II, T. VIII, p. 260.

mathématiques, physiques, naturelles, et d'une saine philosophie, mais encore à dissiper les préventions soulevées dans quelques esprits contre certaines théories physiques et mathématiques. Pour ce double motif, mon travail sera, je l'espère, accueilli avec bienveillance par les membres de l'Académie.

On a quelquefois accusé les géomètres et les physiciens de vouloir appliquer à la recherche de toutes les vérités les procédés du calcul et l'Analyse mathématique. Sans doute on ne doit rien exagérer; sans doute on peut abuser de tout, même des chiffres; mais il est juste aussi d'avouer que, dans un grand nombre de circonstances, la science des nombres et la méthode analytique peuvent nous aider à découvrir ou du moins à reconnaître la vérité. L'ordre admirable établi dans cet univers par l'Auteur de la nature est souvent étudié avec succès par le physicien ou le géomètre, qui se trouve saisi d'admiration au moment où il parvient, avec Newton, à soulever un coin du voile sous lequel se dérobaient à nos yeux des secrets qu'on avait crus impénétrables, et à remonter des phénomènes observés aux lois qui les régissent. Je sais que cet ordre peut être envisagé sous un triple point de vue, qu'on doit distinguer l'ordre physique, l'ordre intellectuel, l'ordre moral; mais, dans la recherche des vérités qui se rapportent à chacun de ces trois ordres, les calculs et les nombres peuvent ne pas être sans utilité. Dans l'ordre physique, les sciences de calcul n'ont pas seulement pour but de compter les objets sensibles, d'en faire le dénombrement; le plus souvent elles servent à mesurer ces objets, ou plutôt leurs attributs, leurs qualités, et même leurs affections diverses. La Géométrie mesure les dimensions des corps, leurs surfaces, leurs volumes; la Mécanique mesure leurs déplacements, leurs mouvements, leurs vitesses, les espaces qu'ils parcourent, et le temps qu'ils emploient à les parcourir. Elle mesure même leurs tendances au mouvement, les pressions auxquelles ils sont soumis, et celles qu'ils exercent sur d'autres corps. Enfin la science des nombres, appliquée à l'ordre physique, sert à discuter les faits ainsi qu'à les lier entre eux, et devient souvent un puissant moyen de découverte.

Il importe d'ajouter que, même dans l'ordre intellectuel, même dans l'ordre moral, les nombres peuvent quelquefois être employés avec avantage. Les causes qui contribuent à perfectionner l'intelligence de l'homme et à le rendre meilleur se manifestent par leurs effets. L'heureuse influence qu'exercent nécessairement sur les individus et sur la société des doctrines vraies, de bonnes lois, de sages institutions, ne se trouve pas seulement démontrée par le raisonnement et par la logique, elle se démontre aussi par l'expérience. Par conséquent, la Statistique offre un moyen en quelque sorte infaillible de juger si une doctrine est vraie ou fausse, saine ou dépravée, si une institution est utile ou nuisible aux intérêts d'un peuple et à son bonheur. Il est peut-être à regretter que ce moyen ne soit pas plus souvent mis en œuvre avec toute la rigueur qu'exige la solution des problèmes; il suffirait à jeter une grande lumière sur des vérités obscurcies par les passions; il suffirait à détruire bien des erreurs.

Mais laissons, dans ce moment, reposer la Statistique dont nous pourrons, dans une autre circonstance, faire mieux comprendre l'importante mission, et revenons à la Mécanique.

Ce qui caractérise surtout la Mécanique, ce qui la distingue plus nettement des autres sciences de calcul, c'est la notion de la *force*. Mais, qu'est-ce que la force? Est-ce un être, ou l'attribut d'un être? La force est-elle matérielle ou immatérielle? Si, comme on l'admet généralement, la force dirige et modifie le mouvement de la matière, ne serait-il pas absurde de croire qu'elle est matérielle; et, si elle est immatérielle, comment peut-on la mesurer, la calculer, la représenter par des nombres et par des chiffres? Enfin, les forces dont s'occupe la Mécanique sont-elles distinctes de celles que l'on considère dans les sciences physiques et naturelles, dans les sciences morales elles-mêmes? Sont-elles distinctes en particulier de celle qu'on nomme la force vitale? Toutes ces questions se rattachent et se lient intimement aux recherches consignées par M. Chevreul dans le savant Mémoire qui a pour titre : *Considérations générales, et inductions relatives à la matière des êtres vivants.* D'ailleurs, toutes ces questions paraissent d'autant plus dignes d'être étudiées et approfondies, non seulement par les amis d'une saine et haute philosophie, mais encore par les géomètres, les chimistes et les physiciens, qu'une telle étude, en éclairant les bases sur lesquelles reposent plusieurs branches des sciences mathématiques, contribuera, d'une part, à rendre plus facile l'enseignement de ces sciences, et, d'autre part, à détruire des objections spécieuses, élevées contre elles avec une apparence de raison. Des esprits timides et irréfléchis s'étonnent, se scandalisent peut-être de voir l'Analyse mathématique entreprendre de soumettre à ses calculs, non seulement les objets sensibles, non seulement la matière et ses attributs, mais aussi quelquefois ce qui paraît immatériel, et la force en particulier. On s'étonne surtout de voir les physiciens, les chimistes et les géomètres parler des attractions et répulsions qui représentent ce qu'on appelle les actions mutuelles de divers points. On demande s'il est possible d'admettre que des points matériels agissent à distance les uns des autres. On demande si la force n'est pas d'une nature évidemment supérieure à celle de la matière dont elle dirige les mouvements; si, pour ce motif, la force ne doit pas être considérée comme l'expression d'une volonté, comme un produit, comme une émanation de l'intelligence; et si attacher la force à une matière inerte, la clouer pour ainsi dire à un point matériel, ce n'est pas vouloir matérialiser en quelque sorte l'intelligence elle-même. On voit que je n'ai pas dissimulé l'objection. Je vais maintenant y répondre, ainsi qu'aux diverses questions précédemment énoncées.

Pour éclaircir le sujet, je commencerai par rappeler la distinction déjà indiquée de l'ordre physique, de l'ordre intellectuel, de l'ordre moral. A ces trois ordres correspondent évidemment trois sortes de phénomènes, dans lesquels interviennent trois sortes de forces, les unes physiques, les autres intellectuelles ou morales. Les forces que je nommerai *physiques* sont celles qui, dans un système de points en repos, se manifestent par des pressions, par une tendance du système au mouvement, et qui, dans le cas où le système vient à se mouvoir, modifient sans cesse les vitesses acquises par les différents points.

Les forces *intellectuelles* sont, par exemple, celles que Kepler a su appliquer à la démonstration des lois qui portent son nom, et Newton à la découverte du principe de la gravitation universelle. Enfin, les forces *morales* sont celles d'une jeune fille qui, née souvent au sein de l'opulence et dans un rang élevé, mais dévorée d'une ambition que la terre a peine à comprendre, embrasse volontairement la pauvreté pour devenir la servante des pauvres, et s'empresse d'échanger les fêtes, les honneurs, les plaisirs qui l'attendaient dans le monde, contre une vie obscure et pénible, contre une vie de labeur, de dévouement et de sacrifices.

La distinction de l'ordre physique, de l'ordre intellectuel, de l'ordre moral est universellement admise. La distinction des forces physiques, intellectuelles et morales est tout aussi incontestable, et ne sera certainement contestée, dans notre siècle, par aucun de ceux qui ont puissamment contribué aux progrès des sciences. Il est par trop évident qu'une pensée, un raisonnement, la découverte d'un théorème d'Analyse, ou de Calcul intégral, ne peut être le produit d'une combinaison d'atomes, l'effet d'une pression, d'une force physique, l'effet de quelques actions et réactions moléculaires; et, aux yeux du vrai philosophe, aux yeux du vrai savant, vouloir faire de la pensée une sécrétion d'un organe matériel serait aussi peu raisonnable que de chercher combien il y a de mètres dans une heure, ou de grammes dans une minute. Tout ami sincère de la Science sent très bien que, dans l'intérêt de la vérité, comme dans l'intérêt des peuples, il importe de ne pas confondre l'ordre moral ou intellectuel avec l'ordre physique, l'intelligence avec la matière, l'homme avec la brute; de ne pas considérer les actions d'un être libre comme nécessaires, comme le résultat d'une aveugle et irrésistible fatalité.

Un autre point, que la Science ne conteste pas assurément, c'est qu'il ne saurait y avoir d'effet sans cause, de lois sans législateur. Remonter des effets aux causes est précisément l'un des grands problèmes dont la solution est quelquefois l'objet d'un calcul inventé par le génie de Pascal, du Calcul des probabilités. Demandez à ce calcul si l'*Iliade* et l'*Odyssée* sont l'œuvre du hasard ou d'un grand poète; il n'hésitera pas à se prononcer en faveur de la dernière hypothèse. Le Calcul des probabilités, si on le consulte, attribuera toujours l'œuvre à un ouvrier; et même il proclamera cet ouvrier d'autant plus habile, d'autant plus intelligent, que l'œuvre sera plus parfaite. Donc, selon les principes mêmes du Calcul des probabilités, les savants de nos jours sont bien assurés de raisonner juste, lorsque, après avoir découvert quelques-unes de ces lois si belles, si générales, si fécondes, qui régissent le cours des astres et les vibrations des atomes, quelques-unes de ces lois qui suffisent pour maintenir l'harmonie de cet univers et opérer sous nos yeux de si étonnants phénomènes, ils parviennent à la conclusion qu'ont énoncée avant eux les Newton, les Fermat, les Euler, les Cuvier, les Haüy, les Ampère, et tirent, non seulement du spectacle que les mondes offrent à notre admiration, mais encore des conquêtes de la science, et en particulier des découvertes modernes, cette conséquence très légitime, que les merveilles de la nature sont l'œuvre d'une puissance, d'une sagesse, d'une intelligence infinie, d'un être auquel tous les autres doivent l'existence et la vie, d'un être duquel émane, par une transmission plus ou moins directe, plus ou moins immédiate, toute force, toute puissance physique, intellectuelle ou morale.

Ces prémisses étant posées, abordons le problème qu'il s'agissait de résoudre, et cherchons à deviner ce que c'est que la force, particulièrement la force physique, la seule dont s'occupe la Mécanique rationnelle.

D'abord il est évident que la force physique n'est ni un être matériel, ni même un attribut essentiel de la matière.

La force physique n'est point un être matériel. On ne saurait confondre une portion de matière, un point matériel, avec une force qu'on lui applique.

La force physique n'est même pas un attribut essentiel de la matière. Un des principes fondamentaux de la Mécanique rationnelle, c'est précisément que la matière est *inerte* et incapable par elle-même de changer son état de repos ou de mouvement, c'est que, pour changer cet état, pour imprimer à un point matériel une vitesse qu'il n'avait pas, ou pour modifier, soit en grandeur, soit en direction, la vitesse acquise, il faut appliquer une force au point dont il s'agit. Mais on aurait pu laisser le point matériel dans son état primitif et l'abandonner à son *inertie*. En d'autres termes, la force appliquée à ce point aurait pu ne pas l'être; elle ne saurait donc être considérée comme un attribut essentiel de ce même point. Un corps placé près de la surface de la Terre est attiré vers cette surface par la force de la pesanteur; mais cette pesanteur est si peu essentielle au corps qu'elle s'affaiblira et s'éteindra de plus en plus si le corps, s'éloignant de la surface de notre globe, est transporté d'abord à la distance qui nous sépare de la Lune, puis à des distances de plus en plus grandes. Aussi, dans le bel Ouvrage qui a pour titre *Philosophiæ naturalis Principia mathematica* (liber tertius, *Regulæ philosophandi*), Newton a-t-il dit expressément : *Gravitatem corporibus essentialem esse minime affirmo.*

La force physique serait-elle un être spirituel, ou, du moins, un attribut essentiel d'un tel être? Avant de répondre à cette question, il sera convenable d'examiner les faits et de les appeler à notre aide.

Nous rencontrons, dans la nature, des forces physiques qui ne dépendent pas de nous, et que l'on pourrait nommer *permanentes*, d'autres que nous créons en quelque sorte, qui naissent ou s'éteignent à notre gré.

Un corps pesant est posé sur un plan horizontal; il tend à faire descendre ce plan : il exerce contre lui une certaine pression. Cette pression, dont la direction est déterminée et verticale, dont l'intensité, pareillement déterminée, dépend de la nature et du volume des corps, est précisément ce que nous appelons une *force* physique. Mais cette force physique ne dépend pas de nous. La pesanteur des corps à la surface de la Terre, la gravitation universelle, les forces électriques et magnétiques, les actions et réactions moléculaires sont des forces physiques permanentes, qui subsistent sans nous, et même malgré nous, que nous pouvons quelquefois mettre en œuvre, ou opposer les unes aux autres, mais qui sont indépendantes de notre volonté.

Au contraire, les forces physiques, à l'aide desquelles nous imprimons à notre propre corps, à nos pieds, à nos mains, tantôt un mouvement déterminé, tantôt une simple tendance au mouvement, sont des forces qui, loin d'être permanentes comme la pesanteur et les actions moléculaires, naissent à l'instant où nous le voulons, subsistent tant que nous le voulons, et attendent nos ordres pour s'éteindre et disparaître entièrement. Il n'est pas en notre pouvoir d'anéantir la pression verticale que le poids de notre corps exerce contre le sol qui nous porte; mais nous pouvons faire naître à notre gré la pression horizontale qu'exerce notre main contre un obstacle qui nous barre le passage, et que nous chassons devant nous, contre un volet que nous fermons. Cette pression est une force physique dont nous disposons évidemment, et, dans la natation, dans la marche, dans la course, de telles forces s'empressent, pour ainsi dire, d'exécuter les ordres que dicte notre volonté.

Ces forces physiques, si promptes à nous obéir, seraient-elles des êtres spirituels? Adopter cette idée, ce serait vouloir, sans aucune nécessité, sans y être autorisé ni par l'observation, ni par la Science, ni par une saine philosophie, multiplier les êtres à l'infini. D'ailleurs, est-il possible de considérer comme un être véritable ce qui, suivant nos désirs, suivant nos caprices, naît ou s'évanouit, reparaît ou rentre dans le néant?

Il y a plus : si l'être auquel obéit une force physique, ou celui dont elle nous semble émaner, est, non pas l'être souverain et indépendant, le seul être qui existe par lui-même, mais, au contraire, un être dépendant qui n'existe que par la volonté du Créateur, on ne saurait dire que cette force soit un attribut essentiel de cet être. Elle est seulement un don qu'il a reçu, mais qui pourrait cesser de lui appartenir. Nous-mêmes nous sentons que la force physique est à notre disposition dans l'état de santé, mais que nous pouvons la perdre, qu'elle peut nous être enlevée par la maladie. Nous sentons, par conséquent, que cette force n'est pas notre puissance propre, un effet certain de notre nature; et c'est précisément parce que nous ne sommes pas la cause première d'une force physique dont nous disposons à notre gré, que nous ne savons pas nous expliquer comment notre volonté peut la produire. Tout ce que nous pouvons constater, c'est que la force physique nous est prêtée, mais pour un temps seulement, mais dans une certaine mesure, et sous certaines conditions; et ce que nous pouvons affirmer encore, c'est que ces conditions sont très souvent des conditions physiques et matérielles. Les forces physiques dont chaque homme dispose se trouvent renfermées dans certaines limites qui dépendent de son organisation. Aux variations que subira cette organisation dans le cours de la vie correspondront des variations très sensibles dans l'intensité de ces forces physiques. Cette intensité, faible dans l'enfance, croîtra dans l'adolescence et décroîtra dans la vieillesse, après avoir atteint sa valeur maximum dans l'âge mûr et à une époque de la vie qui sera variable avec les climats, avec les tempéraments, ou même avec les individus. Bien plus, que l'organisation éprouve une altération fortuite, qu'elle soit modifiée par un choc violent, ou qu'une congestion se forme au cerveau, et, à l'instant, les forces physiques disparaîtront, ou du moins elles seront considérablement diminuées.

Nous avons parlé des forces physiques qui nous sont étrangères, qui agissent sous nos yeux, mais sans nous et hors de nous; puis de celles dont nous nous servons pour mettre notre propre corps en mouvement, et dont nous disposons à notre gré. Il importe d'ajouter que, outre ces dernières, certaines forces physiques nous sont départies pour notre conservation, pour nos besoins, sans que nous puissions disposer d'elles. Ainsi, par exemple, les forces physiques appliquées à la digestion, à l'assimilation, à la nutrition, sont évidemment des forces qui, étant indépendantes de nous, aussi bien que la pesanteur et les actions moléculaires, ne sont pas mises en œuvre par notre volonté. D'aileurs ces forces peuvent nous être enlevées, tout comme celles dont notre volonté dispose. Par conséquent, elles ne sont pas un attribut essentiel de nos organes ou de notre intelligence; elles ne viennent pas de nous.

Que devons-nous conclure de ce qui précède? On ne saurait considérer la force physique, ni comme un être matériel ou spirituel, ni comme un attribut essentiel de la matière ou d'aucune intelligence créée. Le seul être dont elle émane nécessairement est l'être nécessaire. Elle est une expression de sa volonté. Lorsque des corps de même nature, ou de natures diverses, sont placés en présence les uns des autres, lorsque ces corps se meuvent ou restent en repos, certains rapports s'établissent entre eux, certains phénomènes se reproduisent constamment suivant des lois invariables, et l'équilibre se constitue ou le mouvement s'exécute comme si ces lois créaient des causes permanentes de repos ou de mouvement. Les forces physiques sont précisément ces causes fictives auxquelles nous attribuons l'équilibre ou le mouvement des corps, sans avoir jamais à craindre de voir nos prévisions contredites par l'expérience; ces causes secondaires qui existent bien, si l'on veut, mais à la manière des lois, et pas autrement; ces causes qui tirent toute leur puissance, toute leur vertu des lois mêmes dont elles sont l'expression la plus simple, ou plutôt de la volonté du législateur.

Un exemple rendra ces notions générales plus claires et plus faciles à saisir.

Pour expliquer un grand nombre de phénomènes, spécialement la chute des corps graves vers la Terre et les mouvements des corps célestes, il suffit d'admettre avec Newton que deux corps, placés l'un en présence de l'autre, tendent à se rapprocher. D'ailleurs, cette tendance à laquelle les corps obéissent autant qu'ils le peuvent est, pour ainsi dire, un fait constaté par l'expérience. Elle est constatée, dans l'état d'équilibre des corps, par des pressions analogues à celles qu'un corps pesant exerce contre un plan horizontal qui le soutient. Elle est constatée, dans l'état de mouvement, par l'altération de la vitesse. Considérons, pour fixer les idées, la Terre circulant autour du Soleil. Cette planète, parvenue à un point quelconque de son orbite, devrait, en vertu de la vitesse acquise, se mouvoir indéfiniment en ligne droite; mais elle est ramenée à chaque instant vers le Soleil dont elle tend à se rapprocher, et cette tendance modifie sans cesse, en grandeur et en direction, la vitesse acquise, de manière à transformer la droite que la Terre aurait décrite en une ellipse dont le centre du Soleil occupe l'un des foyers. Comme le démontrent les faits et le calcul appuyé sur l'observation, la tendance de deux corps à un rapprochement mutuel est d'autant plus grande que les deux corps sont plus voisins l'un de l'autre, et varie en raison inverse du carré des distances, mais en raison directe des masses. Elle constitue ce qu'on appelle la loi ou la force de la *gravitation universelle;* et il est juste de reconnaître que ces deux noms lui conviennent, puisqu'elle est tout à la fois et l'expression la plus simple, le résumé d'une loi établie par le Créateur, et une puissance que cette loi confère, pour ainsi dire, à deux corps mis en présence l'un de l'autre, ou plutôt à deux points matériels.

Ce que nous avons dit de la force de la gravitation peut se dire également de toute force physique. Une force physique appliquée à un corps, à un être matériel, est l'expression d'une loi établie par le Créateur; c'est, en quelque sorte, une propriété que cette loi confère à l'être matériel; c'est l'obligation qui est imposée à cet être d'obéir constamment et invariablement à la loi dont il s'agit.

On parle quelquefois de la puissance des lois portées par des législateurs humains et de l'influence de ces lois sur la société. Cette influence est incontestable; mais elle s'exerce seulement sur des êtres libres. Ce que nous appelons le pouvoir des lois humaines a évidemment pour base l'acquiescement de notre volonté qui se soumet ou se conforme à celle des législateurs. Mais l'acquiescement de notre volonté n'est plus nécessaire à l'exécution des lois portées par le Créateur pour la conservation du monde physique. A ces lois obéissent sans le vouloir, et souvent sans le savoir, les êtres organisés et les êtres inorganiques, les animaux, les végétaux, les pierres elles-mêmes. Sans doute la matière est inintelligente; mais elle obéit, sans le savoir, à une intelligence souveraine. Sans doute cette obéissance passive est pour nous un mystère; mais un mystère analogue se retrouve dans ce qu'on appelle l'instinct chez les animaux, chez l'homme lui-même. Cet instinct n'est-il pas l'obéissance passive par laquelle ils concourent, même sans le savoir, à l'exécution des lois établies par le souverain législateur?

Il resterait maintenant à dire ce que c'est que la force vitale, ce que c'est que la vie. Mais, pour ne pas fatiguer l'attention de l'Académie, je renverrai l'examen de ces questions à un second Mémoire, et je terminerai celui-ci par quelques réflexions qui paraissent devoir intéresser particulièrement les physiciens et les géomètres.

La force de la pesanteur et les autres forces permanentes, attractives ou répulsives, dont s'occupe la Mécanique rationnelle, sont généralement des forces dont chacune exprime la tendance de deux corps ou plutôt de deux points matériels à se rapprocher ou à s'éloigner l'un de l'autre. Une telle force doit être naturellement supposée proportionnelle à chacune des deux masses que l'on considère, et par conséquent au produit de ces deux masses. Naturellement aussi elle doit être une fonction de la distance. Mais, outre les forces qui se manifestent quand deux points matériels sont placés en présence l'un de l'autre, et que l'on pourrait appeler, pour cette raison, des actions *binaires*, ne devrait-on pas admettre, au moins dans certaines circonstances, des actions *ternaires, quaternaires,* etc., dont chacune dépendrait des positions relatives de trois, de quatre, etc. points placés en présence l'un de l'autre, et serait proportionnelle au produit des masses de ces divers points. Cette supposition paraît appuyée par l'analogie et semble même indiquée par plusieurs phénomènes. On sait que la combinaison de deux corps est souvent favorisée par la présence d'un troisième. Ainsi, par exemple, comme l'a observé M. Dœbereiner, le platine réduit en éponge facilite la combinaison de l'oxygène et de l'hydrogène. De plus, les expériences de M. Mitscherlich, en prouvant que les forces moléculaires sont modifiées par la température, donnent lieu de croire qu'il faut considérer les molécules des corps plutôt comme des systèmes d'atomes ou de points matériels, que comme des masses continues; et, dans la première de ces deux hypothèses, la cristallisation semble indiquer une tendance des atomes à se grouper entre eux de manière à constituer les sommets de certains polyèdres de formes déterminées. On ne voit même *a priori* rien qui empêche d'admettre des actions moléculaires dont les directions et les intensités dépendraient en partie des vitesses de points matériels, ou au moins des directions de ces vitesses. C'est précisément ce qu'a fait Ampère dans sa théorie des phénomènes électrodynamiques, et de l'action mutuelle de deux courants électriques. J'ajouterai ici une remarque qui me semble utile pour fixer la signification précise de ce qu'on appelle un *courant électrique*. Je crois, avec la plupart des physiciens, que, dans un tel courant, ce qui se déplace et se propage avec une très grande vitesse, ce n'est pas le fluide électrique, mais plutôt un mouvement résultant de compositions et décompositions successives de ce fluide, ou peut-être même un mouvement analogue aux vibrations sonores ou lumineuses de l'air ou du fluide éthéré.

Les seules actions binaires dont la loi nous soit bien connue sont celles qui varient en raison inverse du carré de la distance. Si les actions ternaires, quaternaires, etc. étaient de l'ordre des rapports qu'on obtient en divisant l'unité par les cubes, ou les puissances quatrièmes, etc., des distances, ou même d'un ordre plus élevé, elles s'affaibliraient pour des distances considérables, de manière à pouvoir être négligées vis-à-vis des actions binaires, ce qui expliquerait comment il arrive qu'alors la considération des actions binaires suffit à l'explication des phénomènes.

Au reste, je ne propose ici les actions ternaires, quaternaires, etc. que comme une hypothèse à laquelle il pourrait être bon de recourir s'il était prouvé qu'en admettant seulement des actions binaires on ne peut parvenir à se rendre compte de tous les faits observés.

296.

Géométrie. — *Mémoire sur de nouveaux théorèmes de Géométrie et, en particulier, sur le module de rotation d'un système de lignes droites menées par les divers points d'une directrice donnee.*

C. R., T. XXI, p. 273 (30 juillet 1845).

Les résultats obtenus dans ce Mémoire seront développés dans les prochaines séances.

297.

Géométrie analytique. — *Sur divers théorèmes de Géométrie analytique.*

C. R., T. XXI, p. 305 (4 août 1845).

On connaît l'élégant théorème de Géométrie analytique qui fournit le cosinus de l'angle compris entre deux droites dont les positions sont déterminées à l'aide des cosinus des angles que forment ces droites avec trois axes rectilignes et rectangulaires. Suivant ce théorème, si l'on multiplie l'un par l'autre les cosinus des deux angles que les deux droites forment avec un même axe, la somme des trois produits de cette forme, correspondants aux trois axes, sera précisément le cosinus de l'angle compris entre les deux droites. Concevons maintenant que les trois axes donnés, cessant d'être rectangulaires, comprennent entre deux des angles quelconques, et au système de ces trois axes joignons un second système d'axes respectivement perpendiculaires aux plans des trois premiers. Les axes primitifs seront eux-mêmes perpendiculaires aux plans formés par les nouveaux axes, et les deux systèmes d'axes seront ce que nous appellerons deux systèmes d'*axes conjugués*. Nous dirons, en particulier, que l'un de ces axes, pris dans l'un des deux systèmes, a pour *conjugué* celui des axes de l'autre système qui ne le coupe pas à angles droits. Cela posé, le théorème rappelé ci-dessus, et relatif à un système d'axes rectangulaires, se trouve évidemment compris dans un théorème général dont voici l'énoncé :

THÉORÈME. — *Considérons, d'une part, deux droites quelconques, d'autre part, deux systèmes d'axes conjugués. Supposons d'ailleurs que, en attribuant à chaque droite et à chaque axe une direction déterminée, on multiplie l'un par l'autre les cosinus des angles que forme un axe du premier système avec la première droite, et l'axe conjugué du second système avec la seconde droite, puis que l'on divise le produit ainsi obtenu par le cosinus de l'angle que ces deux axes conjugués comprennent entre eux. La somme des trois quotients de cette espèce, correspondants aux trois couples d'axes conjugués, sera précisément le cosinus de l'angle compris entre les deux droites données.*

Pour démontrer immédiatement ce théorème, il suffit de projeter la première droite sur la seconde, en observant que cette droite peut être considérée comme la diagonale d'un parallélépipède dont les arêtes seraient parallèles aux axes du second système.

Il est bon d'observer qu'on peut échanger entre elles les deux droites données sans échanger entre eux les deux systèmes d'axes ; d'où il suit que le théorème énoncé fournit deux expressions différentes du cosinus de l'angle renfermé entre les deux droites.

On pourrait aussi, au cosinus de l'angle que forme un axe du second système avec la seconde droite ou avec l'axe conjugué du premier système, substituer le sinus de l'angle que cette droite ou cet axe conjugué forme avec le plan des deux autres axes du second système. Toutefois, en opérant cette substitution, on devrait convenir de regarder l'angle formé par une droite avec un plan tantôt comme positif, tantôt comme négatif, suivant que la direction de cette droite pourrait être représentée par une longueur mesurée à partir du plan donné, d'un certain côté de ce même plan ou du côté opposé. On se trouverait ainsi ramené à une formule qui ne diffère pas au fond de celles qu'ont proposées, pour la transformation des coordonnées obliques, divers auteurs, et spécialement M. Français. On pourrait d'ailleurs, de ces dernières formules, revenir directement au théorème énoncé. Ainsi ce théorème peut être considéré à la rigueur comme implicitement renfermé dans des formules déjà connues. Observons néanmoins que les auteurs de ces formules les avaient établies sans parler de la convention que nous avons indiquée, et qui nous paraît nécessaire pour dissiper toute incertitude sur le sens des notations adoptées.

J'ajouterai ici une remarque qui, je crois, n'avait pas encore été faite, c'est que, du théorème particulier relatif au cas où les axes sont rectangulaires, on peut déduire, immédiatement et sans figure, la formule que Lagrange a donnée pour base à la Trigonométrie sphérique.

Enfin je joins à cette Note une formule dont je donnerai la démonstration dans un autre article, et qui fait connaître une propriété remarquable de deux courbes quelconques tracées à volonté sur une surface courbe.

Analyse.

§ I. — *Sur quelques théorèmes de Géométrie analytique.*

Les énoncés de plusieurs des théorèmes fondamentaux de la Géométrie analytique se simplifient lorsqu'on a soin de distinguer les *projections absolues* d'un rayon vecteur, sur des axes coordonnés rectangulaires, des *projections algébriques* de ce même rayon vecteur, ainsi que je l'ai fait dans les préliminaires de mes *Leçons sur les applications du Calcul infinitésimal à la Géométrie*. On peut même, avec avantage, étendre la distinction des projections absolues et des projections algébriques au cas où le rayon vecteur est projeté sur des droites quelconques, les projections pouvant d'ailleurs être ou orthogonales ou obliques. Entrons à ce sujet dans quelques détails.

Soient r, s deux longueurs mesurées sur deux droites distinctes, et dans des directions déterminées, savoir, la première entre deux points donnés A et B, dans la direction AB; la seconde entre deux autres points C et D, dans la direction CD. Pour projeter la longueur r, et ses deux extrémités A, B, sur la droite CD, il suffira de mener, par les points A et B, deux plans parallèles à un plan fixe donné. Les points a et b, où ces deux plans rencontreraient la droite CD, seront précisément les *projections* des deux points A, B; et si l'on nomme ρ la distance qui sépare le point b, c'est-à-dire la projection du point B, du point a, c'est-à-dire de la projection du point A, cette distance ρ, mesurée dans la direction ab, sera précisément la *projection* orthogonale ou oblique de la longueur r, savoir, la *projection orthogonale*, si le plan fixe donné est perpendiculaire à la droite CD, et la *projection oblique* dans le cas contraire. D'ailleurs les directions des longueurs s, ρ, mesurées sur une même droite, la première dans le sens CD, la seconde dans le sens ab, seront nécessairement, ou une seule et même direction, ou deux directions opposées l'une à l'autre. Cela posé, la *projection absolue* ρ, prise dans le premier cas avec le signe $+$, dans le second cas avec le signe $-$, sera précisément ce que nous appellerons la *projection algébrique* de la longueur r sur la direction de la longueur s.

Concevons maintenant que, en faisant usage de la notation généralement adoptée, on désigne par (r, s) l'angle aigu ou obtus que forment entre elles deux longueurs r, s, mesurées chacune dans une direction déterminée. Alors, en supposant les projections orthogonales, on aura évidemment

$$\rho = r \cos(r, \rho).$$

De plus, la projection algébrique de r, sur la direction de s, sera $+\rho$ ou $-\rho$, suivant que la direction de ρ sera la direction même de s, ou la direction opposée; et, comme on aura, dans le premier cas,

$$\cos(r, \rho) = \cos(r, s),$$

dans le second cas

$$\cos(r, \rho) = -\cos(r, s),$$

il en résulte que la projection algébrique de r sur la direction de s

sera représentée, dans l'un et l'autre cas, par le produit

$$r\cos(r, s). \tag{1}$$

Supposons à présent que les projections, au lieu d'être orthogonales, soient obliques, et, après avoir mené une droite perpendiculaire au plan fixe, nommons t une longueur mesurée sur cette droite dans une direction déterminée. Alors les projections absolues et même les projections algébriques des longueurs r et ρ, sur la direction de t, seront évidemment égales entre elles. On aura donc

$$\rho\cos(\rho, t) = r\cos(r, t)$$

et, par suite,

$$\rho = r\frac{\cos(r, t)}{\cos(\rho, t)}. \tag{2}$$

De plus, pour obtenir la projection algébrique de la longueur r sur la direction de s, il suffira de prendre ρ avec le signe $+$ ou avec le signe $-$, suivant que la direction de ρ sera la direction de s ou la direction opposée; il suffira donc de remplacer, dans le second membre de la formule (2), la quantité $\cos(\rho, t)$ par la quantité $\cos(s, t)$ égale, au signe près, à la première. Donc la projection algébrique de r sur la direction de s sera

$$r\frac{\cos(r, t)}{\cos(s, t)}. \tag{3}$$

Supposons maintenant qu'un point mobile P passe de la position A à la position B, en parcourant, non plus la longueur r, mais les divers côtés u, v, w, ... d'une portion de polygone qui joigne le point A au point B, et attribuons à chacun de ces côtés la direction indiquée par le mouvement du point P. Soit d'ailleurs p la projection du point mobile P sur la droite CD, et nommons toujours a, b les projections respectives des deux points A, B sur la même droite. Tandis que le point mobile P passera de la position A à la position B, en parcourant successivement les diverses longueurs u, v, w, ..., le point mobile p passera de la position a à la position b, en parcourant successivement sur la droite CD les projections des diverses longueurs u, v, w, ..., et l'une quelconque de ces projections, celle de u par exemple, sera parcourue dans le sens indiqué par la direction du rayon vecteur ρ ou dans le sens opposé, suivant que la projection algébrique de la longueur u sur la direction de ρ sera positive ou négative. Il en résulte que la longueur ρ, ou la projection algébrique de la longueur r sur la direction de ρ, sera équivalente à la somme des projections algébriques des longueurs u, v, w, ... sur la même direction. Par suite aussi, puisque la direction de s est toujours, ou la direction même de ρ, ou la direction opposée, si l'on projette, d'une part, la longueur r, d'autre part, les longueurs u, v, w, ... sur la direction de s, on obtiendra une projection algébrique de r équivalente à la somme des projections algébriques de u, v, w, ... Donc, en supposant les projections orthogonales, on trouvera

$$(4) \qquad r\cos(r,s) = u\cos(u,s) + v\cos(v,s) + w\cos(w,s) + \ldots.$$

Ces prémisses étant établies, concevons que les positions des différents points de l'espace soient rapportées à trois axes obliques qui partent d'un même point O. Nommons x, y, z trois longueurs portées sur les trois axes, et mesurées chacune, à partir du point O, dans une direction déterminée. Soient encore

$$X, \quad Y, \quad Z$$

trois longueurs mesurées, à partir du point O, sur trois axes respectivement perpendiculaires aux plans

$$yz, \quad zx, \quad xy.$$

Concevons, de plus, que l'on construise un parallélépipède dont la longueur r soit la diagonale, les trois arêtes u, v, w étant respectivement parallèles aux axes sur lesquels se mesurent les longueurs x, y, z, et attribuons à ces trois arêtes les directions indiquées par le mouvement d'un point qui passe, en parcourant ces mêmes arêtes, de l'extrémité A de la diagonale r à l'extrémité B. Enfin, projetons cette diagonale et les trois arêtes sur la direction d'une longueur quelconque s. On aura, en vertu de la formule (4),

$$(5)\qquad r\cos(r,s) = u\cos(u,s) + v\cos(v,s) + w\cos(w,s),$$

ou, ce qui revient au même,

$$(6)\qquad \cos(r,s) = \frac{u}{r}\cos(u,s) + \frac{v}{r}\cos(v,s) + \frac{w}{r}\cos(w,s).$$

D'ailleurs, u étant précisément la projection absolue qu'on obtient pour la longueur r, quand on projette cette longueur sur l'axe de x, à l'aide de plans parallèles au plan fixe des yz, on aura, en vertu de la formule (2),

$$(7)\qquad u = r\frac{\cos(r,\mathrm{X})}{\cos(u,\mathrm{X})},$$

par conséquent,

$$(8)\qquad \frac{u}{r} = \frac{\cos(r,\mathrm{X})}{\cos(u,\mathrm{X})},$$

et cette dernière formule continuera évidemment de subsister quand on y remplacera u par v, et X par Y, ou u par w, et X par Z. Donc l'équation (6) donnera

$$(9)\qquad \cos(r,s) = \frac{\cos(r,\mathrm{X})\cos(u,s)}{\cos(u,\mathrm{X})} + \frac{\cos(r,\mathrm{Y})\cos(v,s)}{\cos(v,\mathrm{Y})} + \frac{\cos(r,\mathrm{Z})\cos(w,s)}{\cos(w,\mathrm{Z})}.$$

D'autre part, il est clair qu'on n'altérera pas le second membre de la formule (9) si l'on y remplace, séparément ou simultanément, u par x, v par y, w par z. En effet, la direction de u étant ou la direction de x ou la direction opposée, on aura, dans le premier cas,

$$\cos(u,s) = \cos(\mathrm{x},s), \qquad \cos(u,\mathrm{X}) = \cos(\mathrm{x},\mathrm{X}),$$

dans le second cas,

$$\cos(u,s) = -\cos(\mathrm{x},s), \qquad \cos(u,\mathrm{X}) = -\cos(\mathrm{x},\mathrm{X}),$$

et dans les deux cas,

$$\frac{\cos(u,s)}{\cos(u,\mathrm{X})} = \frac{\cos(\mathrm{x},s)}{\cos(\mathrm{x},\mathrm{X})}.$$

Donc la formule (9) pourra être réduite à la suivante :

$$(10)\quad \cos(r, s) = \frac{\cos(r, \mathrm{X})\cos(s, \mathrm{x})}{\cos(\mathrm{x}, \mathrm{X})} + \frac{\cos(r, \mathrm{Y})\cos(s, \mathrm{y})}{\cos(\mathrm{y}, \mathrm{Y})} + \frac{\cos(r, \mathrm{Z})\cos(s, \mathrm{z})}{\cos(\mathrm{z}, \mathrm{Z})}.$$

Ajoutons que les axes sur lesquels se mesurent les longueurs

$$\mathrm{X},\quad \mathrm{Y},\quad \mathrm{Z}$$

étant, par hypothèse, perpendiculaires aux plans

$$\mathrm{yz},\quad \mathrm{zx},\quad \mathrm{xy},$$

les axes sur lesquels se mesurent les longueurs

$$\mathrm{x},\quad \mathrm{y},\quad \mathrm{z}$$

seront eux-mêmes perpendiculaires aux plans

$$\mathrm{YZ},\quad \mathrm{ZX},\quad \mathrm{XY}.$$

Donc ces deux systèmes d'axes, que nous nommerons *systèmes d'axes conjugués* (l'axe sur lequel se mesure X étant le *conjugué* de l'axe sur lequel se mesure x, etc.), pourront être échangés entre eux dans la formule (10), et l'on aura encore

$$(11)\quad \cos(r, s) = \frac{\cos(r, \mathrm{x})\cos(s, \mathrm{X})}{\cos(\mathrm{x}, \mathrm{X})} + \frac{\cos(r, \mathrm{y})\cos(s, \mathrm{Y})}{\cos(\mathrm{y}, \mathrm{Y})} + \frac{\cos(r, \mathrm{z})\cos(s, \mathrm{Z})}{\cos(\mathrm{z}, \mathrm{Z})}.$$

Chacune des formules (10), (11) est une expression analytique du théorème fondamental énoncé dans le préambule du présent article.

Si, en faisant coïncider le point A avec le point O, et les demi-axes des coordonnées positives avec les directions des longueurs

$$\mathrm{x},\quad \mathrm{y},\quad \mathrm{z},$$

on nomme

$$x,\quad y,\quad z$$

les coordonnées rectilignes du point A, rapportées à ces demi-axes, alors x sera précisément la projection algébrique du rayon vecteur r sur la direction de x, la projection étant effectuée à l'aide de plans parallèles au plan des yz, et perpendiculairement à X. Donc alors on obtiendra x en remplaçant, dans l'expression (3), s par x, et t par X; en sorte qu'on aura

$$(12)\quad \begin{cases} x = r\dfrac{\cos(r, \mathrm{X})}{\cos(\mathrm{x}, \mathrm{X})}. \\ y = r\dfrac{\cos(r, \mathrm{Y})}{\cos(\mathrm{y}, \mathrm{Y})}, \\ z = r\dfrac{\cos(r, \mathrm{Z})}{\cos(\mathrm{z}, \mathrm{Z})}. \end{cases}$$

On trouvera de même

Alors aussi on pourra évidemment, dans la formule (5), remplacer les quantités u, v, w par les coordonnées x, y, z, qui seront respectivement égales, aux signes près, à ces mêmes quantités, pourvu que l'on remplace en même temps les trois angles

$$(u, s),\quad (v, s),\quad (w, s)$$

par les angles

$$(\mathrm{x}, s),\quad (\mathrm{y}, s),\quad (\mathrm{z}, s),$$

respectivement égaux aux trois premiers ou à leurs suppléments. On aura donc encore

$$(13)\qquad r\cos(r, s) = x\cos(\mathrm{x}, s) + y\cos(\mathrm{y}, s) + z\cos(\mathrm{z}, s).$$

On peut immédiatement déduire des formules (12) et (13) celles qui servent à la transformation des coordonnées obliques. En effet, soient

$$x,\quad y,\quad z$$

de nouvelles coordonnées du point B, relatives à de nouveaux axes rectilignes qui continuent de passer par le point O; et supposons que, pour le nouveau système d'axes, les longueurs, précédemment représentées par

$$\mathrm{x},\quad \mathrm{y},\quad \mathrm{z},\quad \mathrm{X},\quad \mathrm{Y},\quad \mathrm{Z},$$

deviennent

$$\mathrm{x}_{,},\quad \mathrm{y}_{,},\quad \mathrm{z}_{,},\quad \mathrm{X}_{,},\quad \mathrm{Y}_{,},\quad \mathrm{Z}_{,}.$$

Alors, en vertu des formules (12), on aura, par exemple,

$$(14)\qquad x_{,} = \frac{r\cos(r, \mathrm{X}_{,})}{\cos(\mathrm{x}_{,}, \mathrm{X}_{,})};$$

et, d'ailleurs, la formule (13) donnera

$$(15) \qquad r\cos(r, X_{\prime}) = x\cos(\mathrm{x}, X_{\prime}) + y\cos(\mathrm{y}, X_{\prime}) + z\cos(\mathrm{z}, X_{\prime}).$$

On trouvera donc

$$(16) \qquad x_{\prime} = \frac{x\cos(\mathrm{x}, X_{\prime}) + y\cos(\mathrm{y}, X_{\prime}) + z\cos(\mathrm{z}, X_{\prime})}{\cos(\mathrm{x}, X_{\prime})}.$$

Quant aux valeurs de $y_{\prime}$, $z_{\prime}$, on les obtiendra en remplaçant $X_{\prime}$ par $Y_{\prime}$ ou par $Z_{\prime}$ dans les deux termes de la fraction qui représente ici la valeur de $x_{\prime}$, et, de plus, x par y ou par z dans le dénominateur.

Si les axes coordonnés deviennent rectangulaires, alors les axes sur lesquels se mesurent les longueurs x, y, z se confondront avec les axes sur lesquels se mesurent les longueurs X, Y, Z, et, par suite, les formules (10), (12), (16) donneront simplement, comme on devait s'y attendre,

$$(17) \quad \cos(r, s) = \cos(r, \mathrm{x})\cos(s, \mathrm{x}) + \cos(r, \mathrm{y})\cos(s, \mathrm{y}) + \cos(r, \mathrm{z})\cos(s, \mathrm{z}),$$

$$(18) \qquad x = r\cos(r, \mathrm{x}), \qquad y = r\cos(r, \mathrm{y}), \qquad z = r\cos(r, \mathrm{z}),$$

$$(19) \qquad x_{\prime} = x\cos(\mathrm{x}, \mathrm{x}_{\prime}) + y\cos(\mathrm{y}, \mathrm{x}_{\prime}) + z\cos(\mathrm{z}, \mathrm{x}_{\prime}).$$

§ II. — *Sur la formule que Lagrange a donnée pour base à la Trigonométrie sphérique.*

Considérons un angle solide trièdre, dont les côtés soient prolongés, à partir du sommet O, dans des directions déterminées OA, OB, OC. Nommons r, s, t trois longueurs mesurées à partir du point O dans ces mêmes directions, et représentons par

$$a, \quad b, \quad c$$

les angles plans

$$(s, t), \quad (t, r), \quad (r, s).$$

Enfin soient

$$\alpha, \quad \beta, \quad \gamma$$

les angles dièdres opposés à ces angles plans. On pourra, comme

Lagrange l'a fait voir, déduire toute la Trigonométrie sphérique de la seule formule

$$(1)\qquad \cos a = \cos b \cos c + \sin b \sin c \cos \alpha.$$

J'ajoute que cette formule est comprise, comme cas particulier, dans celle qui sert à évaluer l'angle de deux droites dont les positions sont rapportées à un système d'axes rectangulaires, c'est-à-dire que la formule (1) est une conséquence immédiate de la formule (17) du § I. C'est ce que je vais démontrer en peu de mots.

Rapportons la position d'un point quelconque à trois axes rectangulaires menés par le point O, et prolongés chacun dans une direction donnée. Supposons d'ailleurs que de ces trois axes rectangulaires le premier soit précisément celui sur lequel se mesure la longueur r, le deuxième étant situé dans le plan rs, et dirigé par rapport à r du même côté que la longueur s. Enfin, supposons le troisième axe dirigé par rapport au plan rs du même côté que la longueur t. Si, pour fixer les idées, on nomme $s_{,}$, $t_{,}$ deux longueurs mesurées sur le deuxième et sur le troisième axe dans les directions de ces mêmes axes, alors la formule (17) du § I, appliquée à la détermination de l'angle a compris entre les directions des longueurs s et t, donnera

$$(2)\quad \cos(s, t) = \cos(s, r)\cos(t, r) + \cos(s, s_{,})\cos(t, s_{,}) + \cos(s, t_{,})\cos(t, t_{,}).$$

D'ailleurs, $t_{,}$ étant perpendiculaire au plan rs, et par conséquent à s, on aura

$$(3)\qquad \cos(s, t_{,}) = 0.$$

De plus, $s_{,}$ étant perpendiculaire à r, et dirigé par rapport à r du même côté que s, on aura

$$(4)\qquad \cos(s, s_{,}) = \sin(s, r).$$

Enfin, pour obtenir la projection algébrique de t sur la direction de $s_{,}$, ou le produit $t\cos(t, s_{,})$, il suffira évidemment de projeter d'abord t sur le plan $s_{,}t_{,}$ perpendiculaire à r, puis la projection absolue τ ainsi obtenue et déterminée par l'équation

$$\tau = t \sin(t, r)$$

sur la direction de $s_{,}$. Donc la projection algébrique de t sur $s_{,}$ sera

$$\tau \sin(\tau, s_{,}) = t \sin(t, r) \cos(\tau, s_{,}),$$

en sorte qu'on aura

$$t \sin(t, s_{,}) = t \sin(t, r) \cos(\tau, s_{,})$$

et, par suite,

$$\cos(t, s_{,}) = \sin(t, r) \cos(\tau, s_{,}).$$

Mais l'angle $(\tau, s_{,})$, compris entre les longueurs τ et $s_{,}$, mesurées perpendiculairement à r, dans les deux plans rt, rs, et dirigées, par rapport à r, la première du même côté que la longueur t, la seconde du même côté que la longueur s, sera précisément l'angle dièdre α, compris entre les deux plans rt, rs. On aura donc encore

$$\cos(t, s_{,}) = \sin(t, r) \cos\alpha. \tag{5}$$

Si maintenant on substitue dans l'équation (2) les valeurs de

$$\cos(s, t_{,}), \quad \cos(s, s_{,}), \quad \cos(t, s_{,}),$$

fournies par les équations (3), (4), (5), on obtiendra la formule

$$\cos(s, t) = \cos(s, r) \cos(t, r) + \sin(s, r) \sin(t, r) \cos\alpha, \tag{6}$$

c'est-à-dire l'équation (1).

§ III. — *Sur une propriété remarquable de deux systèmes de lignes tracées sur une surface courbe.*

Supposons que la position d'un point mobile P, assujetti à rester sur une certaine surface courbe, soit déterminée à l'aide de deux coordonnées quelconques ou paramètres variables s, t. On pourra tracer sur ces surfaces : 1° un système de courbes dont chacune corresponde à une valeur constante de t; 2° un système de courbes dont chacune corresponde à une valeur constante de s. Cela posé, nommons

ς l'arc d'une courbe appartenant au premier système, c'est-à-dire d'une courbe sur laquelle s seul varie;

τ l'arc d'une courbe appartenant au second système, c'est-à-dire d'une courbe sur laquelle t seul varie;

δ l'angle formé en un point P de la surface par les arcs ς, τ de deux courbes qui appartiennent, l'une au premier système, l'autre au second;

ρ_s le rayon de courbure de l'arc ς, mesuré à partir du point P;

ρ_t le rayon de courbure de l'arc τ, mesuré à partir du point P;

$\rho_{,}$, $\rho_{,,}$ les rayons de courbure principaux de la surface au même point.

Enfin nommons, pour abréger, θ_s, θ_t les angles que forment, au point P, le rayon vecteur ρ_s avec l'arc τ, et le rayon vecteur ρ_t avec l'arc s; puis désignons par $(\rho_{,}, \rho_{,,})$ l'angle qui se trouve compris entre les rayons de courbure principaux $\rho_{,}$, $\rho_{,,}$, et qui se réduit toujours à o ou à π. On aura généralement

$$\frac{D_s D_t \cos\delta}{D_s\varsigma\, D_t\tau} - \frac{D_t \dfrac{\cos\theta_s}{\rho_s}}{D_t\tau} - \frac{D_s \dfrac{\cos\theta_t}{\rho_t}}{D_s\varsigma} + \frac{\cos(\rho_{,}, \rho_{,,})}{\rho_{,}\rho_{,,}} \sin^2\delta$$
$$+ \frac{1}{\sin^2\delta}\left\{\begin{array}{l} \dfrac{D_s\cos\delta}{D_s\varsigma}\,\dfrac{D_t\cos\delta}{D_t\tau}\cos\delta + \left(\dfrac{\cos\theta_s}{\rho_s}\right)^2 + \left(\dfrac{\cos\theta_t}{\rho_t}\right)^2 + 2\,\dfrac{\cos\theta_s}{\rho_s}\,\dfrac{\cos\theta_t}{\rho_t}\cos\delta \\ \quad - \left(\dfrac{\cos\theta_s}{\rho_s} + 2\,\dfrac{\cos\theta_t}{\rho_t}\cos\delta\right)\dfrac{D_s\cos\delta}{D_s\varsigma} - \left(\dfrac{\cos\theta_t}{\rho_t} + 2\,\dfrac{\cos\theta_s}{\rho_s}\cos\delta\right)\dfrac{D_t\cos\delta}{D_t\tau} \end{array}\right\} = 0.$$

Dans un prochain article, j'établirai cette formule remarquable et d'autres du même genre, puis je montrerai diverses conséquences importantes de ces deux formules qui comprennent, comme cas particuliers, des équations déjà connues.

298.

Analyse mathématique. — *Mémoire sur divers théorèmes d'Analyse et de Calcul intégral.*

C. R., T. XXI, p. 407 (18 août 1845).

Les résultats auxquels je suis parvenu dans ce Mémoire devant être publiés dans les *Exercices d'Analyse et de Physique mathématique,* je me bornerai à indiquer ici, en peu de mots, quelques-uns d'entre eux.

§ I. — *Théorèmes divers d'Analyse.*

Soient

$$\begin{array}{lllll} a_1, & b_1, & c_1, & \ldots, & h_1, \\ a_2, & b_2, & c_2, & \ldots, & h_2, \\ \ldots, & \ldots, & \ldots, & \ldots, & \ldots, \\ a_n, & b_n, & c_n, & \ldots, & h_n \end{array}$$

des quantités représentées par n lettres diverses

$$a, \quad b, \quad c, \quad \ldots, \quad h,$$

auxquelles on applique successivement les n indices

$$1, \quad 2, \quad 3, \quad \ldots, \quad n,$$

en sorte que le nombre total de ces quantités soit n^2.

Soient, de plus,

$$x, \quad y, \quad z, \quad \ldots$$

n autres quantités, et

$$u, \quad v, \quad w, \quad \ldots$$

n fonctions linéaires de $x, y, z, \ldots$, déterminées par n équations de la forme

$$(1) \qquad \left\{ \begin{array}{l} a_1 x + b_1 y + c_1 z + \ldots = u, \\ a_2 x + b_2 y + c_2 z + \ldots = v, \\ a_3 x + b_3 y + c_3 z + \ldots = w, \\ \ldots\ldots\ldots\ldots\ldots\ldots\ldots\ldots \end{array} \right.$$

Enfin, supposons que les valeurs des variables

$$x, \quad y, \quad z, \quad \ldots$$

et d'une nouvelle variable s soient déterminées par la formule

$$(2) \qquad \frac{u}{x} = \frac{v}{y} = \frac{w}{z} = \ldots = s,$$

jointe aux équations (1). En vertu de cette formule, s vérifiera généralement une certaine équation de condition

$$(3) \qquad \mathrm{F}(s) = 0,$$

dont le degré sera n, et dont le premier membre sera ce que devient la fonction alternée

$$(4) \qquad \mathrm{S}(\pm a_1 b_2 c_3 \ldots h_n)$$

quand on y suppose chacune des n quantités

$$a_1, \quad b_2, \quad c_3, \quad \ldots, \quad h_n$$

diminuée de la variable s, c'est-à-dire quand on y remplace a_1 par $a_1 - s$, puis b_2 par $b_2 - s$, ..., puis, enfin, h_n par $h_n - s$. Il en résulte que l'expression (4) sera précisément égale au produit des n racines de l'équation (3).

Il est bon d'observer que, pour obtenir l'équation (3), il suffit généralement d'éliminer $x, y, z, \ldots$ de la formule (2), en tenant compte des équations (1). A la vérité, dans certains cas particuliers, l'élimination, effectuée d'une certaine manière, abaisserait le degré de l'équation (3) au-dessous du nombre n. Mais on retrouverait alors l'équation complète du degré n, en commençant par éliminer $x, y, z, \ldots$ des équations

$$(5) \qquad \frac{u}{x} = s, \qquad \frac{v}{y} = s_{,}, \qquad \frac{w}{z} = s_{,,}, \qquad \ldots,$$

substituées à la formule (2), et en posant ensuite dans l'équation résultante $s_{,} = s$, $s_{,,} = s$, ..., après avoir réduit le premier membre de cette équation à une fonction linéaire de chacune des quantités s, $s_{,}$, $s_{,,}$, ..., en faisant disparaître, au besoin, les dénominateurs.

Concevons maintenant que, à la place des n variables

$$x,\quad y,\quad z,\quad \ldots,$$

on considère n^2 quantités nouvelles

$$\begin{array}{llll} x_1, & y_1, & z_1, & \ldots, \\ x_2, & y_2, & z_2, & \ldots, \\ x_3, & y_3, & z_3, & \ldots, \\ \ldots, & \ldots, & \ldots, & \ldots, \end{array}$$

qui se trouvent représentées à l'aide des indices

$$1,\quad 2,\quad 3,\quad \ldots,\quad n,$$

successivement appliqués à ces variables; et désignons encore par

$$u_1,\quad v_1,\quad w_1,\quad \ldots,$$

ou par

$$u_2,\quad v_2,\quad w_2,\quad \ldots,$$

ou par

$$u_3,\quad v_3,\quad w_3,\quad \ldots,$$
$$\ldots,\quad \ldots,\quad \ldots,\quad \ldots$$

les valeurs qu'on obtiendra pour

$$u,\quad v,\quad w,\quad \ldots,$$

en appliquant aux lettres

$$x,\quad y,\quad z,\quad \ldots$$

l'indice 1, ou l'indice 2, ou l'indice 3, ... Enfin, supposons que, n variables nouvelles étant représentées par

$$\alpha,\quad 6,\quad \gamma,\quad \ldots,$$

on assujettisse ces dernières variables et la variable s à vérifier, non plus la formule (2), mais la suivante

$$(6)\qquad \frac{u_1\alpha + u_2 6 + u_3\gamma + \ldots}{\alpha} = \frac{v_1\alpha + v_2 6 + v_3\gamma + \ldots}{6} = \frac{w_1\alpha + w_2 6 + w_3\gamma + \ldots}{\gamma} = \ldots = s.$$

L'équation

$$(7)\qquad \mathcal{S} = 0,$$

produite par l'élimination de $\alpha, \beta, \gamma, \ldots$, aura pour premier membre $\mathcal{S}$ ce que devient la fonction alternée

$$(8)\qquad S(\pm u_1 v_2 w_3 \ldots)$$

quand on y suppose chacune des n quantités

$$u_1,\quad v_2,\quad w_3,\quad \ldots$$

diminuée de la variable s; et le produit des n racines de cette équation sera précisément la fonction (8).

Mais, d'autre part, si l'on pose, pour abréger,

$$(9)\qquad \begin{cases} \alpha x_1 + \beta x_2 + \gamma x_3 + \ldots = \mathcal{X}, \\ \alpha y_1 + \beta y_2 + \gamma y_3 + \ldots = \mathcal{Y}, \\ \alpha z_1 + \beta z_2 + \gamma z_3 + \ldots = \mathcal{Z}, \\ \ldots\ldots\ldots\ldots\ldots\ldots\ldots\ldots, \end{cases}$$

la formule (6) deviendra

$$(10)\qquad \frac{a_1\mathcal{X} + b_1\mathcal{Y} + c_1\mathcal{Z} + \ldots}{\alpha} = \frac{a_2\mathcal{X} + b_2\mathcal{Y} + c_2\mathcal{Z} + \ldots}{\beta} = \frac{a_3\mathcal{X} + b_3\mathcal{Y} + c_2\mathcal{Z} + \ldots}{\gamma} = \ldots = s.$$

Posons maintenant

$$(11)\qquad \mathcal{D} = S(\pm a_1 b_2 c_3 \ldots h_n),$$

et nommons

$$\begin{matrix} A_1, & A_2, & A_3, & \ldots, & A_n, \\ B_1, & B_2, & B_3, & \ldots, & B_n, \\ \ldots, & \ldots, & \ldots, & \ldots, & \ldots, \\ H_1, & H_2, & H_3, & \ldots, & H_n \end{matrix}$$

les coefficients respectifs des quantités

$$\begin{matrix} a_1, & a_2, & a_3, & \ldots, & a_n, \\ b_1, & b_2, & b_3, & \ldots, & b_n, \\ \ldots, & \ldots, & \ldots, & \ldots, & \ldots, \\ h_1, & h_2, & h_3, & \ldots, & h_n, \end{matrix}$$

dans le second membre de la formule (12). On aura dès lors, identiquement,

$$(12)\quad \begin{cases} A_1 a_1 + A_2 a_2 + \ldots + A_n a_n = \mathfrak{D}, & \ldots, & H_1 a_1 + H_2 a_2 + \ldots + H_n a_n = 0, \\ A_1 b_1 + A_2 b_2 + \ldots + A_n b_n = 0, & \ldots, & H_1 b_1 + H_2 b_2 + \ldots + H_n b_n = 0, \\ \ldots\ldots\ldots\ldots\ldots, & \ldots, & \ldots\ldots\ldots\ldots\ldots, \\ A_1 h_1 + A_2 h_2 + \ldots + A_n h_n = 0, & \ldots, & H_1 h_1 + H_2 h_2 + \ldots + H_n h_n = \mathfrak{D}, \end{cases}$$

et par suite on tirera de la formule (10)

$$(13)\quad \begin{cases} \mathfrak{D}\mathfrak{X} = s(A_1\alpha + A_2\beta + A_3\gamma + \ldots), \\ \mathfrak{D}\mathfrak{Y} = s(B_1\alpha + B_2\beta + B_3\gamma + \ldots), \\ \mathfrak{D}\mathfrak{Z} = s(C_1\alpha + C_2\beta + C_3\gamma + \ldots), \\ \ldots\ldots\ldots\ldots\ldots\ldots \end{cases}$$

Or, si l'on élimine α, β, γ, ... de ces dernières formules, jointes aux équations (9), on trouvera

$$(14)\quad \mathrm{S}[\pm(\mathfrak{D}x_1 - sA_1)(\mathfrak{D}y_2 - sB_2)(\mathfrak{D}z_3 - sC_3)\ldots] = 0.$$

L'équation (14) devant se confondre avec l'équation (7), les coefficients des puissances semblables de s, dans ces deux équations, devront être proportionnels entre eux. On obtiendra ainsi diverses formules dignes de remarque. Si, en particulier, on compare entre eux les coefficients des puissances extrêmes, on trouvera

$$(15)\quad \mathrm{S}(\pm u_1 v_2 w_3 \ldots) = \mathfrak{K}\,\mathrm{S}(\pm x_1 y_2 z_3 \ldots),$$

la valeur de $\mathfrak{K}$ étant

$$(16)\quad \mathfrak{K} = \frac{\mathfrak{D}^n}{s(\pm A_1 B_2 C_3 \ldots)}.$$

D'ailleurs comme, en supposant les quantités

$$x_1,\ x_2,\ x_3,\ \ldots,\quad y_1,\ y_2,\ y_3,\ \ldots,\quad z_1,\ z_2,\ z_3,\ \ldots$$

toutes réduites à zéro à l'exception de

$$x_1,\ y_2,\ z_3,\ \ldots,$$

et prenant d'ailleurs

$$x_1 = y_2 = z_3 = \ldots = 1,$$

on réduira le système des quantités

$$x_1, \quad x_2, \quad x_3, \quad \ldots, \qquad y_1, \quad y_2, \quad y_3, \quad \ldots, \qquad z_1, \quad z_2, \quad z_3, \quad \ldots$$

au système des quantités

$$a_1, \quad a_2, \quad a_3, \quad \ldots, \qquad b_1, \quad b_2, \quad b_3, \quad \ldots, \qquad c_1, \quad c_2, \quad c_3, \quad \ldots,$$

la formule (15) donnera encore

$$\mathcal{X} = s(\pm a_1 b_2 c_3 \ldots) = \mathbb{D}. \tag{17}$$

Donc on tirera des formules (15) et (16)

$$\mathrm{S}(\pm u_1 v_2 w_3 \ldots) = s(\pm a_1 b_2 c_3 \ldots)\, s(\pm x_1 y_2 z_3 \ldots) \tag{18}$$

et

$$\mathrm{S}(\pm A_1 B_2 C_3 \ldots) = \mathbb{D}^{n-1}. \tag{19}$$

Les équations (18), (19) étaient déjà connues, et font partie de celles que j'ai données, il y a longtemps, dans le *Journal de l'École Polytechnique*. Mais la méthode que nous venons de suivre pour y parvenir, et à l'aide de laquelle on peut aussi établir directement d'autres formules du même genre, nous a paru ne pas être sans intérêt.

§ II. — *Théorèmes de Calcul intégral.*

Considérons une intégrale multiple de la forme

$$\iiint \ldots \mathrm{k}\, dx\, dy\, dz \ldots, \tag{1}$$

le nombre des variables $x, y, z, \ldots$ étant égal à n, et supposons que l'on substitue aux variables $x, y, z, \ldots$ d'autres variables $u, v, w, \ldots$, liées aux premières par n équations données. Alors, en adoptant la méthode suivie par Lagrange, pour le cas de trois variables, dans les *Mémoires de l'Académie de Berlin* de 1773, on trouvera

$$\iiint \ldots \mathrm{k}\, dx\, dy\, dz \ldots = \iiint \ldots \mathrm{k}\Lambda\, du\, dv\, dw \ldots, \tag{2}$$

A étant la valeur numérique de la fonction différentielle alternée

$$S(\pm D_u x\, D_v y\, D_w z \ldots).$$

D'ailleurs, en vertu des principes établis dans le § I, cette valeur numérique sera précisément le produit des n racines de l'équation

$$(3) \qquad \mathcal{S} = 0,$$

qu'on obtient en éliminant les différentielles

$$du, \quad dv, \quad dw, \quad \ldots$$

de la formule

$$(4) \qquad \frac{dx}{du} = \frac{dy}{dv} = \frac{dz}{dw} = \ldots = s \quad (^1),$$

jointe aux équations qui expriment dx, dy, dz, ... en fonctions linéaires de du, dv, dw, ... De cette remarque on déduit immédiatement la proposition suivante :

THÉORÈME. — *Étant donnée une intégrale multiple relative à n variables $x, y, z, \ldots$, si l'on veut à ces variables en substituer d'autres*

$$u, \quad v, \quad w, \quad \ldots,$$

liées aux premières, directement ou indirectement, par des équations données, et trouver le coefficient par lequel on doit alors multiplier la fonction sous le signe $\int$, il suffira de former l'équation en s, et du degré n, à laquelle on parvient quand on élimine toutes les différentielles de la formule (4), puis de prendre, pour le coefficient cherché, le produit des n racines de cette équation, ou plutôt la valeur numérique de ce produit.

Cette proposition fournit une règle d'autant plus commode dans la pratique qu'elle s'applique au cas même où les variables $x, y, z, \ldots$

(1) On ne doit pas confondre $\frac{dx}{du}$, ou le rapport de la différentielle totale de x à la différentielle du u, avec la dérivée

$$D_u x = \frac{d_u x}{du},$$

qui est le rapport de la différentielle partielle $d_u x$ à du.

seraient des fonctions implicites des variables nouvelles $u, v, w, \ldots,$ les unes étant liées aux autres par des équations quelconques, qui pourraient même renfermer des variables auxiliaires. Il suffira, dans tous les cas, d'éliminer toutes les différentielles. D'ailleurs, si l'élimination effectuée d'une certaine manière abaissait le degré n de l'équation (3), il suffirait, pour faire disparaître cet inconvénient, de recourir à l'artifice de calcul indiqué dans le § I.

Il importe d'observer que, dans le cas où les racines de l'équation (3) sont toutes réelles, le théorème énoncé peut être démontré directement avec la plus grande facilité, et presque sans calcul.

Remarquons encore qu'à l'équation (3) on pourrait sans inconvénient substituer la formule

$$(5) \qquad \pm\frac{dx}{du} = \pm\frac{dy}{dv} = \pm\frac{dz}{dw} = \ldots = s,$$

en fixant arbitrairement le signe qui précède chaque rapport.

Appliquons en particulier le théorème énoncé au cas où il s'agit de remplacer les n variables

$$x, \quad y, \quad z, \quad \ldots$$

par d'autres variables

$$u, \quad v, \quad w, \quad \ldots,$$

liées aux premières par des équations de la forme

$$(6) \qquad x = ru, \qquad y = rv, \qquad z = rw, \qquad \ldots,$$

la quantité u étant elle-même une fonction de $u, v, w, \ldots,$ déterminée par l'équation

$$(7) \qquad \mathrm{f}(u, v, w, \ldots) = 1.$$

Alors, en posant, pour abréger,

$$(8) \qquad \Theta = \mathrm{f}(u, v, w, \ldots),$$

on trouvera

$$(9) \qquad \pm\Lambda = r^{n-1}\frac{u\,\mathrm{D}_u\Theta + v\,\mathrm{D}_v\Theta + w\,\mathrm{D}_w\Theta + \ldots}{\mathrm{D}_u\Theta}.$$

Si Θ se réduit à une fonction de u, v, w, ... homogène et du premier degré, on aura simplement

$$(10) \qquad \pm \Lambda = r^{n-1} \frac{\Theta}{D_u \Theta}.$$

La transformation que nous venons d'indiquer est surtout utile dans le cas où il s'agit de transformer une intégrale

$$\iiint \ldots \mathrm{k}\, dx\, dy\, dz \ldots,$$

étendue à toutes les valeurs de x, y, z, ... qui vérifient la condition

$$(11) \qquad \mathrm{f}(x, y, z, \ldots) \leqq \theta,$$

θ désignant une constante quelconque. Alors, en effet, dans l'intégrale transformée, l'intégration relative à la variable r peut être supposée effectuée entre les limites constantes

$$(12) \qquad r = 0, \qquad r = \theta.$$

Lorsque la fonction $\mathrm{f}(u, v, w, \ldots)$ se réduit à la somme

$$u^2 + v^2 + w^2 + \ldots,$$

on peut à la transformation précédente faire succéder la transformation connue qui permet de remplacer, dans le cas de deux ou de trois variables, des coordonnées rectangulaires par des coordonnées polaires. Alors aussi, en supposant : 1° que k dépende de deux fonctions de x, y, z, ..., entières et homogènes, l'une du premier, l'autre du second degré; 2° que l'intégrale (1) s'étende à toutes les valeurs réelles, positives ou négatives, de x, y, z, ..., on pourra réduire cette intégrale à une intégrale double, en suivant la marche que j'ai tracée, pour le cas de trois variables, dans la 49e livraison des *Exercices de Mathématiques* (1). Il y a plus : l'intégrale (1), dans l'hypothèse admise, pourra être réduite à une intégrale simple, si k est le produit de deux facteurs dont l'un dépende uniquement du rapport

(1) *OEuvres de Cauchy*, S. II, T. IX, p. 373 et suiv.

qui existe entre la première fonction homogène et la racine carrée de la seconde, l'autre facteur étant une exponentielle dont l'exposant soit proportionnel à cette racine carrée.

299.

Géométrie. — *Rapport sur un Mémoire de* M. Ossian Bonnet, *concernant quelques propriétés générales des surfaces et des lignes tracées sur les surfaces.*

C. R., T. XXI, p. 564 (8 septembre 1845).

L'Académie nous a chargés, MM. Poncelet, Lamé et moi, de lui rendre compte d'un Mémoire qui lui a été présenté par M. Ossian Bonnet et qui se rapporte à des propriétés générales des surfaces courbes et des lignes tracées sur ces surfaces. Dans ce Mémoire, l'auteur ne se borne pas à donner des démonstrations nouvelles, et généralement très simples, de diverses propositions et formules relatives à la théorie des surfaces courbes, et en particulier des propositions que M. Gauss a établies dans le beau Mémoire intitulé : *Disquisitiones generales circa superficies curvas*. Mais les méthodes auxquelles M. Bonnet a eu recours, en s'appuyant principalement sur des considérations géométriques, jointes à l'emploi des infiniment petits, l'ont conduit encore à des propositions et à des formules qui n'étaient pas connues.

Nous avons vérifié une grande partie des formules nouvelles obtenues par M. Bonnet, et nous en avons constaté l'exactitude. Nous avons surtout remarqué celles qui sont relatives à deux systèmes de lignes orthogonales, tracées sur une surface courbe. Lorsque ces lignes se réduisent aux lignes de courbure, les formules établies par M. Bonnet se confondent en partie avec celles qui ont été données par divers auteurs, spécialement par M. Lamé et par M. Bertrand. Mais, lorsque la condition énoncée cesse d'être remplie, alors, pour retrouver des formules qui offrent quelque analogie avec celles qui étaient déjà connues, il convient d'introduire dans le calcul, ainsi que l'a fait M. Bonnet, un nouvel élément, savoir, l'angle que forme le plan osculateur de chaque courbe avec le plan tangent à la surface, ou, ce qui revient au même, l'angle que forme, en un point donné de la surface, le rayon de courbure d'une courbe appartenant à l'un des systèmes donnés avec la tangente de la courbe qui appartient à l'autre système. Au reste, on peut s'assurer, comme l'a fait le rapporteur, que les formules ainsi établies par M. Bonnet sont comprises elles-mêmes, comme cas particuliers, dans d'autres formules plus générales, relatives à deux systèmes quelconques de lignes tracées sur une surface courbe, et formant entre elles, en chaque point, un certain angle qui peut être à volonté ou aigu, ou obtus, ou même variable suivant une loi quelconque d'un point à un autre.

Parmi les propositions déjà connues que M. Bonnet a retrouvées et démontrées fort simplement à l'aide de ses méthodes, on doit remarquer le beau théorème de M. Gauss, relatif à la transformation des surfaces. Suivant ce théorème, pour qu'une surface puisse s'appliquer sur une autre sans déchirure ni duplicature, il est nécessaire que les points de ces surfaces se correspondent deux à deux, de telle sorte que la courbure de la première surface, c'est-à-dire la moyenne géométrique entre ses deux courbures principales, soit, en un point quelconque, équivalente à la courbure de la seconde surface dans le point correspondant. En démontrant ce théorème et la proposition réciproque, M. Bonnet a donné aussi le caractère analytique qui distingue deux lignes correspondantes tracées sur les deux surfaces courbes. Nous ferons d'ailleurs, au sujet du théorème dont il s'agit, une observation qui ne pourra manquer d'intéresser l'Académie, car elle a pour objet une remarque inédite de Lagrange. S'il est souvent possible de transformer, comme on vient de le dire, une surface donnée sans déchirure ni duplicature, on peut affirmer que le problème deviendra insoluble, toutes les fois que la surface, étant convexe et fermée, devra rester telle après la transformation. Cette dernière proposition est une conséquence immédiate de la démonstration que l'un de nous a donnée du théorème d'Euclide, dans un Mémoire dont la date remonte à l'année 1812. Lagrange, en accueillant ce Mémoire avec bienveillance, voulut bien indiquer dès lors à l'auteur la conséquence que nous venons de rappeler.

On doit remarquer encore, dans le Mémoire de M. Bonnet, la détermination générale de ce que M. Gauss avait nommé la *valeur sphérique* d'une aire tracée sur une surface courbe. M. Bonnet a donné, à ce sujet, une formule qui s'applique au cas où le contour dans lequel l'aire se trouve comprise est une ligne quelconque, et non pas seulement, comme la formule de M. Gauss, au cas ou le contour se compose de lignes dont le plan osculateur est en chaque point normal à la surface donnée.

En résumé, les Commissaires pensent que le Mémoire de M. Bonnet est digne d'être approuvé par l'Académie et inséré dans le *Recueil des Savants étrangers*.

300.

ANALYSE MATHÉMATIQUE. — *Sur le nombre des valeurs égales ou inégales que peut acquérir une fonction de n variables indépendantes, quand on permute ces variables entre elles d'une manière quelconque.*

C. R., T. XXI, p. 593 (15 septembre 1845).

Je m'étais déjà occupé, il y a plus de trente années (1), de la théorie des permutations, particulièrement du nombre des valeurs que les fonctions peuvent acquérir; et dernièrement, comme je l'expliquerai plus en détail dans une prochaine séance, M. Bertrand a joint quelques nouveaux théorèmes à ceux qu'on avait précédemment établis, à ceux que j'avais moi-même obtenus. Mais à la proposition de Lagrange,

(1) *Œuvres de Cauchy*, S. II, T. I.
Voir le *Journal de l'École Polytechnique*, XVIIe Cahier, p. 1.

suivant laquelle le nombre des valeurs d'une fonction de n lettres est toujours un diviseur du produit $1.2.3\ldots n$, on avait jusqu'ici ajouté presque uniquement des théorèmes concernant l'impossibilité d'obtenir des fonctions qui offrent un certain nombre de valeurs. Dans un nouveau travail, j'ai attaqué directement les deux questions qui consistent à savoir : 1° quels sont les nombres de valeurs que peut acquérir une fonction de n lettres; 2° comment on peut effectivement former des fonctions pour lesquelles les nombres de valeurs distinctes soient les nombres trouvés. Mes recherches sur cet objet m'ont d'ailleurs conduit à des formules nouvelles relatives à la théorie des suites, et qui ne sont pas sans intérêt. Je me propose de publier, dans les *Exercices d'Analyse et de Physique mathématique* (1), les résultats de mon travail avec tous les développements qui me paraîtront utiles; je demanderai seulement à l'Académie la permission d'en insérer des extraits dans le *Compte rendu*, en indiquant quelques-unes des propositions les plus remarquables auxquelles je suis parvenu.

Analyse.

§ I. — *Considérations générales.*

Soit Ω une fonction de n variables

$$x, \quad y, \quad z, \quad \ldots.$$

Ces variables pourront être censées occuper, dans la fonction, des places déterminées; et, si on les déplace, en substituant les unes aux autres, la fonction Ω prendra successivement diverses valeurs

$$\Omega', \quad \Omega'', \quad \ldots,$$

dont l'une quelconque Ω' pourra être ou égale à Ω, quelles que soient les valeurs attribuées aux variables $x, y, z, \ldots$ supposées indépendantes, ou généralement distincte de la valeur primitive Ω, à laquelle elle ne

(1) *Œuvres de Cauchy*, S. II, T. XIII.

deviendra égale que pour certaines valeurs particulières de $x, y, z, \ldots$ propres à vérifier l'équation

$$\Omega' = \Omega.$$

Dans ce qui suit, je m'occuperai uniquement des propriétés dont les fonctions jouissent, en raison de leur forme, et non pas en raison des systèmes de valeurs que les variables peuvent acquérir. En conséquence, quand il sera question des valeurs *égales* entre elles que la fonction Ω peut acquérir quand on déplace les variables $x, y, z, \ldots$, il faudra toujours se souvenir que ces valeurs sont celles qui restent égales, quelles que soient les valeurs attribuées aux variables x, y, $z, \ldots$. Ainsi, par exemple, si l'on a

$$\Omega = x + y,$$

les deux valeurs que pourra prendre la fonction Ω, quand on déplacera les deux variables, savoir

$$x + y \quad \text{et} \quad y + x,$$

seront *égales* entre elles, quelles que soient d'ailleurs les valeurs attribuées à x et à y. Mais si l'on avait

$$\Omega = x + 2y,$$

les deux valeurs de la fonction, savoir

$$x + 2y \quad \text{et} \quad y + 2x,$$

seraient deux valeurs *distinctes*, qu'on ne pourrait plus appeler *valeurs égales*, attendu qu'elles seraient le plus souvent inégales, et ne deviendraient égales que dans le cas particulier où l'on aurait $y = x$.

Si l'on numérote les places occupées par les diverses variables x, y, $z, \ldots$ dans la fonction Ω, et si l'on écrit à la suite les unes des autres ces variables $x, y, z, \ldots$ rangées d'après l'ordre de grandeur des numéros assignés aux places qu'elles occupent, on obtiendra un certain *arrangement*

$$xyz\ldots,$$

et, quand les variables seront déplacées, cet arrangement se trouvera remplacé par un autre, qu'il suffira de comparer au premier pour connaître la nature des déplacements. Cela posé, ces diverses valeurs d'une fonction de n lettres correspondront évidemment aux divers arrangements que l'on pourra former avec ces n lettres. D'ailleurs, le nombre de ces arrangements est, comme l'on sait, représenté par le produit

$$1.2.3\ldots n.$$

Si donc l'on pose, pour abréger,

$$N = 1.2.3\ldots n,$$

N sera le nombre des valeurs diverses, égales ou distinctes, qu'une fonction de n variables acquerra successivement quand on déplacera de toutes les manières, en les substituant l'une à l'autre, les variables dont il s'agit.

On appelle *permutation* ou *substitution* l'opération qui consiste à déplacer les variables, en les substituant les unes aux autres, dans une valeur donnee de la fonction Ω, ou dans l'arrangement correspondant. Pour indiquer cette substitution, nous écrirons le nouvel arrangement qu'elle produit au-dessus du premier, et nous renfermerons le système de ces deux arrangements entre parenthèses. Ainsi, par exemple, étant donnée la fonction

$$\Omega = x + 2y + 3z,$$

où les variables x, y, z occupent respectivement la première, la seconde et la troisième place, et se succèdent en conséquence dans l'ordre indiqué par l'arrangement

$$xyz,$$

si l'on échange entre elles les variables y, z qui occupent les deux dernières places, on obtiendra une nouvelle valeur Ω' de Ω, qui sera distincte de la première, et déterminée par la formule

$$\Omega' = x + 2z + 3y.$$

D'ailleurs, le nouvel arrangement correspondant à cette nouvelle valeur sera

$$xzy,$$

et la substitution par laquelle on passe de la première valeur à la seconde se trouvera représentée par la notation

$$\begin{pmatrix} xzy \\ xyz \end{pmatrix},$$

qui indique suffisamment de quelle manière les variables ont été déplacées. Les deux arrangements xzy, xyz compris dans cette substitution forment ce que nous appellerons ses *deux termes,* ou son *numérateur* et son *dénominateur.* Comme les numéros qu'on assigne aux diverses places qu'occupent les variables dans une fonction sont entièrement arbitraires, il est clair que l'arrangement correspondant à une valeur donnée de la fonction est pareillement arbitraire, et que le dénominateur d'une substitution quelconque peut être l'un quelconque des N arrangements formés avec les n variables données. On arrivera immédiatement à la même conclusion en observant qu'une substitution quelconque peut être censée indiquer un système déterminé d'opérations simples, dont chacune consiste à remplacer une lettre du dénominateur par une lettre du numérateur, et que ce système d'opérations ne variera pas si l'on échange entre elles d'une manière quelconque les lettres du dénominateur, pourvu que l'on échange entre elles, de la même manière, les lettres correspondantes du numérateur. Il en résulte qu'une substitution, relative à un système de n variables, peut être présentée sous N formes différentes dont nous indiquerons l'équivalence par le signe $=$ Ainsi, par exemple, on aura

$$\begin{pmatrix} xzy \\ xyz \end{pmatrix} = \begin{pmatrix} xyz \\ xzy \end{pmatrix} = \begin{pmatrix} yxz \\ zxy \end{pmatrix} = \ldots.$$

Observons encore que l'on peut, sans inconvénient, effacer toute lettre qui se présente à la même place dans les deux termes d'une substitution donnée, cette circonstance indiquant que la lettre ne doit pas être déplacée. Ainsi, en particulier, on aura

$$\begin{pmatrix} xzy \\ xyz \end{pmatrix} = \begin{pmatrix} zy \\ yz \end{pmatrix}.$$

Lorsqu'on a ainsi éliminé d'une substitution donnée toutes les lettres qu'il est possible d'effacer, cette substitution se trouve réduite *à sa plus simple expression*.

Le *produit* d'un arrangement donné xyz par une substitution $\begin{pmatrix} xzy \\ xyz \end{pmatrix}$ sera le nouvel arrangement xzy qu'on obtient en appliquant cette substitution même à l'arrangement donné. Le *produit* de deux substitutions sera la substitution nouvelle qui fournit toujours le résultat auquel conduirait l'application des deux premières, opérées l'une après l'autre, à un arrangement quelconque. Les deux substitutions données seront les deux *facteurs* du produit. Le produit d'un arrangement par une substitution ou d'une substitution par une autre s'indiquera par l'une des notations qui servent à indiquer le produit de deux quantités, le multiplicande étant placé, suivant la coutume, à la droite du multiplicateur. On trouvera ainsi, par exemple,

$$\begin{pmatrix} xzy \\ xyz \end{pmatrix} xyz = xzy$$

et

$$\begin{pmatrix} yxuz \\ xyzu \end{pmatrix} = \begin{pmatrix} yx \\ xy \end{pmatrix} \begin{pmatrix} uz \\ zu \end{pmatrix}.$$

Il y a plus : on pourra, dans le second membre de la dernière équation, échanger sans inconvénient les deux facteurs entre eux, de sorte qu'on aura encore

$$\begin{pmatrix} yxuz \\ xyzu \end{pmatrix} = \begin{pmatrix} uz \\ zu \end{pmatrix} \begin{pmatrix} yx \\ xy \end{pmatrix}.$$

Mais cet échange ne sera pas toujours possible, et souvent le produit de deux substitutions variera quand on échangera les deux facteurs entre eux. Ainsi, en particulier, on trouvera

$$\begin{pmatrix} yx \\ xy \end{pmatrix} \begin{pmatrix} zy \\ yz \end{pmatrix} = \begin{pmatrix} yzx \\ xyz \end{pmatrix} \quad \text{et} \quad \begin{pmatrix} zy \\ yz \end{pmatrix} \begin{pmatrix} yx \\ xy \end{pmatrix} = \begin{pmatrix} zxy \\ xyz \end{pmatrix}.$$

Nous dirons que deux substitutions sont *permutables* entre elles, lorsque leur produit sera indépendant de l'ordre dans lequel se suivront les deux facteurs.

Pour abréger, nous représenterons souvent par de simples lettres

$$A, \quad B, \quad C, \quad \ldots,$$

ou par des lettres affectées d'indices,

$$A_1, \quad A_2, \quad A_3, \quad \ldots,$$

les arrangements formés avec plusieurs variables. Alors la substitution qui aura pour termes A et B se présentera simplement sous la forme

$$\binom{B}{A},$$

et l'on aura

$$\binom{B}{A} A = B,$$

$$\binom{C}{B}\binom{B}{A} = \binom{C}{A},$$

$$\ldots\ldots\ldots\ldots\ldots\ldots$$

De plus, si, en appliquant à l'arrangement C la substitution $\binom{B}{A}$, on produit l'arrangement D, on aura, non seulement

$$\binom{B}{A} C = D,$$

mais encore

$$\binom{B}{A} = \binom{D}{C}.$$

Le nombre total des substitutions relatives au système de n variables $x, y, z, \ldots$ est évidemment égal au nombre N des arrangements que l'on peut former avec ces variables, puisqu'en prenant pour dénominateur un seul de ces arrangements, le premier par exemple, on peut prendre pour numérateur l'un quelconque d'entre eux. La substitution dont le numérateur est le dénominateur même peut être censée se réduire à l'unité, puisqu'on peut évidemment la remplacer par le facteur 1 dans les produits

$$\binom{A}{A} C = C,$$

$$\binom{A}{A}\binom{D}{C} = \binom{D}{C}\binom{A}{A} = \binom{D}{C}.$$

Une substitution $\binom{B}{A}$, multipliée par elle-même plusieurs fois de suite, donne pour produits successifs son carré, son cube, et généralement ses diverses puissances, qui sont naturellement représentées par les notations

$$\binom{B}{A}^2, \quad \binom{B}{A}^3, \quad \ldots.$$

D'ailleurs, la série qui aura pour termes la substitution $\binom{B}{A}$ et ses diverses puissances, savoir

$$\binom{B}{A}, \quad \binom{B}{A}^2, \quad \binom{B}{A}^3, \quad \ldots,$$

ne pourra jamais offrir plus de N substitutions réellement distinctes. Donc, en prolongeant cette série, on verra bientôt reparaître les mêmes substitutions. On prouve aisément que la première de celles qui reparaîtront sera équivalente à l'unité, et qu'à partir de celle-ci les substitutions déjà trouvées se reproduiront périodiquement dans le même ordre. Donc le nombre i des termes distincts de la série sera toujours la plus petite des valeurs entières de i pour lesquelles se vérifiera la formule

$$\binom{B}{A}^i = 1.$$

Le nombre i ainsi déterminé, ou le degré de la plus petite des puissances de $\binom{B}{A}$ équivalentes à l'unité, sera ce que nous appellerons le *degré* ou l'*ordre* de la substitution $\binom{B}{A}$.

Supposons maintenant qu'une substitution réduite à sa plus simple expression se présente sous la forme

$$\begin{pmatrix} yz\ldots vwx \\ xy\ldots uvw \end{pmatrix},$$

c'est-à-dire qu'elle ait pour objet de remplacer x par y, puis y par z, ..., et ainsi de suite jusqu'à ce que l'on parvienne à une dernière variable w, qui devra être remplacée par la variable x de laquelle on était parti. Pour effectuer cette substitution, il suffira évidemment de ranger sur la circonférence d'un cercle *indicateur*, divisée en parties égales, les diverses variables

$$x,\quad y,\quad z,\quad \ldots,\quad u,\quad v,\quad w,$$

en plaçant la première, la seconde, la troisième, ... sur le premier, le second, le troisième, ... point de division, puis de remplacer chaque variable par celle qui, la première, viendra prendre sa place, lorsqu'on fera tourner dans un certain sens le cercle indicateur. Pour ce motif, nous donnerons à la substitution dont il s'agit le nom de *substitution circulaire*. Nous la représenterons, pour abréger, par la notation

$$(x, y, z, \ldots, u, v, w);$$

et il est clair que, dans cette notation, une quelconque des variables

$$x,\quad y,\quad z,\quad \ldots,\quad u,\quad v,\quad w$$

pourra occuper la première place. Ainsi, par exemple, on aura identiquement

$$(x, y, z) = (y, z, x) = (z, x, y).$$

L'ordre n d'une substitution circulaire sera évidemment le nombre même des lettres qu'elle renferme. Il est d'ailleurs facile de s'assurer que, n étant l'ordre de la substitution circulaire

$$(x, y, z, \ldots, u, v, w),$$

la puissance l^{ieme} de cette substitution, savoir

$$(x, y, z, \ldots, u, v, w)^l,$$

sera une nouvelle substitution de l'ordre n, si l et n n'ont pas de facteurs communs, ou, en d'autres termes, si l est premier à n. Si, au contraire, l cesse d'être premier à n, alors, k étant le plus grand commun diviseur des nombres l, n, et h étant le quotient de la division de n par k, la substitution

$$(x, y, z, \ldots, u, v, w)^l$$

sera le produit de h substitutions circulaires de l'ordre k. Ainsi, par exemple, on aura, en posant $n = 4$,

$$(x, y, z, u)^2 = (x, z)(y, u), \qquad (x, y, z, u)^3 = (x, u, z, y);$$

et l'on trouvera pareillement, en posant $n = 6$,

$$\begin{aligned}
(x, y, z, u, v, w)^2 &= (x, z, v)(y, u, w),\\
(x, y, z, u, v, w)^3 &= (x, u)(y, v)(z, w),\\
(x, y, z, u, v, w)^4 &= (x, v, z)(y, w, u),\\
(x, y, z, u, v, w)^5 &= (x, w, v, u, z, y).
\end{aligned}$$

§ II. — *Propriétés diverses des substitutions, et décomposition d'une substitution donnée en substitutions primitives.*

Il est facile de s'assurer qu'une substitution quelconque, relative à un nombre quelconque de variables, est toujours un produit de substitutions circulaires; ainsi, par exemple, on a

$$\binom{uzyx}{xyzu} = (x, u)(y, z), \qquad \binom{zuvyx}{xyzuv} = (x, z, v)(y, u).$$

Cela posé, soit $\binom{B}{A}$ une substitution de l'ordre i, relative à un nombre n de variables

$$x, \quad y, \quad z, \quad \ldots;$$

$\binom{B}{A}$ sera nécessairement ou une substitution circulaire, ou le produit de plusieurs substitutions circulaires dont quelques-unes pourront renfermer une seule lettre et se réduire à l'unité. Ces substitutions circulaires seront ce que nous appellerons les *facteurs circulaires* de $\binom{B}{A}$ Deux quelconques d'entre elles, étant composées de lettres diverses, seront évidemment permutables. Donc tous les facteurs circulaires de $\binom{B}{A}$ seront permutables entre eux et représenteront des substitutions qui pourront être effectuées dans un ordre quelconque. Il y a plus : comme deux substitutions égales seront nécessairement permutables entre elles, si l'on élève $\binom{B}{A}$ à des puissances quelconques, on obtiendra de nouvelles substitutions qui seront permutables entre elles, ainsi que leurs facteurs représentés par des puissances des facteurs circulaires de $\binom{B}{A}$.

Supposons, pour fixer les idées, que les variables comprises dans les divers facteurs circulaires de $\binom{B}{A}$ soient respectivement

Dans le premier facteur.....	α,	β,	γ,	...
Dans le second facteur......	λ,	μ,	ν,	...
Dans le troisième facteur...	φ,	χ,	ψ,	...
....	.,	.,	.,	...,

en sorte qu'on ait

$$\binom{B}{A} = (\alpha, \beta, \gamma, \ldots)(\lambda, \mu, \nu, \ldots)(\varphi, \chi, \psi, \ldots). \tag{1}$$

Alors, l étant un nombre entier quelconque, on aura encore

$$\binom{B}{A}^l = (\alpha, \beta, \gamma, \ldots)^l (\lambda, \mu, \nu, \ldots)^l (\varphi, \chi, \psi, \ldots)^l;$$

et, pour que l vérifie l'équation

$$\binom{B}{A}^l = 1, \tag{2}$$

il faudra qu'on ait séparément

$$(\alpha, \beta, \gamma, \ldots)^l = 1, \qquad (\lambda, \mu, \nu, \ldots)^l = 1, \qquad (\varphi, \chi, \psi, \ldots)^l = 1, \qquad \ldots. \tag{3}$$

Or les seules valeurs de l propres à vérifier l'équation (2) seront l'ordre i de la substitution $\binom{B}{A}$ et les multiples de i. Pareillement les valeurs de l propres à vérifier l'une quelconque des formules (3) seront l'ordre du facteur circulaire qui entre dans cette formule et les multiples de cet ordre. Cela posé, soient

$$a, \quad b, \quad c, \quad \ldots$$

les nombres qui représentent les ordres respectifs des substitutions circulaires

$$(\alpha, \beta, \gamma, \ldots), \quad (\lambda, \mu, \nu, \ldots), \quad (\varphi, \chi, \psi, \ldots), \quad \ldots;$$

non seulement on aura

$$a + b + c + \ldots = n,$$

attendu que les divers groupes

$$\begin{array}{cccc} \alpha, & \beta, & \gamma, & \ldots, \\ \lambda, & \mu, & \nu, & \ldots, \\ \varphi, & \chi, & \psi, & \ldots, \\ ., & ., & .., & \ldots \end{array}$$

devront renfermer en somme les n lettres auxquelles se rapporte la substitution $\binom{B}{A}$, mais, de plus, on conclura sans peine de ce qui précède que l'ordre i de la substitution $\binom{B}{A}$ sera le plus petit nombre divisible à la fois par a, par b, par c, etc.

Lorsque deux substitutions

$$\binom{B}{A}, \quad \binom{D}{C}$$

différeront uniquement par la forme des lettres qui, dans ces deux substitutions, occuperont les mêmes places, et qu'en conséquence ces deux substitutions offriront le même nombre de facteurs circulaires et le même nombre de lettres dans les facteurs circulaires correspondants, nous dirons qu'elles sont semblables entre elles. Alors on aura nécessairement

$$\binom{A}{C} = \binom{B}{D}$$

et, par suite, aussi

$$\binom{C}{A} = \binom{D}{B}$$

Il est facile de calculer le nombre des substitutions

$$\binom{B}{A}, \quad \binom{D}{C}, \quad \ldots,$$

semblables entre elles et à $\binom{B}{A}$, que l'on peut former avec n lettres. Soit $\mathfrak{N}$ ce nombre, et supposons que la substitution $\binom{B}{A}$ ait pour facteurs g substitutions circulaires de l'ordre a, h substitutions circulaires de l'ordre b, k substitutions circulaires de l'ordre c, etc. On aura, non seulement

$$ga + hb + kc + \ldots = n, \tag{4}$$

mais encore

$$\mathfrak{N} = \frac{N}{(1.2\ldots g)(1.2\ldots h)(1.2\ldots k)\ldots a^g b^h c^k\ldots}. \tag{5}$$

Si maintenant on désigne par

$$\Sigma\mathfrak{N}$$

la somme des valeurs de $\mathfrak{N}$ correspondantes aux divers systèmes de nombres qui peuvent représenter des valeurs de $a, b, c, \ldots$ propres à vérifier l'équation (1), en d'autres termes, si l'on désigne par $\Sigma\mathfrak{N}$ la somme des valeurs de $\mathfrak{N}$ correspondantes aux diverses manières de partager le nombre n en parties égales ou inégales, alors $\Sigma\mathfrak{N}$ devra être précisément le nombre total des substitutions que l'on peut former avec n lettres. On aura donc

$$\Sigma\mathfrak{N} = N \tag{6}$$

et, par suite,

$$\sum \frac{1}{(1.2\ldots g)(1.2\ldots h)(1.2\ldots k)\ldots a^g b^h c^k\ldots} = 1. \tag{7}$$

Cette dernière équation paraît digne de remarque. Si, pour fixer les idées, on pose $n = 5$, on trouvera

$$\begin{aligned} n = 5 &= 4 + 1 = 3 + 2 \\ &= 3 + 1 + 1 = 2 + 2 + 1 = 2 + 1 + 1 + 1 = 1 + 1 + 1 + 1 + 1, \end{aligned}$$

et par suite l'équation (7) donnera

$$\frac{1}{5} + \frac{1}{4} + \frac{1}{2}\frac{1}{3} + \frac{1}{1.2}\frac{1}{3} + \frac{1}{1.2}\frac{1}{2^2} + \frac{1}{1.2.3}\frac{1}{2} + \frac{1}{1.2.3.4.5} = 1,$$

ce qui est exact. Si dans la somme $\Sigma\mathfrak{N}$ on comprenait seulement celles des valeurs de $\mathfrak{N}$ qui correspondent à des valeurs des nombres a, b, c, ..., supérieures à l'unité, alors, à la place de la formule (7), on obtiendrait la suivante

$$(8) \quad \sum \frac{1}{(1.2\ldots g)(1.2\ldots h)(1.2\ldots k)\ldots a^g b^h c^k \ldots} = \frac{1}{1.2} - \frac{1}{1.2.3} + \ldots + \frac{(-1)^n}{1.2.3\ldots n},$$

dont le second membre se réduit à $\frac{1}{e}$, pour des valeurs infinies de n, e désignant la base des logarithmes népériens. Ainsi, en particulier, si l'on prend $n = 5$, on trouvera

$$n = 5 = 3 + 2$$

et

$$\frac{1}{5} + \frac{1}{2.3} = \frac{1}{1.2} - \frac{1}{1.2.3} + \frac{1}{1.2.3.4} - \frac{1}{1.2.3.4.5}.$$

Considérons maintenant plusieurs substitutions

$$\binom{B}{A}, \quad \binom{D}{C}, \quad \binom{F}{E}, \quad \ldots$$

relatives aux n lettres $x, y, z, \ldots$. J'appellerai substitutions *dérivées* toutes celles que l'on pourra déduire des substitutions données, multipliées une ou plusieurs fois les unes par les autres ou par elles-mêmes dans un ordre quelconque, et les substitutions données, jointes aux substitutions dérivées, formeront ce que j'appellerai un *système de substitutions conjuguées*. L'*ordre* de ce système sera le nombre total des substitutions qu'il présente, y compris la substitution qui offre deux termes égaux et se réduit à l'unité. Si l'on désigne par I cet ordre, et par

$$i,\quad i',\quad i'',\quad \ldots$$

les ordres des substitutions données, I sera toujours divisible par chacun des nombres i, i', i'', ... D'ailleurs I sera toujours un diviseur du produit

$$N = 1.2\ldots n.$$

Ajoutons que, étant donné un système de substitutions conjuguées, on reproduira toujours les mêmes substitutions, rangées seulement d'une autre manière, si on les multiplie séparément par l'une quelconque d'entre elles, ou bien encore si l'une quelconque d'entre elles est séparément multipliée par elle-même et par toutes les autres.

Lorsque les substitutions données sont permutables entre elles, l'ordre I du système ne peut surpasser le produit

$$i i' i'' \ldots$$

des ordres des substitutions données.

Lorsque les substitutions données se réduisent à une seule

$$\binom{B}{A},$$

les substitutions dérivées se confondent avec les puissances de $\binom{B}{A}$, et l'ordre I du système avec l'ordre i de la substitution donnée.

Supposons maintenant que l'ordre i de la substitution

$$\binom{B}{A}$$

soit décomposé en facteurs

$$a,\quad b,\quad c,\quad \ldots$$

premiers entre eux. Je prouve que, dans ce cas ([1]), *la substitution*

([1]) Pour établir cette proposition fondamentale, je m'appuie sur un théorème d'arithmétique dont voici l'énoncé :

Supposons que, le nombre entier i étant décomposé en facteurs a, b, c, ... premiers

$\binom{B}{A}$ *et ses puissances peuvent être censées former un système de substitutions conjuguées, dérivées des seules substitutions*

$$\binom{B}{A}^{\frac{i}{a}}, \quad \binom{B}{A}^{\frac{i}{b}}, \quad \binom{B}{A}^{\frac{i}{c}}, \quad \dots.$$

Cela posé, admettons que, p, q, r, ... étant les facteurs premiers de i, on ait

$$i = p^g q^h r^k \dots.$$

On pourra prendre

$$(9) \qquad a = p^g, \qquad b = q^h, \qquad c = r^k, \qquad \dots,$$

et alors chacune des substitutions

$$(10) \qquad \binom{B}{A}^{\frac{i}{a}}, \quad \binom{B}{A}^{\frac{i}{b}}, \quad \binom{B}{A}^{\frac{i}{c}}, \quad \dots$$

aura seulement pour facteurs circulaires des substitutions dont les ordres se réduiront aux puissances d'un seul nombre premier. Cette propriété remarquable des substitutions (10) est très utile dans la théorie des permutations, où les substitutions jouent un rôle analogue à celui que remplissent les racines primitives dans la théorie des équations binaires. Pour cette raison, et supposant que les valeurs de a, b, c, ... sont données par les formules (9), je désignerai les substitutions (10) sous le nom de *substitutions primitives*, et je les appellerai *facteurs primitifs* de la substitution $\binom{B}{A}$.

Dans un prochain article j'expliquerai comment les principes que

entre eux, on désigne par l un nombre entier quelconque inférieur à i, on pourra toujours satisfaire à l'équivalence

$$i\left(\frac{x}{a} + \frac{y}{b} + \frac{z}{c} + \dots\right) \equiv l \pmod{i}$$

par des valeurs entières de x, y, z, ... respectivement inférieures à a, b, c, ...

je viens d'énoncer conduisent à la détermination du nombre des valeurs distinctes que peut acquérir une fonction Ω de n variables indépendantes $x, y, z, \ldots$.

301.

Analyse mathématique. — *Sur le nombre des valeurs égales ou distinctes que peut acquérir une fonction de n variables, quand on permute ces variables entre elles d'une manière quelconque* (suite).

C. R., T. XXI, p. 668 (22 septembre 1845).

Je me bornerai, pour l'instant, à indiquer, dans cet article, quelques-uns des principaux résultats de mon travail. Les propositions que j'énoncerai ici se trouveront d'ailleurs démontrées et développées dans les *Exercices d'Analyse et de Physique mathématique*.

§ I. — *Sur les diverses formes que peut prendre une fonction symétrique ou non symétrique de n variables.*

Considérons une fonction Ω de n variables

$$x, \; y, \; z, \; \ldots,$$

et supposons que cette fonction reste continue pour chacun des systèmes de valeurs attribuées aux variables dont il s'agit. Prenons d'ailleurs

$$N = 1.2.3\ldots n. \tag{1}$$

Lorsqu'on permutera les variables entre elles de toutes les manières possibles, on obtiendra N valeurs diverses de la fonction Ω, et deux quelconques de ces valeurs pourront être, ou *égales* entre elles, quels que soient $x, y, z, \ldots$, ou généralement inégales et *distinctes* l'une de l'autre. Si l'on nomme m le nombre des valeurs distinctes de la fonction Ω, et M le nombre de ses valeurs égales, chacune des valeurs distinctes pourra prendre M formes diverses, et par suite on aura

$$mM = N. \tag{2}$$

En vertu de cette formule, qui était déjà connue, la détermination du nombre des valeurs distinctes d'une fonction se trouve ramenée à la détermination du nombre des valeurs égales, ou, ce qui revient au même, à la détermination du nombre des permutations que l'on peut effectuer sur les variables $x, y, z, \ldots$, sans altérer la fonction Ω.

Concevons maintenant que l'on essaye de partager la suite des variables

$$x, \quad y, \quad z, \quad \ldots$$

en plusieurs autres suites ou *groupes*, en réunissant deux variables dans un même groupe toutes les fois que l'on peut faire passer l'une à la place de l'autre, à l'aide d'une substitution quelconque, sans altérer la valeur de la fonction Ω. Il arrivera de deux choses l'une : ou les divers groupes que l'on essayera de former se réduiront à un seul; ou l'on obtiendra effectivement plusieurs groupes distincts les uns des autres. Dans le premier cas, on pourra, sans altérer la valeur de Ω, faire passer toutes les variables à la place occupée dans la fonction par l'une quelconque d'entre elles, et je dirai, pour cette raison, que la fonction est *transitive*. Au contraire, la fonction sera dite *intransitive* quand on ne pourra, sans altérer sa valeur, faire passer certaines variables à certaines places. Parmi les fonctions transitives, on doit distinguer la fonction *symétrique*, dont toutes les valeurs sont égales entre elles, en sorte qu'on a, pour une telle fonction,

$$m = 1, \qquad M = N.$$

Parmi les fonctions intransitives, on doit distinguer celles dont toutes les valeurs sont distinctes ou, en d'autres termes, celles pour lesquelles on a

$$m = N, \qquad M = 1,$$

chaque groupe étant alors réduit à ne renfermer qu'une seule variable.

Une *substitution*, opérée sur les variables comprises dans la fonction Ω, peut, ou déplacer toutes les variables, ou déplacer seulement plusieurs d'entre elles, en laissant les autres *immobiles*.

Cela posé, considérons d'abord une fonction transitive de plusieurs variables

$$x, \ y, \ z, \ \ldots.$$

Soient toujours Ω cette fonction et M le nombre de ses valeurs égales, dans le cas où toutes les variables restent mobiles. Comme une variable quelconque pourra occuper la première place, si l'on nomme $\mathfrak{M}$ le nombre des valeurs égales que peut acquérir la fonction, quand une variable reste immobile, ou, ce qui revient au même, quand on considère Ω comme une fonction de $n-1$ variables, on aura

$$M = n\mathfrak{M}. \tag{3}$$

D'ailleurs le nombre des valeurs distinctes de Ω considéré : 1° comme une fonction de n variables

$$x, \ y, \ z, \ \ldots;$$

2° comme une fonction de $n-1$ variables

$$y, \ z, \ \ldots,$$

sera, dans le premier cas, en vertu des formules (2) et (3),

$$m = \frac{1.2\ldots n}{M} = \frac{1.2\ldots(n-1)}{\mathfrak{M}}, \tag{4}$$

et, dans le second cas,

$$\frac{1.2\ldots(n-1)}{\mathfrak{M}}.$$

Donc ces deux nombres seront égaux, et l'on peut énoncer la proposition suivante :

Théorème. — *Soit Ω une fonction transitive de n variables*

$$x, \ y, \ z, \ \ldots,$$

et désignons par m le nombre des valeurs distinctes de cette fonction, dans *le cas où toutes les variables restent mobiles, m sera en même temps le nombre des valeurs distinctes de* Ω, *dans le cas où une variable* x *deviendra immobile, et par conséquent le nombre des valeurs distinctes de* Ω *considéré comme fonction des seules variables* $y, z, \ldots$.

Exemple. — Supposons

$$n = 3 \quad \text{et} \quad \Omega = x^3y^2z + y^3z^2x + z^3x^2y.$$

En considérant Ω comme fonction des trois variables

$$x, \quad y, \quad z,$$

on reconnaîtra que les seules substitutions qui n'altèrent pas cette fonction sont les deux substitutions circulaires

$$(x, y, z), \quad (x, z, y),$$

dont l'une est le carré de l'autre. On aura donc, dans le cas présent,

$$M = 3, \quad \text{et par suite,} \quad m = \frac{1.2.3}{3} = 2.$$

Si maintenant on suppose que x devienne immobile, il ne sera plus possible d'échanger entre eux y et z. Donc, si l'on considère Ω comme fonction des seules variables y, z, le nombre $\mathfrak{M}$ des valeurs égales de cette fonction sera l'unité, et le nombre de ses valeurs distinctes, représenté par le rapport $\frac{1.2}{\mathfrak{M}}$, sera encore égal à 2.

Supposons maintenant que Ω soit une fonction intransitive. Alors la suite des n variables

$$x, \quad y, \quad z, \quad \ldots$$

se partagera en plusieurs autres suites ou groupes

$$\begin{array}{llll} \alpha, & \beta, & \gamma, & \ldots, \\ \lambda, & \mu, & \nu, & \ldots, \\ \varphi, & \chi, & \psi, & \ldots, \\ ., & ., & ., & \ldots, \end{array}$$

que l'on formera aisément en s'astreignant à la seule condition de réunir toujours, dans un même groupe, deux variables dont l'une pourra prendre la place de l'autre en vertu d'une substitution quelconque. Soient

a le nombre des variables α, β, γ, ... comprises dans le premier groupe;

b le nombre des variables λ, μ, ν, ... comprises dans le second groupe;

c le nombre des variables φ, χ, ψ, ... comprises dans le troisième groupe;

....

On aura évidemment

$$(5) \qquad a+b+c+\ldots=n.$$

Lorsqu'on a, comme on vient de le dire, partagé en plusieurs groupes le système des n variables comprises dans une fonction intransitive Ω, toute substitution qui n'altère pas la valeur de Ω se borne à déplacer des variables dans un seul groupe ou dans plusieurs groupes simultanément. Or il arrive souvent que les déplacements divers, simultanément opérés dans les divers groupes, en vertu d'une substitution qui n'altère pas la valeur de Ω, peuvent aussi s'effectuer séparément et indépendamment les uns des autres, sans que la fonction Ω soit altérée. Lorsque cette condition sera remplie, nous dirons que les divers groupes sont *indépendants* les uns des autres. C'est ce qui aura lieu, par exemple, si l'on prend

$$n=5 \quad \text{et} \quad \Omega = x^2y + xy^2 + zuv.$$

Alors les deux groupes

$$x,\ y,$$
$$z,\ u,\ v,$$

que l'on pourra former avec les cinq variables x, y, z, u, v, seront indépendants l'un de l'autre, attendu que toute substitution qui, sans altérer la valeur de Ω, déplacera les variables, produira, dans chaque groupe, des déplacements qui pourront s'effectuer isolément, sans que la valeur de Ω soit altérée.

Au contraire, les groupes formés avec les variables ne seraient plus indépendants les uns des autres, si l'on prenait $n = 4$,

$$\Omega = x^2 y + z^2 u.$$

Alors, en effet, les deux groupes formés avec les quatre variables x, y, z, u seraient

$$\begin{matrix} x, & z, \\ y, & u, \end{matrix}$$

et la seule substitution qui, sans altérer la valeur de Ω, déplacerait les variables, serait celle qui consiste à échanger simultanément x avec z, et y avec u. La valeur de Ω serait évidemment altérée, si l'on se bornait à échanger entre elles les deux variables x et z.

La détermination du nombre des valeurs égales et du nombre des valeurs distinctes d'une fonction intransitive Ω qui renferme n variables $x, y, z, \ldots$ peut être ramenée à la détermination de ces deux nombres, pour des fonctions qui renferment moins de n lettres, ainsi que nous allons l'expliquer.

Soient toujours

$$\begin{matrix} \alpha, & \beta, & \gamma, & \ldots, \\ \lambda, & \mu, & \nu, & \ldots, \\ \varphi, & \chi, & \psi, & \ldots, \\ ., & ., & ., & \ldots \end{matrix}$$

les divers groupes formés avec les n variables $x, y, z, \ldots,$ chaque groupe étant composé de variables dont l'une peut prendre la place de l'autre, sans que la valeur de Ω soit altérée, et supposons d'abord ces divers groupes indépendants les uns des autres. Soit, dans cette hypothèse, A le nombre des valeurs égales que peut acquérir Ω quand on se borne à déplacer les variables $\alpha, \beta, \gamma, \ldots$ que renferme le premier groupe, en considérant ces variables comme seules mobiles ou, ce qui revient au même, le nombre des valeurs égales de Ω considéré comme fonction des seules variables $\alpha, \beta, \gamma, \ldots$. Soit pareillement

B le nombre des valeurs égales de Ω considéré comme fonction des seules variables λ, μ, ν, ... Soit encore C le nombre des valeurs égales de Ω considéré comme fonction des seules variables $\varphi, \chi, \psi, \ldots$ et ainsi de suite. Le nombre total M des valeurs égales de Ω, considéré comme fonction des seules variables $x, y, z, \ldots$, sera déterminé par la formule

$$M = ABC\ldots. \tag{6}$$

D'ailleurs, si l'on désigne toujours par a, ou par b, ou par c, ... le nombre des variables comprises dans le premier, dans le deuxième, dans le troisième, ... groupe, les facteurs

$$A, \quad B, \quad C, \quad \ldots$$

seront respectivement des diviseurs des produits

$$1.2\ldots a, \quad 1.2\ldots b, \quad 1.2\ldots c, \quad \ldots,$$

et, si l'on pose, pour abréger,

$$\mathcal{A} = \frac{1.2\ldots a}{A}, \qquad \mathcal{B} = \frac{1.2\ldots b}{B}, \qquad \mathcal{C} = \frac{1.2\ldots c}{C}, \qquad \ldots, \tag{7}$$

$\mathcal{A}$ représentera le nombre des valeurs distinctes de Ω considéré comme fonction des seules variables α, 6, γ, ... comprises dans le premier groupe; $\mathcal{B}$ le nombre des valeurs distinctes de Ω considéré comme fonction des seules variables λ, μ, ν, ... comprises dans le deuxième groupe; $\mathcal{C}$ le nombre des valeurs distinctes de Ω considéré comme fonction des seules variables φ, χ, ψ, ... comprises dans le troisième groupe, etc. Ajoutons que, si l'on pose, pour abréger,

$$\left\{\begin{aligned} \mathfrak{N} &= \frac{N}{(1.2\ldots a)(1.2\ldots b)(1.2\ldots c)\ldots} \\ &= \frac{1.2.3\ldots n}{(1.2\ldots a)(1.2.b\ldots)(1.2\ldots c)\ldots}, \end{aligned}\right. \tag{8}$$

c'est-à-dire, si l'on désigne par $\mathfrak{N}$ le coefficient du produit

$$r^a s^b t^c \ldots$$

dans le développement du polynôme

$$(r+s+t+\ldots)^n,$$

on tirera des formules (2), (6), (7), ...

(9) $$m = \mathfrak{M}\mathfrak{A}\mathfrak{B}\mathfrak{C}, \quad \ldots.$$

Considérons maintenant le cas où les divers groupes formés avec les variables x, y, z, ... ne sont plus indépendants les uns des autres. Je suis parvenu à démontrer que, dans ce cas encore, les nombres M et m, c'est-à-dire le nombre des valeurs égales et le nombre des valeurs distinctes de la fonction Ω, pourront être déterminés à l'aide des formules (6) et (9), si l'on attribue aux facteurs A, B, C, ... ou $\mathfrak{A}$, $\mathfrak{B}$, $\mathfrak{C}$, ... les valeurs que je vais indiquer. On devra, dans le cas dont il s'agit, représenter par A le nombre des valeurs égales que pourra obtenir Ω, en vertu de substitutions correspondantes à des permutations diverses des variables α, β, γ, ... comprises dans le premier groupe; par B le nombre des valeurs égales que pourra obtenir Ω, en vertu de substitutions qui, sans déplacer α, β, γ, ..., correspondront à des permutations diverses des variables λ, μ, ν, ... comprises dans le second groupe; par C le nombre des valeurs égales que pourra obtenir Ω, en vertu de substitutions qui, sans déplacer ni α, β, γ, ..., ni λ, μ, ν, ..., produiront des permutations diverses des variables φ, χ, ψ, ... comprises dans le troisième groupe. Il pourra d'ailleurs arriver que des permutations diverses des variables comprises dans l'un des groupes entraînent des permutations correspondantes des variables comprises dans les groupes suivants, en sorte qu'on soit obligé, pour ne pas altérer la valeur de Ω, d'effectuer simultanément ces permutations correspondantes. Il y a plus : la correspondance dont il s'agit ici devra certainement avoir lieu, au moins pour quelques permutations, dans l'hypothèse admise que les divers groupes ne sont pas tous indépendants les uns des autres. Quant aux facteurs $\mathfrak{A}$, $\mathfrak{B}$, $\mathfrak{C}$, ..., ils devront toujours être déterminés à l'aide des formules (7); et l'on peut démontrer qu'alors chacun d'eux sera encore propre à représenter le nombre des valeurs distinctes d'une certaine fonction des variables α, β, γ, ..., ou λ, μ, ν, ..., ou φ, χ, ψ, ... comprises dans le premier, ou dans le second, ou dans le troisième, ... groupe.

Pour faire mieux comprendre ce qui précède, appliquons la formule (9) à quelques exemples.

Exemple I. — Supposons $n = 5$,

$$\Omega = x^3y^2z + y^3z^2x + z^3x^2y + uv.$$

Alors les seules substitutions qui n'altéreront pas la valeur de Ω seront les deux substitutions circulaires

$$(x, y, z), \quad (u, v)$$

et les dérivées de ces deux substitutions. Alors aussi, en vertu de ces deux substitutions et de leurs dérivées, on pourra faire passer à la place l'une de l'autre ou les variables x, y, z, ou les variables u, v, sans que jamais une variable de l'un des groupes

$$x, \quad y, \quad z,$$
$$u, \quad v$$

se trouve substituée à une variable de l'autre groupe. D'ailleurs toute substitution qui aura la propriété de ne pas altérer la valeur de Ω, par exemple la suivante

$$(x, y, z)(u, v),$$

sera toujours le produit de deux substitutions

$$(x, y, z), \quad (u, v),$$

dont chacune jouira séparément de cette propriété, et sera relative aux variables comprises dans un seul groupe. Donc les deux groupes seront indépendants l'un de l'autre. Ajoutons que, le premier groupe étant composé de trois variables, le second de deux, on aura, dans le cas présent,

$$a = 3, \qquad b = 2.$$

D'autre part Ω, considéré comme fonction des seules variables x, y, z, offrira trois valeurs égales et deux valeurs distinctes; on aura donc

$$A = 3, \qquad \mathcal{A} = 2.$$

Au contraire, en considérant Ω comme fonction de u, v, on trouvera

$$B = 2, \qquad \mathcal{B} = 1.$$

Enfin, le coefficient N du produit

$$r^3 s^2,$$

dans le développement du binôme

$$(r+s)^5,$$

sera le nombre 10. On aura donc

$$\mathcal{N} = 10,$$

et par conséquent les formules (6), (9) donneront

$$M = 3.2 = 6,$$
$$m = 10.2.1 = 20.$$

Exemple II. — Si l'on pose $n = 6$,

$$\Omega = x^2 yz + u^2 vw.$$

Alors, avec les six lettres x, y, z, u, v, w, on pourra former deux groupes

$$x, \quad u;$$
$$y, \quad z, \quad v, \quad w.$$

Mais ces deux groupes ne seront pas indépendants l'un de l'autre. Alors aussi on trouvera

$$a = 2, \qquad A = 2, \qquad \mathcal{A} = 1,$$
$$b = 4, \qquad B = 4, \qquad \mathcal{B} = 6,$$
$$\mathcal{N} = 15$$

et, par suite,

$$M = 2.4 = 8,$$
$$m = 15.1.6 = 90.$$

Il importe d'observer que, dans le cas auquel se rapporte la formule (9), c'est-à-dire dans le cas où la fonction Ω est intransitive, chacun des nombres a, b, c, ... est inférieur à n, et qu'en conséquence la valeur de $\mathfrak{N}$ déterminée par la formule (8) est, ou égale, ou supérieure à n. On aura, en particulier, $\mathfrak{N} = n$, si les groupes formés comme il a été dit ci-dessus se réduisent à deux, le premier étant composé de $n - 1$ variables, l'autre de n variables seulement. Alors on trouvera

$$a = n - 1, \qquad b = 1, \qquad \mathfrak{B} = 1, \qquad \mathfrak{N} = n,$$

et la formule (9) donnera

$$m = n\mathfrak{A}. \tag{10}$$

Dans tout autre cas, $\mathfrak{N}$ surpassera n, et il en sera de même, à plus forte raison, du nombre m, qui, en vertu de la formule (9), sera toujours un multiple de $\mathfrak{N}$.

En terminant ce paragraphe, nous ajouterons, aux remarques déjà faites, une observation qui n'est pas sans importance, c'est que *le nombre des valeurs égales d'une fonction quelconque de n variables est toujours évidemment l'ordre d'un certain système de substitutions conjuguées.*

§ II. — *Sur diverses propriétés des fonctions transitives.*

Soit Ω une fonction transitive de n variables

$$x, \quad y, \quad z, \quad \ldots.$$

On pourra, sans altérer cette fonction, faire passer une variable quelconque à la place de x. Mais, x devenant immobile, Ω, considéré comme fonction de $n - 1$ variables seulement, pourra cesser d'être une fonction transitive. Cela posé, il importe de remarquer une propriété singulière de certaines fonctions transitives. Elle est exprimée par un théorème, que je suis parvenu à établir, et qui peut s'énoncer comme il suit.

Théorème. — *Supposons que* Ω *soit tout à la fois une fonction transitive des* n *variables*

$$x, \; y, \; z, \; \ldots$$

et une fonction intransitive de $n - 1$ *variables*

$$y, \; z, \; \ldots .$$

Supposons encore que ces dernières variables se partagent en groupes indépendants les uns des autres, quand on réunit deux variables dans un même groupe, toutes les fois que l'on peut faire passer l'une à la place de l'autre, sans altérer Ω, *à l'aide d'une substitution qui laisse immobile la variable* x. *Alors,* x *redevenant mobile, on pourra partager la suite des* n *variables*

$$x, \; y, \; z, \; \ldots$$

en plusieurs autres suites ou groupes

$$\begin{array}{llll} \alpha, & \beta, & \gamma, & \ldots, \\ \lambda, & \mu, & \nu, & \ldots, \\ \varphi, & \chi, & \psi, & \ldots, \\ ., & ., & ., & \ldots, \end{array}$$

ces groupes étant tellement composés, que toute substitution qui n'altérera pas la valeur de Ω *aura pour effet unique ou de déplacer des variables dans chaque groupe, ou d'échanger les groupes entre eux, et ces groupes étant ordinairement indépendants les uns des autres, en sorte que des déplacements simultanément effectués dans les divers groupes, en vertu d'une substitution qui n'altérera pas la valeur de* Ω, *pourront aussi s'effectuer séparément, sans altération de cette même valeur.*

Lorsqu'une fonction transitive Ω remplit les conditions énoncées dans ce théorème, les divers groupes

$$\begin{array}{llll} \alpha, & \beta, & \gamma, & \ldots, \\ \lambda, & \mu, & \nu, & \ldots, \\ \varphi, & \chi, & \psi, & \ldots, \\ ., & ., & ., & \ldots, \end{array}$$

formés avec les n variables

$$x,\quad y,\quad z,\quad \ldots,$$

renferment tous le même nombre a de variables et, par conséquent, ce nombre a est un diviseur de n. Cela posé, soit

$$k = \frac{n}{a}.$$

Nommons A le nombre des valeurs égales que peut acquérir Ω, en vertu de substitutions dont chacune se borne à déplacer les variables comprises dans un seul groupe, et K le nombre des valeurs égales que Ω peut acquérir, quand on se borne à échanger les groupes entre eux. Le nombre total M des valeurs égales de Ω sera évidemment déterminé par la formule

$$M = KA^k. \tag{1}$$

D'ailleurs le nombre m des valeurs distinctes de Ω se trouvera toujours lié au nombre M par l'équation

$$mM = N, \tag{2}$$

la valeur de N étant

$$N = 1.2.3\ldots n. \tag{3}$$

Soient maintenant

$$\mathcal{K} \quad \text{et} \quad \mathcal{A}$$

deux nombres liés à K et A par les formules

$$\mathcal{A} = \frac{1.2\ldots a}{A}, \qquad \mathcal{K} = \frac{1.2\ldots k}{K}. \tag{4}$$

$\mathcal{A}$ sera le nombre des valeurs distinctes d'une fonction de a variables; $\mathcal{K}$ sera pareillement le nombre des valeurs distinctes d'une certaine fonction de k variables; et, en posant, pour abréger,

$$\mathcal{N} = \frac{1.2.3\ldots n}{(1.2\ldots k)(1.2.3\ldots a)^k}, \tag{5}$$

on tirera des formules (1), (2), (3), (4)

$$(6) \qquad m = \mathfrak{N}\mathfrak{H}\mathfrak{A}^k.$$

En vertu de la formule (6), m sera certainement un multiple du nombre entier représenté par $\mathfrak{N}$.

Dans un prochain article, j'indiquerai les conséquences importantes qui se déduisent de la formule (6) et des principes établis dans le § I.

302.

Analyse mathématique. — *Sur le nombre des valeurs égales ou distinctes que peut acquérir une fonction de n variables, quand on permute ces variables entre elles d'une manière quelconque.*

C. R., T. XXI, p. 727 (29 septembre 1845).

Nous allons, dans cet article, indiquer brièvement les moyens d'établir diverses propositions dignes de remarque, et relatives au nombre des valeurs égales ou distinctes qu'une fonction peut acquérir.

§ I. — *Théorèmes relatifs aux fonctions symétriques.*

On sait que l'on nomme fonction *symétrique* de plusieurs variables une fonction dont la valeur ne varie pas quand on permute ces variables entre elles d'une manière quelconque.

De plus, en vertu des définitions adoptées dans le précédent article, une fonction Ω de n variables

$$x, \quad y, \quad z, \quad \ldots$$

est *transitive*, lorsqu'on peut, sans altérer la valeur de Ω, faire passer toutes les variables à la place occupée par l'une quelconque d'entre elles. Elle est *intransitive* dans le cas contraire.

D'ailleurs, il a été prouvé que le nombre m des valeurs distinctes d'une fonction transitive Ω de n variables $x, y, z, \ldots$ est en même temps le nombre des valeurs distinctes de Ω considéré comme fonction de $n - 1$ variables seulement. Lorsque le nombre m se réduit à l'unité, la fonction transitive Ω devient nécessairement symétrique.

Cela posé, il est facile d'établir les propositions suivantes :

THÉORÈME I. — *Soit Ω une fonction de n variables*

$$x, \quad y, \quad z, \quad \ldots.$$

Supposons d'ailleurs cette fonction symétrique par rapport à certaines variables

$$\alpha, \quad \beta, \quad \gamma, \quad \ldots,$$

dont le nombre a vérifie la condition

$$a > \frac{n}{2}.$$

Enfin, supposons que, parmi les variables restantes

$$\lambda, \quad \mu, \quad \nu, \quad \ldots,$$

dont le nombre b vérifie évidemment les conditions

$$n = a + b, \qquad b < \frac{n}{2},$$

une ou plusieurs, que j'appellerai ρ, ς, ..., puissent passer à la place occupée par l'une des variables α, β, γ, ..., en vertu d'une substitution qui n'altère pas la valeur de Ω. Alors Ω sera nécessairement fonction symétrique des variables

$$\alpha, \quad \beta, \quad \gamma, \quad \ldots, \quad \rho, \quad \varsigma, \quad \ldots.$$

Démonstration. — En faisant subir aux variables

$$x, \quad y, \quad z, \quad \ldots$$

un déplacement quelconque, on déduira toujours de Ω une fonction qui sera symétrique, ou par rapport aux variables

$$\alpha, \quad \beta, \quad \gamma, \quad \ldots,$$

ou par rapport à celles qui occuperont leurs places. En d'autres termes, après un déplacement quelconque des n variables x, y, z, ..., il existera toujours un groupe composé de a variables dont Ω sera fonction symétrique; et, puisque a, par hypothèse, surpasse $\frac{n}{2}$, ce groupe devra toujours renfermer au moins une des variables α, β, γ, ... qui le composaient primitivement. Cela posé, concevons que, sans altérer Ω, on puisse faire entrer ρ dans ce groupe, en le faisant passer à la place primitivement occupée par l'une des variables α, β, γ, ... Alors ρ se trouvera renfermé dans le groupe dont il s'agit, avec l'une au moins de ces variables, avec α par exemple. Donc Ω sera fonction symétrique de ρ et de α; en sorte que, sans altérer Ω, on pourra échanger entre elles ces deux variables. D'ailleurs, cette propriété dont jouiront les variables ρ et α tiendra évidemment, non pas à la forme des lettres qui représentent ces variables, mais à la place qu'elles occupaient dans la fonction Ω et à la nature de cette fonction. Enfin, il est clair qu'avant de faire entrer ρ dans le groupe primitivement composé des variables α, β, γ, ... dont Ω était fonction symétrique, on pouvait permuter ces variables d'une manière quelconque, et, par conséquent, faire passer à la place de α l'une quelconque d'entre elles. Donc, dans l'hypothèse admise, on peut, sans altérer Ω, échanger ρ, non seulement avec α, mais encore avec l'une quelconque des variables

$$\beta, \ \gamma, \ \ldots,$$

et, par suite, Ω est une fonction symétrique, non seulement des a variables

$$\alpha, \ \beta, \ \gamma, \ \ldots,$$

mais encore des $a + 1$ variables

$$\alpha, \ \beta, \ \gamma, \ \ldots, \ \rho.$$

On prouvera de même que, si la variable ς peut entrer aussi dans le groupe primitivement formé par les a variables

$$\alpha, \ \beta, \ \gamma, \ \ldots,$$

et, par conséquent, dans le groupe primitivement formé par les $a+1$ variables

$$\alpha, \quad \beta, \quad \gamma, \quad \ldots, \quad \rho,$$

Ω sera fonction symétrique des $\alpha+2$ variables

$$\alpha, \quad \beta, \quad \gamma, \quad \ldots, \quad \rho, \quad \varsigma;$$

et, en continuant de la sorte, on obtiendra définitivement la proposition énoncée.

Corollaire. — Le théorème I entraîne évidemment la proposition suivante :

THÉORÈME II. — *Si une fonction transitive Ω de n variables x, y, z, ... est en même temps symétrique par rapport à plusieurs de ces variables, savoir, par rapport aux variables*

$$\alpha, \quad \beta, \quad \gamma, \quad \ldots,$$

et si d'ailleurs le nombre a de ces dernières variables surpasse $\frac{n}{2}$, alors Ω sera nécessairement fonction symétrique des n variables x, y, z, ...

Corollaire I. — Si, n étant supérieur à 2, une fonction transitive Ω de n variables x, y, z, ... est en même temps fonction symétrique de $n-1$ variables y, z, ..., elle sera nécessairement fonction symétrique de toutes les variables x, y, z, ...

Corollaire II. — Si, n étant supérieur à 3, une fonction transitive Ω de n variables x, y, z, u, ... est en même temps fonction symétrique de $n-2$ variables z, u, ..., elle sera nécessairement fonction symétrique de toutes les variables, à moins que l'on n'ait $n=4$. Si n se réduisait effectivement au nombre 4, alors, en posant, par exemple,

$$\Omega = xy + zu,$$

on obtiendrait pour Ω une fonction transitive de quatre variables, qui serait symétrique par rapport à deux variables x et y ou z et u, sans être symétrique par rapport aux quatre variables x, y, z, u.

Corollaire III. — Si, n étant supérieur à 4, une fonction transitive Ω de n variables $x, y, z, u, v, \ldots$ est en même temps fonction symétrique de $n-3$ variables $u, v, \ldots$, elle sera nécessairement fonction symétrique de toutes les variables, à moins que l'on n'ait $n=5$ ou $n=6$. Il est d'ailleurs aisé de s'assurer qu'on ne doit pas même exclure le cas où l'on aurait $n=5$, et qu'une fonction transitive de cinq variables ne peut être symétrique par rapport à deux d'entre elles sans être symétrique par rapport à toutes ces variables.

Corollaire IV. — Si, n étant supérieur à 5, une fonction transitive Ω de n variables $x, y, z, u, v, w, \ldots$ est en même temps fonction symétrique de $n-4$ variables $v, w, \ldots$, elle sera nécessairement fonction symétrique de toutes les variables, à moins que l'on n'ait $n=6$, $n=7$, ou $n=8$. D'ailleurs on reconnaîtra encore facilement que le cas où l'on aurait $n=7$ ne doit pas être excepté.

Corollaire V. — Les propositions énoncées dans les corollaires III et IV ne subsistent plus quand on a $n=6$ ou $n=8$; et, si l'on pose en particulier $n=6$, alors, en prenant, par exemple,

$$\Omega = xy + zu + vw$$

ou

$$\Omega = xyz + uvw,$$

on obtiendra une fonction transitive qui sera symétrique par rapport à deux ou trois variables sans être symétrique par rapport à toutes, et qui offrira, en effet, dans le premier cas, quinze valeurs distinctes; dans le second cas, dix valeurs distinctes seulement.

§ II. — *Formules et propositions diverses qui se rapportent aux fonctions transitives.*

Il arrive souvent que les n variables

$$x, \quad y, \quad z, \quad \ldots,$$

renfermées dans une fonction transitive Ω, peuvent être partagées en divers groupes

$$\begin{array}{cccc} \alpha, & \beta, & \gamma, & \ldots, \\ \lambda, & \mu, & \nu, & \ldots, \\ \varphi, & \chi, & \psi, & \ldots, \\ ., & ., & ., & \ldots, \end{array}$$

tellement composés que toute substitution qui n'altère pas la valeur de Ω ait pour effet unique, ou de déplacer des variables dans chaque groupe, ou d'échanger les groupes entre eux, sans altérer leur composition. Nous dirons alors que la fonction Ω est une fonction *transitive complexe*. Pour une telle fonction, les divers groupes formés avec les variables renferment tous le même nombre a de lettres, et par suite, si l'on nomme k le nombre des groupes, on a

$$ka = n. \tag{1}$$

On doit en conclure que chacun des nombres k et a est un diviseur de n. Si, d'ailleurs, on nomme K le nombre des valeurs égales que peut acquérir une fonction transitive complexe Ω quand on se borne à échanger entre eux les divers groupes formés avec les variables, et L le nombre des valeurs égales que la même fonction peut acquérir quand on se borne à déplacer des variables dans un ou plusieurs groupes, sans déplacer les groupes eux-mêmes; le nombre total M des valeurs égales de Ω sera évidemment déterminé par l'équation

$$M = KL. \tag{2}$$

Soit maintenant m le nombre des valeurs distinctes de la fonction transitive complexe Ω, et posons

$$N = 1.2.3\ldots n, \tag{3}$$

on aura

$$m = \frac{N}{M}. \tag{4}$$

D'autre part, on prouvera facilement que les nombres

$$K, \quad L$$

sont respectivement diviseurs des produits

$$1.2\ldots k, \quad (1.2\ldots a)^k,$$

et, en posant, pour abréger,

$$(5) \qquad \mathcal{K} = \frac{1.2\ldots k}{K}, \qquad \mathcal{L} = \frac{(1.2\ldots a)^k}{L},$$

$$(6) \qquad \mathfrak{N} = \frac{1.2\ldots n}{(1.2\ldots k)(1.2\ldots a)^k},$$

on tirera des formules (2) et (4)

$$(7) \qquad m = \mathfrak{N}\mathcal{K}\mathcal{L}.$$

Si les divers groupes formés avec les variables x, y, z, ... sont indépendants les uns des autres, c'est-à-dire, en d'autres termes, si des déplacements simultanément effectués dans les divers groupes, en vertu d'une substitution qui n'altère pas la valeur de Ω, peuvent aussi s'effectuer séparément sans altération de cette valeur, alors la valeur de L sera de la forme

$$(8) \qquad L = A^k,$$

A désignant le nombre des valeurs égales que pourra obtenir la fonction Ω, en vertu des substitutions qui se borneront à déplacer des variables dans un seul groupe. Alors aussi, en posant, pour abréger,

$$(9) \qquad \mathcal{A} = \frac{1.2\ldots a}{A},$$

on aura

$$(10) \qquad \mathcal{L} = \mathcal{A}^k;$$

et des formules (2), (7), jointes aux équations (8), (10), on déduira immédiatement la formule (1) de la page 305 et la formule (6) de la page 306, savoir,

$$(11) \qquad M = KA^k,$$

$$(12) \qquad m = \mathfrak{N}\mathcal{K}\mathcal{A}^k.$$

Pour montrer une application fort simple des formules (2) et (7), supposons $n = 6$,

$$\Omega = xy^2z^3uv^2w^3 + yz^2x^3vw^2u^3 + zx^2y^3wu^2v^3.$$

Alors Ω sera une fonction transitive complexe des six variables x, y, z, u, v, w, avec lesquelles on pourra former deux groupes

$$\begin{matrix} x, & y, & z, \\ u, & v, & w, \end{matrix}$$

qui ne seront pas indépendants l'un de l'autre. On aura, par suite,

$$a = 3, \qquad k = 2.$$

On trouvera, d'ailleurs,

$$K = 2, \qquad \mathcal{K} = \frac{1.2}{2} = 1, \qquad L = 3, \qquad \mathcal{L} = \frac{(1.2.3)^2}{3} = 12,$$

$$\mathcal{N} = \frac{1.2.3.4.5.6}{(1.2)(1.2.3)^2} = 10,$$

et l'on en conclura

$$M = 2.3 = 6,$$

$$m = 10.1.12 = 120.$$

Pour montrer une application des formules (11) et (12), supposons $n = 4$, et

$$\Omega = xy + zu.$$

Alors Ω sera une fonction transitive complexe des quatre variables x, y, z, u, avec lesquelles on pourra former deux groupes

$$\begin{matrix} x, & y, \\ z, & u, \end{matrix}$$

qui seront indépendants l'un de l'autre. On aura, par suite,

$$a = 2, \qquad k = 2.$$

On trouvera d'ailleurs

$$K = 2, \qquad \mathcal{K} = \frac{1.2}{2} = 1, \qquad A = 2, \qquad \mathcal{A} = \frac{1.2}{2} = 1,$$

$$\mathcal{N} = \frac{1.2.3.4}{(1.2)(1.2)^2} = 3,$$

et l'on en conclura

$$M = 2.2^2 = 8,$$
$$m = 3.1.1 = 3.$$

On peut encore établir à l'égard des fonctions transitives diverses propositions dignes de remarque, et en particulier les suivantes :

Théorème I. — *Supposons que Ω soit tout à la fois une fonction transitive de n variables*

$$x, \quad y, \quad z, \quad \ldots$$

et une fonction intransitive de n — 1 variables

$$y, \quad z, \quad \ldots.$$

Supposons d'ailleurs indépendants les uns des autres les divers groupes que l'on obtient quand, x demeurant immobile, on réunit toujours dans un même groupe deux variables dont l'une peut passer à la place de l'autre, sans que la valeur de Ω soit altérée. Enfin soit a le nombre des variables comprises dans le groupe ou dans les groupes qui en renferment le plus, et supposons que l'un des groupes de a lettres se compose des variables

$$\alpha, \quad \beta, \quad \gamma, \quad \ldots.$$

Lorsqu'on voudra rendre immobile, non plus la variable x, mais une quelconque des variables situées hors du groupe α, β, γ, ..., le même groupe se reproduira toujours.

Démonstration. — En effet, le groupe α, β, γ, ... étant l'un de ceux que l'on forme quand on suppose x immobile, et étant, dans cette hypothèse, indépendant de tous les autres, on pourra, sans altérer la valeur de la fonction Ω, faire passer une quelconque des variables de ce groupe à la place d'une autre, par exemple β à la place de α, en opérant des substitutions qui ne renfermeront aucune des variables situées hors du groupe, et, par conséquent, en laissant immobile chacune de ces dernières variables. Donc deux variables choisies arbitrairement dans le groupe α, β, γ, ... se trouveront réunies encore dans l'un des groupes que l'on formera en laissant immobile une variable quelconque t située hors de ce groupe. Mais, la fonction Ω étant supposée transitive, t pourra prendre la place de x; par suite, les groupes que l'on formera en laissant t immobile seront semblables aux groupes que l'on formera en laissant x immobile; et, dans les deux cas, les groupes correspondants offriront nécessairement les mêmes nombres de lettres. Donc, puisque a est le nombre maximum des lettres dans les groupes formés quand x est immobile, a sera aussi le nombre maximum des lettres comprises dans les groupes que l'on formera, en laissant t immobile; et, puisqu'alors un des groupes renfermera les a lettres α, β, γ, ..., il n'en renfermera pas d'autres. Donc le groupe α, β, γ, ... se reproduira toujours dans le cas où on laissera immobile l'une quelconque des variables situées hors de ce groupe.

Théorème II. — *Les mêmes choses étant posées que dans le théorème I, soient*

$$\alpha, \quad \beta, \quad \gamma, \quad \ldots$$

et

$$\lambda, \quad \mu, \quad \nu, \quad \ldots$$

deux groupes de n lettres, correspondants, le premier, au cas où l'on suppose immobile une certaine variable x, le second, au cas où l'on suppose immobile une autre variable y. Si le nombre a vérifie la condition

$$(13) \qquad 2a < n,$$

c'est-à-dire si le nombre a est inférieur à $\frac{n}{2}$, alors les deux groupes dont il s'agit n'offriront pas de lettres communes, quand ils seront distincts l'un de l'autre.

Démonstration. — En effet, la condition (13) étant supposée remplie, il existera, parmi les n variables

$$x, \quad y, \quad z, \quad \ldots,$$

au moins une variable t située en dehors des deux groupes

$$\alpha, \quad \beta, \quad \gamma, \quad \ldots,$$
$$\lambda, \quad \mu, \quad \nu, \quad \ldots,$$

dont chacun renferme a lettres. Donc, chacun de ces deux groupes se reproduira quand on laissera t immobile (théorème I); et, par suite, si ces deux groupes sont distincts l'un de l'autre, ils n'offriront pas de lettres communes.

Corollaire. — La fonction Ω étant supposée transitive, une variable quelconque t pourra passer à la place de α, sans que la valeur de Ω soit altérée; donc, une variable quelconque t fera nécessairement partie d'un groupe semblable au groupe $\alpha, \beta, \gamma, \ldots$ et composé pareillement de a lettres. Donc, les mêmes choses étant posées que dans les théorèmes I et II, si l'on réunit toujours dans un même groupe deux variables dont l'une peut prendre la place de l'autre, en vertu d'une substitution qui, sans altérer la valeur de Ω, déplace moins de n lettres, les divers groupes que l'on formera renfermeront chacun a variables, et deux quelconques de ces groupes n'offriront pas de lettres communes. Or, comme cette faculté qu'on aura de pouvoir séparer les variables

$$x, \ y, \ z, \ \ldots$$

en groupes distincts et composés chacun de a variables tiendra évidemment, non pas à la forme des lettres qui représentent les variables, mais aux places qu'elles occupent dans la fonction Ω, et à la nature de cette fonction, il est clair que, après une substitution quelconque, les mêmes groupes devront se reproduire, quel que soit le nombre des lettres déplacées. Donc, une substitution quelconque aura toujours pour effet unique, ou de déplacer des lettres dans chaque groupe, ou d'échanger les groupes entre eux, en laissant invariable la composition de chaque groupe. Enfin, les groupes devront être nécessairement déplacés par toute substitution qui fera passer à la place l'une de l'autre deux variables comprises dans deux groupes différents composés chacun de a lettres. Donc, dans l'hypothèse admise, la fonction Ω sera du nombre de celles que nous appellerons fonctions *transitives complexes*, si le nombre a surpasse l'unité; et l'on peut énoncer la proposition suivante :

THÉORÈME III. — *Supposons que* Ω *soit tout à la fois une fonction transitive de n variables*

$$x, \quad y, \quad z, \quad \ldots$$

et une fonction intransitive de $n-1$ *variables*

$$y, \quad z, \quad \ldots.$$

Supposons d'ailleurs indépendants les uns des autres les divers groupes qu'on obtient quand, x demeurant immobile, on réunit toujours dans un même groupe deux variables dont l'une peut passer à la place de l'autre sans que la valeur de Ω *soit altérée. Enfin, soit a le nombre des variables comprises dans le groupe ou dans les groupes qui en renferment le plus. Si le nombre a est inférieur à* $\frac{n}{2}$, *mais supérieur à l'unité,* Ω *sera une fonction transitive complexe des n variables*

$$x, \quad y, \quad z, \quad \ldots,$$

qui pourront être partagées en groupes composés chacun de a lettres tellement choisies, que toute substitution qui n'altérera pas la valeur de Ω *aura pour effet unique, ou de déplacer des variables dans chacun de ces groupes, ou d'échanger ces groupes entre eux.*

Exemple. — Pour obtenir une fonction Ω de n variables, sur laquelle se vérifie le théorème qu'on vient d'énoncer, il suffit de prendre $n=6$ et

$$\Omega = xyz^2u^2v^3w^3 + zuv^2w^2x^3y^3 + vwx^2y^2z^3u^3.$$

Alors, x demeurant immobile, Ω est une fonction intransitive des cinq variables

$$y, \quad z, \quad u, \quad v, \quad w,$$

qui se partagent en trois groupes, indépendants et non permutables entre eux, dont chacun renferme une ou deux variables, ces trois groupes étant

$$y,$$
$$z, \quad u,$$
$$v, \quad w.$$

Mais, quand x redevient mobile, Ω est évidemment une fonction transitive complexe des six variables

$$x, \quad y, \quad z, \quad u, \quad v, \quad w,$$

qui se partagent en trois groupes indépendants et permutables entre eux, dont chacun renferme deux variables, ces trois groupes étant

$$x, \quad y,$$
$$z, \quad u,$$
$$v, \quad w.$$

Corollaire I. — Le théorème précédent peut être étendu au cas même où l'on aurait $a = \frac{n}{2}\cdot$ En effet, soient, dans ce cas,

$$\alpha, \quad \beta, \quad \gamma, \quad \ldots,$$
$$\lambda, \quad \mu, \quad \nu, \quad \ldots$$

deux groupes, composés chacun de a lettres, dont on obtient le premier en laissant immobile la variable x, le second en laissant immobile une autre variable y. S'ils offrent une ou plusieurs lettres communes, il existera au moins une variable t située au dehors de chacun d'eux, et par suite ils ne pourront être distincts l'un de l'autre (*voir* le théorème I). Donc, s'ils sont distincts, ils renfermeront chacun la moitié des variables $x, y, z, \ldots,$ comprises dans la fonction Ω, et cette fonction sera une fonction transitive complexe des variables $x, y, z, \ldots,$ qui pourront être partagées en deux groupes composés chacun de a variables.

Corollaire II. — Supposons maintenant que le nombre a soit supérieur à $\frac{n}{2}$, et posons

$$n - a = b.$$

Alors on aura

$$b < \frac{n}{2},$$

et, parmi les groupes que l'on formera en laissant immobile une variable x, un seul sera composé de a lettres

$$\alpha,\quad \beta,\quad \gamma,\quad \ldots.$$

Nommons

$$\lambda,\quad \mu,\quad \nu,\quad \ldots$$

les lettres qui resteront en dehors de ce groupe et qui seront en nombre égal à b. Chacune d'elles jouira de cette propriété remarquable que, si on la rend immobile, le groupe $\alpha, \beta, \gamma, \ldots$ se reproduira toujours. Il y a plus : le groupe $\alpha, \beta, \gamma, \ldots$ cessera évidemment de se reproduire si l'on rend immobile une des variables comprises dans ce groupe; et par suite les b variables

$$\lambda,\quad \mu,\quad \nu,\quad \ldots$$

formeront un nouveau système ou groupe de variables qui jouiront, exclusivement à toutes autres, de la propriété dont il s'agit. Mais la fonction Ω étant, par hypothèse, une fonction transitive, un autre groupe de b variables

$$\lambda',\quad \mu',\quad \nu',\quad \ldots$$

jouira encore de la même propriété relativement à un autre groupe de a variables

$$\alpha',\quad \beta',\quad \gamma',\quad \ldots;$$

et, non seulement le groupe

$$\lambda',\quad \mu',\quad \nu',\quad \ldots$$

devra être distinct du groupe

$$\lambda,\quad \mu,\quad \nu,\quad \ldots,$$

mais, de plus, ces deux groupes n'offriront pas de lettres communes. En continuant ainsi, on verra, dans l'hypothèse admise, les n variables

$$x,\quad y,\quad z,\quad \ldots$$

se partager en divers groupes, composés chacun de b variables tellement choisies, que deux quelconques de ces groupes n'offriront pas de lettres communes. D'ailleurs, il est clair que, après une quelconque des substitutions qui n'altèrent pas la valeur de Ω, ces mêmes groupes devront toujours se reproduire, et l'on doit en conclure que Ω sera une fonction transitive complexe. On peut donc énoncer encore la proposition suivante :

Théorème IV. — *Supposons que Ω soit tout à la fois une fonction transitive de n variables*

$$x, \ y, \ z, \ \ldots$$

et une fonction intransitive de $n-1$ variables

$$y, \ z, \ \ldots.$$

Supposons, d'ailleurs, indépendants les uns des autres les divers groupes qu'on obtient quand, x demeurant immobile, on réunit toujours dans un même groupe deux variables dont l'une peut passer à la place de l'autre, sans que la valeur de Ω soit altérée. Enfin, soit a le nombre des variables comprises dans le groupe qui en renferme le plus, et posons

$$b = n - a.$$

Si le nombre a est supérieur à $\frac{n}{2}$, Ω sera une fonction transitive complexe des n variables

$$x, \ y, \ z, \ \ldots,$$

qui pourront être partagées en groupes composés chacun de b lettres tellement choisies, que toute substitution qui n'altérera pas la valeur de Ω aura pour effet unique, ou de déplacer des variables dans chacun de ces groupes, ou d'échanger ces groupes entre eux.

Exemple. — Pour obtenir une fonction Ω de n variables, sur laquelle se vérifie le théorème qu'on vient d'énoncer, il suffit de prendre $n = 6$ et

$$\Omega = xy + zu + vw.$$

Alors, x demeurant immobile, Ω est une fonction intransitive des cinq variables

$$y,\quad z,\quad u,\quad v,\quad w,$$

qui se partagent en deux groupes indépendants et non permutables entre eux, composés, le premier, d'une seule variable y, le second, de quatre variables z, u, v, w. Mais, quand x redevient mobile, Ω est une fonction transitive complexe des six variables

$$x,\quad y,\quad z,\quad u,\quad v,\quad w,$$

qui se partagent en trois groupes indépendants et permutables entre eux, savoir :

$$x,\quad y,$$
$$z,\quad u,$$
$$v,\quad w.$$

Des raisonnements semblables à ceux dont nous avons fait usage pour établir le théorème III suffiraient encore évidemment pour démontrer la proposition suivante :

Théorème V. — *Soient Ω une fonction transitive des n variables*

$$x,\quad y,\quad z,\quad \ldots,$$

et l un des nombres entiers inférieurs à n. Supposons d'ailleurs que, dans le cas où une variable x demeure immobile, les variables restantes

$$y,\quad z,\quad \ldots$$

se partagent en plusieurs groupes indépendants les uns des autres, quand on réunit dans un même groupe deux variables dont l'une peut passer à la place de l'autre, en vertu d'une substitution qui n'altère pas la valeur de Ω, et qui déplace l variables au plus. Enfin, soit a le nombre des variables comprises dans le groupe ou dans les groupes les plus considérables. Si le nombre a est inférieur à $\frac{n}{2}$, Ω sera une fonction transitive complexe des variables

$$x,\quad y,\quad z,\quad \ldots,$$

et ces variables se partageront en groupes distincts composés chacun de a lettres tellement choisies, que toute substitution qui n'altérera pas la valeur de Ω aura pour effet unique, ou de déplacer des variables dans chaque groupe, ou d'échanger les groupes entre eux.

Pour qu'une fonction Ω de n variables

$$x, \quad y, \quad z, \ \ldots$$

soit effectivement une fonction transitive complexe, il est nécessaire que les groupes formés avec les diverses variables, de manière à remplir les conditions que nous venons de rappeler, renferment chacun plusieurs variables; en d'autres termes, il est nécessaire que le nombre a des variables comprises dans chaque groupe surpasse l'unité.

Si le nombre a se réduisait à l'unité, cela signifierait que, la variable n devenant immobile, toutes les autres variables y, z, ... le deviennent également. Alors on pourrait affirmer : 1° que la fonction transitive, représentée par Ω dans le théorème III, offre précisément n valeurs égales; 2° que toute substitution qui n'altère pas la valeur de Ω est, ou une substitution circulaire de l'ordre n, ou le produit de k substitutions circulaires de l'ordre $\frac{n}{k}$, le nombre k étant un diviseur de n. Au reste, je reviendrai sur ce sujet dans un autre article, où j'indiquerai la forme générale des substitutions qui laissent intacte la valeur de Ω, en déplaçant le moins de variables qu'il est possible, et où je montrerai que, si l'on multiplie l'une par l'autre deux substitutions quelconques, l'ordre de la substitution nouvelle ainsi obtenue ne sera jamais altéré quand on échangera entre eux les deux facteurs.

303.

Analyse mathématique. — *Sur le nombre des valeurs égales où inégales que peut acquérir une fonction de n variables indépendantes, quand on permute ces variables entre elles d'une manière quelconque.*

C. R., T. XXI, p. 779 (6 octobre 1845).

§ I. — *Recherches nouvelles sur les substitutions.*

Soit Ω une fonction donnée de n variables

$$x, \quad y, \quad z, \quad \ldots,$$

et désignons par de simples lettres P, Q, R, ... des substitutions relatives à ces mêmes variables. Si l'on nomme a l'ordre de la substitution P, a sera la plus petite des valeurs entières de l pour lesquelles se vérifiera la formule

$$P^l = 1. \tag{1}$$

De plus, l et k étant des nombres entiers quelconques, on aura généralement

$$P^{ka+l} = P^l. \tag{2}$$

Pour assigner une signification précise à la notation P^{-l}, il suffit d'étendre, par analogie, l'équation (2) au cas même où l devient négatif. Alors on trouve

$$P^{-l} = P^{ka-l} \tag{3}$$

et, en particulier,

$$P^{-1} = P^{a-1}. \tag{4}$$

Si, pour fixer les idées, on suppose $a = 6$ et

$$P = (x, y, z)(u, v),$$

on aura

$$P^{-1} = P^5 = (x, z, y)(u, v).$$

D'ailleurs, si la substitution P fait passer une certaine variable y à la place d'une autre variable x, il est clair que, réciproquement, x viendra remplacer y en vertu de la substitution

$$P^{a-1} = P^{-1}.$$

Nous dirons, pour cette raison, que la substitution P^{-1} est l'*inverse* de la substitution P. Dans le cas particulier où l'on a

$$P = (x, y),$$

on a aussi

$$P^{-1} = (x, y),$$

puisqu'une substitution circulaire du second ordre a pour effet unique de remplacer l'une par l'autre deux variables données. Dans le cas général, les facteurs circulaires dans lesquels pourra se décomposer la substitution P^{-1} seront évidemment *inverses* des facteurs circulaires dans lesquels se décomposera la substitution P.

Ajoutons que l'inverse de la substitution P^l est évidemment P^{-l}.

Soient maintenant

$$P, \quad Q$$

deux substitutions différentes, la première de l'ordre a, la seconde de l'ordre b, et posons

$$R = PQ, \qquad S = QP.$$

On en conclura

$$R^2 = PQPQ, \qquad S^2 = QPQP,$$

etc.; puis on tirera de ces diverses équations

$$RP = PS,$$
$$R^2 P = PS^2,$$
$$\ldots\ldots\ldots\ldots,$$

et généralement

$$R^l P = PS^l, \tag{5}$$

l étant un nombre entier quelconque. Or il résulte évidemment de l'équation (5) que, des deux formules

$$R^l = 1, \qquad S^l = 1, \tag{6}$$

la première entraînera toujours la seconde et réciproquement. Donc la plus petite valeur entière de l, propre à vérifier la première formule, sera aussi la plus petite valeur entière de l propre à vérifier la seconde. Donc R et S seront toujours deux substitutions de même ordre, et l'on peut énoncer la proposition suivante :

Théorème I. — *Si l'on multiplie deux substitutions l'une par l'autre, on obtiendra pour produit une troisième substitution dont l'ordre ne variera pas quand on échangera entre eux les deux facteurs.*

Ainsi, par exemple, si l'on multiplie : 1° (x, y) par (y, z); 2° (y, z) par (x, y), on obtiendra pour produit, dans le second cas comme dans le premier, une substitution du second ordre, et l'on trouvera

$$(y, z)(x, y) = (x, z, y), \qquad (x, y)(y, z) = (x, y, z).$$

Deux substitutions étant toujours inverses l'une de l'autre, quand leur produit est l'unité, on en conclut que la substitution PQ a pour inverse $Q^{-1}P^{-1}$, et que, pareillement, la substitution P^hQ^k a pour inverse $Q^{-k}P^{-h}$.

Concevons maintenant que la suite

$$(7) \qquad 1, \ P, \ Q, \ R, \ S, \ \ldots$$

représente un système de substitutions conjuguées. Si l'on nomme a l'ordre de la substitution P, la suite (7) devra renfermer, en premier lieu, les substitutions

$$(8) \qquad 1, \ P, \ P^2, \ \ldots, \ P^{a-1}.$$

Soit, d'ailleurs, Q une des substitutions qui font partie de la suite (7), sans être renfermées dans la suite (8). La suite (7) renfermera les substitutions

$$(9) \qquad Q, \ PQ, \ P^2Q, \ \ldots, \ P^{a-1}Q,$$

et aucune de celles-ci ne pourra se confondre avec l'une des substitutions

$$1, \ P, \ P^2, \ \ldots, \ P^{a-1};$$

car, si l'on avait, par exemple,

$$P^k Q = P^h,$$

on en conclurait

$$Q = P^{h-k}.$$

Soit encore R une substitution qui fasse partie de la suite (7), sans être renfermée ni dans la suite (8), ni dans la suite (9). La suite (7) renfermera nécessairement les substitutions

$$R, \quad PR, \quad P^2R, \quad \ldots, \quad P^{a-1}R,$$

et aucune de ces dernières ne sera comprise ni dans la suite (8), ni même dans la suite (9); car, si l'on avait, par exemple,

$$P^k R = P^h Q,$$

on en conclurait

$$R = P^{h-k} Q.$$

En continuant ainsi, on partagera finalement la suite des substitutions conjuguées

$$1, \quad P, \quad Q, \quad R, \quad \ldots$$

en plusieurs suites

$$(10) \qquad \left\{ \begin{array}{lllll} 1, & P, & P^2, & \ldots, & P^{a-1}, \\ Q, & PQ, & P^2Q, & \ldots, & P^{a-1}Q, \\ R, & PR, & P^2R, & \ldots, & P^{a-1}R, \\ \ldots, & \ldots, & \ldots, & \ldots, & \ldots\ldots, \end{array} \right.$$

dont chacune renfermera a substitutions diverses. Donc, si l'on nomme I le nombre des substitutions conjuguées

$$1, \quad P, \quad Q, \quad R, \quad \ldots,$$

ou, ce qui revient au même, l'ordre de leur système, I sera un multiple de a. On peut donc énoncer la proposition suivante :

Théorème II. — *L'ordre d'un système de substitutions conjuguées est divisible par l'ordre de chacune de ces substitutions.*

Corollaire. — Il importe d'observer que, en raisonnant toujours de la même manière, on pourrait intervertir l'ordre des facteurs, et substituer ainsi au Tableau (10) un Tableau de la forme

$$(11)\quad \begin{cases} 1, & P, & P^2, & \ldots, & P^{a-1}, \\ Q, & QP, & QP^2, & \ldots, & QP^{a-1}, \\ R, & RP, & RP^2, & \ldots, & RP^{a-1}, \\ \ldots, & \ldots, & \ldots, & \ldots, & \ldots\ldots \end{cases}$$

On peut encore établir la proposition suivante :

Théorème III. — *Soient*

$$P, \quad Q$$

deux substitutions, la première de l'ordre a, la seconde de l'ordre b, et supposons qu'aucune des substitutions

$$P, \quad P^2, \quad \ldots, \quad P^{a-1}$$

ne se retrouve parmi les substitutions

$$Q, \quad Q^2, \quad \ldots, \quad Q^{b-1},$$

en sorte que l'équation

$$(12)\qquad P^h = Q^k$$

ne se vérifie jamais, excepté dans le cas où l'on a

$$P^h = 1, \qquad Q^k = 1.$$

Supposons encore que les deux suites

$$(13)\qquad P, \quad PQ, \quad P^2Q, \quad \ldots, \quad P^{a-1}Q$$

et

$$(14)\qquad Q, \quad QP, \quad QP^2, \quad \ldots, \quad QP^{a-1}$$

offrent précisément les mêmes substitutions, rangées seulement suivant deux ordres différents. Alors toutes les dérivées des deux substitutions P, Q *seront comprises dans chacune des formes*

$$(15)\qquad P^hQ^k, \quad Q^kP^h,$$

et, par suite, ces dérivées offriront un système de substitutions conjuguées dont l'ordre sera égal au produit ab.

Démonstration. — En effet, pour déduire les dérivées dont il s'agit les unes des autres, et pour les déduire même des substitutions P et Q, il suffira d'effectuer des multiplications successives dans lesquelles le multiplicateur sera toujours P ou Q, le multiplicande étant l'une des dérivées déjà obtenues. Or, si dans ces multiplications on emploie une seule fois le facteur Q, la forme la plus générale du produit obtenu R sera

$$R = P^h Q P^{h'},$$

et, dans l'hypothèse admise, on pourra réduire ce produit R à l'une quelconque des deux formes $P^h Q$, QP^h, puisqu'on pourra échanger le facteur Q avec l'un quelconque des facteurs P^h, $P^{h'}$, en modifiant convenablement la valeur de h ou h'. Si l'on emploie deux fois le facteur Q, la forme la plus générale du produit obtenu R sera

$$R = P^h Q P^{h'} Q P^{h''}.$$

Mais on pourra encore échanger chacun des facteurs Q avec une puissance quelconque de P, en modifiant convenablement le degré de cette puissance, et réduire ainsi R à l'une des formes $P^h Q^2$, $Q^2 P^h$, ... Cela posé, les seules dérivées qui pourront être distinctes les unes des autres seront évidemment celles qui sont renfermées dans le Tableau

$$(16)\qquad \begin{cases} 1, & P, & P^2, & \ldots, & P^{a-1}, \\ Q, & PQ, & P^2Q, & \ldots, & P^{a-1}Q, \\ Q^2, & PQ^2, & P^2Q^2, & \ldots, & P^{a-1}Q^2, \\ \ldots, & \ldots, & \ldots, & \ldots, & \ldots, \\ Q^{b-1}, & PQ^{b-1}, & P^2Q^{b-1}, & \ldots, & P^{a-1}Q^{b-1}, \end{cases}$$

ou bien encore dans le Tableau

$$(17)\qquad \begin{cases} 1, & P, & P^2, & \ldots, & P^{a-1}, \\ Q, & QP, & QP^2, & \ldots, & QP^{a-1}, \\ Q^2, & Q^2P, & Q^2P^2, & \ldots, & Q^2P^{a-1}, \\ \ldots, & \ldots, & \ldots, & \ldots, & \ldots, \\ Q^{b-1}, & Q^{b-1}P, & Q^{b-1}P^2, & \ldots, & Q^{b-1}P^{a-1}. \end{cases}$$

D'ailleurs, toutes les substitutions comprises dans chacun de ces Tableaux seront certainement distinctes les unes des autres. Car, si l'on suppose, par exemple,

$$P^h Q^k = P^{h'} Q^{k'},$$

h, h' étant deux termes de la suite $0, 1, 2, \ldots, a-1$, et k, k' deux termes de la suite $0, 1, 2, \ldots, b-1$, on en conclura

$$P^{h-h'} = Q^{k'-k},$$

et, dans l'hypothèse admise, cette dernière équation entraînera les deux conditions

$$h \equiv h' \quad (\text{mod.}\, a), \qquad k' \equiv k \quad (\text{mod.}\, b),$$

par conséquent, les deux suivantes

$$h' = h, \qquad k' = k.$$

Enfin, tous les termes du Tableau (16) ou (17) étant distincts les uns des autres, le nombre de ces termes, qui représentera l'ordre du système de substitutions conjuguées, sera évidemment égal au produit ab.

Parmi les substitutions que l'on peut former avec n variables

$$x, \quad y, \quad z, \quad \ldots,$$

l'une des plus simples est la substitution circulaire

$$P = (x, y, z, \ldots),$$

dont l'ordre a est précisément le nombre n.

Si l'on représente les diverses variables par une seule lettre x, successivement affectée des indices

$$0, \quad 1, \quad 2, \quad \ldots, \quad n-1,$$

alors on aura

$$(18) \qquad P = (x_0, x_1, x_2, \ldots, x_{n-1}).$$

Si d'ailleurs on regarde comme pouvant être indifféremment remplacés l'un par l'autre deux indices dont la différence se réduit à un multiple de n, de sorte qu'on ait, pour une valeur quelconque du nombre entier l,

$$x_l = x_{n+l} = x_{2n+l} = \ldots,$$

alors, faire subir à une fonction donnée Ω la substitution P^h, ce sera remplacer généralement x_l par x_{l+h}, ou, en d'autres termes, ce sera faire croître l'indice l d'une variable quelconque de la quantité h.

Après la substitution circulaire P, qui renferme toutes les variables, l'une des substitutions les plus simples est celle qu'on obtient quand on multiplie l'indice l d'une variable quelconque par un nombre r premier à n. Nommons Q une telle substitution. Faire subir à une fonction donnée Ω la substitution Q^k, ce sera évidemment multiplier l'indice l d'une variable quelconque par r^k.

Cela posé, il est clair que, faire subir à une fonction donnée la substitution

$$Q^k P^h,$$

ce sera remplacer l'indice l d'une variable quelconque par l'indice

$$r^k(l+h).$$

Au contraire, faire subir à une fonction donnée la substitution

$$P^{h'} Q^k,$$

ce sera remplacer l'indice l d'une variable quelconque par l'indice

$$h' + r^k l.$$

Donc on aura généralement

$$P^{h'} Q^k = Q^k P^h, \tag{19}$$

si l'on a

$$h' + r^k l = r^k(l+h),$$

ou, ce qui revient au même, si l'on a

$$h' = r^k h.$$

Mais alors l'équation (19) donnera

$$P^{r^k h} Q^k = Q^k P^h. \tag{20}$$

On peut donc énoncer généralement la proposition suivante :

THÉORÈME IV. — *Représentons par*

$$x_0, \quad x_1, \quad x_2, \quad \ldots, \quad x_n$$

n variables distinctes, et supposons généralement $x_l = x_{n+l} = x_{2n+l} = \ldots$. *Soit d'ailleurs*

$$P = (x_0, x_1, x_2, \ldots, x_n);$$

enfin, soit r un nombre premier à n, et représentons par Q *la substitution qu'on obtient quand on remplace* x_l *par* x_{rl}. *Alors on aura, pour des valeurs entières quelconques de h et de k,*

$$(21) \qquad P^{r^k h} Q^k = Q^k P^h.$$

Corollaire. — Il est bon d'observer que la substitution P et ses diverses puissances, quand elles ne se réduisent pas à l'unité, renferment les n variables données

$$x_0, \quad x_1, \quad x_2, \quad \ldots, \quad x_{n-1}.$$

Au contraire, la substitution Q et ses puissances laissent toujours immobile au moins la variable x_0, même dans le cas où n est un nombre premier. Donc les substitutions désignées par P et Q dans le théorème IV ne peuvent jamais vérifier la formule

$$P^h = Q^k,$$

si ce n'est dans le cas où l'on a $P^h = 1$, $Q^k = 1$. D'autre part, en posant $k = 1$, on tire de la formule (21)

$$(22) \qquad P^{rh} Q = QP^h,$$

et il résulte de cette dernière que, dans l'hypothèse admise, les deux suites

$$Q, \quad PQ, \quad P^2Q, \quad \ldots, \quad P^{n-1}Q,$$
$$Q, \quad QP, \quad QP^2, \quad \ldots, \quad QP^{n-1}$$

offrent précisément les mêmes substitutions diversement rangées. Enfin Q sera évidemment, ou une substitution circulaire, ou le produit de plusieurs substitutions circulaires de même ordre, cet ordre étant précisément le plus petit nombre entier i que vérifie la formule

$$r^i \equiv 1 \pmod{n}. \tag{23}$$

Cela posé, les théorèmes III et IV entraîneront la proposition suivante :

Théorème V. — *Les mêmes choses étant posées que dans le théorème IV, les dérivées des substitutions* P, Q *seront toutes comprises sous chacune des deux formes*

$$P^h Q^k, \quad Q^k P^h.$$

De plus, si l'on nomme i le plus petit nombre entier propre à vérifier la formule (23), *i sera précisément l'ordre de la substitution* Q, *et l'ordre du système de toutes les substitutions dérivées de* P *et* Q *sera équivalent au produit*

$$ni.$$

Corollaire I. — n étant un nombre entier quelconque, et r l'un des nombres premiers à n, l'exposant l de la puissance à laquelle il faut élever la *base* r pour obtenir un nombre équivalent, suivant le module n, à un reste donné, est ce qu'on nomme l'*indice* de ce reste. Cela posé, le plus petit nombre i propre à vérifier la formule

$$r^i \equiv 1 \pmod{n}$$

n'est autre chose que le plus petit des indices de l'unité. Ce même nombre i est aussi celui qui indique combien l'on peut obtenir de restes différents, en divisant par n les termes de la progression géométrique

$$1, \quad r, \quad r^2, \quad r^3, \quad \ldots,$$

et qui a été, pour cette raison, dans un précédent Mémoire, désigné sous le nom d'*indicateur*. D'ailleurs, pour un module donné n, l'indicateur i dépend de la base r et devient un maximum, quand cette base r est une *racine primitive* du module n. Ajoutons que, si l'on nomme I l'indicateur maximum, chacun des indicateurs correspondants aux diverses bases représentées par la suite des nombres premiers à n sera égal à I ou à un diviseur de I. Observons enfin que, si l'on pose

$$n = p^f q^g, \quad \ldots,$$

$p, q, \ldots$ étant les facteurs premiers de n, I sera le plus petit nombre qui soit divisible à la fois par chacun des produits

$$p^{f-1}(p-1), \quad q^{g-1}(q-1), \quad \ldots,$$

l'un de ces produits, savoir celui qui répond au facteur 2, devant être remplacé par sa moitié, quand n est pair et divisible par 8.

Corollaire II. — Si n se réduit à une puissance d'un nombre premier p, en sorte qu'on ait

$$n = p^f,$$

on trouvera

$$I = p^{f-1}(p-1) = n\left(1 - \frac{1}{p}\right).$$

Corollaire III. — Si n se réduit à un nombre premier, on aura simplement

$$I = n - 1.$$

Les observations que nous venons de faire conduisent immédiatement à la proposition suivante :

Théorème VI. — *Concevons que, n variables indépendantes étant représentées par les termes de la suite*

$$x_0, \quad x_1, \quad x_2, \quad \ldots, \quad x_n,$$

on regarde comme pouvant être indifféremment remplacés l'un par l'autre deux indices dont la différence est un multiple de n, et posons

$$\mathrm{P} = (x_0, x_1, x_2, \ldots, x_n).$$

Soient d'ailleurs r une racine primitive du module n, et I l'indicateur maximum relatif à ce module, c'est-à-dire le plus petit des indices de l'unité correspondants à la base r. Soit enfin Q la substitution qui consiste à remplacer généralement x_l par x_{rl}. L'ordre de la substitution Q sera l'in-

dicateur maximum I, et l'ordre du système des substitutions dérivées de P *et de* Q *sera représenté par le produit*

$$nI.$$

Corollaire I. — Si n est un nombre premier, on aura simplement $I = n - 1$, et, par suite, l'ordre du système des substitutions dérivées de P et de Q sera représenté par le produit

$$n(n-1).$$

Corollaire II. — Concevons maintenant que l'on représente par a un diviseur quelconque de n, et par b un diviseur quelconque de I. Concevons encore que, dans la formule

$$(24) \qquad P^{r^k h} Q^k = Q^k P^h,$$

où h et k désignent deux nombres entiers quelconques, on remplace h par ah, et k par bk; on trouvera

$$P^{r^{bk} ah} Q^{bk} = Q^{bk} P^{ah},$$

puis en posant, pour abréger,

$$(25) \qquad R = P^a, \qquad S = Q^b,$$

on obtiendra la formule

$$(26) \qquad R^{r^{bk} h} S^k = S^k R^h,$$

dans laquelle R, S représenteront deux substitutions dont la première sera de l'ordre $\frac{n}{a}$, la seconde de l'ordre $\frac{I}{b}$. Cela posé, à l'aide de raisonnements semblables à ceux dont nous avons fait usage pour établir le théorème V, on déduira immédiatement de la formule (26) la proposition suivante :

THÉORÈME VII. — *Les mêmes choses étant posées que dans le théorème VI, si l'on nomme a un diviseur quelconque de n, et b un diviseur quelconque de I, les deux substitutions*

$$P^a, \quad Q^b$$

et leurs dérivées formeront un système de substitutions conjuguées, dont l'ordre sera

$$\frac{nI}{ab}.$$

Au lieu de représenter les diverses variables par une même lettre successivement accompagnée d'indices divers, on pourrait continuer à les représenter par différentes lettres, puis assigner à chaque variable un numéro propre à indiquer le rang qu'elle occuperait dans la série de ces lettres $x, y, z, \ldots$ écrites à la suite l'une de l'autre, suivant un ordre arbitrairement choisi. Alors la substitution désignée par Q dans les théorèmes précédents serait celle qui consiste à remplacer la variable correspondante au numéro l par la variable correspondante au numéro rl, ou plutôt au numéro équivalent au reste de la division du produit rl par le nombre n.

Supposons, pour fixer les idées, $n = 5$; alors cinq variables, représentées par les lettres

$$x, \quad y, \quad z, \quad u, \quad v,$$

pourront être censées correspondre aux numéros

$$1, \quad 2, \quad 3, \quad 4, \quad 5.$$

Alors aussi, en multipliant les quatre premiers numéros par le facteur r, on obtiendra les produits

$$r, \quad 2r, \quad 3r, \quad 4r;$$

et, si l'on pose $r = 2$, ces produits, divisés par 5, donneront pour restes

$$2, \quad 4, \quad 1, \quad 3.$$

Ainsi, dans cette hypothèse, la substitution que nous avons désignée par Q aura pour effet de substituer aux variables dont les numéros étaient

$$1, \quad 2, \quad 3, \quad 4$$

les variables dont les numéros sont

$$2, \quad 4, \quad 1, \quad 3,$$

c'est-à-dire, en d'autres termes, de substituer aux variables

$$x, \quad y, \quad z, \quad u$$

les variables

$$y, \quad u, \quad x, \quad z.$$

On aura donc

$$Q = (x, y, u, z).$$

Cela posé, on conclura du théorème V que les dérivées des deux substitutions circulaires

$$P = (x, y, z, u, v), \qquad Q = (x, y, u, z)$$

sont toutes de la forme

$$P^h Q^k, \quad Q^k P^h,$$

et que l'ordre du système de ces dérivées est égal au produit

$$5.4 = 20$$

des nombres 5 et 4 qui représentent les ordres des substitutions P et Q. Ajoutons que, en vertu de la formule (20), on aura généralement

$$P^{2^k h} Q^k = Q^k P^h.$$

§ II. — *Sur la formation de fonctions qui offrent un nombre donné de valeurs égales ou un nombre donné de valeurs distinctes.*

Soit Ω une fonction donnée de n variables indépendantes

$$x, \quad y, \quad z, \quad \ldots.$$

Si certaines substitutions n'altèrent pas la valeur de Ω, toutes les dérivées de ces substitutions jouiront de la même propriété; et, par suite, *si l'on nomme*

$$1, \quad P, \quad Q, \quad R, \quad S, \quad \ldots$$

les substitutions diverses qui n'altéreront pas la valeur de la fonction Ω, *celles-ci formeront toujours un système de substitutions conjuguées, dont l'ordre* M *sera précisément le nombre des valeurs égales de* Ω.

On peut aussi démontrer la proposition réciproque, dont voici l'énoncé :

Théorème. — *Si M substitutions*

$$1, \quad P, \quad Q, \quad R, \quad S, \quad \ldots,$$

correspondantes au système de n variables $x, y, z, \ldots$, forment un système de substitutions conjuguées, on pourra toujours trouver une fonction Ω de ces variables, qui offre M valeurs égales.

Démonstration. — Soit s une fonction finie et continue de

$$x, \quad y, \quad z, \quad \ldots,$$

choisie arbitrairement parmi celles dont toutes les valeurs sont inégales, et posons, pour abréger,

$$N = 1.2\ldots n.$$

Les valeurs inégales de s, en nombre égal à N, correspondront aux divers arrangements que l'on pourra former avec les variables $x, y, z, \ldots$; et, si l'on nomme

$$s, \quad s_{,}, \quad s_{,,}, \quad \ldots$$

celles de ces valeurs qui seront fournies par les substitutions

$$1, \quad P, \quad Q, \quad R, \quad \ldots,$$

appliquées à la fonction s; si d'ailleurs on représente par

$$F(s, s_{,}, s_{,,}, \ldots)$$

une fonction symétrique, finie et continue de $s, s_{,}, s_{,,}, \ldots$, cette dernière fonction ne pourra être altérée par aucune des substitutions dont il s'agit. Il est aisé d'en conclure que, si l'on pose

$$\Omega = F(s, s_{,}, s_{,,}, \ldots),$$

le nombre des valeurs égales de Ω sera égal à M ou à un multiple de M. Il y a plus : le nombre des valeurs égales de Ω ne sera un multiple de M que dans certains cas particuliers, par exemple lorsque, s

étant une fonction linéaire de $x, y, z, \ldots$, on prendra pour Ω, ou la somme $s + s_{,} + s_{,,} + \ldots$, ou une fonction de cette somme. Mais le plus souvent le nombre des valeurs égales de

$$\Omega = F(s, s_{,}, s_{,,}, \ldots)$$

sera précisément M. On peut en particulier démontrer qu'il en sera ainsi quand on posera

$$\Omega = s s_{,} s_{,,} \ldots,$$

en prenant pour s une fonction linéaire de $x, y, z, \ldots$, déterminée par une équation de la forme

$$s = ax + by + cz + \ldots,$$

et en supposant que, dans cette même équation, les coefficients a, b, c, ... des diverses variables sont des quantités inégales dont la somme ne s'évanouit pas. Admettons, en effet, cette hypothèse, et soit Ω' une des valeurs qu'on obtient pour la fonction Ω, en lui appliquant une substitution T non comprise dans la suite

$$1, \quad P, \quad Q, \quad R, \quad S, \quad \ldots.$$

Soit d'ailleurs

$$s' = a'x + b'y + c'z + \ldots$$

ce que devient s en vertu de la substitution T, les coefficients

$$a', \quad b', \quad c', \quad \ldots$$

étant les coefficients donnés

$$a, \quad b, \quad c, \quad \ldots,$$

rangés dans un nouvel ordre. La fonction Ω' renfermera, au lieu du facteur s, le facteur s' qui ne sera pas compris dans Ω. Donc il sera impossible que l'on ait

$$\Omega' = \Omega,$$

quels que soient $x, y, z, \ldots$. Car, si cette condition était remplie, tout système de valeurs de $x, y, z, \ldots$, propre à vérifier l'équation

$$s' = 0 \quad \text{ou} \quad a'x + b'y + c'z + \ldots = 0,$$

entraînerait les formules

$$\Omega' = 0, \qquad \Omega = 0,$$

et, par suite, l'une des formules

$$s = 0, \qquad s_{\prime} = 0, \qquad s_{\prime\prime} = 0, \qquad \ldots,$$

par exemple l'équation

$$s = 0 \qquad \text{ou} \qquad ax + by + cz + \ldots = 0.$$

Or, des deux équations

$$a'x + b'y + c'z + \ldots = 0, \qquad ax + by + cz + \ldots = 0,$$

dans lesquelles on a

$$a' + b' + c' + \ldots = a + b + c + \ldots,$$

l'une ne pourrait entraîner constamment l'autre que dans le cas où l'on aurait

$$\frac{a'}{a} = \frac{b'}{b} = \frac{c'}{c} = \ldots = \frac{a' + b' + c' + \ldots}{a + b + c + \ldots} = 1.$$

Par conséquent, dans l'hypothèse admise, Ω' sera distinct de Ω, et l'on pourra en dire autant de toutes les valeurs de Ω produites par des substitutions distinctes de

$$1, \quad P, \quad Q, \quad R, \quad S, \quad \ldots.$$

Donc ces dernières substitutions, dont aucune n'altérera la valeur de Ω, seront les seules qui jouissent de cette propriété; et leur nombre, représenté par M, sera aussi le nombre des valeurs égales de la fonction

$$\Omega = s s_{\prime} s_{\prime\prime} \ldots.$$

Corollaire I. — Le nombre des valeurs de la fonction Ω resterait évidemment égal à M si, au lieu de supposer

$$s = ax + by + cz + \ldots, \tag{1}$$

$$\Omega = s s_{\prime} s_{\prime\prime} \ldots, \tag{2}$$

on supposait

$$s = x^a y^b z^c \ldots, \tag{3}$$

$$\Omega = s + s_{\prime} + s_{\prime\prime} + \ldots. \tag{4}$$

Rien n'empêche, d'ailleurs, de réduire, dans l'équation (3), les exposants

$$a, \quad b, \quad c, \quad \ldots,$$

aux nombres entiers

$$0, \quad 1, \quad 2, \quad \ldots, \quad n.$$

Alors la fonction Ω, déterminée par l'équation (4), est une fonction entière de $x, y, z, \ldots$, et son degré, indépendant de M, se trouve constamment représenté par le nombre triangulaire

$$\frac{n(n-1)}{2} = 0 + 1 + 2 + 3 + \ldots + n.$$

Au contraire, la fonction Ω, déterminée par la formule (2), est une fonction entière de $x, y, z, \ldots$ du degré M.

Corollaire II. — Soit I l'indicateur maximum correspondant au module n. Soient, de plus, a un diviseur de n, et b un diviseur de I. Nous avons vu, dans le § I, que l'on peut toujours obtenir un système de substitutions conjuguées dont l'ordre soit égal au produit

$$nI,$$

ou meme au rapport

$$\frac{nI}{ab}.$$

Donc, aussi, on pourra toujours, avec n lettres $x, y, z, \ldots$, composer une fonction Ω qui offre un nombre M de valeurs égales, la valeur de M étant déterminée par la formule

$$M = nI, \tag{5}$$

ou, plus généralement, par la formule

$$M = n\frac{I}{ab}. \tag{6}$$

Ajoutons que le nombre m des valeurs distinctes de cette fonction, constamment déterminé par l'équation

$$m = \frac{1.2\ldots n}{M}, \tag{7}$$

sera, dans le premier cas,

$$m = \frac{1.2\ldots(n-1)}{I}, \tag{8}$$

dans le second cas,

$$m = \frac{1.2\ldots(n-1)}{I}ab. \tag{9}$$

Si m se réduit à un nombre premier, on aura $I = n - 1$, et la formule (8) donnera

$$m = 1.2\ldots(n-2). \tag{10}$$

Ainsi, n étant un nombre premier quelconque, on pourra former avec n lettres une fonction telle que le nombre de ses valeurs distinctes soit égal au produit

$$1.2\ldots(n-2).$$

Cette remarque avait été déjà faite (*voir* la *Résolution des équations numériques*, de Lagrange, Note XIII). Au reste, dans un autre article, j'indiquerai les conséquences les plus importantes des formules que je viens d'établir, et je comparerai les résultats qui s'en déduisent avec ceux qui étaient déjà connus.

Corollaire III. — Si l'on prend successivement pour m les nombres

$$2,\quad 3,\quad 4,\quad 5,\quad 6,\quad 7,\quad 8,\quad 9,\quad 10,$$

les valeurs correspondantes de I seront

$$1,\quad 2,\quad 2,\quad 4,\quad 2,\quad 6,\quad 2,\quad 6,\quad 4,$$

et, par suite, les valeurs de m tirées de la formule (8) seront

$$1,\quad 1,\quad 3,\quad 6,\quad 60,\quad 120,\quad 2520,\quad 6720,\quad 90720.$$

304.

Analyse mathématique. — *Mémoire sur diverses propriétés remarquables des substitutions régulières ou irrégulières, et des systèmes de substitutions conjuguées.*

C. R., T. XXI, p. 835 (13 octobre 1845).

§ I. — *Des substitutions régulières ou irrégulières.*

Considérons une substitution relative au système de plusieurs variables $x, y, z, \ldots$. En supposant cette substitution réduite à sa plus simple expression, je la nommerai *régulière* lorsqu'elle se réduira, soit à une seule substitution circulaire, soit au produit de plusieurs substitutions circulaires de même ordre. Je la nommerai au contraire *irrégulière* lorsqu'elle sera le produit de plusieurs substitutions circulaires d'ordres différents. Cela posé, l'ordre d'une substitution régulière sera évidemment l'ordre de chacun de ses facteurs circulaires. De plus, une telle substitution jouira de cette propriété remarquable, qu'une quelconque de ses puissances, distinctes de l'unité, sera encore une substitution régulière, qui renfermera toutes les variables comprises dans la première. Ainsi, en particulier, si l'on pose

$$P(x, y, z, u, v, w),$$

P sera une substitution régulière, et même circulaire du sixième ordre, dont les diverses puissances

$$P^2, \quad P^3, \quad P^4, \quad P^5$$

seront des substitutions régulières du troisième, du second et du sixième ordre. On aura, par exemple,

$$P^2 = (x, z, v)(y, u, w),$$
$$P^3 = (x, u)(y, v)(z, w).$$

Au contraire, les diverses puissances d'une substitution irrégulière seront, les unes régulières, les autres irrégulières, et celles qui seront régulières ne renfermeront qu'une partie des variables comprises dans la substitution donnée. Ainsi, par exemple, si l'on pose

$$P = (x, y, z)(u, v),$$

P sera une substitution irrégulière du sixième ordre, et

$$P^5 = (x, z, y)(u, v)$$

sera encore une substitution irrégulière du sixième ordre. Mais

$$P^2 = (x, z, y), \qquad P^3 = (u, v), \qquad P^4 = (x, y, z)$$

seront des substitutions régulières du troisième ou du second ordre, dont chacune ne renfermera nécessairement qu'une partie des variables comprises dans P.

Si l'on désigne généralement par i le nombre des variables que renferme une substitution régulière P, l'ordre a de cette substitution et le nombre b de ses facteurs circulaires seront évidemment liés à i par la formule

$$i = ab.$$

Cela posé, concevons que l'on range sur a lignes horizontales distinctes, et sur b lignes verticales, les i variables comprises dans P, en plaçant à la suite l'une de l'autre, dans une même ligne horizontale, les variables qui se suivent immédiatement dans un même facteur circulaire de P On obtiendra encore une substitution régulière Q de l'ordre i, en prenant, pour facteurs de Q, a substitutions circulaires de l'ordre b, dans chacune desquelles seront placées, à la suite l'une de l'autre, les variables que renferme une même ligne verticale. De plus, il est clair que les deux substitutions

$$P, \quad Q,$$

dont l'une aura pour effet unique d'échanger entre elles les lignes verticales, tandis que l'autre aura pour effet unique d'échanger entre elles les lignes horizontales, seront deux substitutions permutables entre elles, par conséquent deux substitutions dont les dérivées seront toutes comprises dans chacun des Tableaux

$$(1)\quad \left\{\begin{array}{lllll} 1, & P, & P^2, & \ldots, & P^{a-1}, \\ Q, & QP, & QP^2, & \ldots, & QP^{a-1}, \\ Q^2, & Q^2P, & Q^2P^2, & \ldots, & Q^2P^{a-1}, \\ \ldots, & \ldots, & \ldots, & \ldots, & \ldots, \\ Q^{b-1}, & Q^{b-1}P, & Q^{b-1}P^2, & \ldots, & Q^{b-1}P^{a-1}; \end{array}\right.$$

$$(2)\quad \left\{\begin{array}{lllll} 1, & P, & P^2, & \ldots, & P^{a-1}, \\ Q, & PQ, & P^2Q, & \ldots, & P^{a-1}Q, \\ Q^2, & PQ^2, & P^2Q^2, & \ldots, & P^{a-1}Q^2, \\ \ldots, & \ldots, & \ldots, & \ldots, & \ldots, \\ Q^{b-1}, & PQ^{b-1}, & P^2Q^{b-1}, & \ldots, & P^{a-1}Q^{b-1}, \end{array}\right.$$

et formeront un système de substitutions conjuguées de l'ordre $i = ab$.

Si, pour fixer les idées, on pose

$$i = 4 = 2 \times 2,$$

alors, avec les quatre variables

$$\begin{array}{ll} x, & y, \\ z, & u, \end{array}$$

rangées sur deux lignes horizontales et sur deux lignes verticales, on pourra composer les deux substitutions régulières

$$P = (x, y)(z, u) \qquad \text{et} \qquad Q = (x, z)(y, u),$$

qui seront permutables entre elles; et ces deux substitutions formeront, avec leurs dérivées

$$1 \quad \text{et} \quad PQ = QP,$$

un système de substitutions conjuguées

$$\begin{array}{ll} 1, & P, \\ Q, & PQ \end{array}$$

qui sera du quatrième ordre. Pareillement, si l'on pose

$$i = 6 = 3 \times 2,$$

alors, avec les six variables

$$\begin{matrix} x, & y, & z, \\ u, & v, & w, \end{matrix}$$

rangées sur deux lignes horizontales et sur trois lignes verticales, on pourra composer les deux substitutions régulières

$$P = (x, y, z)(u, v, w), \qquad Q = (x, u)(y, v)(z, w),$$

qui seront permutables entre elles; et ces deux substitutions formeront, avec leurs dérivées, un système de substitutions conjuguées qui sera du sixième ordre. Au reste, ce dernier système ne sera autre chose que le système des puissances de la substitution circulaire

$$(x, w, y, u, z, v),$$

dont P et Q représentent les facteurs primitifs.

Au lieu de ranger les i variables données sur a lignes horizontales et sur b lignes verticales, on pourrait représenter ces variables par une seule lettre s affectée de deux indices, et représenter même les deux systèmes d'indices par deux nouveaux systèmes de lettres

$$\alpha, \quad \beta, \quad \gamma, \quad \ldots, \qquad \lambda, \quad \mu, \quad \nu, \quad \ldots.$$

Ainsi, par exemple, on pourrait représenter les six variables

$$\begin{matrix} x, & y, & z, \\ u, & v, & w \end{matrix}$$

par

$$\begin{matrix} s_{\alpha,\lambda}, & s_{\beta,\lambda}, & s_{\gamma,\lambda}, \\ s_{\alpha,\mu}, & s_{\beta,\mu}, & s_{\gamma,\mu}, \end{matrix}$$

et alors les substitutions

$$P = (x, y, z)(u, v, w), \qquad Q = (x, u)(y, v)(z, w)$$

s'offriraient sous les formes

$$P = (\alpha, \beta, \gamma), \qquad Q = (\lambda, \mu),$$

qui rendraient sensibles les propriétés qu'ont ces deux substitutions d'être permutables entre elles.

Concevons maintenant que le nombre entier

$$i = abc\ldots$$

soit décomposable en plusieurs facteurs a, b, c, ..., égaux ou inégaux. Alors on pourra représenter i variables diverses

$$x,\quad y,\quad z,\quad \ldots$$

par une seule lettre s affectée de plusieurs indices, le nombre l de ces indices étant égal au nombre des facteurs a, b, c, ..., et représenter même les divers systèmes d'indices par divers systèmes de lettres

$$\begin{array}{llll} \alpha, & \beta, & \gamma, & \ldots, \\ \lambda, & \mu, & \nu, & \ldots, \\ \varphi, & \chi, & \psi, & \ldots, \\ \ldots, & \ldots, & \ldots, & \ldots \end{array}$$

Cela posé, les substitutions P, Q, ... qui, étant exprimées à l'aide des lettres $\alpha, \beta, \gamma, \ldots, \lambda, \mu, \nu, \ldots, \varphi, \chi, \psi, \ldots$, se présenteront sous les formes

$$(3)\quad \mathrm{P} = (\alpha, \beta, \gamma, \ldots),\qquad \mathrm{Q} = (\lambda, \mu, \nu, \ldots),\qquad \mathrm{R} = (\varphi, \chi, \psi, \ldots),\qquad \ldots,$$

seront évidemment des substitutions permutables entre elles, la première de l'ordre a, la seconde de l'ordre b, la troisième de l'ordre c, ..., et elles composeront, avec leurs dérivées, un système de substitutions conjuguées dont l'ordre sera

$$i = abc\ldots.$$

Ajoutons que, si les substitutions (3) sont exprimées à l'aide des i lettres

$$x,\quad y,\quad z,\quad \ldots,$$

chacune d'elles sera une substitution régulière qui renfermera toutes ces lettres, P étant le produit de $\frac{i}{a}$ facteurs circulaires de l'ordre a, Q étant pareillement le produit de $\frac{i}{b}$ facteurs circulaires de l'ordre b, ...

Dans le cas particulier où les l facteurs $a, b, c, \ldots$ deviennent égaux entre eux, on a

$$i = a^l,$$

et les substitutions

$$P, \quad Q, \quad R, \quad \ldots$$

forment avec leurs dérivées un système de a^l substitutions diverses qui sont toutes de l'ordre a, si a est un nombre premier, à l'exception de celle qui se réduit à l'unité.

§ II. — *Des substitutions semblables.*

Soient

$$A, \quad B, \quad C, \quad D$$

quatre arrangements formés avec n variables

$$x, \quad y, \quad z, \quad \ldots.$$

En vertu des définitions adoptées, les deux substitutions

$$(1) \qquad P = \binom{B}{A}, \qquad Q = \binom{D}{C}$$

seront *semblables* entre elles, si elles diffèrent uniquement par la forme des lettres qui, dans ces deux substitutions, occupent les mêmes places. Alors, non seulement les deux substitutions P, Q seront du même ordre, mais elles offriront le même nombre de facteurs circulaires et le même nombre de lettres dans les facteurs circulaires correspondants. Alors aussi on aura

$$(2) \qquad \binom{D}{B} = \binom{C}{A},$$

et réciproquement, si la condition (2) est remplie, les deux substitutions

$$P = \binom{B}{A}, \qquad Q = \binom{D}{C}$$

seront semblables l'une à l'autre.

Concevons maintenant que l'on pose

$$\binom{C}{A} = R.$$

Alors on tirera de la formule (2), non seulement

$$\binom{D}{B} = \binom{C}{A} = R,$$

mais encore

$$\binom{B}{D} = \binom{A}{C} = R^{-1}.$$

D'ailleurs, on aura identiquement

$$Q = \binom{D}{C} = \binom{D}{B}\binom{B}{A}\binom{A}{C}.$$

Donc, eu égard aux formules

$$\binom{D}{B} = R, \qquad \binom{B}{A} = P, \qquad \binom{A}{C} = R^{-1},$$

on aura encore

$$Q = RPR^{-1} \tag{3}$$

Si l'on posait

$$S = R^{-1} = \binom{A}{C},$$

la formule (3) deviendrait

$$Q = S^{-1}QS. \tag{4}$$

Nous pouvons donc conclure de ce qui précède que, P étant une substitution quelconque, toute substitution semblable à P sera de la forme

$$RPR^{-1}$$

ou, ce qui revient au même, de la forme

$$S^{-1}PS.$$

En d'autres termes, *toute substitution semblable à* P *sera le produit de trois facteurs dont les deux extrêmes seront inverses l'un de l'autre, le facteur moyen étant précisément la substitution donnée* P. Réciproquement, *tout produit de trois facteurs dont les deux extrêmes seront deux substitutions inverses l'une de l'autre, le facteur moyen étant la substitution* P, *sera une substitution semblable à* P.

Concevons maintenant que P, Q soient deux substitutions quelconques semblables ou dissemblables. Les produits

$$PQ, \quad QP$$

seront, dans tous les cas, non seulement des substitutions de même ordre, comme je l'ai remarqué dans un précédent article, mais encore des substitutions semblables entre elles. En effet, si l'on pose

$$R = PQ, \qquad S = QP,$$

on en conclura, d'une part,

$$P = Q^{-1}S$$

et, par suite,

$$R = Q^{-1}SQ;$$

d'autre part,

$$Q = P^{-1}R$$

et, par suite,

$$S = P^{-1}RP.$$

§ III. — *Des systèmes de substitutions régulières et conjuguées.*

Considérons un système de n variables

$$x, \quad y, \quad z, \quad \ldots.$$

Soient d'ailleurs a un nombre entier égal ou inférieur à n, et ha un multiple de h contenu dans n. Enfin, concevons qu'avec ah variables, prises au hasard, on forme h groupes divers composés chacun de a lettres, et nommons

$$(1) \qquad P_1, \quad P_2, \quad \ldots, \quad P_h$$

h substitutions circulaires de l'ordre a, dont chacune soit formée avec les variables comprises dans un seul groupe. Ces substitutions étant permutables entre elles, le système de ces mêmes substitutions et de leurs dérivées sera de l'ordre

$$a^h.$$

Ajoutons que, si a est un nombre premier, le système dont il s'agit renfermera seulement des substitutions régulières de l'ordre a, dont quelques-unes, savoir les substitutions (1) et leurs puissances, se réduiront à des substitutions circulaires de l'ordre a.

Soient maintenant b un nombre égal ou inférieur à h, et kb un multiple de b contenu dans h. Avec plusieurs des précédents groupes que j'appellerai groupes de première espèce, on pourra composer des groupes de seconde espèce, dont chacun embrasse b groupes de première espèce, et dont le nombre soit égal à k. Cela posé, nommons

$$(2) \qquad Q_1, \quad Q_2, \quad \ldots, \quad Q_b$$

des substitutions dont chacune consiste à permuter circulairement entre eux les b groupes de première espèce compris dans un seul groupe de seconde espèce. Chacune des substitutions (2), exprimée à l'aide des variables primitives, sera une substitution régulière équivalente au produit de a facteurs circulaires dont chacun sera de l'ordre b; et ces substitutions seront permutables, non seulement entre elles, mais encore avec les substitutions (1). Par suite, le système des substitutions (1) et (2) et de leurs dérivées sera de l'ordre

$$a^h b^k.$$

Ajoutons que, si a et b sont des nombres premiers, le système dont il s'agit se composera uniquement de substitutions régulières, les unes de l'ordre a, les autres de l'ordre b.

En continuant ainsi, on établira généralement la proposition suivante :

THÉORÈME I. — *Considérons un système de n variables x, y, z, ... Soient d'ailleurs a un nombre entier, égal ou inférieur à n, et $i = ha$ un multiple de a contenu dans n. Soient encore b un nombre entier, égal ou* *inférieur à h, et kb un multiple de b contenu dans h. Soient pareillement c un nombre entier, égal ou inférieur à k, et lc un multiple de c contenu dans k. On pourra toujours former, avec i variables arbitrairement choisies, un système de substitutions conjuguées dont l'ordre sera représenté par le produit*

$$a^h b^k c^l \ldots,$$

les facteurs circulaires de l'une quelconque de ces substitutions étant tous des puissances de substitutions circulaires de l'ordre a, ou de l'ordre b, ou de l'ordre c, ... Par suite, si les divers nombres a, b, c, ... sont tous des nombres premiers, le système dont il s'agit se composera uniquement de substitutions régulières dont chacune sera de l'ordre a, ou de l'ordre b, ou de l'ordre c, ...

Corollaire. — En supposant les nombres a, b, c, ... tous égaux à un même nombre premier p, on déduit immédiatement du théorème I la proposition suivante :

Théorème II. — *Considérons un système de n variables. Soit d'ailleurs p un nombre premier égal ou inférieur à n. Soient encore $i = hp$ un multiple de p contenu dans n, kp un multiple de p contenu dans h, lp un multiple de p contenu dans k, ... Avec i variables arbitrairement choisies, on pourra toujours former un système de substitutions conjuguées et régulières, dont chacune sera de l'ordre p, l'ordre du système étant représenté par le produit*

$$p^h p^k p^l \ldots = p^{h+k+l+\ldots}$$

Corollaire. — Rien n'empêche d'admettre que, dans le théorème précédent, on désigne par hp le plus grand multiple de p contenu dans n, par kp le plus grand multiple de p contenu dans h, par lp le plus grand multiple de p contenu dans k, ... Alors

$$p^{h+k+l+\ldots}$$

se réduit à la plus haute puissance de p qui divise exactement le produit

$$N = 1.2.3\ldots n,$$

et par suite on obtient, à la place du théorème II, la proposition suivante :

Théorème III. — *Considérons un système de n variables $x, y, z, \ldots$. Soient d'ailleurs p un nombre premier, égal ou inférieur à n, i le plus grand multiple de p contenu dans n, et p^f la plus haute puissance de p qui divise exactement le produit*

$$N = 1.2.3\ldots n.$$

Avec plusieurs des variables $x, y, z, \ldots$, choisies arbitrairement en nombre égal à i, on pourra toujours former un système de substitutions régulières conjuguées, dont chacune sera de l'ordre p, l'ordre du système étant p^f.

§ IV. — *Sur diverses propriétés remarquables des systèmes de substitutions conjuguées.*

Soient

$$A, \quad B, \quad C, \quad \ldots$$

les divers arrangements qui peuvent être formés avec n variables

$$x, \quad y, \quad z, \quad \ldots,$$

et qui sont en nombre égal à N, la valeur de N étant

$$N = 1.2.3\ldots n.$$

Les substitutions

(1) $$\binom{A}{A}, \quad \binom{B}{A}, \quad \binom{C}{A}, \quad \ldots,$$

dont le nombre est encore N, et dont la première se réduit à l'unité, formeront toujours un système de substitutions conjuguées, l'ordre de ce système étant précisément le nombre N.

Soit maintenant

(2) $$1, \quad P, \quad Q, \quad \ldots$$

un système de substitutions conjuguées qui, étant d'un ordre M inférieur à N, renferme seulement quelques-uns des termes compris dans la suite (1), et désignons par U, V, W, ... des substitutions qui fassent partie de la suite (1), sans être comprises dans la suite (2). Si l'on désigne par m le nombre des termes de la suite

$$(3) \qquad 1,\ \mathrm{U},\ \mathrm{V},\ \mathrm{W},\ \ldots,$$

le Tableau

$$(4) \qquad \left\{\begin{matrix} 1, & \mathrm{P}, & \mathrm{Q}, & \mathrm{R}, & \ldots, \\ \mathrm{U}, & \mathrm{UP}, & \mathrm{UQ}, & \mathrm{UR}, & \ldots, \\ \mathrm{V}, & \mathrm{VP}, & \mathrm{VQ}, & \mathrm{VR}, & \ldots, \\ \mathrm{W}, & \mathrm{WP}, & \mathrm{WQ}, & \mathrm{WR}, & \ldots, \\ \ldots, & \ldots, & \ldots, & \ldots, & \ldots \end{matrix}\right.$$

offrira m suites diverses composées chacune de M termes, et tous les termes de chaque suite seront distincts les uns des autres. Si d'ailleurs deux suites différentes, par exemple la seconde et la troisième, offraient des termes égaux, en sorte qu'on eût

$$\mathrm{VQ} = \mathrm{UP},$$

on en conclurait

$$\mathrm{V} = \mathrm{UPQ}^{-1}$$

ou simplement

$$\mathrm{V} = \mathrm{US},$$

$\mathrm{S} = \mathrm{PQ}^{-1}$ étant un terme de la suite (2). Donc alors, dans le Tableau (4), le premier terme V de la troisième suite serait déjà un des termes de la seconde. Donc tous les termes du Tableau (4) seront distincts les uns des autres, si le premier terme de chaque suite est pris en dehors des suites précédentes. Or, concevons que, en remplissant toujours cette condition, l'on ajoute sans cesse au Tableau (4) de nouvelles suites, en faisant croître ainsi le nombre m. On ne pourra être arrêté dans cette opération qu'à l'instant où le Tableau (4) renfermera les N termes compris dans la suite (1). Mais alors on aura évidemment

$$(5) \qquad N = mM.$$

Donc M sera un diviseur de N, et l'on peut énoncer la proposition suivante :

Théorème I. — *L'ordre d'un système de substitutions conjuguées, relatives à n variables, est toujours un diviseur du nombre N des arrangements que l'on peut former avec ces mêmes variables.*

Corollaire. — Il est bon d'observer qu'au Tableau (4) on pourrait substituer un autre Tableau de la forme

$$(6)\qquad \left\{\begin{array}{lllll} 1, & P, & Q, & R, & \ldots, \\ U, & PU, & QU, & RU, & \ldots, \\ V, & PV, & QV, & RV, & \ldots, \\ W, & PW, & QW, & RW, & \ldots, \\ \ldots, & \ldots, & \ldots, & \ldots, & \ldots. \end{array}\right.$$

Soit maintenant

$$(7)\qquad 1,\ \mathcal{P},\ \mathcal{Q},\ \mathcal{R},\ \ldots$$

un nouveau système de substitutions conjuguées, et nommons $\mathcal{M}$ l'ordre de ce système. Soient, de plus,

$$(8)\qquad 1,\ \mathcal{U},\ \mathcal{V},\ \mathcal{W},\ \ldots$$

quelques-unes des substitutions situées en dehors de la suite (7), et formons le Tableau

$$(9)\qquad \left\{\begin{array}{lllll} 1, & \mathcal{P}, & \mathcal{Q}, & \mathcal{R}, & \ldots, \\ \mathcal{U}, & \mathcal{P}\mathcal{U}, & \mathcal{Q}\mathcal{U}, & \mathcal{R}\mathcal{U}, & \ldots, \\ \mathcal{V}, & \mathcal{P}\mathcal{V}, & \mathcal{Q}\mathcal{V}, & \mathcal{R}\mathcal{V}, & \ldots, \\ \mathcal{W}, & \mathcal{P}\mathcal{W}, & \mathcal{Q}\mathcal{W}, & \mathcal{R}\mathcal{W}, & \ldots, \\ \ldots, & \ldots, & \ldots, & \ldots, & \ldots. \end{array}\right.$$

Chacune des substitutions comprises dans ce Tableau, étant l'une de celles que l'on peut former avec les n variables $x, y, z, \ldots$, se confondra nécessairement avec l'un des termes du Tableau (4). De plus, si deux termes compris dans une même ligne horizontale du Tableau (9), par exemple $\mathcal{P}\mathcal{U}$ et $\mathcal{Q}\mathcal{U}$, se retrouvent dans une même ligne horizontale, par exemple dans la troisième du Tableau (4), en sorte qu'on ait

(10) $$\mathfrak{P}\mathfrak{V} = \mathrm{VR}, \qquad \mathfrak{Q}\mathfrak{V} = \mathrm{VS},$$

R, S étant deux termes quelconques de la suite (2), on tirera des équations (10), non seulement

$$\mathfrak{V}^{-1}\mathfrak{P}^{-1} = \mathrm{R}^{-1}\mathrm{V}^{-1},$$

mais encore

(11) $$\mathfrak{V}^{-1}\mathfrak{P}^{-1}\mathfrak{Q}\mathfrak{V} = \mathrm{R}^{-1}\mathrm{S},$$

et par suite la substitution $\mathfrak{P}^{-1}\mathfrak{Q}$, que représente un terme de la suite (7), sera semblable à la substitution $\mathrm{R}^{-1}\mathrm{S}$, qui représente un terme de la suite (2). Enfin, si deux termes compris dans deux lignes horizontales du Tableau (9), par exemple

$$\mathfrak{P}\mathfrak{W} \quad \text{et} \quad \mathfrak{Q}\mathfrak{V},$$

se retrouvent dans une même ligne horizontale du Tableau (4), en sorte qu'on ait, par exemple,

$$\mathfrak{P}\mathfrak{W} = \mathrm{VR}, \qquad \mathfrak{Q}\mathfrak{V} = \mathrm{VS},$$

on en conclura, non seulement

$$\mathfrak{W}^{-1}\mathfrak{P}^{-1} = \mathrm{R}^{-1}\mathrm{V}^{-1},$$

mais encore

$$\mathfrak{W}^{-1}\mathfrak{P}^{-1}\mathfrak{Q}\mathfrak{V} = \mathrm{R}^{-1}\mathrm{S}$$

et

(12) $$\mathfrak{W}\mathrm{R}^{-1}\mathrm{S} = \mathfrak{P}^{-1}\mathfrak{Q}\mathfrak{W}.$$

Donc alors la suite horizontale qui renfermerait le facteur $\mathfrak{W}$ dans le Tableau (4) renfermerait aussi un terme $\mathfrak{P}^{-1}\mathfrak{Q}\mathfrak{W}$ évidemment compris dans la troisième suite horizontale du Tableau (9). Cela posé, pour que les divers termes du Tableau (9) soient distincts les uns des autres, et appartiennent tous à des suites horizontales distinctes du Tableau (4), il suffira évidemment : 1° qu'aucune des substitutions

$$\mathfrak{P}, \quad \mathfrak{Q}, \quad \mathfrak{R}, \quad \ldots$$

ne soit semblable à l'une des substitutions

$$P, \quad Q, \quad R, \quad \ldots,$$

2° que, après avoir formé une ou plusieurs lignes horizontales du Tableau (9), on prenne toujours pour premier terme de la ligne suivante une substitution située, non seulement en dehors des lignes précédentes, mais encore en dehors des lignes horizontales du Tableau (4) qui renferment les divers termes appartenant aux lignes déjà écrites du Tableau (9). Or, en supposant ces deux conditions remplies, concevons que l'on allonge de plus en plus le Tableau (9), en ajoutant sans cesse à ce Tableau de nouvelles suites horizontales. On ne pourra être arrêté dans cette opération qu'à l'instant où le Tableau (9) renfermera un terme pris dans chacune des lignes horizontales du Tableau (4); et comme d'ailleurs, à cet instant, deux termes distincts du Tableau (9) seront encore deux termes qui appartiendront à deux lignes horizontales distinctes du Tableau (4), il est clair que le nombre m de ces lignes horizontales sera égal au nombre des termes du Tableau (9), par conséquent à un multiple du nombre $\mathfrak{M}$ des termes

$$1, \quad \mathfrak{P}, \quad \mathfrak{Q}, \quad \mathfrak{R}, \quad \ldots,$$

renfermés dans la première ligne horizontale du Tableau (9). On peut donc énoncer la proposition suivante :

Théorème II. — *Soient*

$$1, \quad P, \quad Q, \quad R, \quad \ldots,$$
$$1, \quad \mathfrak{P}, \quad \mathfrak{Q}, \quad \mathfrak{R}, \quad \ldots$$

deux systèmes de substitutions conjuguées, et relatives à n variables diverses. Désignons par M et par $\mathfrak{M}$ les ordres de ces deux systèmes, et posons, non seulement

$$N = 1.2.3\ldots n,$$

mais encore

$$m = \frac{N}{M}, \qquad \mathfrak{m} = \frac{N}{\mathfrak{M}}.$$

Si aucune des substitutions

$$P,\quad Q,\quad R,\quad \ldots$$

n'est semblable à l'une des substitutions

$$\mathfrak{P},\quad \mathfrak{Q},\quad \mathfrak{R},\quad \ldots,$$

alors $\mathfrak{M}$ *sera un diviseur de* m, *et* M *un diviseur de* $\mathfrak{m}$, *en sorte que chacun des rapports égaux*

$$(13)\qquad \frac{m}{\mathfrak{M}},\quad \frac{\mathfrak{m}}{M},\quad \frac{N}{\mathfrak{M}M},\quad \frac{m\mathfrak{m}}{N}$$

sera un nombre entier.

Le théorème II entraîne évidemment la proposition suivante :

Théorème III. — *Soient*

$$1,\quad P,\quad Q,\quad R,\quad \ldots,$$
$$1,\quad \mathfrak{P},\quad \mathfrak{Q},\quad \mathfrak{R},\quad \ldots$$

deux systèmes de substitutions conjuguées, et relatives à n *variables diverses. Soient d'ailleurs* M, $\mathfrak{M}$ *les ordres de ces deux systèmes. Si le produit* $M\mathfrak{M}$ *n'est pas un diviseur du produit*

$$N = 1.2.3\ldots n,$$

alors l'une au moins des substitutions

$$P,\quad Q,\quad R,\quad \ldots$$

sera semblable à l'une des substitutions

$$\mathfrak{P},\quad \mathfrak{Q},\quad \mathfrak{R},\quad \ldots.$$

Soient maintenant p un nombre premier égal ou inférieur à n, et p^f la plus haute puissance de p qui divise le produit

$$N = 1.2.3\ldots n.$$

On pourra, d'après ce qui a été dit dans le § III, supposer que la suite

$$1,\quad \mathfrak{P},\quad \mathfrak{Q},\quad \mathfrak{R},\quad \ldots$$

représente un système de substitutions régulières conjuguées dont chacune soit de l'ordre p, l'ordre $\mathfrak{M}$ du système étant égal à p^f. D'autre part, si le nombre m n'est pas un multiple de p^f, le rapport

$$M = \frac{N}{m},$$

dont le numérateur N est un multiple de p^f, sera certainement un nombre divisible par p. Donc le théorème III entraînera la proposition suivante :

Théorème IV. — *Soit M l'ordre d'un certain système*

$$1, \quad P, \quad Q, \quad R, \quad \ldots$$

de substitutions conjuguées. Si p est un facteur premier de M, le système dont il s'agit renfermera au moins une substitution régulière de l'ordre p.

Corollaire I. — Il suit, par exemple, du théorème précédent que, si l'ordre du système de substitutions conjuguées est un nombre pair, ce système renfermera au moins une substitution régulière du second ordre.

Corollaire II. — Lorsque le nombre p est supérieur à $\frac{n}{2}$, la substitution régulière de l'ordre p, comprise dans le système donné, ne peut être évidemment qu'une substitution circulaire.

§ V. — *Conséquences remarquables des principes établis dans les paragraphes précédents.*

Les principes établis dans les précédents paragraphes entraînent avec eux plusieurs conséquences, qu'il importe de signaler, relativement au nombre des valeurs égales ou distinctes que peut acquérir une fonction de n variables indépendantes, lorsqu'on permute ces variables entre elles de toutes les manières possibles. Ainsi, en particulier, les théorèmes II, III et IV du § IV entraînent immédiatement les propositions suivantes :

THÉORÈME I. — *Soient* Ω *une fonction de n variables*

$$x, \quad y, \quad z, \quad \ldots,$$

et m le nombre des valeurs distinctes de cette fonction. Soit encore $\mathfrak{M}$ *l'ordre d'un certain système de substitutions conjuguées,*

$$1, \quad \mathfrak{P}, \quad \mathfrak{Q}, \quad \mathfrak{R}, \quad \ldots.$$

Si aucune des substitutions

$$\mathfrak{P}, \quad \mathfrak{Q}, \quad \mathfrak{R}, \quad \ldots$$

n'est semblable à l'une des substitutions

$$P, \quad Q, \quad R, \quad \ldots,$$

qui possèdent la propriété de ne pas altérer la valeur de Ω, *m sera divisible par* $\mathfrak{M}$.

Nota. — On pourrait établir directement ce dernier théorème, en observant que, si

$$\Omega, \quad \Omega', \quad \Omega'', \quad \ldots$$

représentent les valeurs distinctes de la fonction donnée, toute substitution semblable à l'une de celles qui n'altéreront pas Ω aura certainement la propriété de ne pas altérer une des fonctions Ω', Ω'', ...

THÉORÈME II. — *Soient* Ω *une fonction de n variables*

$$x, \quad y, \quad z, \quad \ldots,$$

et m le nombre des valeurs distinctes de cette fonction. Soit, de plus, $\mathfrak{M}$ *l'ordre d'un certain système de substitutions conjuguées*

$$1, \quad \mathfrak{P}, \quad \mathfrak{Q}, \quad \mathfrak{R}, \quad \ldots.$$

Si $\mathfrak{M}$ *n'est pas un diviseur de m, l'une au moins des substitutions*

$$P, \quad Q, \quad R, \quad \ldots,$$

qui possèdent la propriété de ne pas altérer la valeur de la fonction Ω, *sera semblable à l'une des substitutions*

$$\mathfrak{P}, \quad \mathfrak{Q}, \quad \mathfrak{R}, \quad \ldots.$$

Corollaire I. — Rien n'empêche de supposer que les substitutions $\mathcal{P}$, $\mathcal{Q}$, $\mathcal{R}$, ... se réduisent à une seule substitution circulaire dont l'ordre soit un nombre premier quelconque p. Alors, à la place du théorème II, on obtient la proposition suivante :

THÉORÈME III. — *Soient Ω une fonction de n variables, m le nombre des valeurs distinctes de cette fonction, et p un nombre premier quelconque inférieur à n. Si p n'est pas un diviseur de m, alors, parmi les substitutions circulaires de l'ordre p, on pourra en trouver une ou plusieurs qui auront la propriété de ne pas altérer la valeur de Ω.*

Corollaire I. — Il suit, en particulier, du théorème précédent que, si le nombre m des valeurs distinctes de Ω est un nombre impair, on pourra, sans altérer cette fonction, opérer au moins une substitution circulaire du second ordre. Donc alors cette fonction sera symétrique au moins par rapport au système des deux variables. Telle est, par exemple, quand on pose $n = 4$, la fonction

$$\Omega = xy + zu,$$

qui offre trois valeurs distinctes.

Corollaire II. — Il suit encore du théorème précédent que, si une fonction Ω de n variables indépendantes admet, sans être symétrique, un nombre impair de valeurs distinctes, elle sera toujours intransitive par rapport à n ou à $n - 1$ variables.

THÉORÈME IV. — *Soient Ω une fonction de n variables $x, y, z, \ldots$ et M le nombre des valeurs égales de cette fonction. Si M est divisible par un certain nombre premier p, on pourra trouver une ou plusieurs substitutions régulières de l'ordre p qui posséderont la propriété de ne pas altérer la valeur de Ω. Dans d'autres articles, j'indiquerai encore d'autres conséquences importantes des principes ci-dessus établis.*

305.

ANALYSE MATHÉMATIQUE. — *Mémoire sur diverses propriétés remarquables des substitutions régulières ou irrégulières, et des systèmes de substitutions conjuguées* (suite).

C. R., T. XXI, p. 895 (20 octobre 1845).

§ I. — *Sur les systèmes de substitutions permutables entre eux.*

Considérons n variables

$$x, \quad y, \quad z, \quad \ldots,$$

et formons avec ces variables deux systèmes de substitutions conjuguées, l'un de l'ordre a, l'autre de l'ordre b. Représentons d'ailleurs par

$$(1) \qquad 1, \quad P_1, \quad P_2, \quad \ldots, \quad P_{a-1}$$

les substitutions dont se compose le premier système, et par

$$(2) \qquad 1, \quad Q_1, \quad Q_2, \quad \ldots, \quad Q_{b-1}$$

celles dont se compose le second système. Nous dirons que les deux systèmes sont *permutables* entre eux, si tout produit de la forme

$$P_h Q_k$$

est en même temps de la forme

$$Q_k P_h.$$

Il pourra d'ailleurs arriver, ou que les indices h et k restent invariables dans le passage de la première forme à la seconde, en sorte qu'on ait

$$P_h Q_k = Q_k P_h;$$

ou que les indices h et k varient dans ce passage, en sorte qu'on ait

$$P_h Q_k = Q_{k'} P_{h'},$$

h', k' étant de nouveaux indices, liés d'une certaine manière aux nombres h et k. Dans le premier cas, l'une quelconque des substitutions (1) sera permutable avec l'une quelconque des substitutions (2). Dans le second cas, au contraire, deux substitutions de la forme P_h, Q_k cesseront d'être généralement permutables entre elles, quoique le système des substitutions de la forme P_h soit permutable avec le système des substitutions de la forme Q_k.

Supposons maintenant que, les systèmes (1) et (2) étant permutables entre eux, on nomme S une dérivée quelconque des substitutions comprises dans les deux systèmes. Cette dérivée S sera le produit de facteurs dont chacun sera de la forme P_h ou Q_k, et l'on pourra, sans altérer ce produit : 1° échanger entre eux deux facteurs dont l'un serait de la forme P_h, l'autre de la forme Q_k, pourvu que l'on modifie convenablement les valeurs des indices h et k; 2° réduire deux facteurs consécutifs de la forme P_h à un seul facteur de cette forme; 3° réduire deux facteurs consécutifs de la forme Q_k à un seul facteur de cette forme. Or il est clair que, à l'aide de tels échanges et de telles réductions, on pourra toujours réduire définitivement la substitution S à l'une quelconque des deux formes

$$P_h Q_k, \quad Q_k P_h.$$

On peut donc énoncer la proposition suivante :

THÉORÈME I. — *Soient*

$$(1) \qquad 1, \; P_1, \; P_2, \; \ldots, \; P_{a-1}$$

et

$$(2) \qquad 1, \; Q_1, \; Q_2, \; \ldots, \; Q_{b-1}$$

deux systèmes de substitutions conjuguées, permutables entre eux, le premier de l'ordre a, le second de l'ordre b. Toute substitution S, *dérivée des substitutions* (1) *et* (2), *pourra être réduite à chacune des formes*

$$P_h Q_k, \quad Q_k P_h.$$

Corollaire. — Concevons maintenant que l'on construise les deux Tableaux

$$(3)\quad \left\{\begin{array}{lllll} 1, & P_1, & P_2, & \ldots, & P_{a-1}, \\ Q_1, & Q_1\,P_1, & Q_1\,P_2, & \ldots, & Q_1\,P_{a-1}, \\ Q_2, & Q_2\,P_1, & Q_2\,P_2, & \ldots, & Q_2\,P_{a-1}, \\ \ldots, & \ldots\ldots, & \ldots\ldots, & \ldots, & \ldots\ldots\ldots, \\ Q_{b-1}, & Q_{b-1}P_1, & Q_{b-1}P_2, & \ldots, & Q_{b-1}P_{a-1} \end{array}\right.$$

et

$$(4)\quad \left\{\begin{array}{lllll} 1, & P_1, & P_2, & \ldots, & P_{a-1}, \\ Q_1, & P_1Q_1, & P_2Q_1, & \ldots, & P_{a-1}Q_1, \\ Q_2, & P_1Q_2, & P_2Q_2, & \ldots, & P_{a-1}Q_2, \\ \ldots, & \ldots\ldots, & \ldots\ldots, & \ldots, & \ldots\ldots\ldots, \\ Q_{b-1}, & P_1Q_{b-1}, & P_2Q_{b-1}, & \ldots, & P_{a-1}Q_{b-1}. \end{array}\right.$$

Deux termes pris au hasard, non seulement dans une même ligne horizontale, mais encore dans deux lignes horizontales différentes du Tableau (3), seront nécessairement distincts l'un de l'autre, si les séries (1) et (2) n'offrent pas de termes communs autres que l'unité. Car, si en nommant h, h' deux entiers inférieurs à a, et k, k' deux entiers inférieurs à b, on avait, par exemple,

$$(5)\qquad P_h Q_k = P_{h'} Q_{k'},$$

sans avoir à la fois

$$h' = h \quad \text{et} \quad k' = k,$$

l'équation (5) entraînerait la formule

$$Q_k Q_{k'}^{-1} = P_h^{-1} P_{h'},$$

en vertu de laquelle les deux séries offriraient un terme commun qui serait distinct de l'unité. Donc, dans l'hypothèse admise, les divers termes du Tableau (3), qui offrira toutes les valeurs possibles du produit

$$Q_k P_h,$$

seront distincts les uns des autres, et par suite les dérivées distinctes des substitutions (1) et (2) se réduiront aux termes de ce

Tableau. Donc le système de substitutions conjuguées, formé par ces dérivées, sera d'un ordre représenté par le nombre des termes du Tableau (3), c'est-à-dire par le produit ab. On pourra d'ailleurs évidemment remplacer le Tableau (3) par le Tableau (4), et, par conséquent, on peut énoncer la proposition suivante :

THÉORÈME II. — *Les mêmes choses étant posées que dans le théorème I, les dérivées des substitutions* (1) *et* (2) *formeront un nouveau système de substitutions qui seront toutes comprises dans le Tableau* (3), *ainsi que dans le Tableau* (4); *et l'ordre de ce système sera le produit ab des ordres a, b des systèmes* (1) *et* (2).

On peut encore démontrer facilement la proposition suivante qui peut être considérée comme réciproque du second théorème :

THÉORÈME III. — *Soient*

$$1,\quad P_1,\quad P_2,\quad \ldots,\quad P_{a-1}, \tag{1}$$

$$1,\quad Q_1,\quad Q_2,\quad \ldots,\quad Q_{b-1} \tag{2}$$

deux systèmes de substitutions conjuguées, le premier de l'ordre a, le second de l'ordre b, qui n'offrent pas de termes communs autres que l'unité. Si les dérivées de ces deux systèmes forment un nouveau système de substitutions conjuguées, dont l'ordre se réduise au produit ab, toutes ces dérivées seront comprises dans chacun des Tableaux (3) *et* (4), *et par conséquent les systèmes* (1) *et* (2) *seront permutables entre eux.*

Démonstration. — En effet, dans l'hypothèse admise, chacun des Tableaux (3), (4) se composera de termes qui seront tous distincts les uns des autres, et qui seront en nombre égal à celui des substitutions dérivées des substitutions (1) et (2). Donc il renfermera toutes ces substitutions, dont chacune sera tout à la fois de la forme $Q_k P_h$ et de la forme $P_h Q_k$.

Corollaire. — Les conditions énoncées dans le théorème III seront certainement remplies si aucune des substitutions comprises dans les systèmes (1) et (2) n'altère la valeur d'une certaine fonction Ω des variables $x, y, z, \ldots,$ et si d'ailleurs le nombre des valeurs égales de cette fonction est précisément le produit ab. On peut donc énoncer encore la proposition suivante :

THÉORÈME IV. — *Soient*

$$(1) \qquad 1, \ P_1, \ P_2, \ \ldots, \ P_{a-1},$$

$$(2) \qquad 1, \ Q_1, \ Q_2, \ \ldots, \ Q_{b-1}$$

deux systèmes de substitutions conjuguées, le premier de l'ordre a, *le second de l'ordre* b, *qui n'offrent pas de termes communs autres que l'unité. Soit d'ailleurs* Ω *une fonction dont la valeur ne soit altérée par aucune des substitutions* (1) *ou* (2). *Si le nombre des valeurs égales de la fonction* Ω *est précisément le produit* ab, *les systèmes* (1) *et* (2) *seront permutables entre eux, et par conséquent l'une quelconque des dérivées des substitutions comprises dans ces deux systèmes sera tout à la fois de la forme* $P_h Q_k$ *et de la forme* $P_k Q_h$.

Exemple. — Posons $n = 4$; la fonction

$$\Omega = (x-y)(x-z)(y-z)(y-u)(z-u)$$

offrira deux valeurs distinctes seulement, par conséquent 12 valeurs égales; et, parmi les substitutions qui n'altéreront pas la valeur de cette fonction, se trouveront, d'une part, les substitutions du second ordre

$$P_1 = (x, y)(z, u), \qquad P_2 = (x, z)(y, u), \qquad P_3 = (x, u)(y, z),$$

qui forment avec l'unité un système de substitutions régulières conjuguées du quatrième ordre; d'autre part, les substitutions du troisième ordre

$$Q = (y, z, u), \qquad Q^2 = (y, u, z),$$

qui forment, avec l'unité, un système de substitutions conjuguées du troisième ordre. Cela posé, le produit 3×4 des ordres des deux systèmes étant précisément le nombre 12 des valeurs égales de la fonction Ω, on conclura du théorème IV que les deux systèmes de substitutions

$$1,\quad P_1,\quad P_2,\quad P_3,$$
$$1,\quad Q,\quad Q^2$$

sont permutables entre eux, et que les dérivées de ces substitutions, c'est-à-dire les diverses substitutions en vertu desquelles Ω ne changera pas de valeur, sont toutes comprises dans chacun des Tableaux

$$(6)\qquad \begin{cases} 1, & P_1, & P_2, & P_3, \\ Q, & Q\,P_1, & Q\,P_2, & Q\,P_3, \\ Q^2, & Q^2P_1, & Q^2P_2, & Q^2P_3; \end{cases}$$

$$(7)\qquad \begin{cases} 1, & P_1, & P_2, & P_3, \\ Q, & P_1Q, & P_2Q, & P_3Q, \\ Q^2, & P_1Q^2, & P_2Q^2, & P_3Q^2. \end{cases}$$

D'ailleurs les termes équivalents du premier et du second Tableau seront ce qu'indique la formule

$$(8)\qquad Q^kP_h = P_{h+k}Q^k,$$

pourvu que l'on considère les deux notations

$$P_h,\quad P_{h'}$$

comme exprimant une seule et même substitution, dans le cas où la différence des indices h, h' est divisible par 3.

§ II. — *Sur le partage des variables que renferme une fonction donnée en plusieurs groupes arbitrairement choisis.*

Soit Ω une fonction de n variables indépendantes $x, y, z, \ldots$, et supposons ces variables partagées en plusieurs groupes arbitrairement choisis, dont chacun, après une substitution quelconque, soit censé comprendre toujours les seules variables qui, dans la fonction, occupent certaines places. Parmi les substitutions qui n'altéreront pas la valeur de Ω, deux quelconques produiront des valeurs égales de Ω qui offriront, ou les mêmes groupes tous composés de la même manière, ou deux modes distincts de composition des divers groupes. Cela posé, soient

$$(1)\qquad 1,\ P,\ Q,\ R,\ \ldots$$

les substitutions qui n'altèrent, ni la valeur de Ω, ni le mode de composition des divers groupes. Ces substitutions formeront évidemment un système de substitutions conjuguées, et l'ordre I de ce système représentera le nombre des valeurs égales de Ω qui correspondront à un mode quelconque de composition des divers groupes. Cela posé, si l'on nomme $\mathfrak{M}$ le nombre des divers modes de composition que les divers groupes peuvent offrir, $\mathfrak{M}I$ sera évidemment le nombre total M des valeurs égales de la fonction Ω. On peut donc énoncer la proposition suivante :

Théorème. — *Soit Ω une fonction de n variables indépendantes*

$$x,\ y,\ z,\ \ldots,$$

et partageons ces variables en groupes arbitrairement choisis, dont chacun, après une substitution quelconque, soit censé comprendre les seules variables qui, dans la fonction Ω, occupent certaines places. Soit d'ailleurs I l'ordre du système des substitutions conjuguées

$$1,\ P,\ Q,\ R,\ \ldots,$$

qui, sans altérer Ω, se borneront à déplacer des variables dans les divers groupes ; et nommons $\mathfrak{M}$ le nombre des divers modes de composition que les divers groupes pourront offrir, sans que la valeur de Ω soit altérée. Le nombre total $\mathfrak{M}$ des valeurs égales de Ω sera déterminé par l'équation

$$(2)\qquad M = \mathfrak{M}I.$$

Corollaire. — Supposons que les divers groupes soient respectivement formés, le premier, de a variables ; le deuxième, de b variables ; le troisième, de c variables ; etc. Supposons encore que, pour un certain mode de composition des divers groupes, le premier groupe se compose des variables

$$\alpha, \quad 6, \quad \gamma, \quad \ldots,$$

le deuxième des variables

$$\lambda, \quad \mu, \quad \nu, \quad \ldots,$$

le troisième des variables

$$\varphi, \quad \chi, \quad \psi, \quad \ldots.$$

Enfin, supposons que, dans ce cas, la fonction Ω puisse acquérir : 1° A valeurs égales en vertu de substitutions correspondantes à des permutations diverses des variables $\alpha, 6, \gamma, \ldots$; 2° B valeurs égales en vertu de substitutions qui, sans déplacer $\alpha, 6, \gamma, \ldots$, correspondent à des permutations diverses de $\lambda, \mu, \nu, \ldots$; 3° C valeurs égales en vertu de substitutions qui, sans déplacer ni $\alpha, 6, \gamma, \ldots$, ni $\lambda, \mu, \nu, \ldots$, correspondent à des permutations diverses de $\varphi, \chi, \psi, \ldots$, les permutations diverses des variables comprises dans un groupe pouvant d'ailleurs entraîner des permutations correspondantes des variables comprises dans les groupes suivants. Alors on aura évidemment

$$(3) \qquad I = ABC\ldots,$$

et par suite la formule (3) donnera

$$(4) \qquad M = \mathfrak{M}ABC\ldots.$$

306.

ANALYSE MATHÉMATIQUE. — *Mémoire sur diverses propriétés remarquables des substitutions régulières ou irrégulières, et des systèmes de substitutions conjuguées* (suite).

C. R., T. XXI, p. 931 (27 octobre 1845).

Soit Ω une fonction de n variables indépendantes

$$x, \quad y, \quad z, \quad \ldots.$$

Nommons

$$(1) \qquad \Omega, \quad \Omega', \quad \Omega'', \quad \ldots$$

les valeurs distinctes de cette fonction qui résultent de permutations opérées entre les variables, et soit m le nombre de ces valeurs distinctes. Soient encore

P une substitution de l'ordre i, prise parmi celles qui n'altèrent pas la valeur de Ω;

$P, P', P'', \ldots$ les diverses substitutions semblables à P;

ϖ le nombre des substitutions $P, P', P'', \ldots$;

h le nombre de celles des substitutions $P, P', P'', \ldots$ qui n'altèrent pas la valeur de Ω;

k le nombre de celles des fonctions $\Omega, \Omega', \Omega'', \ldots$ qui ne sont pas altérées par la substitution P.

Si l'on applique successivement à chacune des fonctions

$$\Omega, \quad \Omega', \quad \Omega'', \quad \ldots$$

chacune des substitutions

$$P, \quad P', \quad P'', \quad \ldots,$$

le nombre total des opérations effectuées sera

$$m\varpi,$$

et, parmi ces opérations, celles qui s'effectueront sans altérer les valeurs des fonctions auxquelles on les applique seront évidemment en nombre égal à chacun des deux produits

$$hm, \quad k\varpi.$$

On aura donc nécessairement

$$(2) \qquad hm = k\varpi.$$

Soient maintenant

$$(3) \qquad \Phi, \quad \mathrm{X}, \quad \Psi, \quad \ldots$$

ceux des termes de la suite (1) qui sont altérés par la substitution P. Le nombre de ces termes sera évidemment représenté par $m - k$.

Si l'ordre i de la substitution P se réduit à un nombre premier p, la suite (3) se décomposera en plusieurs suites nouvelles, composées chacune de p termes que l'on déduira l'un de l'autre, en appliquant à l'un d'eux les substitutions représentées par les diverses puissances de P. Donc alors $m - k$ sera un multiple de p, et l'on aura

$$(4) \qquad m - k \equiv 0 \pmod{p}.$$

En vertu de la formule (4), m ne pourra s'abaisser au-dessous du nombre premier p que dans le cas où l'on aura

$$m = k,$$

et, par suite, en vertu de la formule (2), $h = \varpi$, c'est-à-dire dans le cas où la fonction Ω ne serait altérée par aucune substitution semblable à P. Dans ce même cas, si P est une substitution circulaire, la fonction Ω sera symétrique ou offrira deux valeurs, en sorte qu'on aura

$$m = k = 1 \quad \text{ou} \quad 2,$$

à moins toutefois que l'on n'ait

$$m = 4 \qquad \text{et} \qquad m = 3.$$

Ajoutons que le nombre p, étant l'ordre d'une substitution P qui n'altère pas Ω, pourra représenter, dans la formule (4), l'un quelconque des diviseurs premiers du produit

$$1.2.3\ldots n,$$

par conséquent, l'un quelconque des nombres premiers inférieurs à n.

Si de l'hypothèse admise on voulait passer au cas où la substitution P n'altérerait aucune des fonctions

$$\Omega, \quad \Omega', \quad \Omega'', \quad \ldots,$$

il suffirait de poser dans la formule (4)

$$k = 0;$$

mais alors cette formule donnerait simplement

$$m \equiv 0 \pmod{p};$$

en sorte que p serait un diviseur de m. On se trouverait ainsi ramené à une proposition évidemment comprise dans le théorème I de la page 359.

Si Ω était une fonction transitive, alors de la formule (2), jointe à l'équation (5) de la page 289, on pourrait déduire des conséquences remarquables que nous exposerons dans un prochain article.

307.

Analyse mathématique. — *Mémoire sur diverses propriétés remarquables des substitutions régulières ou irrégulières, et des systèmes de substitutions conjuguées* (suite).

C. R., T. XXI, p. 972 (3 novembre 1845).

§ I. — *Théorèmes relatifs à un système quelconque de substitutions conjuguées, que l'on suppose appliquées à une fonction de plusieurs variables indépendantes.*

Soient

Ω une fonction de n variables indépendantes $x, y, z, \ldots$;
M le nombre des valeurs égales de la fonction Ω;
m le nombre de ses valeurs distinctes.

Alors, en posant, pour abréger,

$$N = 1.2.3\ldots n,$$

on aura

$$mM = N; \tag{1}$$

et, par conséquent, chacun des nombres entiers m, M sera un diviseur de N. Soient d'ailleurs

(2) $$1, \quad P, \quad Q, \quad R, \quad \ldots$$

les diverses substitutions qui n'altèrent pas la valeur de Ω. Ces substitutions, dont le nombre sera précisément M, composeront, comme l'on sait, un système de substitutions conjuguées.

Soit maintenant

(3) $$1, \quad \mathfrak{P}, \quad \mathfrak{Q}, \quad \mathfrak{R}, \quad \ldots$$

un autre système de substitutions conjuguées, et nommons $\mathfrak{M}$ l'ordre de ce dernier système.

Soient encore

(4) $$\Omega, \quad \Omega', \quad \Omega'', \quad \ldots$$

les valeurs distinctes de la fonction Ω, et

(5) $$\Phi, \quad X, \quad \Psi, \quad \ldots$$

celles de ces valeurs qui sont altérées par chacune des substitutions

$$\mathfrak{P}, \quad \mathfrak{Q}, \quad \mathfrak{R}, \quad \ldots.$$

Chacun des termes qui, étant compris dans la série (4), se trouve exclus de la série (5), représentera une fonction qui ne sera point altérée quand on effectuera les substitutions

$$\mathfrak{P}, \quad \mathfrak{Q}, \quad \mathfrak{R}, \quad \ldots,$$

ou du moins quelques-unes d'entre elles; et, si l'on nomme $\mathfrak{X}$ le nombre de ces mêmes termes, $m - \mathfrak{X}$ sera le nombre des termes de la série (5).

Concevons à présent que l'on applique à l'un des termes de la série (5), par exemple à la fonction Φ, les substitutions

$$1, \quad \mathfrak{P}, \quad \mathfrak{Q}, \quad \mathfrak{R}, \quad \ldots,$$

et soient

(6) $$\Phi, \quad \Phi', \quad \Phi'', \quad \Phi''', \quad \ldots$$

les diverses valeurs de Ω ainsi obtenues. Chacune d'elles ne pourra être qu'un terme de la série (5), c'est-à-dire une des fonctions qui sont altérées par l'application de l'une quelconque des substitutions

$$\mathfrak{P},\quad \mathfrak{Q},\quad \mathfrak{R},\quad \ldots.$$

En effet, supposons un instant, s'il est possible, qu'on n'altérât pas la fonction Φ' en lui appliquant la substitution $\mathfrak{Q}$. Alors on pourrait passer de Φ à Φ', en appliquant à Φ l'une quelconque des deux substitutions

$$\mathfrak{P},\quad \mathfrak{Q}\mathfrak{P};$$

et, réciproquement, on pourrait passer de Φ' à Φ, en appliquant à Φ' l'une des substitutions inverses

$$\mathfrak{P}^{-1},\quad \mathfrak{P}^{-1}\mathfrak{Q}^{-1}.$$

Donc alors Φ ne serait point altéré par l'application de la substitution

$$\mathfrak{P}^{-1}\mathfrak{Q}\mathfrak{P} \quad \text{ou} \quad \mathfrak{P}^{-1}\mathfrak{Q}^{-1}\mathfrak{P},$$

qui serait semblable à $\mathfrak{Q}$, ou à $\mathfrak{Q}^{-1}$, et se confondrait avec une dérivée des substitutions

$$\mathfrak{P},\quad \mathfrak{Q},\quad \mathfrak{R},\quad \ldots,$$

par conséquent avec l'une de ces mêmes substitutions. Or cette conclusion ne saurait être admise, puisque Φ, étant un terme de la suite (5), devra être altéré par chacune des substitutions

$$\mathfrak{P},\quad \mathfrak{Q},\quad \mathfrak{R},\quad \ldots.$$

Il est même facile de voir que deux termes quelconques de la suite (6) devront être distincts l'un de l'autre. Car, supposons un instant que l'on pût avoir

$$\Phi'' = \Phi';$$

alors on pourrait passer de Φ à Φ', en appliquant à Φ l'une quelconque des substitutions

$$\mathfrak{P},\quad \mathfrak{Q},$$

et revenir de Φ' à Φ, en appliquant à Φ' l'une quelconque des substitutions inverses

$$\mathfrak{P}^{-1}, \quad \mathfrak{Q}^{-1}.$$

Donc alors Φ ne serait point altéré quand on lui appliquerait l'une quelconque des substitutions

$$\mathfrak{P}^{-1}\mathfrak{Q} \quad \text{ou} \quad \mathfrak{Q}^{-1}\mathfrak{P},$$

dont chacune représente encore un terme de la suite

$$\mathfrak{P}, \quad \mathfrak{Q}, \quad \mathfrak{R}, \quad \ldots.$$

Cette conséquence étant inadmissible, nous devons conclure que les $\mathfrak{M}$ termes de la série (6) seront des termes distincts, dont chacun faisait déjà partie de la série (5).

Soient maintenant

$$\mathfrak{U}, \quad \mathfrak{V}, \quad \mathfrak{W}, \quad \ldots$$

quelques-unes des substitutions qui, étant appliquées à la fonction Ω, produisent les termes de la série (5), et formons le Tableau

$$(7) \qquad \left\{ \begin{array}{lllll} \mathfrak{U}, & \mathfrak{P}\mathfrak{U}, & \mathfrak{Q}\mathfrak{U}, & \mathfrak{R}\mathfrak{U}, & \ldots, \\ \mathfrak{V}, & \mathfrak{P}\mathfrak{V}, & \mathfrak{Q}\mathfrak{V}, & \mathfrak{R}\mathfrak{V}, & \ldots, \\ \mathfrak{W}, & \mathfrak{P}\mathfrak{W}, & \mathfrak{Q}\mathfrak{W}, & \mathfrak{R}\mathfrak{W}, & \ldots, \\ \ldots, & \ldots, & \ldots, & \ldots, & \ldots. \end{array} \right.$$

Si l'on applique à la fonction Ω chacune des substitutions comprises dans ce Tableau, chacune des diverses fonctions que l'on obtiendra sera, d'après ce qu'on vient de dire, un terme de la série (5), et même les $\mathfrak{M}$ fonctions, produites par les substitutions que renferme une ligne horizontale du Tableau (7), seront distinctes les unes des autres. De plus, si deux substitutions comprises dans deux lignes horizontales distinctes, par exemple

$$\mathfrak{P}\mathfrak{U} \quad \text{et} \quad \mathfrak{Q}\mathfrak{V},$$

produisent la même fonction X, on pourra revenir de X à Ω en appliquant à X l'une quelconque des substitutions inverses

$$\mathfrak{U}^{-1}\mathfrak{P}^{-1}, \quad \mathfrak{V}^{-1}\mathfrak{Q}^{-1},$$

et par suite on n'altérera pas la fonction Ω en lui appliquant la substitution

$$\mathcal{V}^{-1}\mathcal{Q}^{-1}\mathcal{P}\mathcal{U},$$

ou, ce qui revient au même, en lui appliquant d'abord la substitution

$$\mathcal{Q}^{-1}\mathcal{P}\mathcal{U}$$

déjà comprise dans la première ligne horizontale du Tableau (7), puis la substitution $\mathcal{V}^{-1}$ Donc, si l'on nomme Ψ la fonction que l'on obtient quand on applique à Ω la substitution $\mathcal{Q}^{-1}\mathcal{P}\mathcal{U}$, la substitution $\mathcal{V}^{-1}$ transformera Ψ en Ω, et la substitution inverse $\mathcal{V}$ transformera Ω en Ψ. Donc

$$\mathcal{P}\mathcal{U} \quad \text{et} \quad \mathcal{Q}\mathcal{V},$$

c'est-à-dire deux substitutions, comprises dans la deuxième et la troisième ligne horizontale du Tableau (7), ne pourront produire la même fonction X que dans le cas où la substitution représentée par le premier terme $\mathcal{V}$ de la troisième ligne horizontale reproduirait l'une des fonctions déjà produites par un terme de la deuxième suite horizontale. Donc, pour que les diverses fonctions produites par les substitutions (7) soient toutes distinctes les unes des autres, il suffit que, après avoir formé une ou plusieurs lignes horizontales du Tableau (7), on prenne toujours pour premier terme de la ligne suivante une substitution qui, appliquée à Ω, reproduise un terme de la série (5), sans jamais reproduire un des termes fournis par les substitutions que renferment les lignes déjà écrites. Or, ces conditions étant supposées remplies, concevons que l'on allonge de plus en plus le Tableau (7), en ajoutant sans cesse à ce Tableau de nouvelles suites horizontales. On ne pourra être arrêté dans cette opération qu'à l'instant où l'on aura épuisé tous les termes de la série (5). Alors les substitutions (7), appliquées à Ω, reproduiront tous les termes de la suite (5). Donc les termes qui composent cette suite, et qui sont en nombre égal à $m - \mathcal{X}$, pourront être répartis entre diverses suites correspondantes aux lignes horizontales du Tableau (7) et composées chacune de $\mathcal{M}$ termes. Donc la différence

$M - \mathcal{H}$ sera un multiple de $\mathfrak{M}$, et l'on peut énoncer la proposition suivante :

THÉORÈME I. — *Soit Ω une fonction de plusieurs variables indépendantes $x, y, z, \ldots$. Soient encore*

$$\Omega, \quad \Omega', \quad \Omega'', \quad \ldots$$

les valeurs distinctes de Ω, et m le nombre de ces valeurs distinctes. Soit enfin

$$1, \quad \mathfrak{P}, \quad \mathfrak{Q}, \quad \mathfrak{R}, \quad \ldots$$

un système quelconque de substitutions conjuguées et relatives aux variables $x, y, z, \ldots$. Nommons $\mathfrak{M}$ l'ordre de ce système et $\mathcal{H}$ le nombre de celles d'entre les fonctions $\Omega, \Omega', \Omega'', \ldots$ qui ne sont pas altérées quand on effectue les substitutions

$$\mathfrak{P}, \quad \mathfrak{Q}, \quad \mathfrak{R}, \quad \ldots,$$

ou du moins quelques-unes d'entre elles. La différence $m - \mathcal{H}$ sera un multiple de $\mathfrak{M}$, en sorte qu'on aura

$$(8) \qquad m - \mathcal{H} \equiv 0 \quad (\text{mod.}\ \mathfrak{M}).$$

Corollaire. — Soit U l'une des substitutions qui servent à déduire de la fonction Ω l'un des termes de la suite (5), par exemple le terme Φ. Soit encore

$$1, \quad P', \quad Q', \quad R', \quad \ldots$$

le système des substitutions conjuguées qui possèdent la propriété de ne pas altérer la fonction Φ. Les substitutions

$$P', \quad Q', \quad R', \quad \ldots$$

seront respectivement semblables à

$$P, \quad Q, \quad R, \quad \ldots,$$

de sorte qu'on aura, par exemple,

$$P' = UPU^{-1}, \qquad P'U = UP;$$

et, par suite, les substitutions diverses qui transformeront Ω en Φ, savoir

$$U, \quad P'U, \quad Q'U, \quad R'U, \quad \ldots,$$

se confondront avec celles que présente la série

$$U, \quad UP, \quad UQ, \quad UR, \quad \ldots.$$

Cela posé, les substitutions à l'aide desquelles on passera de la fonction Ω aux divers termes de la série

$$\Omega, \quad X, \quad \Psi, \quad \ldots$$

seront évidemment comprises dans un Tableau de la forme

$$(9) \qquad \left\{ \begin{array}{lllll} U, & UP, & UQ, & UR, & \ldots, \\ V, & VP, & VQ, & VR, & \ldots, \\ W, & WP, & WQ, & WR, & \ldots, \\ \ldots, & \ldots, & \ldots, & \ldots, & \ldots, \end{array} \right.$$

et toutes distinctes les unes des autres. D'ailleurs, chacun des termes de la série (5) devant être altéré quand on lui applique l'une des substitutions

$$\mathfrak{P}, \quad \mathfrak{Q}, \quad \mathfrak{R}, \quad \ldots,$$

deux termes pris au hasard dans une même ligne horizontale du Tableau (9), par exemple

$$UP, \quad UQ,$$

ne pourront satisfaire à une équation de la forme

$$(10) \qquad \mathfrak{R}UP = UQ;$$

et réciproquement, si une équation de cette forme ne peut jamais avoir lieu, un terme quelconque de la série (5) sera toujours altéré quand on lui appliquera l'une des substitutions

$$\mathfrak{P}, \quad \mathfrak{Q}, \quad \mathfrak{R}, \quad \ldots.$$

Enfin, l'équation (10), de laquelle on tirera

$$\mathfrak{R}U = UQP^{-1},$$

se présentera sous la forme

$$\mathfrak{R}U = US, \tag{11}$$

si, pour abréger, l'on désigne par S la substitution

$$QP^{-1}$$

qui sera toujours un des termes de la série

$$P, \quad Q, \quad \ldots;$$

et dire que l'équation (11) ne peut subsister, c'est dire qu'aucune substitution de la forme $\mathfrak{P}U$ n'est en même temps de la forme UP, lorsque $\mathfrak{P}$ et P ne se réduisent pas l'un et l'autre à l'unité. Donc le théorème I entraîne immédiatement la proposition suivante :

THÉORÈME II. — *Formons avec n variables x, y, z, ... deux systèmes de substitutions conjuguées, savoir*

$$1, \quad P, \quad Q, \quad R, \quad \ldots$$

et

$$1, \quad \mathfrak{P}, \quad \mathfrak{Q}, \quad \mathfrak{R}, \quad \ldots.$$

Soient M l'ordre du premier système, $\mathfrak{M}$ l'ordre du second système. Enfin nommons

$$U, \quad V, \quad W, \quad \ldots \tag{12}$$

des substitutions tellement choisies, que le produit

$$UP$$

de l'une des substitutions

$$P, \quad Q, \quad R, \quad \ldots$$

par un terme U *de la série* (12) *ne puisse jamais être équivalent, ni à un autre produit*

$$VQ$$

de la même forme, dans lequel V *serait différent de* U, *ni au produit*

$$\mathfrak{P}U$$

du terme U *par l'une des substitutions*

$$\mathfrak{P},\quad \mathfrak{Q},\quad \mathfrak{R},\quad \ldots.$$

Si l'on pose, pour abréger,

$$(13)\qquad m = \frac{N}{M} = \frac{1.2.3\ldots n}{M},$$

et si l'on représente par $m - \mathcal{H}$ *le nombre total des substitutions que l'on pourra faire entrer dans la série* (12), *la différence*

$$m - \mathcal{H}$$

sera divisible par $\mathcal{M}$.

Nota. — On pourrait démontrer directement le théorème II en faisant voir que, dans l'hypothèse admise, toute substitution U, pour laquelle ne se vérifiera jamais une équation de la forme (11), sera nécessairement comprise dans le Tableau (9), et que l'on pourra extraire des diverses colonnes horizontales de ce Tableau, qui seront en nombre égal à $m - \mathcal{H}$, un pareil nombre de substitutions nouvelles

$$\mathfrak{V},\quad \mathfrak{Y},\quad \mathfrak{W},\quad \ldots$$

tellement choisies, que le Tableau (7) sera uniquement composé de termes pris dans le Tableau (9), un seul terme étant pris dans chaque ligne horizontale du même Tableau.

Corollaire — Il importe d'observer que

$$M(m - \mathcal{H}) = N - M\mathcal{H}$$

sera le nombre total des substitutions comprises dans le Tableau (9), c'est-à-dire des substitutions U pour lesquelles ne se vérifie jamais la formule (11). Donc $M\mathcal{H}$ représentera le nombre des substitutions U pour lesquelles se vérifie la même formule, et le théorème II peut être remplacé par la proposition suivante :

Théorème III. — *Formons avec n variables* $x, y, z, \ldots$ *deux systèmes de substitutions conjuguées, savoir*

$$1, \quad P, \quad Q, \quad R, \quad \ldots$$

et

$$1, \quad \mathfrak{P}, \quad \mathfrak{Q}, \quad \mathfrak{R}, \quad \ldots;$$

soient d'ailleurs M, $\mathfrak{M}$ *les ordres de ces deux systèmes, et* $M\mathfrak{K}$ *le nombre des substitutions* U *qui vérifient une ou plusieurs équations de la forme*

$$\mathfrak{P}U = UP. \tag{14}$$

Si l'on pose, pour abréger,

$$N = 1.2.3\ldots n \quad \text{et} \quad m = \frac{N}{M},$$

la différence

$$m - \mathfrak{K}$$

sera divisible par $\mathfrak{M}$.

Les théorèmes I, II et III entraînent avec eux un grand nombre de conséquences qui sont encore dignes de remarque. Nous allons en indiquer quelques-unes.

La formule (14), de laquelle on tire

$$\mathfrak{P} = UPU^{-1}, \tag{15}$$

exprime que la substitution $\mathfrak{P}$ est semblable à la substitution P. Si cette condition ne peut jamais être remplie, c'est-à-dire si aucune des substitutions

$$\mathfrak{P}, \quad \mathfrak{Q}, \quad \mathfrak{R}, \quad \ldots$$

n'est semblable à l'une des substitutions

$$P, \quad Q, \quad R, \quad \ldots,$$

on aura

$$\mathfrak{K} = 0,$$

et l'on conclura du théorème III que m est divisible par $\mathfrak{M}$. On se trouvera donc ainsi ramené au théorème II de la page 356.

Supposons maintenant que la condition (15) puisse être remplie, mais que l'on ait $\mathfrak{M} > m$; alors, pour que la différence $m - \mathfrak{K}$ soit divisible par $\mathfrak{M}$, il faudra que l'on ait précisément

$$\mathfrak{K} = m.$$

On peut donc déduire du théorème I la proposition suivante :

Théorème IV. — *Les mêmes choses étant posées que dans le théorème I, si l'on a*

$$m < \mathfrak{M}, \tag{16}$$

chacune des fonctions Ω, Ω', Ω'', ... *jouira de cette propriété, qu'elle ne sera point altérée quand on effectuera les substitutions*

$$\mathfrak{P},\quad \mathfrak{Q},\quad \mathfrak{R},\quad \ldots,$$

ou du moins quelques-unes d'entre elles.

Il importe d'observer que, si l'on pose, pour abréger,

$$\mathfrak{m} = \frac{N}{\mathfrak{M}},$$

la condition (16) donnera

$$m\mathfrak{m} < N. \tag{17}$$

Rien n'empêche de faire coïncider les substitutions conjuguées

$$1,\quad \mathfrak{P},\quad \mathfrak{Q},\quad \mathfrak{R},\quad \ldots$$

avec les substitutions conjuguées

$$1,\quad P,\quad Q,\quad R,\quad \ldots,$$

qui possèdent seules la propriété de ne point altérer Ω. Alors on aura

$$\mathfrak{M} = M;$$

et, en nommant K ce que deviendra le nombre $\mathfrak{x}$, on tirera de la formule (8)

$$m - K \equiv 0 \pmod{M}.$$

On peut donc énoncer encore la proposition suivante :

Théorème V. — *Soient*

Ω *une fonction de n variables* $x, y, z, \ldots$;
M le nombre de ses valeurs égales;
m le nombre de ses valeurs distinctes $\Omega, \Omega', \Omega'', \ldots$;
1, P, Q, R, ... *les substitutions conjuguées qui n'altèrent pas la valeur de* Ω;
K le nombre de celles d'entre les fonctions $\Omega, \Omega', \Omega'', \ldots$ *qui ne sont pas altérées quand on leur applique une ou plusieurs des substitutions* P, Q, R, ...

La différence $m - K$ *sera divisible par* M, *en sorte qu'on aura*

$$m - K \equiv 0 \pmod{M}. \tag{18}$$

Corollaire. — Si le nombre m des valeurs distinctes de la fonction Ω est inférieur à $\sqrt{N}$, on aura $m < M$, et par suite la formule (18) se réduira simplement à l'équation

$$K = m.$$

Donc alors la valeur de chacune des fonctions $\Omega, \Omega', \Omega'', \ldots$ demeurera intacte quand on effectuera les substitutions P, Q, R, ..., ou au moins l'une d'entre elles.

Si, dans le théorème I, on remplace le système des substitutions conjuguées 1, $\mathfrak{P}$, $\mathfrak{Q}$, $\mathfrak{R}$, ... par les diverses puissances d'une seule substitution P de l'ordre i, on obtiendra la proposition suivante :

Théorème VI. — *Soit* Ω *une fonction de plusieurs variables indépendantes* $x, y, z, \ldots$; *soient encore*

$$\Omega, \quad \Omega', \quad \Omega'', \quad \ldots$$

les valeurs distinctes de cette fonction, et m le nombre de ses valeurs égales. Soient enfin P *une substitution de l'ordre i et k le nombre de celles d'entre les fonctions* $\Omega, \Omega', \Omega'', \ldots$ *qui ne sont pas altérées quand on effectue les substitutions*

$$P, \quad P^2, \quad P^3, \quad \ldots, \quad P^{i-1},$$

ou du moins quelques-unes d'entre elles. La différence $m - k$ sera un multiple de i, en sorte qu'on aura

$$m - k \equiv 0 \pmod{i}. \tag{19}$$

Corollaire I. — Si P et ses puissances sont les seules substitutions qui n'altèrent pas Ω, on aura $m = \frac{N}{i}$, et par suite la formule (19) donnera

$$\frac{N}{i} - k \equiv 0 \pmod{i}. \tag{20}$$

Si d'ailleurs l'ordre i de la substitution P se réduit à un nombre premier p, alors k sera simplement le nombre de celles d'entre les fonctions Ω, Ω', Ω'', ... qui ne seront pas altérées par la substitution P. Alors aussi, en nommant ϖ le nombre des substitutions P, P′, P″, ... semblables à P, et h le nombre de celles des substitutions P, P′, P″, ... qui n'altère pas Ω, on aura, d'après ce qu'on a vu dans un précédent article,

$$hm = k\varpi. \tag{21}$$

De plus, si P se réduit à une substitution circulaire de l'ordre p, on trouvera

$$\varpi = \frac{N}{[1.2\ldots(n-p)]p}, \qquad m = \frac{N}{p}, \qquad h = p - 1$$

et, par suite,

$$k = (p-1)[1.2\ldots(n-p)] \equiv -[1.2\ldots(n-p)] \pmod{p}.$$

Enfin, si l'on prend $n = p$, on aura simplement

$$k \equiv -1 \pmod{p},$$

et comme alors on trouvera

$$\frac{N}{i} = \frac{N}{p} = 1.2\ldots(p-1),$$

la formule (20), réduite à

$$1.2\ldots(p-1) + 1 \equiv 0 \pmod{p},$$

reproduira le théorème de Wilson.

§ II. — *Sur le dénombrement des substitutions diverses qui n'altèrent pas une fonction de plusieurs variables indépendantes.*

Soit Ω une fonction de n variables indépendantes

$$x,\ y,\ z,\ \ldots.$$

Nommons

(1)
$$\Omega,\ \Omega',\ \Omega'',\ \ldots$$

les valeurs distinctes de cette fonction qui résultent de permutations opérées entre les variables, et m le nombre de ces valeurs distinctes. Soient encore

P une substitution de l'ordre i, prise parmi celles qui n'altèrent pas la valeur de Ω;

P, P', P'', ... les diverses substitutions semblables à P;

ϖ le nombre des substitutions P, P', P'', ...;

h le nombre de celles des substitutions P, P', P'', ... qui n'altèrent pas la valeur de Ω;

k le nombre de celles des fonctions Ω, Ω', Ω'', ... qui ne sont pas altérées par la substitution P.

On aura, comme nous l'avons déjà montré dans un précédent article,

(2)
$$hm = k\varpi;$$

et chacun des rapports égaux

$$\frac{h}{\varpi},\ \frac{k}{m}$$

devra être évidemment, ou inférieur, ou tout au plus équivalent à l'unité. Si d'ailleurs on nomme M le nombre des valeurs égales de la fonction Ω, et N le produit $1.2.3\ldots n$, on aura, non seulement

(3)
$$mM = N,$$

mais encore

(4)
$$\Sigma h = M,$$

la somme qu'indique le signe Σ s'étendant à toutes les formes que peut revêtir la substitution P.

Concevons maintenant que Ω, étant une fonction transitive de n, de $n-1$, de $n-2$, et même de $n-l+1$ variables, soit une fonction intransitive de $n-l$ variables. La série (1) et, par suite, les valeurs de m et de k resteront les mêmes pour Ω considéré comme fonction de n variables, et pour Ω considéré comme fonction de $n-l$ variables. Soient d'ailleurs

$$\mathfrak{h},\quad \varphi \quad \text{et} \quad \mathfrak{M}$$

ce que deviendraient, pour Ω considéré comme fonction de $n-l$ variables, les quantités

$$h,\quad \varpi \quad \text{et} \quad M.$$

Alors, à la place des formules (2), (3), (4), on obtiendra les suivantes

$$\mathfrak{h}m = k\varphi, \tag{5}$$

$$m\mathfrak{M} = \mathfrak{N}, \tag{6}$$

la valeur de $\mathfrak{N}$ étant $1.2.3\ldots(n-l)$, et

$$\Sigma\mathfrak{h} = \mathfrak{M}. \tag{7}$$

Cela posé, on tirera des formules (2) et (5)

$$h = \theta\mathfrak{h}, \qquad \mathfrak{h} = \frac{h}{\theta}, \tag{8}$$

la valeur de θ étant

$$\theta = \frac{\varpi}{\varphi}. \tag{9}$$

Enfin, si l'on nomme r le nombre des lettres qui demeurent immobiles quand on effectue sur Ω, considéré comme fonction de n variables, la substitution P, on aura, en vertu de la formule (5) de la page 289,

$$\frac{1}{\theta} = \frac{r(r-1)\ldots(r-l+1)}{n(n-1)\ldots(n-l+1)}. \tag{10}$$

On aura d'ailleurs, en vertu des formules (3) et (6),

$$\mathfrak{M} = \frac{\mathfrak{N}}{N}M = \frac{M}{n(n-1)\ldots(n-l+1)}. \tag{11}$$

Remarquons à présent que, en vertu des formules (7) et (8), on aura

$$(12) \qquad \Sigma \frac{h}{\theta} = \mathfrak{M}.$$

Si, dans cette dernière équation, on substitue les valeurs de $\frac{h}{\theta}$ et de $\mathfrak{M}$ données par les formules (10) et (11), alors, en effaçant le dénominateur commun aux deux membres, on trouvera

$$(13) \qquad \Sigma r(r-1)\ldots(r-l+1)h = M.$$

Il importe d'observer que, r étant le nombre des variables exclues de la substitution P, $n-r$ sera le nombre des variables nécessairement comprises dans cette même substitution. Cela posé, soient

$$1, \quad P, \quad Q, \quad \ldots$$

les diverses substitutions qui n'altèrent pas la valeur de Ω, et nommons H_{n-r} le nombre de celles d'entre elles qui renferment précisément $n-r$ lettres. Il est clair que les valeurs de h correspondantes à ces dernières seront multipliées, dans le premier membre de l'équation (13), par des valeurs identiquement égales du produit

$$r(r-1)\ldots(r-l+1).$$

Par conséquent, à l'équation (13) on pourra substituer la suivante

$$(14) \qquad \Sigma r(r-1)\ldots(r-l+1)H_{n-r} = M,$$

la somme qu'indique le signe Σ s'étendant désormais aux diverses valeurs de r.

Ajoutons que, Ω étant, par hypothèse, une fonction transitive non seulement de $n-l+1$, mais encore de $n-l+2$, ..., et même de n variables, l'équation (14) devra continuer de subsister quand on y remplacera l par un quelconque des nombres

$$1, \quad 2, \quad 3, \quad \ldots, \quad l-1.$$

Elle continuera même de subsister, en se confondant avec la formule (4), quand on remplacera l par zéro, pourvu que l'on substitue l'unité au coefficient

$$r(r-1)\ldots(r-l+1),$$

comme on est conduit à le faire quand on attribue à ce coefficient la forme fractionnaire

$$\frac{1.2\ldots r}{1.2\ldots(r-l)}.$$

En développant le premier membre de la formule (14), ou de celles qu'on en déduit lorsqu'on remplace l par un des nombres 0, 1, 2, 3, ..., $l-1$, et en observant que l'on a évidemment

$$H_1 = 0, \qquad H_0 = 1,$$

on tirera de la formule (14) les équations

$$(15)\quad \left\{\begin{array}{l} M = H_n + H_{n-1} + H_{n-2} + \ldots + H_2 + 1, \\ M = H_{n-1} + 2H_{n-2} + \ldots + (n-2)H_2 + n, \\ M = 1.2H_{n-2} + \ldots + (n-3)(n-2)H_2 + (n-1)n, \\ \ldots\ldots\ldots\ldots\ldots\ldots\ldots\ldots\ldots\ldots, \\ M = 1.2.3\ldots l H_{n-l} + \ldots + (n-l+1)\ldots(n-1)n, \end{array}\right.$$

desquelles on déduira immédiatement les valeurs de

$$H_n, \quad H_{n-1}, \quad H_{n-2}, \quad \ldots, \quad H_{n-l},$$

exprimées en fonction de M et de

$$H_{n-l-1}, \quad H_{n-l-2}, \quad \ldots, \quad H_2.$$

La méthode d'élimination très simple qui sert à effectuer ce calcul et les conséquences remarquables qui se déduisent des formules (15) seront exposées dans un prochain article.

308.

Analyse mathématique. — *Mémoire sur diverses propriétés remarquables des substitutions régulières ou irrégulières, et des systèmes de substitutions conjuguées* (suite).

C. R., T. XXI, p. 1025 (10 novembre 1845).

§ I. — *Sur le dénombrement des substitutions diverses qui n'altèrent pas une fonction transitive de plusieurs variables indépendantes.*

Soient

Ω une fonction de n variables indépendantes $x, y, z, \ldots$;
M le nombre des valeurs égales de Ω;
m le nombre de ses valeurs distinctes.

Soit encore

$$(1) \qquad 1, \quad P, \quad Q, \quad R, \quad \ldots$$

le système des substitutions conjuguées qui n'altèrent pas la valeur de Ω, et H_r le nombre de celles qui déplacent r variables. La substitution 1, qui forme le premier terme de la série (1), sera la seule qui ne déplace aucune variable, et toute substitution, distincte de l'unité, déplacera tout au moins deux variables à la fois. On aura donc

$$H_0 = 1, \qquad H_1 = 0.$$

Si d'ailleurs Ω est une fonction transitive de n, de $n-1$, etc., et même de $n-l+1$ variables; alors, comme on l'a vu dans le précédent article, les diverses valeurs de H_r, représentées par

$$H_n, \quad H_{n-1}, \quad H_{n-2}, \quad \ldots, \quad H_2,$$

vérifieront les formules

$$(2) \quad \left\{ \begin{array}{l} M = H_n + H_{n-1} + \quad H_{n-2} + \ldots + H_2 + 1, \\ M = \qquad\quad H_{n-1} + \quad 2H_{n-2} + \ldots + (n-2)H_2 + n, \\ M = \qquad\qquad\qquad 1.2H_{n-2} + \ldots + (n-3)(n-2)H_2 + (n-1)n, \\ \ldots\ldots\ldots\ldots\ldots\ldots\ldots\ldots\ldots\ldots\ldots\ldots\ldots, \\ M = \qquad 1.2.3\ldots l H_{n-l} + \ldots \qquad\qquad + (n-l+1)\ldots(n-1)n. \end{array} \right.$$

Supposons maintenant que l'on désigne par e_n la somme des $n+1$ premiers termes du développement de e^{-1}, et par $[n]_r$ la somme des $r+1$ premiers termes du développement de $(1-1)^n$, n, r étant des nombres entiers quelconques, en sorte qu'on ait

$$(3)\qquad e_n = 1 - \frac{1}{1} + \frac{1}{1.2} - \frac{1}{1.2.3} + \ldots + \frac{(-1)^n}{1.2.3\ldots n}$$

et

$$(4)\qquad [n]_r = 1 - \frac{n}{1} + \frac{n(n-1)}{1.2} - \ldots + (-1)^r \frac{n(n-1)\ldots(n-r+1)}{1.2\ldots r}.$$

On trouvera successivement

$$(5)\qquad e_0 = 1, \quad e_1 = 0, \quad e_2 = \frac{1}{2}, \quad e_3 = \frac{1}{3}, \quad e_4 = \frac{3}{8}, \quad e_5 = \frac{11}{30}, \quad \ldots.$$

De plus, on aura : 1° pour $n \leqq r$,

$$(6)\qquad [n]_r = 0;$$

2° pour $n > r$,

$$(7)\qquad [n]_r + (-1)^n [n]_{n-r-1} = 0;$$

et, en ayant égard à la formule (7), on trouvera

$$(8)\qquad \left\{\begin{array}{ll} [n]_0 = 1, & [n]_{n-1} = -(-1)^n, \\ [n]_1 = 1 - \dfrac{n}{1}, & [n]_{n-2} = -(-1)^n\left(1 - \dfrac{n}{1}\right), \\ [n]_2 = 1 - \dfrac{n}{1} + \dfrac{n(n-1)}{1.2}, & [n]_{n-3} = -(-1)^n\left[1 - \dfrac{n}{1} + \dfrac{n(n-1)}{1.2}\right], \\ \ldots\ldots\ldots\ldots\ldots\ldots, & \ldots\ldots\ldots\ldots\ldots\ldots\ldots\ldots \end{array}\right.$$

Cela posé, si l'on combine entre elles, par voie d'addition, les formules (2), respectivement multipliées par les divers termes

$$1, \quad -1, \quad +\frac{1}{1.2}, \quad -\frac{1}{1.2.3}, \quad \ldots$$

du développement de e^{-1}, on trouvera

$$(9)\qquad Me_l = H_n + [l+1]_l H_{n-l-1} + [l+2]_l H_{n-l-2} + \ldots + [n-2]_l H_2 + [n]_l;$$

et, si l'on applique le même calcul, non plus au système des équations (2), mais seulement à celles qui restent quand on a effacé, ou la première équation, ou les deux premières, ou les trois premières, etc., on obtiendra des équations nouvelles qui seront comprises, avec l'équation (9), dans la formule générale

$$(10)\quad \begin{cases} Me_{l-r} = 1.2\ldots r H_{n-r} + (l+1)\ldots(l-r+2)[l-r+1]_{l-r} H_{n-l-1} \\ \quad + (l+2)\ldots(l-r+3)[l-r+2]_{l-r} H_{n-l-2} + \ldots \\ \quad + (n-2)\ldots(n-r-1)[n-r-2]_{l-r} H_2 \\ \quad + n(n-1)\ldots(n-r+1)[n-r]_{l-r}, \end{cases}$$

r étant l'un quelconque des nombres entiers

$$0,\quad 1,\quad 2,\quad 3,\quad \ldots,\quad l.$$

Donc, en désignant par r un de ces nombres, on aura généralement

$$(11)\quad \begin{cases} H_{n-r} = \dfrac{M}{1.2\ldots r} e_{l-r} - \dfrac{(l+1)\ldots(l-r+2)}{1.2\ldots r} [l-r+1]_{l-r} H_{n-l-1} \\ \qquad - \dfrac{(l+2)\ldots(l-r+3)}{1.2\ldots r} [l-r+2]_{l-r} H_{n-l-2} \\ \qquad - \ldots\ldots\ldots\ldots\ldots\ldots \\ \qquad - \dfrac{(n-2)\ldots(n-r+1)}{1.2\ldots r} [n-r-2]_{l-r} H_2 \\ \qquad - \dfrac{n(n-1)\ldots(n-r+1)}{1.2\ldots r} [n-r]_{l-r}. \end{cases}$$

Il en résulte qu'on pourra exprimer généralement

$$H_n,\quad H_{n-1},\quad H_{n-2},\quad \ldots,\quad H_{n-l}$$

en fonction de M et de

$$H_{n-l-1},\quad H_{n-l-2},\quad \ldots,\quad H_2.$$

Il est bon d'observer que, dans le second membre de la formule (11), tous les termes qui suivent le premier seront évidemment des nombres entiers. J'ajoute qu'on pourra en dire autant du premier terme représenté par le produit

$$\frac{M}{1.2\ldots r} e_{l-r}.$$

En effet, Ω étant, par hypothèse, une fonction transitive de n, de $n-1$, ..., et même de $n-l+1$ variables, si l'on nomme $\mathfrak{M}$ le nombre des valeurs égales de Ω considéré comme fonction de $n-l$ variables, on aura

$$M = n(n-1)\ldots(n-l+1)\mathfrak{M}$$

et, par suite,

$$(12)\qquad \frac{M}{1.2\ldots r}e_{l-r} = \frac{n(n-1)\ldots(n-l+1)}{1.2\ldots r}e_{l-r}\mathfrak{M}.$$

Or, en vertu de la formule (3), le produit

$$1.2\ldots(l-r)\,e_{l-r}$$

sera certainement un nombre entier, et il est clair que, pour obtenir le second membre de la formule (12), il suffira de multiplier ce produit : 1° par le facteur entier $\mathfrak{M}$; 2° par le rapport

$$\frac{n(n-1)\ldots(n-l+1)}{(1.2\ldots r)[1.2\ldots(l-r)]},$$

qui est lui-même un nombre entier, puisqu'il représente le coefficient du produit

$$s^r t^{l-r}$$

dans le développement de l'expression

$$(1+s+t)^n.$$

Ainsi, comme on devait s'y attendre, la formule (11) fournira toujours une valeur entière de H_{n-r}.

Observons encore que, dans le second membre de la formule (4), les divers termes, alternativement positifs et négatifs, offrent des valeurs numériques toujours croissantes lorsque r ne surpasse pas $\frac{n}{2}$. Il en résulte que, dans le cas où l'on a

$$r \leqq \frac{n}{2},$$

la valeur de $[n]_r$ est toujours positive pour des valeurs paires de r, et toujours négative pour des valeurs impaires de r.

Si, dans la formule (11), on pose successivement $r=l$, puis $r=l-1$, on obtiendra les deux suivantes :

$$(13)\quad \left\{\begin{aligned} H_{n-l} &= \frac{M}{1.2\ldots l} - \frac{(l+1)\ldots 3.2}{1.2\ldots l} H_{n-l-1} - \ldots \\ &\quad - \frac{(n-2)\ldots(n-l-1)}{1.2\ldots l} H_2 - \frac{n(n-1)\ldots(n-l+1)}{1.2\ldots l}, \end{aligned}\right.$$

$$(14)\quad \left\{\begin{aligned} H_{n-l+1} &= \frac{(l+1)\ldots 4.3}{1.2\ldots(l-1)} H_{n-l-1} + \frac{(l+2)\ldots 5.4}{1.2\ldots(l-1)} 2H_{n-l-2} + \ldots \\ &\quad + \frac{(n-1)\ldots(n-l)}{1.2\ldots(l-1)}(n-l-2)H_2 + \frac{n(n-1)\ldots(n-l+2)}{1.2\ldots(l-1)}(n-l). \end{aligned}\right.$$

Si, dans la formule (14), on pose $l=1$, on devra y remplacer par l'unité chacun des produits

$$1.2\ldots(l-1) = \frac{1.2\ldots l}{l}, \qquad 3.4\ldots(l+1) = \frac{1.2\ldots(l+1)}{1.2}, \qquad \ldots,$$

et l'on obtiendra l'équation

$$(15)\qquad H_n = H_{n-2} + 2H_{n-3} + \ldots + (n-3)H_2 + n - 1,$$

que l'on peut établir directement en combinant entre elles, par voie de soustraction, la première et la seconde des formules (2). D'ailleurs, comme on aura toujours, en vertu de la formule (13),

$$(16)\qquad H_{n-l+1} \overset{=}{>} \frac{n(n-1)\ldots(n-l+2)}{1.2\ldots(l-1)}(n-l),$$

et, en vertu de la formule (15),

$$(17)\qquad H_n \overset{=}{>} n-1,$$

il en résulte qu'on peut énoncer les propositions suivantes :

THÉORÈME I. — *Si Ω est une fonction transitive de n, de $n-1$, ..., et même de $n-l+1$ variables, alors, parmi les substitutions qui posséderont la propriété de ne point altérer la valeur de Ω, celles qui déplaceront à la fois $n-l+1$ variables seront en nombre égal ou supérieur au produit*

$$\frac{n(n-1)\ldots(n-l+2)}{1.2\ldots l}(n-l).$$

THÉORÈME II. — *Si Ω est une fonction transitive de n variables x, y, z, ..., alors, parmi les substitutions qui n'altéreront pas la valeur de Ω, celles qui déplaceront à la fois les n variables seront en nombre égal ou supérieur à $n-1$.*

Ainsi, par exemple, si l'on prend $n=4$ et

$$\Omega = xy + zu,$$

alors trois substitutions régulières dont chacune déplacera les quatre lettres x, y, z, u, savoir

$$(x, y)(z, u), \quad (x, z)(y, u), \quad (x, u)(y, z),$$

se trouveront comprises parmi celles qui n'altéreront pas la valeur de la fonction transitive Ω.

Si, Ω étant une fonction transitive de n, de $n-1$, de $n-2$, et même de $n-l+1$ variables, il suffit de rendre $l+1$ variables immobiles, pour que toutes le deviennent; alors on aura nécessairement

$$H_{n-l-1} = 0, \qquad H_{n-l-2} = 0, \qquad \ldots, \qquad H_2 = 0,$$

et, par suite, la formule (11) donnera simplement

$$(18) \qquad H_{n-r} = \frac{M}{1.2\ldots r} e_{l-r} - \frac{n(n-1)\ldots(n-r+1)}{1.2\ldots r} [n-r]_{l-r}.$$

Si, dans cette dernière formule, on substitue successivement à r chacun des nombres

$$0, \quad 1, \quad 2, \quad 3, \quad \ldots, \quad l-1, \quad l,$$

on obtiendra les suivantes

$$(19) \qquad \begin{cases} H_n = M e_l - [n]_l, \\ H_{n-1} = \dfrac{M}{1} e_{l-1} - \dfrac{n}{1} [n-1]_{l-1}, \\ H_{n-2} = \dfrac{M}{1.2} e_{l-2} - \dfrac{n(n-1)}{1.2} [n-2]_{l-2}, \\ \ldots\ldots\ldots\ldots\ldots\ldots\ldots\ldots, \\ H_{n-l+1} = \dfrac{M}{1.2\ldots(l-1)} e_1 - \dfrac{n(n-1)\ldots(n-l+2)}{1.2\ldots(l-1)} [n-l+1]_1, \\ H_{n-l} = \dfrac{M}{1.2\ldots l} e_0 - \dfrac{n(n-1)\ldots(n-l+1)}{1.2\ldots l} [n-l]_0, \end{cases}$$

dont les deux dernières se réduiront à

$$H_{n-l+1} = \frac{n(n-1)\ldots(n-l+2)}{1.2\ldots(l-1)}(n-l), \tag{20}$$

$$H_{n-l} = \frac{M}{1.2\ldots l} - \frac{n(n-1)\ldots(n-l+1)}{1.2\ldots l}. \tag{21}$$

Appliquons maintenant les formules qui précèdent à quelques exemples.

Si Ω est une fonction symétrique de n variables $x, y, z, \ldots$, on aura simplement

$$m = 1, \qquad M = N,$$

la valeur de N étant

$$N = 1.2.3\ldots n.$$

Alors aussi, Ω étant fonction transitive de n, de $n-1$, de $n-2$, ..., et même de deux variables, on pourra prendre

$$l = n-1;$$

et, en ayant égard aux deux formules

$$e_n - e_{n-1} = \frac{(-1)^n}{N}, \qquad [n]_{n-1} = (-1)^{n-1},$$

qui subsistent pour toutes les valeurs entières et positives de n, on tirera des équations (19)

$$\left\{\begin{aligned} H_n &= N e_n, \\ H_{n-1} &= \frac{N}{1} e_{n-1}, \\ H_{n-2} &= \frac{N}{1.2} e_{n-2}, \\ &\ldots\ldots\ldots\ldots, \\ H_3 &= \frac{N}{1.2\ldots(n-3)} e_3, \\ H_2 &= \frac{N}{1.2\ldots(n-2)} e_2. \end{aligned}\right. \tag{22}$$

Ainsi, le nombre total des substitutions qui, renfermant n variables x,

y, z, ..., déplacent à la fois toutes ces variables, est déterminé par la formule

$$H_n = N e_n. \tag{23}$$

On pourrait aisément, de cette première formule, déduire toutes celles qui la suivent dans le Tableau (22). Ajoutons que, si l'on substitue dans la première des équations (2) les valeurs de H_n, H_{n-1}, ..., H_2, tirées des formules (22), on trouvera

$$e_n + \frac{e_{n-1}}{1} + \frac{e_{n-2}}{1.2} + \ldots + \frac{e_0}{1.2\ldots n} = 1. \tag{24}$$

Supposons encore que Ω représente une des fonctions qui, renfermant n variables, offrent seulement deux valeurs distinctes. Alors on aura

$$m = 2, \qquad M = \frac{N}{2}.$$

Alors aussi, Ω étant fonction transitive de n, de $n-1$, de $n-2$, ..., et même des trois variables, on pourra prendre

$$n - l + 1 = 3, \qquad l = n - 2;$$

et, en ayant égard à la formule

$$[n]_{n-2} = (-1)^n (n-1),$$

on tirera des équations (19) les suivantes

$$\tag{25} \left\{ \begin{aligned} H_n &= \frac{N}{2} e_{n-2} - (-1)^n (n-1), \\ H_{n-1} &= \frac{N}{2} \frac{e_{n-3}}{1} - (-1)^{n-1} \frac{n}{1} (n-2), \\ H_{n-2} &= \frac{N}{2} \frac{e_{n-4}}{1.2} - (-1)^{n-2} \frac{n(n-1)}{1.2} (n-3), \\ &\ldots\ldots\ldots\ldots\ldots\ldots\ldots\ldots, \\ H_3 &= \frac{N}{2} \frac{e_1}{1.2\ldots(n-3)} - (-1)^3 \frac{n(n-1)\ldots 4}{1.2\ldots(n-3)} 2, \\ H_2 &= \frac{N}{2} \frac{e_0}{1.2\ldots(n-2)} - (-1)^2 \frac{n(n-1)\ldots 3}{1.2\ldots(n-2)}, \end{aligned} \right.$$

dont les deux dernières se réduisent à

$$H_3 = \frac{n(n-1)(n-2)}{3}, \qquad H_2 = 0. \tag{26}$$

D'ailleurs, le rapport

$$\frac{n(n-1)(n-2)}{3}$$

étant précisément le nombre total des substitutions circulaires du troisième ordre que l'on peut former avec n lettres, les formules (26) exprimeront une propriété bien connue des fonctions qui offrent seulement deux valeurs distinctes, savoir que l'une quelconque de ces fonctions est toujours altérée par une substitution circulaire du second ordre, et n'est jamais altérée par aucune substitution circulaire du troisième ordre.

§ II. — *Théorèmes relatifs à deux systèmes de substitutions conjuguées.*

Formons avec n variables $x, y, z, \ldots$ deux systèmes de substitutions conjuguées

$$1, \; \text{P}, \; \text{Q}, \; \text{R}, \; \ldots \tag{1}$$

et

$$1, \; \mathfrak{P}, \; \mathfrak{Q}, \; \mathfrak{R}, \; \ldots. \tag{2}$$

Soient M l'ordre du premier système, et $\mathfrak{M}$ l'ordre du second système. Si une ou plusieurs substitutions du second système sont semblables à une ou plusieurs substitutions du premier système; si, par exemple, on suppose la substitution $\mathfrak{Q}$ semblable à la substitution R, alors $\mathfrak{Q}$ sera lié à R par une ou plusieurs équations de la forme

$$\mathfrak{Q} = \text{URU}^{-1}, \tag{3}$$

et, réciproquement, lorsque deux substitutions appartenant, l'une au premier système, l'autre au second, se trouveront liées entre elles par une équation de cette forme, elles seront semblables l'une à l'autre.

Observons d'ailleurs que l'équation (3) peut encore être présentée sous chacune des formes

$$(4)\qquad R = U^{-1}\mathfrak{Q}U,$$

$$(5)\qquad \mathfrak{Q}U = UR.$$

Supposons maintenant que l'on nomme E le nombre des substitutions U pour lesquelles se vérifient des équations semblables à la formule (5), l'une de ces substitutions devant se réduire à l'unité dans le cas particulier où les systèmes (1) et (2) offrent des termes communs. Soit, au contraire, F le nombre des substitutions U pour lesquelles ne se vérifient jamais des équations semblables à l'équation (5). $E+F$ sera évidemment le nombre total des substitutions que l'on pourra former avec les n variables $x, y, z, \ldots$, en sorte qu'on aura

$$(6)\qquad E+F=N,$$

la valeur de N étant

$$(7)\qquad N=1.2.3\ldots n.$$

Concevons maintenant que la suite

$$(8)\qquad U,\quad V,\quad W,\quad \ldots$$

renferme plusieurs des substitutions U pour lesquelles se vérifient des équations de la forme (5), et construisons le Tableau

$$(9)\qquad \begin{cases} U, & UP, & UQ, & UR,\\ V, & VP, & VQ, & VR,\\ W, & WP, & WQ, & WR,\\ \ldots, & \ldots\ldots, & \ldots\ldots, & \ldots\ldots \end{cases}$$

Il est facile de s'assurer que chacune des substitutions comprises dans ce Tableau sera encore du nombre de celles pour lesquelles se vérifient des équations de la forme (5). Car, si l'on pose, par exemple,

$$UP = U'$$

et, par suite,

$$U = U'P^{-1},\qquad U^{-1} = PU^{-1},$$

l'équation (3), qui coïncide avec l'équation (5), donnera

$$(10) \qquad \mathfrak{Q} = U'R'U'^{-1},$$

la valeur de R' étant

$$(11) \qquad R' = P^{-1}RP;$$

et comme, en vertu de la formule (11), R' sera une substitution comprise dans la série (1), mais semblable à R, et par conséquent distincte de l'unité, l'équation (10), à laquelle satisfera la substitution U', sera évidemment de la même forme que l'équation (3) ou (5). D'ailleurs, deux termes compris dans deux lignes horizontales du Tableau (9) seront certainement distincts l'un de l'autre; et, si deux termes compris dans deux lignes horizontales différentes, par exemple les termes

$$UP, \quad VQ,$$

compris dans la seconde et la troisième ligne horizontale, deviennent égaux, alors l'équation

$$(12) \qquad VQ = UP$$

entraînera la formule

$$(13) \qquad V = UPQ^{-1},$$

en vertu de laquelle V sera déjà un des termes compris dans la seconde ligne horizontale. Donc tous les termes du Tableau (9) seront distincts les uns des autres, si en construisant ce Tableau on a soin de prendre pour premier terme de chaque nouvelle ligne horizontale une des substitutions non comprises dans les lignes déjà écrites, mais pour lesquelles se vérifient des équations de la forme (5). Or, ces conditions étant supposées remplies, concevons que l'on donne au Tableau (9) la plus grande étendue possible; alors il renfermera nécessairement toutes les substitutions pour lesquelles se vérifie la formule (5), et par conséquent E termes distincts, répartis entre des lignes horizontales qui renfermeront chacune M termes. Donc, si l'on nomme $\mathfrak{X}$ le nombre de ces lignes horizontales, on aura

$$E = M\mathcal{K}. \tag{14}$$

Ajoutons que, si l'on pose, pour abréger,

$$m = \frac{N}{M},$$

on aura identiquement

$$N = mM, \tag{15}$$

et que, des formules (6), (14), (15), on tirera immédiatement l'équation

$$F = M(m - \mathcal{K}), \tag{16}$$

en vertu de laquelle F sera encore un multiple de M. Au reste, pour établir directement cette conclusion, il suffit de concevoir que la série (8) se compose, non plus de substitutions pour chacune desquelles se vérifient toujours des équations de la forme (5), mais, au contraire, de substitutions pour lesquelles ne se vérifient jamais des équations de cette forme. En effet, cette supposition étant adoptée, un terme quelconque du Tableau (5), par exemple le terme

$$U' = UP,$$

ne pourra vérifier une équation de la forme (5), par exemple l'équation (10), R' étant l'une des substitutions P, Q, R, ... Car, en remettant pour U' sa valeur UP dans l'équation (10), et posant

$$PR'P^{-1} = R,$$

on reviendrait de l'équation (10) à la formule (4), que devrait vérifier, contrairement à l'hypothèse admise, la substitution U. D'ailleurs, pour que les termes du Tableau (9) soient encore tous distincts les uns des autres, il suffira, comme ci-dessus, qu'en prolongeant ce Tableau on prenne toujours pour premier terme de chaque nouvelle ligne horizontale un terme non compris dans les lignes horizontales déjà écrites. Cela posé, il est clair que, au moment où, en remplissant ces conditions, on aura donné au Tableau (9) la plus grande étendue possible, ce Tableau renfermera F termes différents répartis entre diverses lignes horizontales dont le nombre sera $m - \mathcal{X}$, et dont chacune sera composée de M termes. Donc le nombre F sera toujours un multiple de M, ainsi que l'indique la formule (16).

Par des raisonnements semblables à ceux qui précèdent, on prouverait encore que chacun des nombres E, F est un multiple de $\mathcal{M}$, et l'on obtiendrait ainsi, à la place des formules (14), (16), deux équations de la forme

$$E = \mathcal{M}K, \tag{17}$$

$$F = \mathcal{M}(m - K). \tag{18}$$

Concevons à présent que, le Tableau (9) étant composé de substitutions pour lesquelles ne se vérifient jamais des équations de la forme (5), on désigne par

$$\mathcal{U},\quad \mathcal{V},\quad \mathcal{W},\quad \ldots \tag{19}$$

plusieurs termes de ce Tableau, pris dans les lignes horizontales distinctes, et construisons encore le Tableau suivant :

$$\left\{\begin{array}{lllll} \mathcal{U}, & \mathcal{P}\mathcal{U}, & \mathcal{Q}\mathcal{U}, & \mathcal{R}\mathcal{U}, & \ldots, \\ \mathcal{V}, & \mathcal{P}\mathcal{V}, & \mathcal{Q}\mathcal{V}, & \mathcal{R}\mathcal{V}, & \ldots, \\ \mathcal{W}, & \mathcal{P}\mathcal{W}, & \mathcal{Q}\mathcal{W}, & \mathcal{R}\mathcal{W}, & \ldots, \\ \ldots, & \ldots, & \ldots, & \ldots, & \ldots. \end{array}\right. \tag{20}$$

Un terme quelconque de ce nouveau Tableau, par exemple le terme

$$\mathcal{U}' = \mathcal{P}\mathcal{U},$$

ne pourra vérifier une équation de la forme (5), ou, ce qui revient au même, de la forme (4). Car, si l'on avait, par exemple,

$$\mathrm{R} = \mathcal{U}'^{-1}\mathcal{Q}'\mathcal{U}',$$

$\mathcal{Q}'$ étant l'une des substitutions $\mathcal{P}$, $\mathcal{Q}$, $\mathcal{R}$, ..., on en conclurait

$$\mathrm{R} = \mathcal{U}^{-1}\mathcal{Q}\mathcal{U},$$

la valeur de $\mathcal{Q}$ étant

$$\mathcal{Q} = \mathcal{P}^{-1}\mathcal{Q}'\mathcal{P},$$

et, par suite, $\mathfrak{v}$ serait, contrairement à l'hypothèse admise, une substitution pour laquelle se vérifierait une équation de la forme (4) ou (5). Donc un terme quelconque du Tableau (20) sera l'un de ceux qui faisaient déjà partie du Tableau (8). Il y a plus : deux termes compris dans une même ligne horizontale du Tableau (20) ne pourront faire partie d'une même ligne horizontale du Tableau (9); car, si l'on avait à la fois, par exemple,

$$\mathcal{P}\mathfrak{v} = \mathrm{VR}, \qquad \mathcal{Q}\mathfrak{v} = \mathrm{VS},$$

on en conclurait

$$\begin{aligned} \mathfrak{v} &= \mathcal{P}^{-1}\mathrm{VR}, \\ \mathcal{Q}\mathcal{P}^{-1}\mathrm{VR} &= \mathrm{VS}, \\ \mathcal{Q}\mathcal{P}^{-1}\mathrm{V} &= \mathrm{VSR}^{-1}, \end{aligned}$$

et, par suite, V serait, contrairement à l'hypothèse admise, une des substitutions pour lesquelles se vérifierait une équation de la forme (5). Enfin, si deux termes compris dans deux lignes horizontales différentes du Tableau (20), par exemple les deux termes

$$\mathcal{P}\mathfrak{v} \quad \text{et} \quad \mathcal{Q}\mathfrak{w},$$

compris dans la seconde et la troisième ligne horizontale, appartenaient à une même ligne horizontale du Tableau (9), de sorte qu'on eût

$$\mathcal{P}\mathfrak{v} = \mathrm{VR}, \qquad \mathcal{Q}\mathfrak{w} = \mathrm{VS},$$

on en conclurait

$$\mathcal{Q}^{-1}\mathcal{P}\mathfrak{v} = \mathcal{Q}^{-1}\mathrm{VR}, \qquad \mathfrak{w} = \mathcal{Q}^{-1}\mathrm{VS}.$$

Mais alors, en nommant W le premier terme de la ligne horizontale du Tableau (9) qui renfermerait la substitution $\mathcal{Q}^{-1}\mathcal{P}\mathfrak{w}$, on pourrait satisfaire à la formule

$$\mathcal{Q}^{-1}\mathcal{P}\mathfrak{v} = \mathcal{Q}^{-1}\mathrm{VR} = \mathrm{WT}$$

par une valeur de T prise dans la suite 1, P, Q, R, ..., et, des deux formules

$$\mathcal{Q}^{-1}\mathrm{VR} = \mathrm{WT}, \qquad \mathfrak{w} = \mathcal{Q}^{-1}\mathrm{VS},$$

on tirerait

$$\mathfrak{w} = \mathrm{WTR}^{-1}\mathrm{S};$$

en sorte que $\mathcal{V}$ et $\mathcal{P}^{-1}\mathcal{Q}\mathcal{V}$ seraient deux termes pris dans la même suite horizontale du Tableau (9). Donc tous les termes du Tableau (20) appartiendront à des lignes horizontales distinctes du Tableau (9), si, en prolongeant le Tableau (20), on a soin de prendre pour premier terme de chaque nouvelle ligne horizontale une substitution comprise dans le Tableau (9), mais située hors des lignes de ce Tableau, qui ont fourni quelques-uns des termes déjà écrits dans le Tableau (20). Si, en remplissant cette condition, l'on donne au Tableau (20) la plus grande étendue possible, il renfermera définitivement autant de termes que le Tableau (9) renfermait de lignes horizontales, c'est-à-dire $m - \mathcal{H}$ termes répartis entre plusieurs lignes horizontales, dont chacune sera composée de $\mathcal{M}$ termes. Donc $m - \mathcal{H}$ sera un multiple de $\mathcal{M}$, en sorte qu'on aura

$$m - \mathcal{H} \equiv 0 \pmod{\mathcal{M}}. \tag{21}$$

On prouverait de la même manière que l'on aura encore

$$m - K \equiv 0 \pmod{M}. \tag{22}$$

D'ailleurs, comme on tire des formules (16) et (18)

$$F = M(m - \mathcal{H}) = \mathcal{M}(m - K) \tag{23}$$

et, par suite,

$$\frac{m - K}{M} = \frac{m - \mathcal{H}}{\mathcal{M}}, \tag{24}$$

il est clair que la formule (21) devait entraîner la formule (22).

La formule (21) est l'expression du théorème énoncé à la page 380. Cette même formule, combinée avec l'équation (23), donne immédiatement

$$F \equiv 0 \pmod{M\mathcal{M}} \tag{25}$$

ou, ce qui revient au même,

$$E \equiv N \pmod{M\mathcal{M}}. \tag{26}$$

En conséquence, on peut énoncer la proposition suivante :

Théorème I. — *Formons avec n variables x, y, z, ... deux systèmes de substitutions conjuguées, et soient*

$$1, \quad P, \quad Q, \quad R, \quad \ldots,$$
$$1, \quad \mathfrak{P}, \quad \mathfrak{Q}, \quad \mathfrak{R}, \quad \ldots$$

ces deux systèmes, le premier de l'ordre M, le second de l'ordre $\mathfrak{M}$. Nommons E le nombre total des substitutions U, pour lesquelles se vérifient des équations de la forme

$$(27) \qquad \mathfrak{P}U = UP,$$

et posons, pour abréger, $N = 1.2.3\ldots n$. Les nombres N, E fourniront le même reste lorsqu'on les divisera par le produit $M\mathfrak{M}$.

Corollaire. — Si les deux systèmes se réduisent à un seul, alors, au lieu du théorème I, on obtiendra la proposition suivante :

Théorème II. — *Soit*

$$1, \quad P, \quad Q, \quad R, \quad \ldots$$

un système de substitutions conjuguées de l'ordre M, et nommons E le nombre des substitutions U *pour lesquelles se vérifient des équations de la forme*

$$(28) \qquad QU = UP,$$

Q *pouvant se confondre avec* P. *Le nombre E et le nombre $N = 1.2\ldots n$, divisés par le carré de M, fourniront le même reste, en sorte qu'on aura*

$$(29) \qquad E \equiv N \pmod{M^2}.$$

Corollaire. — Si M^2 surpasse N, la formule (29) donnera nécessairement

$$(30) \qquad E = N,$$

et par suite une substitution quelconque U sera du nombre de celles pour lesquelles peut se vérifier la formule (28).

Supposons maintenant que les M substitutions conjuguées

$$1, \quad P, \quad Q, \quad R, \quad \ldots$$

soient précisément celles qui n'altèrent pas la valeur d'une certaine fonction Ω. Soit, d'ailleurs, U l'une des substitutions pour lesquelles peut se vérifier la formule (5), ou, ce qui revient au même, la formule (27). Si l'on nomme Ω' ce que devient la fonction Ω quand on lui applique la substitution U, il est clair qu'on obtiendra encore Ω' en appliquant à Ω, ou la substitution UP, ou son égale $\mathfrak{P}$U, et par conséquent en appliquant à Ω' la substitution $\mathfrak{P}$. Donc, alors, Ω' sera l'une des fonctions que n'altère pas la substitution $\mathfrak{P}$. Ajoutons que, dans la même hypothèse, les M substitutions qui n'altéreront pas la fonction Ω' seront évidemment

$$\mathrm{U},\quad \mathrm{UP},\quad \mathrm{UQ},\quad \mathrm{UR},\quad \ldots.$$

D'autre part, si U est l'une des substitutions qui transforment Ω en Ω', et si la valeur de la fonction Ω' n'est pas altérée quand on lui applique l'une des substitutions $\mathfrak{P}$, $\mathfrak{Q}$, $\mathfrak{R}$, ..., par exemple la substitution $\mathfrak{P}$, on pourra passer de Ω à Ω' à l'aide de chacune des substitutions

$$\mathrm{U},\quad \mathfrak{P}\mathrm{U},$$

et revenir de Ω' à Ω à l'aide de l'une des substitutions inverses

$$\mathrm{U}^{-1},\quad \mathrm{U}^{1}\mathfrak{P}^{-1}.$$

Donc on n'altérera pas la fonction Ω en lui appliquant la substitution

$$\mathrm{U}^{-1}\mathfrak{P}\mathrm{U},$$

et cette dernière substitution devra être égale à l'une des substitutions P, Q, R, ..., en sorte qu'on aura, par exemple,

$$\mathrm{U}^{-1}\mathfrak{P}\mathrm{U} = \mathrm{P}$$

et, par suite,

$$\mathfrak{P}\mathrm{U} = \mathrm{UP}.$$

De ces remarques il suit évidemment que le nombre E des substitutions pour lesquelles se vérifie la formule (27) est le produit de M par le nombre de celles des fonctions

$$\Omega,\quad \Omega',\quad \Omega'',\quad \ldots$$

qui ne sont pas altérées quand on effectue les substitutions $1, \mathfrak{P}, \mathfrak{Q}, \ldots,$ ou au moins l'une d'entre elles. Donc ce dernier nombre est précisément celui qui, dans la formule (21), se trouve représenté par la lettre $\mathfrak{N}$. Il en résulte aussi que la formule (21) entraîne le théorème I de la page 376.

Dans un prochain article, je montrerai comment, étant données les substitutions $\mathfrak{P}$, P, on peut déterminer le nombre des substitutions U pour lesquelles se vérifie la formule (27). J'établirai à ce sujet quelques nouvelles propriétés des substitutions qui sont semblables entre elles.

309.

Analyse mathématique. — *Rapport sur un Mémoire présenté à l'Académie par* M. Bertrand, *et relatif au nombre des valeurs que peut prendre une fonction, quand on y permute les lettres qu'elle renferme.*

C. R., T. XXI, p. 1042 (10 novembre 1845).

Lorsque, dans une fonction de n variables, on permute les variables entre elles de toutes les manières possibles, on obtient diverses valeurs dont le nombre est précisément le produit $1.2.3\ldots n$. D'ailleurs, deux quelconques de ces valeurs de la fonction peuvent être, ou égales entre elles, quelles que soient les valeurs attribuées aux variables elles-mêmes, ou généralement distinctes, de manière à ne pouvoir se confondre que pour certains systèmes de valeurs des variables dont il s'agit. Enfin le nombre des valeurs distinctes de la fonction est toujours, comme on le démontre aisément, un diviseur du nombre total des valeurs égales ou inégales, c'est-à-dire du produit $1.2.3\ldots n$. Mais il n'est pas toujours possible de former une fonction pour laquelle le nombre des valeurs distinctes soit un diviseur donné de ce produit, par exemple l'un des nombres entiers

$$1, \quad 2, \quad 3, \quad \ldots, \quad n.$$

A la vérité, on peut, avec un nombre quelconque de lettres, former, outre les fonctions *symétriques*, qui n'ont qu'une valeur, des fonctions qui offrent seulement deux valeurs distinctes; et l'on peut encore, dans le cas singulier où l'on considère quatre lettres, former une fonction qui n'offre que trois valeurs distinctes. Mais, d'autre part, un géomètre italien, M. Ruffini, a démontré qu'on ne peut, avec cinq variables, former une fonction qui offre moins de cinq valeurs, si elle en a plus de deux; et un autre Italien, M. Pietro Abbati, a étendu cette proposition au cas où la fonction renferme un nombre quelconque de variables. En outre, l'un de nous a démontré, il y a environ trente ans, que, pour une fonction de n variables, le nombre des valeurs distinctes, quand il est supérieur à 2, ne peut être inférieur au plus grand nombre premier contenu dans n. Enfin, dans le Mémoire qui renferme cette démonstration, on trouve le passage suivant :

Il n est pas toujours possible d'abaisser l'indice, c'est-à-dire le nombre des valeurs d'une fonction jusqu'à la limite que nous venons d'assigner; et, si l'on en excepte les fonctions du quatrième ordre qui peuvent obtenir trois valeurs, je ne connais pas de fonctions non symétriques dont l'indice soit inférieur à l'ordre (au nombre des lettres), *sans être égal à* 2. *Le théorème ci-dessus établi prouve du moins qu'il n'en existe pas de semblables, quand l'ordre de la fonction est un nombre premier, puisque alors la limite trouvée se confond avec ce nombre. On peut encore démontrer cette assertion, lorsque n est égal à* 6, *en faisant voir qu'une fonction de* 6 *lettres ne peut obtenir plus de six valeurs, quand elle en a plus de deux.*

La démonstration générale de la proposition que l'auteur du Mémoire avait énoncée dans ce passage, et qu'il avait rigoureusement établie dans le cas où n est un nombre premier ou bien encore le nombre 6, est aussi l'un des principaux objets des recherches dont nous avons à rendre compte. M. Bertrand est effectivement parvenu à la démontrer, en supposant qu'il existe toujours un nombre premier p compris entre les limites $n - 2$ et $\frac{n}{2}$, et en s'appuyant sur la considération des substitutions circulaires formées avec $p+2$ lettres, partagées en deux groupes dont l'un renferme p lettres, et l'autre deux lettres seulement. Mais existe-t-il toujours, au moins quand n surpasse 7, un nombre premier compris entre $n-2$ et $\frac{n}{2}$? Cela est extrêmement probable, et l'on peut, à l'aide des Tables des nombres premiers, s'assurer de l'existence d'un tel nombre, au moins tant que n est inférieur à 6 millions. Ainsi, les calculs de M. Bertrand suffisent pour étendre à tout nombre qui ne surpasse pas cette limite la proposition énoncée. Ils prouvent aussi que, pour une valeur de n inférieure à cette limite, une fonction de n lettres qui offre seulement n valeurs distinctes est généralement symétrique par rapport à $n-1$ lettres.

Parmi les nombres non premiers dont la valeur n'est pas considérable, il en existe deux seulement auquel la démonstration de M. Bertrand ne s'applique pas : ce sont les nombres 4 et 6. M. Bertrand mentionne le nombre 4, qui, comme nous l'avons déjà dit, fait exception à la règle générale. Il aurait dû, pour plus d'exactitude, mentionner aussi le nombre 6, et observer que $2p$ cesse d'être supérieur à n, quand on a $p=3$, $n=6$. D'ailleurs, comme nous l'avons rappelé ci-dessus, le principal théorème se trouve depuis longtemps démontré, pour le cas où l'on a $n=6$.

Le Mémoire de M. Bertrand renferme encore quelques autres propositions dignes de remarque sur le nombre des valeurs qu'une fonction peut acquérir. Il prouve, entre autres choses, que, p, q étant deux nombres premiers dont la somme est inférieure à n, une fonction de n lettres aura précisément $2n$ valeurs distinctes, si le nombre des valeurs distinctes est inférieur au produit pq, et si d'ailleurs le nombre n des lettres est égal ou supérieur à 10.

En résumé, les Commissaires pensent que le Mémoire de M. Bertrand est digne d'être approuvé par l'Académie et inséré dans le *Recueil des Mémoires des Savants étrangers*.

310.

ANALYSE MATHÉMATIQUE. — *Mémoire sur les premiers termes de la série des quantités qui sont propres à représenter le nombre des valeurs distinctes d'une fonction des n variables indépendantes.*

C. R., T. XXI, p. 1093 (17 novembre 1845).

§ I. — *Considérations générales.*

Soient

Ω une fonction de n variables $x, y, z, \ldots$;
m le nombre des valeurs distinctes de cette fonction;
M le nombre de ses valeurs égales.

On aura

$$mM = N, \tag{1}$$
$$N = 1.2.3\ldots n,$$

et par suite le nombre m des valeurs distinctes de Ω sera toujours un diviseur du produit N, c'est-à-dire du nombre des arrangements que l'on peut former avec n lettres. Donc, si l'on forme la série des nombres qui seront propres à représenter les diverses valeurs de m, tous les termes de cette série seront des diviseurs de N. Mais la proposition réciproque n'est pas vraie, et tous les diviseurs de N n'entrent pas dans la série en question. Nous allons, dans cette Note, rechercher les premiers termes de la série, c'est-à-dire ceux qui expriment les plus petites valeurs de m.

D'abord, puisque, avec un nombre quelconque n des variables, on peut toujours composer des fonctions symétriques, c'est-à-dire des fonctions qui ne sont point altérées par des échanges quelconques opérés entre les variables, et même des fonctions dont chacune offre deux valeurs distinctes, il en résulte que, pour une valeur quelconque de n, les deux premiers termes de la série formée avec les diverses valeurs de m seront toujours les nombres 1 et 2.

Il est d'ailleurs facile de s'assurer : 1° que toute fonction qui n'est altérée par aucune substitution circulaire du second ordre est nécessairement symétrique; 2° que toute fonction non symétrique qui n'est altérée par aucune substitution circulaire du troisième ordre offre seulement deux valeurs distinctes.

Pour savoir quelles sont les valeurs que peut acquérir le nombre m quand il devient supérieur à 2, il convient de distinguer le cas où la fonction Ω est *intransitive*, et le cas où elle est *transitive*.

Quand la fonction Ω est intransitive, c'est-à-dire quand les substitutions

$$(2) \qquad 1, \quad P, \quad Q, \quad R, \quad \ldots,$$

qui n'altèrent pas la valeur de Ω, ont pour effet unique d'échanger, séparément entre elles, des variables que renferment divers groupes composés, le premier, de a variables

$$\alpha, \quad \beta, \quad \gamma, \quad \ldots;$$

le second, de b variables

$$\lambda, \quad \mu, \quad \nu, \quad \ldots;$$

le troisième, de c variables

$$\varphi, \quad \chi, \quad \psi, \quad \ldots,$$
$$., \quad ., \quad ., \quad \ldots,$$

on a évidemment

$$(3) \qquad n = a + b + c + \ldots,$$

chacun des nombres $a, b, c, \ldots$ étant inférieur à n. Soient d'ailleurs, dans cette hypothèse, A le nombre de celles des substitutions (2) qui correspondent à des permutations diverses des variables $\alpha, \beta, \gamma, \ldots$ du premier groupe; B le nombre de celles des substitutions (2) qui, en laissant immobiles les variables $\alpha, \beta, \gamma, \ldots$ du premier groupe, correspondent à des permutations diverses des variables $\lambda, \mu, \nu, \ldots$ du second groupe, etc. On trouvera

$$(4) \qquad M = ABC\ldots;$$

et par suite, si l'on pose, pour abréger,

$$(5)\qquad \mathcal{A} = \frac{1.2\ldots a}{A}, \qquad \mathcal{B} = \frac{1.2\ldots b}{B}, \qquad \mathcal{C} = \frac{1.2\ldots c}{C}, \qquad \ldots,$$

$$(6)\qquad \mathcal{N} = \frac{1.2.3\ldots n}{(1.2\ldots a)(1.2\ldots b)(1.2\ldots c)},$$

on aura

$$(7)\qquad m = \mathcal{N}\mathcal{A}\mathcal{B}\mathcal{C}\ldots,$$

$\mathcal{N}$ étant un entier qui sera évidemment supérieur à l'unité.

Il est bon d'observer que, dans la formule (3), on peut toujours supposer les nombres

$$a, \quad b, \quad c, \quad \ldots$$

rangés par ordre de grandeur, les plus grands d'entre eux étant représentés par les premières lettres de l'alphabet. Ajoutons que, en vertu de la formule (6), $\mathcal{N}$ sera le coefficient du produit

$$r^a s^b t^c \ldots$$

dans le développement de l'expression

$$(r + s + t + \ldots)^n,$$

et que, par suite, $\mathcal{N}$ sera toujours un multiple de l'un des coefficients numériques renfermés dans le développement de

$$(r + s)^n,$$

c'est-à-dire un multiple de l'un des nombres figurés compris dans la suite

$$(8)\qquad n, \quad \frac{n(n-1)}{1.2}, \quad \frac{n(n-1)(n-2)}{1.2.3}, \quad \ldots,$$

qui devra être arrêtée à l'instant où l'on aura écrit son plus grand terme. Le coefficient 1 se trouve exclu de cette suite, parce que, Ω étant une fonction intransitive, chacun des nombres $a, b, c, \ldots$ doit être, comme on l'a déjà remarqué, inférieur à n.

Quand la fonction Ω est transitive, c'est-à-dire lorsque, sans altérer cette fonction, l'on peut faire passer à une place donnée une variable quelconque, le nombre m des valeurs distinctes de Ω considéré comme fonction des n variables données $x, y, z, \ldots$ est en même temps le nombre des valeurs distinctes de Ω considéré comme fonction des $n-1$ variables $y, z, \ldots$.

§ II. — *Détermination de quelques-unes des plus petites valeurs de m.*

Il est maintenant facile de trouver quelques-unes des plus petites valeurs que le nombre m puisse acquérir, quand il devient supérieur à 2.

En effet, n étant le plus petit terme de la série (8) du § I, il suit immédiatement des formules (6), (7) du même paragraphe que, si Ω est une fonction intransitive, le nombre m de ses valeurs distinctes ne pourra être inférieur à n.

Il y a plus : Ω étant une fonction intransitive, on ne tirera de la formule (7) du § I

$$m = n \tag{1}$$

que dans le cas où l'on aura, non seulement

$$\mathcal{N} = n$$

et, par suite,

$$a = n - 1, \qquad b = 1, \qquad \mathcal{B} = 1,$$

mais encore

$$\mathcal{A} = 1,$$

c'est-à-dire dans le cas où Ω sera fonction symétrique des $n-1$ variables renfermées dans le premier groupe.

Enfin si, Ω étant une fonction intransitive, m devient supérieur à n, il devra être au moins égal au plus petit des nombres

$$2n, \quad \frac{n(n-1)}{2}.$$

De ces deux valeurs de m on obtiendra la première

$$m = 2n, \tag{2}$$

en supposant, comme ci-dessus,

$$\mathfrak{N} = n, \qquad a = n - 1, \qquad b = 1, \qquad \mathfrak{B} = 1,$$

et, de plus,

$$\mathfrak{A} = 2,$$

c'est-à-dire en supposant que Ω, considéré comme fonction de $n-1$ variables, offre seulement deux valeurs distinctes. Au contraire, on trouvera

$$m = \frac{n(n-1)}{2},$$

en supposant, non seulement

$$\mathfrak{N} = \frac{n(n-1)}{2},$$

et, par suite,

$$a = n - 2, \qquad b = 2,$$

mais encore

$$\mathfrak{A} = 1, \qquad \mathfrak{B} = 1,$$

c'est-à-dire en supposant que Ω est une fonction symétrique des $n-2$ variables comprises dans le premier groupe, et des deux variables comprises dans le second.

En résumant ce qu'on vient de dire, on obtient la proposition suivante :

THÉORÈME I. — *Ω étant une fonction intransitive de n variables indépendantes, si l'on désigne par m le nombre des valeurs distinctes de Ω, les plus petites valeurs que m pourra prendre seront le nombre n et le plus petit des nombres*

$$2n, \qquad \frac{n(n-1)}{2}.$$

D'ailleurs, on obtiendra la valeur n ou $2n$ du nombre m, en supposant que les variables se partagent en deux groupes dont l'un renferme une seule variable x, et que Ω, considéré comme fonction des $n-1$ variables restantes $y, z, \ldots$, est ou une fonction symétrique, ou une fonction qui offre seulement deux valeurs distinctes. On obtiendra, au contraire, la valeur $\frac{n(n-1)}{2}$ de m, en supposant que les variables se partagent en deux groupes dont l'un renferme deux variables x, y, et que Ω est fonction symétrique des variables comprises dans chaque groupe.

Voyons maintenant ce qui arrivera si Ω est une fonction transitive des variables

$$x, \quad y, \quad z, \quad \ldots;$$

et cherchons d'abord, dans cette hypothèse, quelles valeurs pourra prendre le nombre m s'il est inférieur à n.

On rendra cette recherche plus facile, en commençant par établir la proposition suivante :

Théorème II. — *Soient Ω une fonction transitive de n variables indépendantes*

$$x, \quad y, \quad z, \quad \ldots,$$

et m le nombre des valeurs distinctes de Ω. Si, dans cette fonction, l'on peut faire passer à trois places données trois variables quelconques arbitrairement choisies, m ne pourra s'abaisser au-dessous de n, sans être l'un des nombres 1, 2.

Démonstration. — Les substitutions circulaires du second ordre qui renferment la lettre x, savoir

(3) $$(x, y), \quad (x, z), \quad \ldots,$$

sont en nombre égal à $n-1$; et, si l'on applique séparément chacune d'elles à la fonction Ω, on obtiendra $n-1$ valeurs nouvelles de cette fonction. Soient

$$\Omega', \quad \Omega'', \quad \Omega''', \quad \ldots$$

ces mêmes valeurs. Les n quantités

(4) $$\Omega, \quad \Omega', \quad \Omega'', \quad \Omega''', \quad \ldots,$$

c'est-à-dire les n valeurs que pourra prendre la fonction Ω, en vertu des substitutions

$$(x, x) = 1, \qquad (x, y), \qquad (x, z), \qquad \ldots,$$

ne pourront être toutes distinctes les unes des autres, si l'on a $m < n$.

Donc alors le premier terme de la suite (4) sera équivalent à l'un des suivants, ou deux de ces derniers seront égaux entre eux. Dans le premier cas, la fonction Ω ne sera point altérée par une substitution circulaire du second ordre qui renfermera, outre la variable x, une autre variable y. Dans le second cas, la fonction Ω acquerra deux nouvelles valeurs Ω' égales entre elles, en vertu de deux substitutions circulaires du second ordre qui renfermeront, avec la variable x, deux nouvelles variables y, z. Mais l'inverse d'une substitution circulaire du second ordre étant cette substitution même, si chacune des deux substitutions

$$(x, y), \quad (x, z)$$

transforme Ω en Ω', chacune d'elles transformera réciproquement Ω' en Ω; et, en conséquence, Ω ne sera point altéré par l'une quelconque des substitutions du troisième ordre

$$(x, y)(x, z) = (x, z, y), \qquad (x, z)(x, y) = (x, y, z).$$

Enfin, si, la valeur de Ω n'étant pas altérée par la substitution circulaire

$$(x, y) \quad \text{ou} \quad (x, y, z),$$

on peut faire passer deux variables quelconques à la place de x et de y, ou même trois variables quelconques, arbitrairement choisies, aux places primitivement occupées par x, y et z, il s'ensuivra que la valeur de Ω ne pourra être altérée par aucune substitution circulaire semblable à (x, y), c'est-à-dire du second ordre, ou par aucune substitution circulaire semblable à (x, y, z), c'est-à-dire du troisième ordre. Mais alors Ω sera nécessairement, ou une fonction symétrique, ou une fonction qui offrira seulement deux valeurs distinctes.

Corollaire. — En vertu du théorème II, si Ω, étant une fonction transitive de n variables, offre un nombre m de valeurs distinctes supérieur à 2, le nombre m ne pourra s'abaisser au-dessous de n, que dans l'un des deux cas ci-après énoncés, savoir :

1° Lorsque Ω sera fonction transitive des n variables $x, y, z, \ldots$ et fonction intransitive des $n-1$ variables $y, z, \ldots$;

2° Lorsque Ω sera fonction transitive, non seulement des n variables $x, y, z, \ldots$, mais encore des $n-1$ variables $y, z, \ldots$ et fonction intransitive des $n-2$ variables $z, \ldots$.

Or, dans le premier cas, m étant le nombre des valeurs distinctes d'une fonction intransitive de $n-1$ variables ne pourra, d'après le théorème I, être inférieur à n, à moins que l'on n'ait

$$m = n - 1,$$

et que Ω ne devienne fonction symétrique de $n-2$ variables. Mais, d'après ce qu'on a vu dans un précédent Mémoire, page 309, Ω, que l'on suppose être une fonction transitive et non symétrique de n variables $x, y, z, \ldots$, ne pourra être en même temps une fonction symétrique de $n-2$ variables $z, \ldots$, que si l'on a

$$n = 4, \qquad n - 1 = 3.$$

Dans le second cas, m étant le nombre des valeurs distinctes d'une fonction intransitive de $n-2$ variables, les plus petites valeurs que m pourra prendre seront, en vertu du théorème I, le nombre $n-2$ et le plus petit des nombres

$$2(n-2), \qquad \frac{(n-2)(n-3)}{2}.$$

D'ailleurs le nombre $2(n-2)$ ne peut devenir supérieur à 2 sans devenir en même temps égal ou supérieur à n; et, quant au nombre figuré $\frac{(n-2)(n-3)}{2}$, il ne peut être à la fois supérieur à 2 et distinct du nombre $n-2$ sans être supérieur à $n-1$. Donc, en vertu du théorème I, m ne pourra, dans le second des deux cas énoncés, s'abaisser au-dessous de n, à moins que l'on n'ait

$$m = n - 2,$$

et que Ω ne devienne fonction symétrique de $n-3$ variables. Mais alors Ω, étant tout à la fois fonction transitive de n, ou même de $n-1$ variables, et fonction symétrique de $n-3$ variables, devrait être nécessairement fonction symétrique de $n-1$, et, par suite, de n variables, quand on aurait

$$n-1>4,$$

et même lorsqu'on supposerait

$$n-1=4, \qquad n=5.$$

Car, dans ce cas particulier, on trouverait $n-3=2$, et les deux variables, dont Ω serait fonction symétrique, pourraient être remplacées par deux variables quelconques sans que la valeur de Ω fût altérée. Donc, en définitive, le seul cas où m pourra s'abaisser au-dessous de n, sans être l'un des nombres 1, 2, sera le cas particulier où l'on aura

$$n=4, \qquad m=3;$$

et l'on peut énoncer la proposition suivante :

THÉORÈME III. — *Soit Ω une fonction transitive de n variables indépendantes*

$$x, \quad y, \quad z, \quad \ldots,$$

et m le nombre des valeurs distinctes de Ω. Le nombre m pourra se réduire, pour une valeur quelconque de n, à l'unité ou au nombre 2. Mais, si m devient supérieur à 2, il ne pourra être inférieur à n que dans le cas particulier où l'on aura

$$n=4, \qquad m=3,$$

et où la fonction Ω sera tout à la fois transitive par rapport à quatre variables, intransitive par rapport à trois, et symétrique par rapport à deux.

Corollaire. — La proposition précédente est précisément celle qui, dans l'un de mes Mémoires de 1812, se trouvait indiquée, pour une valeur quelconque de n, et rigoureusement démontrée pour le cas où n est ou un nombre premier quelconque, ou le nombre 6. La démonstration que M. Bertrand a donnée de la même proposition s'appuie sur un lemme dont l'exactitude a été vérifiée, à l'aide des Tables de nombres premiers, pour toute valeur de n inférieure à 6 millions.

Mais on voit par ce qui précède que, sans recourir à l'inspection des Tables de nombres premiers, on peut démontrer rigoureusement le théorème II, quel que soit d'ailleurs le nombre n des variables comprises dans la fonction Ω.

Je ferai voir, dans un prochain article, que, si, le nombre n étant supérieur à 10, le nombre m est supérieur à $n-1$, mais inférieur à la limite

$$\frac{n(n-1)}{2},$$

on aura nécessairement, ou

$$m = n \quad \text{ou} \quad m = 2n.$$

311.

Analyse mathématique. — *Mémoire sur la résolution des équations linéaires symboliques, et sur les conséquences remarquables que cette résolution entraîne après elle dans la théorie des permutations.*

C. R., T. XXI, p. 1123 (24 novembre 1845).

Les équations symboliques auxquelles je me suis trouvé conduit par mes recherches sur le nombre des valeurs des fonctions offrent cette circonstance singulière que chacun des produits symboliques qui s'y trouvent renfermés varie, en général, quand on échange ses facteurs entre eux. Considérons en particulier l'équation symbolique qui exprime que deux substitutions données sont semblables l'une à l'autre. Ses deux membres seront les produits des substitutions données par une troisième substitution qui devra entrer dans un des deux produits comme multiplicande, et dans l'autre produit comme multiplicateur. L'équation dont il s'agit sera donc une équation symbolique, *linéaire* par rapport à cette troisième substitution. Mais, il importe d'en faire la remarque, cette équation symbolique, bien différente en cela de toutes les équations linéaires connues, aura généralement plusieurs solutions. Le nombre de ces solutions dépendra du nombre total des substitutions semblables aux proposées, qui pourront être formées avec les variables que l'on considère, et sera précisément le quotient qu'on obtient quand on divise par ce dernier nombre le nombre des arrangements qui peuvent être formés avec ces variables. La règle très simple que je donne pour obtenir l'une quelconque de ces solutions consiste à écrire l'une au-dessus de l'autre les deux substitutions données, en ayant soin de faire correspondre les uns aux autres les facteurs circulaires composés d'un même nombre de variables, puis à effacer les virgules et parenthèses placées entre les diverses variables. Alors ces deux substitutions se trouvent transformées en de simples arrangements qui sont précisément les deux termes de la substitution cherchée. Cette seule règle fournit toutes les solutions de l'*équation symbolique linéaire*. La multiplicité des solutions provient, non seulement de ce qu'on peut, dans chaque facteur circulaire, faire passer à la première place une quelconque des variables dont ce facteur se compose, mais aussi de ce qu'on peut échanger entre eux les facteurs circulaires de même ordre, et spécialement les facteurs circulaires du premier ordre, c est-à-dire ceux qui correspondent à des lettres immobiles.

Au lieu de supposer connues les deux substitutions semblables entre elles que renferme une équation linéaire symbolique, on pourrait supposer connue l'une de ces substitutions, et demander la valeur de l'autre correspondante à une solution donnée de l'équation linéaire. Ce dernier problème se résout encore très simplement, mais d'une seule manière. Pour obtenir la valeur unique de la substitution cherchée, il suffit de faire subir aux variables que comprend la substitution proposée les déplacements indiqués par la solution donnée de l'équation linéaire, en opérant comme si ces variables n'étaient pas séparées par des virgules et des parenthèses, et comme si leur système représentait un simple arrangement.

Des principes que je viens d'énoncer, on déduit, comme conséquences, diverses propositions qui sont d'une grande utilité dans la recherche du nombre des valeurs qu'une fonction peut acquérir, et l'on arrive en particulier à découvrir les conditions qui doivent être remplies pour que deux substitutions soient permutables entre elles. Ces conditions peuvent être ramenées à deux. La première condition est que les deux substitutions données, réduites à leurs plus simples expressions, soient décomposables en substitutions circulaires ou, du moins, en substitutions régulières, dont les unes soient formées avec des variables que renferme une seule des substitutions données, et dont les autres, prises deux à deux, renferment précisément les mêmes variables. La seconde condition est que les substitutions régulières correspondantes, qui, étant composées des mêmes variables, entrent comme facteurs dans les deux substitutions données, soient de la forme de celles qu'on en obtient, dans le cas où, avec plusieurs systèmes de variables, on construit divers Tableaux qui renferment tous, non seulement un même nombre de lignes horizontales, mais encore un même nombre de lignes verticales, et où, après avoir écrit ces Tableaux à la suite les uns des autres dans un certain ordre, on multiplie entre eux, d'une part, les facteurs circulaires dont l'un quelconque offre la suite des variables qui, dans les divers Tableaux, appartiennent à une ligne horizontale de rang déterminé, d'autre part, les facteurs circulaires dont l'un quelconque offre la suite des variables qui, dans les divers Tableaux, appartiennent à une ligne verticale de rang déterminé. Il en résulte que, si une substitution est circulaire et renferme toutes les variables données, elle ne pourra être permutable qu'avec ses puissances, et par conséquent avec des substitutions régulières qui renfermeront encore toutes les variables.

Il en résulte aussi que, dans le cas où une fonction transitive de n variables n'est pas altérée par une substitution circulaire de l'ordre n, le nombre des substitutions de cet ordre qui jouissent de la même propriété ne peut être inférieur au nombre des valeurs égales de Ω considéré comme fonction de $n-1$ variables.

Il en résulte enfin que, dans le cas où Ω est tout à la fois une fonction transitive de n variables, et une fonction intransitive de $n-1$ variables, et où l'immobilité de deux variables entraîne l'immobilité de toutes les autres, on peut trouver immédiatement, à l'aide des règles précédemment énoncées, plusieurs des substitutions qui jouissent de la propriété de ne point altérer Ω. Souvent même ces règles suffisent pour trouver toutes les substitutions de ce genre, et c'est ce qui arrive en particulier dans le cas où n est un nombre premier.

Je développerai, dans un prochain article, les corollaires importants des divers théorèmes que je viens d'indiquer.

§ I. — *Des diverses formes que peut revêtir une même substitution.*

Soit P l'une des substitutions que l'on peut former avec n variables $x, y, z, \ldots$, et posons

$$N = 1.2.3\ldots n.$$

Si l'on présente cette substitution sous la forme d'un rapport qui ait pour termes deux des arrangements composés avec les variables x, y, z, ..., on pourra prendre pour dénominateur de ce rapport un quelconque de ces arrangements, et par suite, en laissant toutes les variables en évidence, on pourra présenter la substitution P sous N formes diverses. Ainsi, par exemple, si l'on prend $n = 3$, on aura $N = 6$, et la substitution du second ordre, par laquelle on échangera entre elles les deux variables x, y, pourra être présentée sous l'une quelconque des six formes

$$\binom{yxz}{xyz},\quad \binom{yzx}{xzy},\quad \binom{xzy}{yzx},\quad \binom{xyz}{yxz},\quad \binom{zyx}{zxy},\quad \binom{zxy}{zyx}.$$

Le nombre des formes que peut revêtir une même substitution P se trouve notablement diminué lorsqu'on l'exprime à l'aide des facteurs circulaires dont elle est le produit, et que, pour représenter chaque facteur circulaire, on écrit entre deux parenthèses les variables qu'il renferme, en les séparant par des virgules, et plaçant à la suite l'une de l'autre deux variables dont la seconde doit être substituée à la première. Alors le nombre des variables comprises dans chaque facteur circulaire indique précisément l'ordre de ce facteur, et le plus petit nombre qui soit simultanément divisible par les ordres des divers facteurs représente l'ordre i de la substitution P. Alors aussi toute variable qui reste immobile quand on effectue la substitution P, doit être censée comprise dans un facteur circulaire du premier ordre, qui renferme cette seule variable, et, par suite, un tel facteur, représenté par l'une des notations

$$(x), \quad (y), \quad (z), \quad \ldots,$$

est équivalent à l'unité. Les facteurs circulaires du premier ordre disparaîtront toujours si la substitution donnée P est réduite à son expression la plus simple. Mais ils reparaîtront nécessairement si l'on veut mettre en évidence toutes les variables. Il importe de connaître le nombre des formes différentes que peut revêtir, dans cette hypothèse, la substitution P. On y parvient aisément de la manière suivante :

Supposons, pour fixer les idées, que la substitution P, étant de l'ordre i, renferme

f facteurs circulaires de l'ordre a;
g facteurs circulaires de l'ordre b;

etc., et enfin

r facteurs circulaires du premier ordre, en sorte que r exprime le nombre des variables qui restent immobiles quand on effectue la substitution P.

On aura nécessairement

$$af + bg + \ldots + r = n. \tag{1}$$

Supposons encore que, après avoir exprimé la substitution P à l'aide de ses divers facteurs circulaires, représentés chacun par une série de lettres comprises entre deux parenthèses, et séparées par des virgules, on veuille déterminer le nombre ω des formes semblables que l'on peut donner à la substitution sans déplacer les parenthèses, et, par conséquent, sans altérer les nombres de lettres comprises dans les facteurs circulaires qui occupent des rangs déterminés. Tout ce que l'on pourra faire, pour modifier la forme de la substitution P, ce sera, ou de faire passer successivement à la première place, dans chaque facteur circulaire, une quelconque des lettres comprises dans ce facteur, ou d'échanger entre eux les facteurs circulaires de même ordre. Par suite, pour obtenir le nombre ω des formes, semblables entre elles, que peut revêtir la substitution P, il suffira de multiplier le produit

$$a^f b^g \ldots$$

des ordres de tous les facteurs circulaires par le nombre

$$(1.2\ldots f)(1.2\ldots g)\ldots(1.2\ldots r)$$

des arrangements divers que l'on peut former avec ces facteurs, lorsque, sans déplacer les parenthèses qui les renferment, on se borne à échanger entre eux de toutes les manières possibles les facteurs circulaires de même ordre. On aura donc

$$\omega = (1.2\ldots f)(1.2\ldots g)\ldots(1.2\ldots r)a^f b^g \ldots. \tag{2}$$

Ainsi, par exemple, si l'on prend $n = 5$, $a = 3$, $f = 1$, $r = 2$, la formule (2) donnera

$$\omega = (1.2)3 = 6.$$

Effectivement, si l'on met en évidence les cinq variables x, y, z, u, v, dans la substitution

$$(x, y, z)$$

composée avec trois de ces variables, on pourra la présenter sous la forme

$$(x, y, z)(u)(v),$$

et, sans déplacer les parenthèses, on pourra donner à cette même substitution six formes semblables, savoir :

$$(x, y, z)(u)(v), \quad (y, z, x)(u)(v), \quad (z, x, y)(u, v),$$
$$(x, y, z)(v)(u), \quad (y, z, x)(v)(u), \quad (z, x, y)(v, u).$$

§ II. — *Résolution de l'équation linéaire et symbolique par laquelle se trouvent liées l'une à l'autre deux substitutions semblables entre elles.*

Deux substitutions formées avec n lettres

$$x, \quad y, \quad z, \quad \ldots$$

seront *semblables* entre elles, si elles offrent le même nombre de facteurs circulaires, et si les facteurs circulaires de l'une et de l'autre, comparés deux à deux, sont du même ordre. Cela posé, nommons P l'une quelconque des substitutions relatives à n variables

$$x, \quad y, \quad z, \quad \ldots;$$

et soient

$$P, \quad P', \quad P'', \quad \ldots$$

les diverses substitutions semblables à P que l'on peut former avec ces mêmes variables. Supposons d'ailleurs que l'on représente chacune de ces substitutions par le produit de ses divers facteurs circulaires, en mettant toutes les variables en évidence, et en assignant aux parenthèses des places déterminées. Enfin, concevons que l'on donne à chacune des substitutions P, P′, P″, ... toutes les formes qu'elle peut revêtir dans cette hypothèse. Si l'on nomme ϖ le nombre total des substitutions P, P′, P″, ..., et ω le nombre des formes sous lesquelles se présentera chacune d'elles, le produit $\omega\varpi$ exprimera, non seulement le nombre total des formes que revêtiront la substitution P et les substitutions semblables à P, mais encore le nombre N des arrangements divers que l'on peut former avec n variables. Car on devra évidemment retrouver tous ces arrangements, en supprimant les virgules et les parenthèses dans les diverses formes obtenues. On aura donc

$$\omega\varpi = N, \tag{1}$$

la valeur de N étant

$$N = 1.2\ldots n;$$

et par suite on aura encore

$$\varpi = \frac{N}{\omega}. \tag{2}$$

Si la substitution P renferme f facteurs circulaires de l'ordre a, g facteurs circulaires de l'ordre b, ..., enfin r facteurs circulaires du premier ordre, on aura, comme on l'a vu dans le § I,

$$\omega = (1.2\ldots f)(1.2\ldots g)\ldots(1.2\ldots r)a^f b^g \ldots. \tag{3}$$

En substituant cette valeur de ω dans la formule (2), on retrouvera, comme on devait s'y attendre, l'équation (5) de la page 289.

Soit maintenant Q l'une quelconque des substitutions semblables à P, et supposons

$$P = (\alpha, \beta, \gamma, \ldots, \eta)(\lambda, \mu, \nu, \ldots, \rho)\ldots(\varphi)(\chi)(\psi)\ldots, \tag{4}$$

$$Q = (\alpha', \beta', \gamma', \ldots, \eta')(\lambda', \mu', \nu'; \ldots, \rho')\ldots(\varphi')(\chi')(\psi')\ldots, \tag{5}$$

$\alpha', \beta', \gamma', \ldots, \eta'; \lambda', \mu', \nu', \ldots, \rho'; \ldots; \varphi', \chi', \psi', \ldots$ désignant les variables qui, dans la substitution Q, ont pris les places qu'occupaient les variables $\alpha, \beta, \gamma, \ldots; \eta, \lambda, \mu, \nu, \ldots, \rho; \ldots; \varphi, \chi, \psi, \ldots$ dans la substitution P. Représentons par

A et C

les arrangements auxquels se réduisent les seconds membres des formules (4) et (5), quand on y supprime les parenthèses et les virgules placées entre les variables, en sorte qu'on ait

$$A = \alpha\beta\gamma\ldots\eta\lambda\mu\nu\ldots\rho\ldots\varphi\chi\psi\ldots, \tag{6}$$

$$C = \alpha'\beta'\gamma'\ldots\eta'\lambda'\mu'\nu'\ldots\rho'\ldots\varphi'\chi'\psi'\ldots. \tag{7}$$

Enfin, soient

$$B = PA \quad \text{et} \quad D = QC \tag{8}$$

les nouveaux arrangements qu'on obtiendra en appliquant à l'arrangement A la substitution P, et à l'arrangement C la substitution Q. On trouvera

$$(9)\qquad B = \beta\,\gamma\ldots\eta\,\alpha\,\mu\,\nu\ldots\rho\,\lambda\ldots\varphi\,\chi\,\psi\ldots,$$

$$(10)\qquad D = \beta'\gamma'\ldots\eta'\alpha'\mu'\nu'\ldots\rho'\lambda'\ldots\varphi'\chi'\psi'\ldots.$$

Par conséquent, les variables qui, prises deux à deux, se correspondront encore dans les arrangements A, C, se correspondront encore dans les arrangements B, D; et cela devait être ainsi, puisque les substitutions semblables P, Q, présentées sous les formes semblables (4) et (5), ont eu précisément pour effet de déplacer de la même manière les variables semblablement placées dans les arrangements A et C. On aura donc

$$(11)\qquad \binom{D}{B} = \binom{C}{A}.$$

Cela posé, faisons, pour abréger,

$$\binom{D}{B} = \binom{C}{A} = R.$$

On aura, par suite,

$$(12)\qquad D = RB, \qquad C = RA;$$

et des équations (12), jointes aux formules (8), on tirera

$$D = RPA, \qquad D = QRA,$$

par conséquent

$$(13)\qquad QRA = RPA$$

et

$$(14)\qquad QR = RP.$$

Réciproquement, si les substitutions P, Q sont liées entre elles par une équation semblable à l'équation (14), alors, en appliquant à un arrangement quelconque A la substitution

$$QR = RP,$$

on retrouvera l'équation (13), et, en posant, pour abréger,

$$P = \binom{B}{A}, \qquad R = \binom{C}{A}, \qquad Q = \binom{D}{C}$$

ou, ce qui revient au même,

$$B = PA, \qquad C = RA, \qquad D = QC,$$

on tirera de l'équation (13)

$$D = RB, \qquad R = \binom{D}{B}.$$

On aura donc alors

$$R = \binom{C}{A} = \binom{D}{B}; \tag{15}$$

et par suite les substitutions

$$P = \binom{B}{A}, \qquad Q = \binom{D}{C}$$

seront semblables l'une à l'autre, puisque, en vertu de la formule (15), elles devront déplacer de la même manière les variables qui se correspondent dans les deux termes de la substitution

$$\binom{C}{A}.$$

Il importe d'observer que les deux membres de la formule (14) sont les produits qu'on obtient en multipliant les deux substitutions semblables P et Q par une nouvelle substitution R dont la première puissance entre, dans l'un des produits, comme multiplicande, et dans l'autre produit, comme multiplicateur. Pour obtenir cette nouvelle substitution R, il suffit d'exprimer la substitution P à l'aide de ses facteurs circulaires, en mettant toutes les variables en évidence, et d'écrire au-dessus de P la substitution Q, présentée sous une forme semblable à celle de P, puis de transformer les deux substitutions Q, P en deux arrangements C, A par la suppression des parenthèses et des virgules placées entre les variables. Ces deux arrangements C, A seront les deux termes d'une substitution R qui vérifiera la formule (14). Il y a plus : d'après ce qui a été dit ci-dessus, toute valeur de R propre à vérifier cette formule sera évidemment fournie par la comparaison des deux substitutions semblables P, Q, superposées l'une à l'autre, ainsi qu'on vient de l'expliquer. D'ailleurs, comme, en laissant P sous la même forme, on pourra donner successivement à Q diverses formes semblables à celle de P, et semblables entre elles, dont le nombre sera précisément celui que nous avons représenté par ω, il en résulte que la substitution R admet un nombre ω de valeurs distinctes. Donc, si l'on résout par rapport à R la formule (14), c'est-à-dire l'*équation symbolique et linéaire* à laquelle doit satisfaire la substitution R, on obtiendra un nombre ω de solutions diverses correspondantes aux diverses formes de la substitution Q.

Si, en supposant connues, non plus les substitutions semblables P, Q, mais l'une d'elles, P par exemple, et la substitution R, on demandait la valeur de Q déterminée par l'équation (14), ou, ce qui revient au même, par la suivante

$$Q = RPR^{-1}, \tag{16}$$

on remarquerait que, pour passer de la valeur de P, donnée par la formule (4), à la valeur de Q, donnée par la formule (5), il suffit de faire subir aux variables $x, y, z, \ldots$ les déplacements par lesquels on passe de la valeur de A, donnée par la formule (6), à la valeur de C, donnée par la formule (7), c'est-à-dire les déplacements qui sont indiqués par la substitution R. En opérant ainsi, on obtiendrait la seule valeur de Q qui vérifie la formule (16).

Nous savons donc maintenant résoudre les deux problèmes suivants :

Problème I. — *Étant données n variables $x, y, z, \ldots$, et deux substitutions semblables* P, Q, *formées avec ces variables, trouver une troisième substitution* R *qui soit propre à résoudre l'équation linéaire*

$$QR = RP.$$

Solution. — Exprimez la substitution P à l'aide de ses facteurs circulaires, en mettant toutes les variables en évidence, puis écrivez audessus de la substitution P la substitution Q, présentée sous une forme semblable à celle de P. Supprimez ensuite les parenthèses et les virgules placées entre les variables. Les deux substitutions Q, P seront ainsi transformées en deux arrangements qui seront propres à représenter les deux termes de la substitution R.

Corollaire. — Les substitutions P, Q peuvent ne renfermer qu'une partie des variables $x, y, z, \ldots$; mais, pour obtenir toutes les solutions de l'équation

$$QR = RP,$$

on devra, comme nous l'avons dit, mettre toutes les variables en évidence, même celles qui ne seraient renfermées dans aucune des deux substitutions P, Q, si ces substitutions étaient réduites à leur plus simple expression. Il en résulte que, les substitutions P, Q restant les mêmes, le nombre des solutions de l'équation symbolique linéaire

$$QR = RP$$

croîtra en même temps que le nombre des variables $x, y, z, \ldots$.

Pour éclaircir ce qu'on vient de dire, supposons que les substitutions P, Q, réduites à leur plus simple expression, soient deux substitutions circulaires du second ordre, et que l'on ait

$$P = (x, y), \qquad Q = (x, z).$$

Si les variables $x, y, z, \ldots$ se réduisent à trois, alors, P étant présenté sous la forme

$$(x, y)(z),$$

Q pourra être présenté sous l'une des formes semblables

$$(x, z)(y), \quad (z, x)(y),$$

et par suite la valeur de R devra se réduire à l'une des substitutions

$$\binom{xzy}{xyz}, \quad \binom{zxy}{xyz}$$

ou, ce qui revient au même, à l'une des substitutions

$$(y, z), \quad (x, z, y).$$

Si, au contraire, l'on considère quatre variables x, y, z, u, alors, P étant présenté sous la forme

$$(x, y)(z)(u),$$

Q pourra être présenté sous l'une quelconque des formes semblables

$$(x, z)(y)(u), \quad (z, x)(y)(u), \quad (x, z)(u)(y), \quad (z, x)(u)(y),$$

et par suite R pourra être l'une quelconque des quatre substitutions

$$\binom{xzyu}{xyzu}, \quad \binom{zxyu}{xyzu}, \quad \binom{xzuy}{xyzu}, \quad \binom{zxuy}{xyzu}$$

ou, ce qui revient au même, l'une quelconque des quatre substitutions

$$(y, z), \quad (x, z, y), \quad (y, z, u), \quad (x, z, u, y).$$

Problème II. — *Étant données n variables x, y, z, ..., et deux substitutions semblables* P, Q, *formées avec ces variables, trouver la substitution* Q *semblable à* P, *et déterminée par la formule*

$$Q = RPR^{-1}.$$

Solution. — Exprimez la substitution P à l'aide de ses facteurs circulaires, puis effectuez dans P les déplacements de variables indiqués par la substitution R, en opérant comme si P représentait un simple arrangement.

Corollaire. — Pour résoudre ce second problème, il n'est pas nécessaire de mettre toutes les variables en évidence, comme on doit le faire généralement quand il s'agit d'obtenir toutes les solutions du premier, et l'on peut se servir de substitutions réduites à leurs plus simples expressions. Si, pour fixer les idées, on prend

$$P = (x, y), \qquad R = (x, z, y),$$

alors, en appliquant la règle ci-dessus établie, on trouvera, quel que soit d'ailleurs le nombre des variables données,

$$\mathrm{RPR}^{-1} = (z, x), \qquad \mathrm{PRP}^{-1} = (y, z, x).$$

Si l'on supposait, au contraire,

$$\mathrm{P} = (x, y), \qquad \mathrm{R} = (x, z)(y, u),$$

on trouverait

$$\mathrm{RPR}^{-1} = (z, u), \qquad \mathrm{PRP}^{-1} = (y, z)(x, u).$$

312.

ANALYSE MATHÉMATIQUE. — *Mémoire sur les substitutions permutables entre elles.*

C. R., T. XXI, p. 1188 (1er décembre 1845).

Soient P, U deux substitutions formées avec les n variables x, y, z, ... Soient, de plus, ω le nombre des formes diverses et semblables entre elles que l'on peut donner à la substitution P, en l'exprimant à l'aide de ses facteurs circulaires, et mettant toutes les variables en évidence. Les substitutions P, U seront *permutables* entre elles, si elles vérifient la formule

$$\mathrm{UP} = \mathrm{PU}. \tag{1}$$

Donc alors U sera nécessairement l'une des solutions de la formule (1). Mais il pourra se confondre avec l'une quelconque de ces solutions, dont le nombre est précisément ω. Ajoutons que, en vertu des principes établis dans le précédent Mémoire, on devra, pour obtenir U, écrire au-dessus de la substitution P la même substitution sous une seconde forme semblable à la première, puis réduire les deux formes de la substitution P à de simples arrangements, en supprimant les parenthèses et les virgules placées entre les variables, et prendre ces arrangements pour les deux termes de la substitution cherchée. Comme, en passant de la première forme de P à la seconde, on peut échanger entre eux arbitrairement les facteurs circulaires du premier ordre, formés avec les variables immobiles qui disparaissent quand on réduit la valeur de P à sa plus simple expression, il en résulte que, dans la substitution cherchée U, ces variables peuvent composer des facteurs circulaires quelconques. Donc, pour obtenir les diverses valeurs de U, il suffira de multiplier les diverses substitutions formées avec les variables immobiles de P par les diverses valeurs de U qu'on obtiendrait en laissant de côté ces mêmes variables, et en supposant la valeur de P réduite à sa plus simple expression.

Ainsi la question peut toujours être ramenée au cas où les variables données seraient toutes comprises dans la substitution P, sans qu'il fût nécessaire de les mettre en évidence.

Plaçons-nous maintenant dans cette dernière hypothèse, et, pour bien voir ce qui arrivera, examinons encore les différents cas qui peuvent s'offrir à nous, en commençant par ceux qui sont les plus simples.

Si d'abord la substitution P se réduit à un seul facteur circulaire, en écrivant, dans ce facteur, à la suite de chaque variable celle qui devra lui être substituée, il n'y aura plus d'arbitraire que le choix de la variable placée en tête du facteur dont il s'agit, et les deux arrangements auxquels on réduira la première et la seconde forme de P représenteront les deux termes d'une nouvelle substitution qui sera une puissance de P. Donc, la substitution U se confondra nécessairement avec l'une de ces puissances. Si la seconde forme de P n'était pas distincte de la première, la puissance de P qui représenterait la substitution U se réduirait évidemment à l'unité.

Supposons, en second lieu, que P soit une substitution régulière équivalente au produit de f facteurs circulaires de l'ordre a. Si l'un de ces facteurs ne change pas de place, quand on passe de la première forme de P à la seconde, il se trouvera remplacé par une de ses puissances dans la substitution U. Mais il en sera autrement si plusieurs facteurs circulaires de P, dont chacun soit de l'ordre a, sont échangés entre eux. Nommons

$$\mathfrak{P},\quad \mathfrak{Q},\quad \mathfrak{R},\quad \ldots$$

ces facteurs circulaires dont nous représenterons le nombre par i, et supposons qu'ils soient échangés entre eux dans l'ordre indiqué par la substitution circulaire

$$(\mathfrak{P}, \mathfrak{Q}, \mathfrak{R}, \ldots).$$

Concevons d'ailleurs que, après avoir réduit les deux formes de P à deux arrangements, on écrive à la suite l'une de l'autre les variables qui se correspondent mutuellement dans les facteurs circulaires de U, dont quelques-uns,

$$\mathfrak{U},\quad \mathfrak{V},\quad \mathfrak{W},\quad \ldots$$

seront formés avec les variables qui entraient dans la composition des facteurs

$$\mathfrak{P},\quad \mathfrak{Q},\quad \mathfrak{R},\quad \ldots$$

de la substitution P. Nommons j le nombre des facteurs circulaires

$$\mathfrak{U},\quad \mathfrak{V},\quad \mathfrak{W},\quad \ldots.$$

Soit, de plus, b le nombre des variables comprises dans $\mathfrak{U}$, et représentons par

$$\alpha,\quad \beta,\quad \gamma,\quad \ldots,\quad \lambda,\quad \mu,\quad \nu,\quad \ldots,\quad \varphi,\quad \chi,\quad \psi,\quad \ldots$$

ces mêmes variables, en sorte qu'on ait

$$\mathfrak{U} = (\alpha, \beta, \gamma, \ldots, \lambda, \mu, \nu, \ldots, \varphi, \chi, \psi, \ldots). \tag{2}$$

La suite des variables

$$\alpha,\quad \beta,\quad \gamma,\quad \ldots,\quad \lambda,\quad \mu,\quad \nu,\quad \ldots,\quad \varphi,\quad \chi,\quad \psi,\quad \ldots \tag{3}$$

pourra être évidemment décomposée en plusieurs autres suites

$$\left\{\begin{array}{llll} \alpha, & \beta, & \gamma, & \ldots, \\ \lambda, & \mu, & \nu, & \ldots, \\ \varphi, & \chi, & \psi, & \ldots, \\ ., & ., & .., & \ldots, \end{array}\right. \tag{4}$$

formées chacune avec des variables qui se succéderont dans l'ordre indiqué par la substitution

$$(\mathfrak{P}, \mathfrak{Q}, \mathfrak{R}, \ldots),$$

en sorte que, dans chacune des suites horizontales du Tableau (4), le premier terme représente une variable tirée du facteur $\mathfrak{P}$, le second terme une variable tirée du facteur $\mathfrak{Q}$, le troisième terme une variable tirée du facteur $\mathfrak{R}$, etc. Cela posé, si l'on nomme θ le nombre des suites horizontales que renferme le Tableau (4), le nombre total b des termes de ce Tableau sera le produit du nombre θ par le nombre i des facteurs circulaires

$$\mathfrak{P}, \quad \mathfrak{Q}, \quad \mathfrak{R}, \quad \ldots.$$

On aura donc

$$b = \theta i, \tag{5}$$

et par conséquent l'ordre b de la substitution $\mathfrak{v}$ sera un multiple de i.

Soient maintenant

$$\alpha', \quad 6', \quad \gamma', \quad \ldots, \qquad \lambda', \quad \mu', \quad \nu', \quad \ldots, \qquad \varphi', \quad \chi', \quad \psi', \quad \ldots \tag{6}$$

les variables qui, dans les facteurs circulaires

$$\mathfrak{P}, \quad \mathfrak{Q}, \quad \mathfrak{R}, \quad \ldots,$$

ou plutôt dans les cercles indicateurs correspondants, suivent immédiatement les variables

$$\alpha, \quad 6, \quad \gamma, \quad \ldots, \qquad \lambda, \quad \mu, \quad \nu, \quad \ldots, \qquad \varphi, \quad \chi, \quad \psi, \quad \ldots.$$

Soient pareillement

$$\alpha'', \quad 6'', \quad \gamma'', \quad \ldots, \qquad \lambda'', \quad \mu'', \quad \nu'', \quad \ldots, \qquad \varphi'', \quad \chi'', \quad \psi'', \quad \ldots \tag{7}$$

les variables qui, dans les mêmes cercles indicateurs, suivent immédiatement les variables

$$\alpha', \quad 6', \quad \gamma', \quad \ldots, \qquad \lambda', \quad \mu', \quad \nu', \quad \ldots, \qquad \varphi', \quad \chi', \quad \psi', \quad \ldots,$$

etc. Chacune des suites (6), (7), ... se composera de termes propres à représenter les diverses variables qui succéderont les unes aux autres dans un des facteurs circulaires

$$\mathfrak{V}, \quad \mathfrak{W}, \quad \ldots.$$

On pourra donc supposer

$$(8) \qquad \left\{ \begin{array}{l} \mathfrak{V} = (\alpha', \beta', \gamma', \ldots, \lambda', \mu', \nu', \ldots, \varphi', \chi', \psi', \ldots), \\ \mathfrak{W} = (\alpha'', \beta'', \gamma'', \ldots, \lambda'', \mu'', \nu'', \ldots, \varphi'', \chi'', \psi'', \ldots), \\ \ldots\ldots\ldots\ldots\ldots\ldots\ldots\ldots\ldots\ldots\ldots\ldots \end{array} \right.$$

D'autre part, les variables qui succéderont les unes aux autres dans le facteur $\mathfrak{P}$ seront évidemment

$$\alpha, \quad \alpha', \quad \alpha'', \quad \ldots, \qquad \lambda, \quad \lambda', \quad \lambda'', \quad \ldots, \qquad \varphi, \quad \varphi', \quad \varphi'', \quad \ldots.$$

On pourra donc supposer encore

$$(9) \qquad \mathfrak{P} = (\alpha, \alpha', \alpha'', \ldots, \beta, \beta', \beta'', \ldots, \varphi, \varphi', \varphi'', \ldots),$$

et l'on trouvera de même

$$(10) \qquad \left\{ \begin{array}{l} \mathfrak{Q} = (\beta, \beta', \beta'', \ldots, \mu, \mu', \mu'', \ldots, \chi, \chi', \chi'', \ldots), \\ \mathfrak{R} = (\gamma, \gamma', \gamma'', \ldots, \nu, \nu', \nu'', \ldots, \psi, \psi', \psi'', \ldots), \\ \ldots\ldots\ldots\ldots\ldots\ldots\ldots\ldots\ldots\ldots\ldots\ldots \end{array} \right.$$

Donc les variables

$$(11) \qquad \left\{ \begin{array}{llllllllllllll} \alpha, & \beta, & \gamma, & \ldots, & \lambda, & \mu, & \nu, & \ldots, & \varphi, & \chi, & \psi, & \ldots, \\ \alpha', & \beta', & \gamma', & \ldots, & \lambda', & \mu', & \nu', & \ldots, & \varphi', & \chi', & \psi', & \ldots, \\ \alpha'', & \beta'', & \gamma'', & \ldots, & \lambda'', & \mu'', & \nu'', & \ldots, & \varphi'', & \chi'', & \psi'', & \ldots, \\ .., & .., & .., & \ldots, & .., & .., & .., & \ldots, & .., & .., & .., & \ldots, \end{array} \right.$$

c'est-à-dire celles qui se trouvent renfermées, d'une part, dans les facteurs circulaires

$$\mathfrak{P}, \quad \mathfrak{Q}, \quad \mathfrak{R}, \quad \ldots$$

de la substitution P, d'autre part, dans les facteurs circulaires

$$\mathfrak{U}, \quad \mathfrak{V}, \quad \mathfrak{W}, \quad \ldots$$

de la substitution U, entreront dans la composition de ces facteurs suivant le mode indiqué par les équations (2), (8), (9) et (10). Si l'on nomme l le nombre total de ces variables, on aura évidemment

$$l = ai = bj, \tag{12}$$

puisque a représentera le nombre des variables comprises dans chacun de i facteurs circulaires $\mathcal{P}$, $\mathcal{Q}$, $\mathcal{R}$, ..., et b le nombre des variables comprises dans chacun des j facteurs circulaires $\mathcal{U}$, $\mathcal{V}$, $\mathcal{W}$, ... D'ailleurs, on tirera de l'équation (12)

$$\frac{a}{j} = \frac{b}{i}, \tag{13}$$

et, de cette dernière, combinée avec la formule (5), on conclura

$$a = \theta j. \tag{14}$$

Donc, non seulement l'ordre b de chacun des facteurs $\mathcal{U}$, $\mathcal{V}$, $\mathcal{W}$, ... sera un multiple du nombre i des facteurs $\mathcal{P}$, $\mathcal{Q}$, $\mathcal{R}$, ..., mais, réciproquement, l'ordre a de chacun des facteurs $\mathcal{P}$, $\mathcal{Q}$, $\mathcal{R}$, ... sera un multiple du nombre j des facteurs $\mathcal{U}$, $\mathcal{V}$, $\mathcal{W}$, ... Au reste, il serait facile d'établir directement l'équation (14), puisque les variables comprises dans $\mathcal{P}$ se confondent avec les divers termes du Tableau

$$\left\{\begin{array}{llll} \alpha, & \alpha', & \alpha'', & \ldots, \\ \lambda, & \lambda', & \lambda'', & \ldots, \\ \varphi, & \varphi', & \varphi'', & \ldots, \\ .., & .., & .., & \ldots, \end{array}\right. \tag{15}$$

qui renferme un nombre θ de lignes horizontales, et un nombre j de lignes verticales.

Concevons maintenant que le produit des facteurs circulaires qui renferment les variables comprises dans le Tableau (11) soit désigné par $\mathcal{S}$ dans la substitution P, et par $\mathcal{T}$ dans la substitution U. Alors, en vertu des deux équations

$$\mathcal{S} = \mathcal{P}\mathcal{Q}\mathcal{R}\ldots, \qquad \mathcal{T} = \mathcal{U}\mathcal{V}\mathcal{W}\ldots, \tag{16}$$

$\mathcal{S}$ et $\mathcal{T}$ seront deux substitutions régulières, la première de l'ordre

$a = \theta j$, la seconde de l'ordre $b = \theta i$. D'ailleurs, le Tableau (11) pourra être évidemment décomposé en plusieurs autres

$$(17) \quad \begin{cases} \alpha, & 6, & \gamma, & \ldots, \\ \alpha', & 6', & \gamma', & \ldots, \\ \alpha'', & 6'', & \gamma'', & \ldots, \\ \ldots, & \ldots, & \ldots, & \ldots, \end{cases}$$

$$(18) \quad \begin{cases} \lambda, & \mu, & \nu, & \ldots, \\ \lambda', & \mu', & \nu', & \ldots, \\ \lambda'', & \mu'', & \nu'', & \ldots, \\ \ldots, & \ldots, & \ldots, & \ldots, \end{cases}$$

$$(19) \quad \begin{cases} \varphi, & \chi, & \psi, & \ldots, \\ \varphi', & \chi', & \psi', & \ldots, \\ \varphi'', & \chi'', & \psi'', & \ldots, \\ \ldots, & \ldots, & \ldots, & \ldots, \end{cases}$$

$$\ldots, \quad \ldots, \quad \ldots, \quad \ldots,$$

dont le nombre sera θ, et dont chacun renfermera, non seulement i lignes verticales, mais encore j lignes horizontales. Enfin, on conclura des formules (9) et (10) que, pour obtenir l'un quelconque des facteurs circulaires

$$\mathfrak{P}, \quad \mathfrak{Q}, \quad \mathfrak{R}, \quad \ldots$$

de la substitution $\mathfrak{s}$, il suffit d'écrire à la suite les unes des autres, en les plaçant entre deux parenthèses et les séparant par des virgules, les variables qui appartiennent, dans les Tableaux (17), (18), (19), ..., à une ligne verticale de rang déterminé. On conclura, au contraire, des formules (2) et (8), que, pour obtenir l'un quelconque des facteurs circulaires

$$\mathfrak{U}, \quad \mathfrak{V}, \quad \mathfrak{W}, \quad \ldots$$

de la substitution ϖ, il suffit d'écrire, à la suite les unes des autres, en les plaçant entre deux parenthèses et les séparant par des virgules, les variables qui appartiennent, dans les Tableaux (17), (18), (19), ..., à une ligne horizontale de rang déterminé.

Les observations que nous venons de faire relativement aux variables comprises dans le Tableau (11) s'appliquent évidemment à tout système de variables comprises dans des facteurs circulaires de P, qui se trouvent échangés entre eux quand on passe de la première forme de P à la seconde. De telles variables sont toujours du nombre de celles qui se montrent à la fois, sans qu'il soit nécessaire de les mettre en évidence, dans les deux substitutions P, U, supposées permutables entre elles; et, parmi les facteurs circulaires de ces deux substitutions, ceux qui renferment de telles variables donnent toujours pour produits respectifs deux substitutions régulières $\mathfrak{s}$, $\mathfrak{E}$ qui peuvent être formées, à l'aide de divers Tableaux analogues aux Tableaux (17), (18), (19), ..., suivant le mode que nous avons indiqué.

D'ailleurs, d'après ce qu'on a vu précédemment, si, des deux substitutions P, U, supposées permutables entre elles et réduites à leurs plus simples expressions, l'une renferme des variables qui ne soient pas comprises dans l'autre, ces variables pourront y être groupées arbitrairement de manière à composer des facteurs circulaires quelconques. En conséquence, on peut énoncer la proposition suivante :

Théorème I. — *Soient* P, U *deux substitutions formées avec n variables $x, y, z, \ldots$, et supposons ces deux substitutions réduites à leurs expressions les plus simples. Si elles sont permutables entre elles, leurs facteurs circulaires, dans le cas le plus général, seront de deux espèces. Les uns renfermeront les variables comprises dans une seule des deux substitutions* P, U, *et pourront être des facteurs quelconques. Quant aux facteurs circulaires qui renfermeront les variables communes aux deux substitutions, non seulement ils pourront être groupés entre eux de manière à offrir pour produits des substitutions régulières qui, prises deux à deux, représenteront des facteurs complexes et correspondants de* P *et de* U, *formés avec les mêmes variables, mais, de plus, les substitutions régulières qui représenteront les facteurs complexes et correspondants de* P *et de* U *pourront être réduites à la forme de celles qu'on obtient dans le cas où, avec plusieurs systèmes de variables, on construit divers Tableaux, qui renferment tous* *un même nombre de termes compris dans un même nombre de lignes horizontales et verticales, et où, après avoir placé ces Tableaux, à la suite les uns des autres, dans un certain ordre, on multiplie entre eux, d'une part, les facteurs circulaires dont l'un quelconque offre la série des variables qui, dans les divers Tableaux, appartiennent à une ligne horizontale de rang déterminé; d'autre part, les facteurs circulaires dont l'un quelconque offre la série des variables qui, dans les divers Tableaux, appartiennent à une ligne verticale de rang déterminé. Ajoutons que, réciproquement, si les diverses conditions que nous venons d'énoncer sont remplies, les deux substitutions* P, U *seront permutables entre elles.*

Corollaire I. — Pour éclaircir ce qu'on vient de dire par un exemple, supposons que, avec les variables

$$x,\ y,\ z,\ u,\ v,\ w,\ s,\ t,$$

on construise les deux Tableaux

$$\begin{matrix} x, & y, \\ z, & u \end{matrix}$$

et

$$\begin{matrix} v, & w, \\ s, & t. \end{matrix}$$

Les facteurs circulaires du quatrième ordre, dont chacun renfermera les quatre variables comprises dans les premières ou dans les secondes lignes verticales des deux Tableaux, seront

$$(x, z, v, s) \quad \text{et} \quad (y, u, w, t).$$

Au contraire, les facteurs circulaires du quatrième ordre, dont chacun renfermera les quatre variables comprises dans les premières ou dans les secondes lignes horizontales des deux Tableaux, seront

$$(x, y, v, w) \quad \text{et} \quad (z, u, s, t).$$

Cela posé, il résulte du théorème I que, si l'on prend

$$P = (x, z, v, s)(y, u, w, t)$$

et

$$U = (x, y, v, w)(z, u, s, t),$$

P, Q seront deux substitutions permutables entre elles. Pour s assurer qu'effectivement ces substitutions vérifient la formule

$$PU = UP,$$

ou, ce qui revient au même, la suivante

$$P = UPU^{-1},$$

il suffit d'observer que, si l'on pose

$$A = xzvsyuwt,$$

on trouvera

$$UA = yuwtvsxz.$$

Donc, par suite, en vertu de l'une des règles établies dans le précédent article, on aura

$$UPU^{-1} = (y, u, w, t)(v, s, x, z) = P.$$

Corollaire II. — Si les divers Tableaux formés avec les l variables que renferment deux facteurs complexes et correspondants $\mathcal{S}$, $\mathcal{T}$ des substitutions P, U se réduisent à un seul Tableau, alors $\mathcal{S}$, $\mathcal{T}$ seront deux substitutions régulières du genre de celles dont nous nous sommes déjà occupés dans un précédent article (séance du 13 octobre), et dont les propriétés deviennent évidentes quand on représente les variables qu'elles renferment à l'aide de deux espèces d'indices appliqués à une seule lettre. C'est ce qui arrivera, par exemple, si l'on a

$$\mathcal{S} = (x, u)(y, v)(z, w),$$
$$\mathcal{T} = (x, z, v)(y, u, w).$$

Alors les deux substitutions $\mathcal{S}$, $\mathcal{T}$ seront les produits des divers facteurs circulaires formés, d'une part, avec les variables que renferment les diverses lignes horizontales du Tableau

$$\begin{matrix} x, & z, & v, \\ u, & w, & y; \end{matrix}$$

d'autre part, avec les variables comprises dans les diverses lignes horizontales; et ces deux substitutions seront certainement permutables entre elles, car elles se réduiront au cube et au carré de la substitution du sixième ordre

$$(x, y, z, u, v, w).$$

Il est bon d'observer que, en vertu des équations (16), jointes aux formules (2), (8), (9) et (10), on aura généralement

$$\mathcal{S}^j = \mathcal{T}^i, \tag{20}$$

et que, si l'on pose en conséquence

$$\Theta = \mathcal{S}^j = \mathcal{T}^i, \tag{21}$$

Θ sera une substitution régulière de l'ordre

$$\theta = \frac{b}{i} = \frac{a}{j} = \frac{l}{ij}. \tag{22}$$

D'ailleurs, dans les formules (20), (21), l'exposant i de $\mathcal{T}$ représentera le nombre des facteurs circulaires de $\mathcal{S}$, et réciproquement l'exposant j de $\mathcal{S}$ représentera le nombre des facteurs circulaires de $\mathcal{T}$. Cela posé, on pourra énoncer encore la proposition suivante :

Théorème II. — *Lorsque deux substitutions* P, U *sont permutables entre elles, les facteurs circulaires qui renferment les lettres communes aux deux substitutions, supposées réduites à leurs expressions les plus simples, fournissent deux produits décomposables en substitutions régulières qui, comparees deux à deux, se correspondent de telle sorte que deux substitutions régulières* $\mathcal{S}$ *et* $\mathcal{T}$, *propres à représenter deux facteurs complexes et correspondants des substitutions données* P *et* U, *vérifient toujours la formule*

$$\mathcal{S}^j = \mathcal{T}^i,$$

i étant le nombre des facteurs circulaires de $\mathcal{S}$, *et j le nombre des facteurs circulaires de* $\mathcal{T}$. *Ajoutons que, si l'on désigne par l le nombre des variables comprises dans chacune des substitutions régulières* $\mathcal{S}$, $\mathcal{T}$, *la substitution*

$$\mathcal{S}^j = \mathcal{T}^i$$

sera une autre substitution régulière de l'ordre $\frac{l}{ij}$.

Corollaire I. — Si les facteurs complexes $\mathcal{S}$ et $\mathcal{T}$ composent à eux seuls les substitutions P et U, on aura

(23) $$P = \mathcal{S}, \qquad U = \mathcal{T},$$

et la formule (20) donnera

(24) $$P^j = V^i,$$

i désignant le nombre des facteurs circulaires de P, et j le nombre des facteurs circulaires de U. Si, pour fixer les idées, on pose, comme dans le corollaire I du théorème I,

$$P = (x, z, v, s)(y, u, w, t),$$
$$U = (x, y, v, w)(z, u, s, t),$$

on aura

$$i = j = 2,$$

et par suite l'équation (24) donnera

$$P^2 = U^2.$$

Effectivement, en formant, dans cette hypothèse, le carré de chacune des substitutions P, U, on trouvera

$$P^2 = U^2 = (x, v)(z, s)(y, w)(u, t).$$

Corollaire II. — Si, parmi les facteurs circulaires de P, se trouve une seule substitution circulaire de l'ordre a, formée avec des variables que renferme aussi U, réduit à son expression la plus simple, cette substitution circulaire devra évidemment représenter une des valeurs de $\mathcal{S}$. En la prenant effectivement pour $\mathcal{S}$, on aura

$$i = 1,$$

et la formule (20) donnera

$$\mathcal{T} = \mathcal{S}^j.$$

Donc alors le facteur $\mathcal{T}$ de U, correspondant au facteur $\mathcal{S}$ de P, sera une puissance de la substitution circulaire de $\mathcal{S}$. Cette conclusion s'accorde avec les remarques faites au commencement de cet article, puisque, dans le cas où $\mathcal{S}$ représente, non seulement un des facteurs circulaires P, mais encore le seul de ces facteurs qui soit de l'ordre a, s ne peut être déplacé quand on passe d'une forme de P à une autre, de manière à ne jamais altérer les nombres de lettres comprises dans les facteurs qui occupent des places déterminées.

313.

Analyse mathématique. — *Note sur la réduction des fonctions transitives aux fonctions intransitives, et sur quelques propriétés remarquables des substitutions qui n'altèrent pas la valeur d'une fonction transitive.*

C. R., T. XXI, p. 1199 (1er décembre 1845).

Comme je l'ai remarqué dans une précédente séance, le nombre des valeurs distinctes d'une fonction transitive de plusieurs variables est aussi le nombre des valeurs distinctes qu'admet cette fonction dans le cas où l'une des variables devient immobile. Il peut d'ailleurs arriver qu'une fonction transitive de plusieurs variables ne cesse pas d'être transitive dans le cas où une, deux, trois, quatre, ... variables deviennent immobiles; et alors le nombre des valeurs distinctes de la fonction donnée se confond avec le nombre des valeurs distinctes d'une autre fonction qui renferme une, deux, trois, quatre, ... variables de moins. J'ajoute que cette autre fonction peut toujours être supposée intransitive. Car, si l'on fait croître de plus en plus le nombre des variables devenues immobiles, ce nombre ne s'élèvera jamais au delà d'une certaine limite, égale ou supérieure à celle qu'il peut atteindre quand la fonction donnée est symétrique, savoir, au nombre total des variables diminué de l'unité.

Mais ce qu'il importe surtout de remarquer, c'est que la fonction intransitive à laquelle on réduira une fonction transitive donnée, en supposant une ou plusieurs variables immobiles, ne saurait être une fonction intransitive quelconque. Tout au contraire, le nombre des formes que peut acquérir cette fonction intransitive est notablement restreint par un théorème que je suis parvenu à établir. Je prouve que toute fonction transitive de n variables, qui devient intransitive quand on suppose une variable immobile, est nécessairement ou une fonction transitive complexe de toutes les variables, ou une fonction pour laquelle le nombre des valeurs égales se trouve réduit, par l'immobilité d'une variable, au nombre des valeurs égales d'une autre fonction de l lettres, l étant inférieur à $n - 1$ et diviseur de $n - 1$. Ajoutons que de ces deux hypothèses une seule évidemment pourra être admise, si n ou $n - 1$ est un nombre premier. Ainsi, par exemple, en vertu du théorème que je viens d'énoncer, le nombre des valeurs égales de toute fonction transitive de cinq variables qui sera intransitive par rapport à quatre devra se réduire au produit du facteur 5 par le nombre des valeurs égales d'une fonction de deux variables. Donc, toute fonction transitive de cinq variables qui sera intransitive par rapport à quatre offrira cinq ou dix valeurs égales, et, par suite, vingt-quatre ou douze valeurs distinctes. Au contraire, toute fonction de six variables, qui sera intransitive par rapport à cinq ne pourra être qu'une fonction transitive complexe.

Le théorème énoncé, joint à ceux que nous avons déjà établis dans les séances précédentes, sert encore à limiter le nombre des valeurs égales ou distinctes que peut acquérir une fonction transitive qui ne cesse pas de l'être, quand une ou plusieurs variables deviennent immobiles. On reconnaît ainsi, par exemple, que toute fonction de cinq lettres qui est transitive par rapport à cinq et à quatre variables offre nécessairement six valeurs distinctes, quand elle en a plus de deux, et qu'on peut en dire autant de toute fonction de six lettres qui est transitive par rapport à six, à cinq et à quatre variables.

Ajoutons que très souvent, à l'aide des formules auxquelles je suis parvenu, on peut déterminer le nombre et même la nature particulière des substitutions des divers ordres qui n'altèrent pas une fonction transitive de n variables, en supposant connu le nombre des variables dont l'immobilité réduit cette fonction transitive à une fonction intransitive et le nombre des valeurs distinctes que la fonction peut acquérir.

En finissant, j'observerai que M. Hermite m'a dit avoir depuis longtemps reconnu la fonction transitive de six variables dont j'ai parlé, savoir, de celle qui offre seulement six valeurs distinctes. Toutefois, la méthode par laquelle il était parvenu à constater l'existence de cette fonction est différente de celle que j'ai suivie moi-même, et qui, en raison de son utilité dans la solution de plusieurs problèmes, paraît assez digne d'intérêt pour que je croie devoir l'exposer dans un autre article.

314.

Analyse mathématique. — *Note sur les substitutions qui n'altèrent pas la valeur d'une fonction, et sur la forme régulière que prennent toujours celles d'entre elles qui renferment un moindre nombre de variables.*

C. R., T. XXI, p. 1234 (8 décembre 1845).

Considérons n variables indépendantes $x, y, z, \ldots$, et nommons P une substitution formée avec plusieurs de ces variables, en nombre égal à l. Si la substitution P n'est pas régulière, elle sera du moins le produit de plusieurs substitutions régulières

$$\mathrm{U}, \quad \mathrm{V}, \quad \mathrm{W}, \quad \ldots.$$

Désignons par

$$a, \quad b, \quad c, \quad \ldots$$

les ordres de ces substitutions régulières, et supposons que

U soit le produit de f facteurs circulaires de l'ordre a;
V le produit de g facteurs circulaires de l'ordre b;
W le produit de h facteurs circulaires de l'ordre c;
. . . .

Les nombres a, b, c, ... seront tous inégaux entre eux, et l'on aura, non seulement

(1) $$P = UVW\ldots,$$

mais encore

(2) $$fa + gb + hc + \ldots = l.$$

Ajoutons que, si l'on nomme i l'ordre de la substitution P, i sera le plus petit nombre entier, divisible par chacun des nombres a, b, c, ...

Observons maintenant que les nombres

$$a, \quad b, \quad c, \quad \ldots,$$

étant tous inégaux, ne pourront tous offrir les mêmes facteurs premiers, élevés aux mêmes puissances. Donc, parmi les facteurs premiers de i, on pourra trouver un nombre premier p, qui sera tel que les termes de la suite

$$a, \quad b, \quad c, \quad \ldots,$$

ou ne seront pas tous divisibles par p, ou, du moins, ne seront pas tous divisibles par la même puissance de p. Alors

$$P^{\frac{i}{p}}$$

sera évidemment une substitution régulière de l'ordre p; et cette substitution $P^{\frac{i}{p}}$, réduite à son expression la plus simple, cessera de renfermer les variables comprises dans quelques-unes des substitutions régulières

$$U, \quad V, \quad W, \quad \ldots,$$

savoir, dans celles de ces substitutions dont les ordres n'étaient pas multiples de la plus haute puissance de p qui divise i. D'ailleurs, chacune des substitutions U, V, W, ... déplacera deux variables au moins, si l'ordre i de la substitution P est un nombre pair, et trois variables au moins si l'ordre i est un nombre impair. Donc le nombre des variables que déplacera la substitution $P^{\frac{i}{p}}$ sera égal ou inférieur à $l-2$, si la substitution P est d'ordre pair, et à $l-3$ si la substitution P est d'ordre impair. Ajoutons qu'on pourra encore supposer ce nombre égal ou inférieur à $l-3$, si, l'ordre i étant pair, l'un des entiers

$$a, \quad b, \quad c, \quad \ldots,$$

a par exemple, est impair. Car, dans ce cas, on pourra prendre $p=2$, et alors

$$P^{\frac{i}{p}}$$

sera une substitution régulière du second ordre qui déplacera au plus $l-3$ variables, puisqu'elle cessera de comprendre les a variables renfermées dans la substitution U. Enfin, il suit de la formule (2) que l'un des entiers

$$a, \quad b, \quad c, \quad \ldots$$

sera certainement impair, si l, ou le nombre des variables comprises dans P, est un nombre impair. Par conséquent, on pourra énoncer la proposition suivante :

Théorème I. — *Soit* P *une substitution de l'ordre i, qui déplace l variables, et supposons cette substitution irrégulière. Alors, parmi les puissances de* P, *distinctes de l'unité, on trouvera une ou plusieurs substitutions régulières, dont chacune déplacera $l-2$ variables au plus, si l et i sont des nombres pairs, et $l-3$ variables au plus, si l ou i est impair.*

Soit maintenant Ω une fonction des n variables indépendantes x, y, z, ..., et nommons

$$1, \quad P, \quad Q, \quad R, \quad \ldots$$

les substitutions, conjuguées entre elles, qui n'altèrent pas la valeur de cette fonction. Soit encore r le nombre des variables qui deviennent immobiles quand on effectue celles des substitutions P, Q, R, ... qui déplacent le plus petit nombre de variables possible. Chacune des substitutions P, Q, R, ... déplacera au moins $n-r$ variables. Supposons d'ailleurs que, parmi ces substitutions, l'une P soit irrégulière; nommons i son ordre et l le nombre des variables qu'elle déplace.

Parmi les puissances de P distinctes de l'unité, on trouvera toujours (théorème I) une substitution régulière qui déplacera $l - 2$ variables au plus, et celle-ci sera encore un terme de la suite (3). On aura donc

$$l - 2 \overline{\gtrless} n - r,$$
$$l \overline{\gtrless} n - r + 2.$$

Il y a plus : en vertu du théorème I, on aura nécessairement

$$l - 3 \overline{\gtrless} n - r,$$
$$l \overline{\gtrless} n - r + 3,$$

si l est un nombre impair. On ne pourrait donc avoir précisément

$$l = n - r + 2$$

que dans le cas où, l étant un nombre pair, $r = l - 3$ serait un nombre impair. En conséquence, on peut énoncer la proposition suivante :

Théorème II. — *Soient Ω une fonction de n variables indépendantes x, y, z, ..., et r le nombre des variables qui deviennent immobiles quand on effectue les substitutions qui, en laissant intacte la valeur de Ω, déplacent le plus petit nombre de variables possible. Toute substitution qui, sans altérer Ω, déplacera $n - r$ ou $n - r + 1$ variables, sera certainement une substitution régulière. Il y a plus : on pourra en dire autant de toute substitution qui, sans altérer Ω, déplacera $n - r + 2$ variables, si r est un nombre pair.*

Corollaire I. — Si la fonction Ω est altérée par toute substitution circulaire du second ordre, on aura

$$n - r > 2.$$

Donc alors, en vertu du théorème II, toute substitution P qui n'altérera pas la valeur de Ω sera nécessairement régulière, non seulement quand elle déplacera trois ou quatre variables seulement, mais aussi quand elle déplacera cinq variables.

Corollaire II. — Si la fonction Ω est altérée par toute substitution régulière du second ou du troisième ordre, on aura

$$n - r > 3.$$

Donc alors, en vertu du théorème II, toute substitution P qui n'altérera pas la valeur de Ω sera nécessairement régulière quand elle déplacera quatre ou cinq variables seulement. Elle pourrait devenir irrégulière, si elle déplaçait six variables; par exemple si l'on avait

$$P = (x, y, z, u)(v, w).$$

Effectivement si, en adoptant la valeur précédente de P, on réduit aux dérivées de P les substitutions conjuguées qui n'altèrent pas la valeur de Ω, ces substitutions seront, avec 1 et P, les puissances de P supérieures à la première, et distinctes de l'unité, savoir

$$P^2 = (x, z)(y, u), \qquad P^3 = (x, u, z, y)(v, w),$$

et par conséquent le système des substitutions conjuguées qui n'altéreront pas la valeur de Ω renfermera seulement, avec l'unité, deux substitutions irrégulières du sixième ordre et une substitution régulière du second ordre.

Corollaire III. — Si la fonction Ω est altérée par toute substitution circulaire du second, du troisième ou du quatrième ordre, et par toute substitution régulière du second ordre formée avec quatre variables, on aura

$$n - r > 4.$$

Donc alors, en vertu du théorème II, toute substitution P qui n'altérera pas la valeur de Ω sera nécessairement régulière, quand elle déplacera cinq, six ou sept variables.

315.

ANALYSE MATHÉMATIQUE. — *Mémoire sur diverses propriétés des systèmes de substitutions, et particulièrement de ceux qui sont permutables entre eux.*

C. R., T. XXI, p. 1238 (8 décembre 1845).

Je me propose dans ce Mémoire de faire connaître plusieurs propriétés remarquables des systèmes de substitutions; je montrerai plus tard le parti qu'on peut tirer de cette connaissance dans la recherche du nombre des valeurs distinctes d'une fonction de plusieurs variables.

§ I. — *Sur quelques théorèmes fondamentaux.*

Je commencerai par établir la proposition suivante :

THÉORÈME I. — *Soit*

$$(1) \qquad 1, \quad P, \quad Q, \quad R, \quad \ldots$$

un système de substitutions conjuguées, formées avec n variables x, y, z, ... Soient d'ailleurs $\mathfrak{P}$ *une autre substitution arbitrairement choisie, et*

$$\mathfrak{Q}, \quad \mathfrak{R}, \quad \ldots$$

d'autres substitutions, déduites de $\mathfrak{P}$ *par la résolution des équations linéaires*

$$(2) \qquad \mathfrak{P}P = U\mathfrak{Q}, \qquad \mathfrak{P}Q = V\mathfrak{R}, \qquad \ldots,$$

dans lesquelles

$$U, \quad V, \quad W, \quad \ldots$$

représentent des substitutions égales, ou inégales, dont chacune se réduit à un terme de la série (1). *Alors les substitutions*

$$(3) \qquad 1, \quad \mathfrak{P}, \quad \mathfrak{Q}, \quad \mathfrak{R}, \quad \ldots,$$

jointes à leurs dérivées, formeront un système de substitutions conju-

guées, qui sera permutable avec le système des substitutions conjuguées

$$1, \quad P, \quad Q, \quad R, \quad \ldots.$$

Démonstration. — Soient T l'une quelconque des substitutions (1), et $\mathfrak{T}$ l'une quelconque des substitutions (3) ou de leurs dérivées. Pour établir le théorème énoncé, il suffira de faire voir que tout produit de la forme

$$\mathfrak{T}T$$

est en même temps de la forme

$$T\mathfrak{T},$$

les valeurs particulières de $\mathfrak{T}$ et de T pouvant varier lorsqu'on passe de la première forme à la seconde. Or, évidemment, en vertu des formules (2), chacun des produits

$$(4) \qquad \mathfrak{P}P, \quad \mathfrak{P}Q, \quad \mathfrak{P}R, \quad \ldots$$

sera de la forme

$$S\mathfrak{s},$$

S désignant un terme de la suite (1), et $\mathfrak{s}$ un terme de la suite (3). De plus, on pourra en dire autant de chacun des produits renfermés dans le Tableau

$$(5) \qquad \left\{\begin{array}{llll} \mathfrak{P}P, & \mathfrak{P}Q, & \mathfrak{P}R, & \ldots, \\ \mathfrak{Q}P, & \mathfrak{Q}Q, & \mathfrak{Q}R, & \ldots, \\ \mathfrak{R}P, & \mathfrak{R}Q, & \mathfrak{R}R, & \ldots, \\ \ldots, & \ldots, & \ldots, & \ldots \end{array}\right.$$

En effet, considérons, pour fixer les idées, le produit

$$\mathfrak{Q}P.$$

On pourra aisément le réduire à la forme $S\mathfrak{s}$; car la première des équations (2) donnera

$$\mathfrak{Q} = U^{-1}\mathfrak{P}P$$

et, par conséquent,

$$\mathfrak{Q}P = U^{-1}\mathfrak{P}P^2.$$

Mais, P^2 étant un terme de la suite (1), $\mathfrak{P}P^2$ sera un terme de la suite (4), et par conséquent une des équations (2) sera de la forme

$$\mathfrak{P}P^2 = W\mathfrak{s},$$

W étant lui-même un terme de la suite (1). On aura donc

$$\mathfrak{Q}P = U^{-1}W\mathfrak{s},$$

et l'on en conclura

$$(6) \qquad \mathfrak{Q}P = S\mathfrak{s},$$

en posant, pour abréger,

$$S = U^{-1}W.$$

Or, comme la valeur précédente de S sera encore un terme de la suite (1), la formule (6) exprimera simplement que le produit $\mathfrak{Q}P$ est de la forme $S\mathfrak{s}$, S désignant un terme de la suite (1), et $\mathfrak{s}$ un terme de la suite (3).

De ce qu'on vient de dire, il résulte évidemment que, si T représente un terme quelconque de la suite (1), et $\mathfrak{T}$ un terme quelconque de la suite (3), on pourra toujours satisfaire à la condition

$$(7) \qquad \mathfrak{T}T = S\mathfrak{s},$$

en prenant pour S un autre terme de la suite (1), et pour $\mathfrak{s}$ un autre terme de la suite (3). J'ajoute qu'il en sera encore de même si l'on donne à la suite (3) une extension nouvelle, en y faisant entrer, avec les substitutions

$$\mathfrak{P}, \quad \mathfrak{Q}, \quad \mathfrak{R}, \quad \ldots,$$

toutes celles de leurs dérivées qui pourraient n'y être pas renfermées, c'est-à-dire les diverses puissances des substitutions $\mathfrak{P}$, $\mathfrak{Q}$, $\mathfrak{R}$, ..., et, plus généralement, les produits de ces mêmes substitutions multipliées l'une par l'autre deux à deux, trois à trois, ..., de toutes les manières possibles. Effectivement, T étant un terme quelconque de la suite (1), soient

$$\mathfrak{T}, \quad \mathfrak{T}', \quad \mathfrak{T}'', \quad \ldots$$

divers termes égaux ou inégaux de la suite (3). La formule (7) fournira successivement plusieurs équations de la forme

$$(8) \qquad \mathfrak{T}\mathrm{T} = \mathrm{S}\mathfrak{s}, \quad \mathfrak{T}'\mathrm{S} = \mathrm{S}'\mathfrak{s}', \quad \mathfrak{T}''\mathrm{S}' = \mathrm{S}''\mathfrak{s}'', \quad \ldots,$$

S, S′, S″, ... désignant des termes de la suite (1), et $\mathfrak{s}$, $\mathfrak{s}'$, $\mathfrak{s}''$, ... des termes de la suite (2). Or, des formules (8) on déduira successivement les équations

$$(9) \qquad \mathfrak{T}'\mathfrak{T}\mathrm{T} = \mathrm{S}'\mathfrak{s}'\mathfrak{s}, \quad \mathfrak{T}''\mathfrak{T}'\mathfrak{T}\mathrm{T} = \mathrm{S}''\mathfrak{s}''\mathfrak{s}'\mathfrak{s}, \quad \ldots,$$

et celles-ci seront encore semblables à la formule (7), avec cette seule différence que les substitutions

$$\mathfrak{T} \quad \text{et} \quad \mathfrak{s}$$

s'y trouveront remplacées par les produits

$$\mathfrak{T}'\mathfrak{T} \quad \text{et} \quad \mathfrak{s}'\mathfrak{s} \qquad \text{ou} \qquad \mathfrak{T}''\mathfrak{T}'\mathfrak{T} \quad \text{et} \quad \mathfrak{s}''\mathfrak{s}'\mathfrak{s}, \quad \ldots,$$

c'est-à-dire par des substitutions dérivées de $\mathfrak{P}$, $\mathfrak{Q}$, $\mathfrak{R}$, ... D'ailleurs, celles de ces substitutions qui se trouveront représentées par les produits

$$\mathfrak{T}'\mathfrak{T}, \quad \mathfrak{T}''\mathfrak{T}'\mathfrak{T}, \quad \ldots$$

pourront être évidemment des dérivées quelconques des substitutions $\mathfrak{P}$, $\mathfrak{Q}$, $\mathfrak{R}$, ...

Le premier théorème étant ainsi démontré, on peut en déduire immédiatement un grand nombre de propositions nouvelles que je vais successivement indiquer.

D'abord, si les substitutions P, Q, R, ... se réduisent aux diverses puissances d'une même substitution P, alors à la place du théorème I on obtiendra la proposition suivante :

Théorème II. — *Soient* P *une substitution formée avec plusieurs variables x, y, z, ..., et i l'ordre de cette substitution, dont les diverses puissances composeront, en conséquence, le système des substitutions conjuguées*

$$(10) \qquad 1, \quad \mathrm{P}, \quad \mathrm{P}^2, \quad \ldots, \quad \mathrm{P}^{i-1}.$$

Soient encore

$$a, \quad b, \quad c, \quad \ldots, \quad f, \quad g$$

des nombres entiers quelconques égaux ou inégaux, et

$$\mathfrak{P}, \quad \mathfrak{Q}, \quad \mathfrak{R}, \quad \ldots, \quad \mathfrak{U}, \quad \mathfrak{V}, \quad \mathfrak{W}$$

de nouvelles substitutions, déterminées par le système des équations linéaires

$$(11) \quad \mathfrak{P}P = P^a\mathfrak{Q}, \quad \mathfrak{P}P^2 = P^b\mathfrak{R}, \quad \ldots, \quad \mathfrak{P}P^{i-2} = P^f\mathfrak{V}, \quad \mathfrak{P}P^{i-1} = P^g\mathfrak{W}.$$

Si, aux substitutions

$$\mathfrak{P}, \quad \mathfrak{Q}, \quad \mathfrak{R}, \quad \ldots, \quad \mathfrak{U}, \quad \mathfrak{V}, \quad \mathfrak{W},$$

on joint les dérivées de ces mêmes substitutions, on obtiendra un système de substitutions conjuguées qui sera permutable avec le système des puissances de P.

Si l'on prend pour a un nombre premier à i, la substitution P^a sera semblable à la substitution P, et par suite on pourra choisir $\mathfrak{P}$ de manière à vérifier la formule

$$(12) \qquad \mathfrak{P}P = P^a\mathfrak{P}.$$

Alors aussi la première des formules (11) se réduira simplement à l'équation (12). D'ailleurs, si, dans chacun des membres de cette dernière équation, on introduit plusieurs fois de suite le facteur P comme multiplicande, on en tirera successivement

$$\mathfrak{P}P^2 = P^a\,\mathfrak{P}P = P^{2a}\mathfrak{P},$$
$$\mathfrak{P}P^3 = P^{2a}\mathfrak{P}P = P^{3a}\mathfrak{P},$$
$$\ldots\ldots\ldots\ldots\ldots\ldots$$

Donc le système des équations (11) pourra être remplacé par le système des formules

$$(13) \quad \mathfrak{P}P = P^a\mathfrak{P}, \quad \mathfrak{P}P^2 = P^{2a}\mathfrak{P}, \quad \ldots, \quad \mathfrak{P}P^{(i-1)} = P^{(i-1)a}\mathfrak{P},$$

toutes comprises dans la formule générale

$$(14) \qquad \mathfrak{P}P^h = P^{ah}\mathfrak{P},$$

et le théorème II entraînera la proposition suivante :

Théorème III. — *Si,* P *étant une substitution de l'ordre i, et a un* *nombre premier à i, on nomme* $\mathcal{Q}$ *l'une quelconque des solutions de l'équation linéaire*

$$\mathcal{Q}\mathrm{P} = \mathrm{P}^a \mathcal{Q},$$

le système des substitutions conjuguées qui représenteront les diverses puissances de $\mathcal{Q}$ *sera permutable avec le système des substitutions conjuguées qui représenteront les diverses puissances de* P.

Corollaire I. — Il est bon d'observer que, après avoir déduit de l'équation (12) la formule (14), on pourra, de cette dernière formule, déduire successivement les suivantes

$$\mathcal{Q}^2 \mathrm{P}^h = \mathcal{Q}\mathrm{P}^{ah}\,\mathcal{Q} = \mathrm{P}^{a^2 h}\,\mathcal{Q}^2,$$
$$\mathcal{Q}^3 \mathrm{P}^h = \mathcal{Q}\mathrm{P}^{a^2 h}\,\mathcal{Q}^2 = \mathrm{P}^{a^3 h}\,\mathcal{Q}^3,$$
$$\ldots\ldots\ldots\ldots\ldots\ldots\ldots\ldots,$$

toutes comprises dans la formule générale

$$(15) \qquad \mathcal{Q}^k \mathrm{P}^h = \mathrm{P}^{a^k h}\,\mathcal{Q}^k.$$

Corollaire II. — D'après ce qu'on a vu dans un précédent Mémoire, pour obtenir une solution quelconque $\mathcal{Q}$ de l'équation (12), il suffit de représenter chacune des substitutions semblables P, P^a, à l'aide de ses facteurs circulaires, en ayant soin de faire occuper les mêmes places, dans les deux substitutions, par des facteurs circulaires de même ordre. Alors $\mathcal{Q}$ pourra être représenté par la notation symbolique

$$\binom{\mathrm{P}^a}{\mathrm{P}},$$

pourvu que, en supprimant, dans P et dans P^a, les virgules et les parenthèses, on considère P et P^a comme représentant de simples arrangements. On peut donc énoncer encore la proposition suivante :

Théorème IV. — *Soient* P *une substitution de l'ordre i, et a un nombre premier à i. Supposons, d'ailleurs, que, après avoir représenté les substitutions* P *et* P^a *à l'aide de leurs facteurs circulaires, en ayant soin de faire occuper les mêmes places, dans ces deux substitutions, par des facteurs circulaires de même ordre, on supprime les virgules et parenthèses placées entre les variables, afin de réduire* P *et* P^a *à de simples arrangements. Alors les puissances de la substitution*

$$\mathfrak{P} = \binom{P^a}{P} \tag{16}$$

formeront un système de substitutions conjuguées qui sera permutable avec le système des puissances de la substitution P.

Exemple. — Si l'on prend

$$P = (x, y, z, u, v)$$

et $a = 2$, alors, en laissant x à la première place, on trouvera

$$P^2 = (x, z, v, y, u),$$

et, en réduisant P, P^2 à de simples arrangements, on tirera de la formule (16)

$$\mathfrak{P} = \binom{xzvyu}{xyzuv} = (y, z, v, u).$$

Donc le système des puissances de la substitution circulaire du quatrième ordre

$$\mathfrak{P} = (y, z, v, u)$$

sera permutable avec le système des puissances de la substitution circulaire du cinquième ordre

$$P = (x, y, z, u, v).$$

Si, en adoptant la valeur de P déterminée par la formule

$$P = (x, y, z, u, v),$$

on attribuait successivement au nombre a les valeurs

$$2, \quad 3, \quad 4,$$

alors, en laissant toujours x à la première place dans chacune des substitutions

$$P^2, \quad P^3, \quad P^4,$$

on obtiendrait successivement pour $\mathfrak{P}$ les trois substitutions

$$(y, z, v, u), \quad (y, u, v, z), \quad (y, v)(z, u),$$

c'est-à-dire celles des puissances de la substitution

$$(y, z, v, u)$$

qui sont distinctes de l'unité.

Généralement, si l'on représente par P une substitution circulaire dont l'ordre i soit un nombre premier, on pourra, en appliquant la formule (5) à la détermination de $\mathfrak{P}$, laisser toujours à la première place une même variable x, et alors, en posant successivement

$$a = 2, \qquad a = 3, \qquad \ldots, \qquad a = i - 1,$$

on obtiendra i valeurs différentes de $\mathfrak{P}$.

Lorsque i cessera d'être un nombre premier, on ne pourra plus, dans la formule (16), prendre pour a l'un quelconque des nombres entiers inférieurs à i. Mais on pourra toujours y supposer

$$a = i - 1,$$

puisque $i - 1$ sera toujours premier à i. Alors l'équation (16) donnera

(17) $$\mathfrak{P} = \binom{\mathrm{P}^{i-1}}{\mathrm{P}}$$

ou plus simplement

(18) $$\mathfrak{P} = \binom{\mathrm{P}^{-1}}{\mathrm{P}}.$$

Exemple. — Si l'on prend $i = 6$ et

$$\mathrm{P} = (x, y, z, u, v, w),$$

alors, en laissant x à la première place, on aura

$$\mathrm{P}^{-1} = (x, w, v, u, z, y),$$

et, en réduisant P, P^{-1} à de simples arrangements, on tirera de la formule (18)

$$\binom{xwvuzy}{xyzuvw} = (y, w)(z, v).$$

Donc le système des puissances de la substitution du second ordre

$$\mathfrak{P} = (y, w)(z, v)$$

sera permutable avec le système des puissances de la substitution circulaire du sixième ordre

$$P = (x, y, z, u, v, w).$$

Rien n'empêche de supposer, dans la formule (16),

$$a = 1.$$

Dans cette supposition, la formule (16) donnera

$$(19) \qquad \mathfrak{P} = \begin{pmatrix} P' \\ P \end{pmatrix},$$

P′ désignant une seconde forme de P, que l'on déduira de la première, en ayant soin de faire toujours occuper les mêmes places par des facteurs circulaires de même ordre. Alors aussi $\mathfrak{P}$ se réduira simplement à une puissance de P, si P se réduit à une substitution circulaire. Mais il n'en sera plus généralement de même si P est le produit de plusieurs facteurs circulaires du premier ordre, ou même d'ordres différents. Alors $\mathfrak{P}$ pourra être une substitution distincte de toutes les puissances de P, ainsi qu'on le voit dans les exemples suivants.

Exemple I. — Soit

$$P = (x, y)(z, u).$$

Alors, en posant

$$P' = (y, x)(z, u),$$

on tirera de la formule (7)

$$\mathfrak{P} = (x, y);$$

si l'on prend, au contraire,

$$P' = (z, u)(x, y),$$

on tirera de la formule (19)

$$\mathfrak{P} = \begin{pmatrix} zuxy \\ xyzu \end{pmatrix} = (x, z)(y, u);$$

enfin, si l'on prend

$$P' = (u, z,)(x, y),$$

la formule (19) donnera

$$\mathfrak{P} = \begin{pmatrix} uzxy \\ xyzu \end{pmatrix} = (x, u, y, z);$$

et, dans ces divers cas, le système des puissances de $\mathfrak{P}$ sera permutable avec le système des puissances de P.

Exemple II. — Soit

$$P = (x, y, z, u)(v, w),$$

et prenons

$$P' = (y, z, u, x)(v, w).$$

La formule (19) donnera

$$\mathfrak{P} = \begin{pmatrix} yzuxvw \\ xyzuvw \end{pmatrix} = (x, y, z, u),$$

et alors le système des puissances de $\mathfrak{P}$ sera permutable avec le système des puissances de P, qui seront toutes distinctes de $\mathfrak{P}$.

§ II. — *Conséquences des principes établis dans le premier paragraphe et dans les précédents Mémoires.*

Dans le Mémoire que j'ai publié, il y a trente ans environ ([1]), *Sur le nombre des valeurs qu'une fonction peut acquérir, quand on y permute de toutes les manières possibles les quantités qu'elle renferme*, j'avais représenté ces quantités par des lettres affectées d'indices, et les indices par des nombres. Alors les substitutions, en vertu desquelles les diverses quantités étaient échangées les unes contre les autres, se trouvaient exprimées à l'aide de ces nombres, par conséquent à l'aide des indices eux-mêmes, comme je l'ai fait encore dans une des précédentes séances (*voir* les formules (3) de la page 346). C'est aussi en remplaçant par des nombres les diverses variables desquelles une fonction dépend, que M. Hermite m'a dit être parvenu, non seulement à constater l'existence de la fonction transitive de six variables qui

([1]) *OEuvres de Cauchy*, S. II, T. I.

offre six valeurs distinctes, mais encore à d'autres résultats spécialement relatifs aux nombres premiers 5, 7, 11, et applicables à la théorie des trois équations modulaires dont les degrés sont ces nombres premiers augmentés de l'unité. Quoique, dans l'entretien que nous avons eu ensemble le 19 novembre dernier, M. Hermite ne m'ait pas dit en quoi consiste précisément sa méthode, j'avouerai sans difficulté que cet entretien a excité en moi un vif désir d'approfondir de plus en plus les questions relatives à la théorie des permutations, et m'a engagé à rechercher avec plus de soin toutes les conséquences qui peuvent se déduire des principes que j'avais déjà établis dans les *Comptes rendus*. Mes recherches m'ont d'abord conduit aux résultats énoncés dans les deux dernières séances et dans le § I du présent Mémoire. Je vais maintenant en indiquer plusieurs autres qui peuvent être aisément tirés des formules auxquelles nous sommes déjà parvenus.

Soit

$$P(x, y, z, \ldots) \tag{1}$$

une substitution circulaire de l'ordre i, formée avec i variables x, y, z, ... Soit de plus a un nombre premier à i. Enfin, supposons qu'on laisse la variable x à la première place dans la substitution P^a, semblable à P, et que, en réduisant les substitutions P, P^a à de simples arrangements, on prenne

$$\mathfrak{P} = \binom{P^a}{P}. \tag{2}$$

Alors $\mathfrak{P}$ sera une substitution qui déplacera seulement les variables

$$y, \quad z, \quad \ldots,$$

ou quelques-unes d'entre elles, et les puissances de $\mathfrak{P}$ formeront un système permutable avec le système des puissances de P. Il y a plus : la substitution $\mathfrak{P}$, comme on l'a vu dans le § I, vérifiera généralement la formule

$$\mathfrak{P}^k P^h = P^{a^k h} \mathfrak{P}^k, \tag{3}$$

quels que soient les nombres entiers h et k. Or il suit de cette dernière formule que, des deux équations

(4) $$\mathfrak{P}^k = 1, \qquad P^h = P^{a^k h},$$

la première entraînera toujours la seconde, et réciproquement. On doit en conclure que l'ordre de la substitution $\mathfrak{P}$, c'est-à-dire la plus petite valeur de k propre à vérifier la formule

$$\mathfrak{P}^k = 1,$$

est aussi la plus petite valeur de k qui vérifie l'équivalence

(5) $$a^k \equiv 1 \pmod{i}.$$

De cette simple remarque on déduit immédiatement les théorèmes VI et VII des pages 333 et 334, auxquels on parvient encore en remplaçant les variables $x, y, z, \ldots$ par des lettres affectées d'indices, et présentant en conséquence la substitution P, comme nous l'avons fait à la page 333, sous la forme

(6) $$P = (x_0, x_1, x_2, \ldots, x_{i-1}).$$

Il suit aussi de la remarque précédente, que les *racines primitives* du nombre entier i seront précisément les valeurs de a qui fourniront pour valeur de

$$\binom{P^a}{P}$$

une substitution de l'ordre $i-1$, si i est un nombre premier, et, dans le cas contraire, une substitution circulaire d'un ordre équivalant à l'*indicateur maximum* I.

Dans le cas particulier où l'on prend $a = i - 1$, la formule (6), réduite à l'équation

(7) $$\mathfrak{P} = \binom{P^{-1}}{P},$$

fournit pour valeur de $\mathfrak{P}$ une substitution circulaire du second ordre.

Revenons maintenant aux formules (11) du § I, et, en supposant que P désigne une substitution circulaire de l'ordre i, déterminée par la formule (1), prenons encore pour $\mathfrak{P}$ une substitution qui déplace seulement quelques-unes des variables renfermées dans P, de manière à laisser immobile, à la première place, la variable x. On tirera des formules (11) du § I

$$(8)\quad \begin{cases} \mathfrak{Q} = \mathrm{P}^{-a}\,\mathfrak{P}\mathrm{P}, \\ \mathfrak{R} = \mathrm{P}^{-b}\,\mathfrak{P}\mathrm{P}^2, \\ \dots\dots\dots\dots, \\ \mathfrak{V} = \mathrm{P}^{-f}\,\mathfrak{P}\mathrm{P}^{i-2}, \\ \mathfrak{W} = \mathrm{P}^{-g}\,\mathfrak{P}\mathrm{P}^{i-1}. \end{cases}$$

D'ailleurs, on pourra donner au nombre a une valeur telle, que la substitution $\mathfrak{Q}$, déterminée par la première des équations (8), laisse immobile la variable x. Effectivement, nommons s la variable qui succède à x en vertu de la substitution $\mathfrak{P}\mathrm{P}$. On remplira évidemment la condition énoncée en prenant pour P^a celle des puissances de P qui substituera s à x, puisque alors la substitution inverse P^{-a} aura pour effet de substituer x à s, et, par conséquent, de ramener x à la place que cette variable occupait primitivement. Ajoutons qu'une remarque semblable est applicable encore à chacun des nombres $b, \dots, f, g$, compris dans les valeurs de $\mathfrak{R}, \dots, \mathfrak{V}, \mathfrak{W}$ déterminées par la seconde, ..., l'avant-dernière, la dernière des équations (8). On peut donc énoncer généralement la proposition suivante :

Théorème I. — *Soit* P *une substitution circulaire de l'ordre i, formée avec i variables*

$$x,\quad y,\quad z,\quad \dots.$$

Nommons $\mathfrak{P}$ une autre substitution qui renferme seulement quelques-unes de ces variables, de manière à laisser immobile une ou plusieurs d'entre elles, par exemple la variable x. Enfin, nommons $\mathfrak{Q}, \mathfrak{R}, \dots, \mathfrak{V}, \mathfrak{W}$ les substitutions qui, en déplaçant les seules variables $y, z, \dots$, vérifient des équations de la forme (8). *Le système des substitutions $\mathfrak{P}, \mathfrak{Q}, \mathfrak{R}, \dots$ et de leurs dérivées sera permutable avec le système des puissances de la substitution circulaire* P.

Dans l'hypothèse admise, les substitutions

$$\mathfrak{P}, \quad \mathfrak{Q}, \quad \mathfrak{R}, \quad \ldots, \quad \mathfrak{U}, \quad \mathfrak{V},$$

jointes à leurs dérivées, composeront un système de substitutions conjuguées dont chacune laissera immobile la variable x. Soit $\mathfrak{M}$ l'ordre de ce système. Parmi les substitutions qu'il renfermera, aucune ne pourra se réduire à une puissance de P distincte de l'unité, puisqu'une telle puissance déplacera toujours chacune des variables $x, y, z, \ldots$. Donc le système dont il s'agit et le système des i puissances de P n'auront pas de termes communs autres que l'unité. Donc, en vertu des principes établis dans la séance du 20 octobre, un troisième système, qui renfermerait toutes les dérivées des substitutions comprises dans les deux premiers, sera de l'ordre $\mathfrak{M}i$. D'ailleurs, eu égard aux formules (8), ce troisième système se réduira au système des deux substitutions

$$\mathrm{P}, \quad \mathfrak{P}$$

et de leurs dérivées des divers ordres. On peut donc énoncer encore la proposition suivante :

Théorème II. — *Les mêmes choses étant posées que dans le théorème I, si l'on nomme $\mathfrak{M}$ l'ordre du système qui renfermera les substitutions $\mathfrak{P}$, $\mathfrak{Q}$, $\mathfrak{R}$, ..., $\mathfrak{V}$, $\mathfrak{W}$ et toutes leurs dérivées, $\mathfrak{M}i$ sera l'ordre du système de substitutions conjuguées qui renfermera les dérivées diverses des deux substitutions* P *et* $\mathfrak{P}$.

Il est important d'observer que, dans la série des substitutions

$$(9) \qquad \mathfrak{Q}, \quad \mathfrak{R}, \quad \ldots, \quad \mathfrak{V}, \quad \mathfrak{W},$$

déduites successivement de la substitution $\mathfrak{P}$ à l'aide des équations (8), plusieurs termes peuvent être égaux entre eux. On peut même affirmer que, dans cette série, prolongée à partir d'un terme qui serait égal à $\mathfrak{P}$, les termes $\mathfrak{Q}$, $\mathfrak{R}$, ... se reproduiront dans le même ordre à la suite les uns des autres. En effet, supposons que l'un des termes de la série (8) se réduise à $\mathfrak{P}$, et qu'en conséquence, l'une des équations (8) soit de la forme

$$(10)\qquad \mathfrak{P} = \mathrm{P}^{-l}\mathfrak{P}\mathrm{P}^{j},$$

j étant positif, mais inférieur à $i-1$. On aura, par suite,

$$(11)\qquad \mathfrak{P}\mathrm{P}^{j} = \mathrm{P}^{l}\mathfrak{P},$$

et de cette dernière formule, combinée avec les équations

$$(12)\qquad \mathfrak{P}\mathrm{P} = \mathrm{P}^{a}\mathfrak{Q},\qquad \mathfrak{P}\mathrm{P}^{2} = \mathrm{P}^{b}\mathfrak{R},\qquad \ldots,$$

on tirera successivement

$$(13)\qquad \begin{cases} \mathfrak{P}\mathrm{P}^{j+1} = \mathrm{P}^{l}\mathfrak{P}\mathrm{P} \;\, = \mathrm{P}^{l+a}\mathfrak{Q}, \\ \mathfrak{P}\mathrm{P}^{j+2} = \mathrm{P}^{l}\mathfrak{P}\mathrm{P}^{2} = \mathrm{P}^{l+b}\mathfrak{R}, \\ \ldots\ldots\ldots\ldots\ldots\ldots\ldots\ldots \end{cases}$$

ou, ce qui revient au même,

$$(14)\qquad \mathfrak{Q} = \mathrm{P}^{-l-a}\mathfrak{P}\mathrm{P}^{j+1},\qquad \mathfrak{R} = \mathrm{P}^{-l-b}\mathfrak{P}\mathrm{P}^{j+2},\qquad \ldots.$$

Il y a plus : de la formule (11), jointe aux équations (12), on tirera non seulement

$$(15)\qquad \mathfrak{P}\mathrm{P}^{hj} = \mathrm{P}^{hl}\mathfrak{P},$$

mais encore

$$(16)\qquad \mathfrak{P}\mathrm{P}^{hj+1} = \mathrm{P}^{hl+a}\mathfrak{Q},\qquad \mathfrak{P}\mathrm{P}^{hj+2} = \mathrm{P}^{hl+b}\mathfrak{R},\qquad \ldots$$

ou, ce qui revient au même,

$$(17)\qquad \mathfrak{Q} = \mathrm{P}^{-hl-a}\mathfrak{P}\mathrm{P}^{hj+1},\qquad \mathfrak{R} = \mathrm{P}^{-hl-b}\mathfrak{P}\mathrm{P}^{hj+2},\qquad \ldots.$$

De ces remarques on peut déduire plusieurs conséquences importantes; et d'abord, puisque, en vertu des formules (17), les mêmes termes $\mathfrak{Q}$, $\mathfrak{R}$, ... se reproduiront toujours périodiquement dans les formules (8) et dans la série (9), à partir d'un terme qui serait égal à $\mathfrak{P}$, il en résulte que, si l'on attribue à j la plus petite des valeurs positives pour lesquelles se vérifie la formule (10), cette plus petite valeur divisera toutes les autres, et par conséquent le nombre i, qui représente l'ordre de la substitution P. De plus, il résulte de l'équation (15) que, des deux formules

$$(18) \qquad P^{hj} = 1, \qquad P^{hl} = 1,$$

la première entraînera toujours la seconde, et réciproquement. Donc, par suite, j devra être un diviseur, non seulement de i, mais aussi de l, de sorte qu'on aura

$$(19) \qquad l = \theta j,$$

θ étant un nombre entier, et même un nombre premier à i. Donc aussi l'équation (15) pourra être présentée sous la forme

$$(20) \qquad \mathfrak{P} P^{hj} = P^{\theta hj} \mathfrak{P},$$

θ étant premier à i.

On peut affirmer que, dans le cas où des termes de la série

$$(21) \qquad \mathfrak{P}, \quad \mathfrak{Q}, \quad \mathfrak{R}, \quad \ldots, \quad \mathfrak{V}, \quad \mathfrak{W}$$

deviennent égaux entre eux, le terme $\mathfrak{P}$ reparaît toujours le premier, entraînant à sa suite les termes $\mathfrak{Q}$, $\mathfrak{R}$, ..., périodiquement reproduits dans le même ordre. En effet, supposons, pour fixer les idées, que la suite (21) offre deux termes égaux à $\mathfrak{Q}$. Alors l'une des équations (12) sera de la forme

$$(22) \qquad \mathfrak{P} P^{j'} = P^{l'} \mathfrak{Q},$$

j' étant supérieur à l'unité, mais inférieur à $i - 1$. Or, de l'équation (22), combinée avec la première des formules (8), on tirera

$$(23) \qquad \mathfrak{P} P^{j'-1} = P^{l'-a} \mathfrak{P},$$

$j' - 1$ étant positif, mais inférieur à $i - 1$; et, en vertu de la formule (23), des deux termes $\mathfrak{P}$, $\mathfrak{Q}$, le premier aura dû reparaître avant le second dans la série (21).

On peut remarquer encore que de la première des équations (12), combinée avec celles qui la suivent, on tire d'autres équations de la forme

$$(24) \qquad \mathfrak{Q}P = P^{b-a}\mathfrak{R}, \qquad \mathfrak{Q}P^2 = P^{c-a}\mathfrak{S}, \qquad \ldots,$$

et que ces dernières sont semblables aux équations (12), avec cette seule différence que les nombres

$$a, \quad b, \quad c, \quad \ldots$$

y sont remplacés par d'autres nombres

$$b-a, \quad c-a, \quad \ldots.$$

Donc, tout ce qui a été dit de la substitution $\mathfrak{P}$ pourra se dire pareillement de la substitution $\mathfrak{Q}$, et généralement de tous les termes de la série (21).

Enfin, de la forme (20) on tirera immédiatement la suivante

$$(25) \qquad \mathfrak{P}^k P^{hj} = P^{\theta^k hj}\mathfrak{P}^k.$$

Or il résulte de cette dernière que, des deux équations

$$(26) \qquad \mathfrak{P}^k = 1, \qquad P^{hj} = P^{\theta^k hj},$$

la première entraîne toujours la seconde, et réciproquement, quel que soit d'ailleurs le nombre entier h. Donc, l'ordre de la substitution $\mathfrak{P}$ sera la plus petite des valeurs de k propres à vérifier l'équivalence

$$(27) \qquad (\theta^k - 1)j \equiv 0 \quad (\mathrm{mod.}\, i),$$

que l'on peut aussi mettre sous la forme

$$(28) \qquad \theta^k \equiv 1 \quad \left(\mathrm{mod.}\, \frac{i}{j}\right)$$

Dans un prochain Mémoire, je montrerai les conséquences remarquables qui peuvent se déduire des diverses propositions et formules que je viens d'établir.

316.

ANALYSE MATHÉMATIQUE. — *Note sur les fonctions caractéristiques des substitutions.*

C. R., T. XXI, p. 1254 (8 décembre 1845).

Considérons n variables représentées par diverses lettres

$$x, \quad y, \quad z, \quad \ldots,$$

ou bien encore par une même lettre x successivement affectée des indices

$$0, \quad 1, \quad 2, \quad 3, \quad \ldots, \quad n-1,$$

en sorte que les variables données soient respectivement

$$x_0, \quad x_1, \quad x_2, \quad \ldots, \quad x_{n-1}.$$

Une substitution donnée P aura pour effet de remplacer une variable quelconque x_t, correspondante à l'indice t, par une autre variable x_s correspondante à un autre indice s qui pourra être considéré comme fonction de t. Supposons effectivement

$$s = \varphi(t),$$

$\varphi(t)$ sera ce que j'appelle la *fonction caractéristique* de la substitution P. Lorsque cette substitution sera donnée, on connaîtra les n valeurs de $\varphi(t)$ représentées par

$$\varphi(0), \quad \varphi(1), \quad \ldots, \quad \varphi(n-1),$$

c'est-à-dire les n valeurs de t qui répondent aux indices

$$0, \quad 1, \quad \ldots, \quad n-1$$

de la variable t. Par suite, si l'on nomme θ une racine quelconque de l'équation binôme

$$\theta^n = 1, \tag{1}$$

on aura, en vertu d'une formule connue,

$$\varphi(\theta) = \Sigma\theta^{l}\,\mathrm{f}(\theta^{-1}), \tag{2}$$

la somme qu'indique le signe Σ s'étendant à toutes les valeurs de θ, et la fonction $\mathrm{f}(\theta)$ étant elle-même déterminée par la formule

$$\mathrm{f}(\theta) = \frac{1}{n}\,\Sigma\theta^{l}\,\varphi(l), \tag{3}$$

dans laquelle la somme indiquée par le signe Σ s'étend à toutes les valeurs de l comprises dans la suite

$$0, \quad 1, \quad 2, \quad \ldots, \quad n-1.$$

Dans un prochain article, je montrerai les avantages que présente l'emploi des fonctions caractéristiques dans la théorie des permutations.

317.

Analyse mathématique. — *Mémoire sur le nombre et la forme des substitutions qui n'altèrent pas la valeur d'une fonction de plusieurs variables indépendantes.*

C. R., T. XXI, p. 1287 (15 décembre 1845).

§ I. — *Propriétés diverses des substitutions qui, étant semblables à une substitution donnée, n'altèrent pas la valeur d'une fonction de plusieurs variables.*

Soient

Ω une fonction de n variables indépendantes $x, y, z, \ldots$;
M le nombre de ses valeurs égales;
m le nombre de ses valeurs distinctes $\Omega, \Omega', \Omega'', \ldots$.

On aura

$$mM = N, \tag{1}$$

la valeur de N étant

$$N = 1.2.3\ldots n.$$

Soient d'ailleurs

$$(2) \qquad 1,\ P,\ Q,\ R,\ \ldots,\ U,\ V,\ W$$

le système des substitutions conjuguées qui n'altèrent pas la valeur de Ω, et représentons par

$$(3) \qquad P,\ P',\ P'',\ \ldots$$

celles de ces substitutions qui sont semblables à une substitution donnée P. Enfin soient

h le nombre des substitutions P, P′, P″, ...;

k le nombre de celles des fonctions Ω, Ω', Ω'', ... qui ne sont pas altérées par la substitution P;

ϖ le nombre total des substitutions semblables à P, qui peuvent être formées avec les n variables x, y, z, ...;

ω le nombre de formes que peut revêtir la substitution P, exprimée à l'aide de ses facteurs circulaires, quand on s'astreint à faire occuper toujours les mêmes places, dans cette substitution, par des facteurs circulaires de même ordre.

D'après ce qu'on a vu dans les précédents Mémoires, on aura, non seulement

$$(4) \qquad \omega\varpi = N,$$

mais encore

$$(5) \qquad hm = k\varpi.$$

D'ailleurs, on tirera des équations (1) et (4)

$$(6) \qquad \frac{\varpi}{m} = \frac{M}{\omega}.$$

Donc, par suite, l'équation (5) donnera

$$(7) \qquad h\omega = kM.$$

Or, cette dernière formule renferme évidemment le théorème dont voici l'énoncé :

THÉORÈME I. — *Soient* Ω *une fonction de* n *variables indépendantes* x, y, z, ..., *et* M *le nombre de ces valeurs égales. Soient encore* P *l'une des substitutions qui n'altèrent pas* Ω, *et* P, P', P'', ... *les substitutions, semblables à* P, *qui jouissent de la même propriété. Le nombre* M *sera un diviseur du nombre total des formes que peuvent revêtir les substitutions* P, P', P'', ... *exprimées à l'aide de leurs facteurs circulaires, quand on s'astreint à faire occuper toujours les mêmes places, dans ces diverses substitutions, par des facteurs circulaires de même ordre.*

Corollaire. — Supposons, pour fixer les idées, que P représente une substitution circulaire de l'ordre n. Alors on aura précisément

$$\omega = n. \tag{8}$$

Alors aussi Ω deviendra une fonction transitive des n variables x, y, z, ..., et l'on aura, par suite,

$$M = n\mathfrak{M}, \tag{9}$$

$\mathfrak{M}$ étant le nombre des valeurs égales de Ω considéré comme fonction des $n-1$ variables y, z, ... Cela posé, en divisant par n les deux membres de la formule (7), on trouvera

$$h = k\mathfrak{M}, \tag{10}$$

et le théorème I sera réduit à la proposition suivante :

THÉORÈME II. — *Soit* Ω *une fonction transitive de* n *variables* x, y, z, ..., *et supposons que cette fonction ne soit pas altérée par une ou plusieurs substitutions circulaires de l'ordre* n. *Le nombre* h *de ces substitutions circulaires aura pour diviseur le nombre des valeurs égales de* Ω *considéré comme fonction des* $n-1$ *variables* y, z, ...

Corollaire. — Si les seules substitutions circulaires de l'ordre n, qui jouissent de la propriété de ne pas altérer Ω, se réduisent à des puissances d'une même substitution P, h sera précisément le nombre des entiers premiers à n. Donc alors le nombre des entiers premiers à n aura pour diviseur le nombre des valeurs égales de Ω considéré comme fonction de $n-1$ variables.

Exemple I. — Concevons que Ω représente une fonction transitive de cinq variables x, y, z, u, v. Le nombre de ses valeurs égales étant un multiple de 5, on trouvera nécessairement des substitutions du cinquième ordre parmi celles qui n'altéreront pas la valeur de Ω. Cela posé, il résulte du théorème II que, dans le cas où ces substitutions du cinquième ordre se réduisent aux puissances

$$P^1, \quad P^2, \quad P^3, \quad P^4$$

d'une même substitution P, le nombre $\mathfrak{M}$ de valeurs égales de Ω considéré comme fonction des quatre variables y, z, u, v doit être un diviseur de 4. Donc alors $\mathfrak{M}$ ne peut être que l'un des nombres 1, 2, 4.

Exemple II. — Concevons que Ω représente une fonction transitive de six variables x, y, z, u, v, w, et supposons que, parmi les substitutions qui n'altèrent pas la valeur de cette fonction, on trouve des substitutions circulaires du sixième ordre, représentées par des puissances d'une même substitution circulaire P. Ces puissances ne pourront être que P et P^5, et par suite le nombre 2, c'est-à-dire le nombre des entiers premiers à 6, aura pour diviseur le nombre $\mathfrak{M}$ des valeurs égales de Ω considéré comme fonction des cinq variables y, z, u, v, w. Donc alors $\mathfrak{M}$ ne pourra être que 1 ou 2.

Concevons maintenant que, Ω étant une fonction quelconque des n variables $x, y, z, \ldots$, on nomme

$$(3) \qquad P, \quad P', \quad P'', \quad \ldots$$

les substitutions qui, étant semblables entre elles et à une certaine substitution P, déplacent toutes les variables sans altérer la valeur de Ω. Soit, d'ailleurs,

$$(11) \qquad 1, \quad \mathfrak{P}, \quad \mathfrak{Q}, \quad \mathfrak{R}, \quad \ldots$$

le système des substitutions conjuguées qui n'altèrent pas Ω considéré comme fonction des $n-1$ variables $y, z, \ldots$ Si l'on nomme $\mathcal{S}$ l'un quelconque des termes de la série (11), le produit

$$\mathcal{S}P\mathcal{S}^{-1}$$

représentera certainement une substitution qui, étant semblable à P, n'altérera pas Ω considéré comme fonction des n variables $x, y, z, \ldots$ Donc ce produit devra se réduire à l'une des substitutions

$$P, \quad P', \quad P'', \quad \ldots;$$

en sorte qu'on aura

$$(12) \qquad \mathcal{S}P\mathcal{S}^{-1} = Q,$$

Q désignant encore un terme de la série (3), mais un terme tel que la variable x appartienne à des facteurs circulaires du même ordre dans les deux substitutions P et Q. Donc on pourra déterminer $\mathcal{S}$ à l'aide d'une équation symbolique de la forme

$$\mathcal{S} = \begin{pmatrix} Q \\ P \end{pmatrix},$$

en suivant la règle établie par le théorème dont voici l'énoncé :

Théorème III. — *Soit Ω une fonction de n variables $x, y, z, \ldots$ Soient encore* P *l'une des substitutions qui déplacent toutes ces variables, sans altérer la valeur de Ω, et*

$$(13) \qquad P, \quad Q, \quad R, \quad \ldots$$

les diverses substitutions qui, étant toutes semblables à P *et douées de la même propriété, présentent toutes la variable x dans des facteurs circulaires de même ordre. Soit enfin*

$$1, \quad \mathfrak{P}, \quad \mathfrak{Q}, \quad \mathfrak{R}, \quad \ldots$$

le système des substitutions conjuguées qui, en laissant la variable x immobile, n'altèrent pas la valeur de Ω, considéré comme fonction des $n-1$ variables $y, z, \ldots$ L'une quelconque $\mathcal{S}$ des substitutions

$$\mathfrak{P}, \quad \mathfrak{Q}, \quad \mathfrak{R}, \quad \ldots$$

pourra se déduire de la substitution P *comparée à un certain terme de la suite* (13), *et sera donnée en conséquence par une équation de la forme*

$$(14) \qquad \mathcal{S} = \binom{\mathrm{Q}}{\mathrm{P}},$$

pourvu que, après avoir exprimé les deux substitutions P, Q *à l'aide de leurs facteurs circulaires, et assigné les mêmes places, dans les deux substitutions, non seulement aux facteurs circulaires de même ordre, mais encore à la variable x, on réduise* P *et* Q *à de simples arrangements par la suppression des parenthèses et des virgules interposées entre les diverses variables. Ajoutons que l'on pourra prendre pour* Q, *ou un terme de la série* (13), *distinct de* P, *ou même une seconde forme de la substitution* P, *distincte de la première.*

Corollaire I. — Les formules (12) et (14) établissent des relations remarquables entre les substitutions

$$\mathfrak{P}, \quad \mathfrak{Q}, \quad \mathfrak{R}, \quad \ldots,$$

qui, sans altérer une fonction Ω de n variables $x, y, z, \ldots$, déplacent seulement quelques-unes de ces variables, en laissant x immobile, et les substitutions

$$\mathrm{P}, \quad \mathrm{Q}, \quad \mathrm{R}, \quad \ldots,$$

qui, étant semblables entre elles, et renfermant toutes la variable x dans des facteurs circulaires de même ordre, déplacent, sans altérer Ω, toutes les variables. Ces deux espèces de substitutions se trouvent tellement liées les unes aux autres que, étant données les substitutions $\mathfrak{P}, \mathfrak{Q}, \mathfrak{R}, \ldots$, avec l'une des substitutions

$$\mathrm{P}, \quad \mathrm{Q}, \quad \mathrm{R}, \quad \ldots,$$

on peut déterminer le système de ces dernières, ou du moins plusieurs d'entre elles, à l'aide de la formule (12). Lorsqu'au contraire on donne les substitutions

$$\mathrm{P}, \quad \mathrm{Q}, \quad \mathrm{R}, \quad \ldots,$$

les valeurs de $\mathcal{S}$, déterminées par la formule (14), sont les divers termes d'une suite dans laquelle se trouvent nécessairement comprises les substitutions $\mathfrak{P}$, $\mathfrak{Q}$, $\mathfrak{R}$, ...

Corollaire II. — Lorsque P représente une substitution circulaire de l'ordre n, exprimée à l'aide des variables écrites l'une après l'autre et séparées par des virgules, il est impossible de donner à P une seconde forme semblable à la première et distincte de la première, sans déplacer x. Donc alors on ne peut supposer $Q = P$ dans l'équation (12) ou (14), sans réduire s à l'unité. Il y a plus : lorsque P représentera une substitution circulaire de l'ordre n, les formes des substitutions

$$P, \quad Q, \quad R, \quad \ldots$$

seront complètement déterminées si, dans chacune d'elles, on assigne à la variable x une place déterminée, la première place par exemple. Donc alors la formule (14) fournira pour chaque valeur de Q une seule valeur de s ; mais, Q venant à varier, s variera nécessairement. En conséquence, on peut énoncer la proposition suivante :

Théorème IV. — *Soit Ω une fonction de n variables indépendantes x, y, z, ... Supposons d'ailleurs que certaines substitutions circulaires de l'ordre n n'altèrent pas la valeur de Ω, et soient*

$$P, \quad Q, \quad R, \quad \ldots$$

les substitutions circulaires de l'ordre n qui jouissent de cette propriété. Si, après avoir représenté chacune d'elles à l'aide des diverses variables séparées par des virgules, en assignant toujours la première place à la variable x, on réduit P, Q, R, ... *à de simples arrangements, les divers termes de la suite*

$$\binom{P}{P} = 1, \quad \binom{Q}{P}, \quad \binom{R}{P}, \quad \ldots \tag{15}$$

seront tous distincts les uns des autres, et cette même suite renfermera toutes les substitutions

$$1, \quad \mathfrak{P}, \quad \mathfrak{Q}, \quad \mathfrak{R}, \quad \ldots$$

qui, sans altérer Ω, déplaceront seulement les $n-1$ variables y, z, ..., ou quelques-unes d'entre elles, en laissant immobile la variable x.

Supposons à présent que, P, $\mathfrak{P}$ étant toujours deux substitutions qui n'altèrent pas la valeur de Ω, la lettre P représente, ou une substitution circulaire de l'ordre n, ou même l'une quelconque des substitutions qui déplacent la variable x. Supposons, au contraire, que $\mathfrak{P}$, étant une substitution circulaire de l'ordre $n-1$, déplace seulement les $n-1$ variables $y, z, \ldots$; et, en désignant par l un nombre entier quelconque, posons

$$\text{(16)} \qquad P_l = \mathfrak{P}^l P \mathfrak{P}^{-l}.$$

En vertu de la formule (16), P_l reprendra toujours la même valeur quand on fera croître ou décroître l d'un multiple de $n-1$, en sorte qu'on aura, par exemple,

$$\begin{aligned} P_0 &= P_{n-1} = P_{2(n-1)} = \ldots = P, \\ P_l &= P_n = P_{2n-1} = \ldots = \mathfrak{P} P \mathfrak{P}^{-1}, \\ &\ldots\ldots\ldots\ldots\ldots\ldots\ldots\ldots, \\ P_{n-2} &= P_{2n-3} = P_{3n-4} = \ldots = \mathfrak{P}^{n-2} P \mathfrak{P}^{-n+2}. \end{aligned}$$

De plus, les divers termes de la suite

$$\text{(17)} \qquad P_0 = P,\ P_1,\ P_2,\ \ldots,\ P_{n-2}$$

seront certainement distincts les uns des autres. En effet, nommons s la variable dont x prend la place quand on effectue la substitution P. Cette variable s se trouvera remplacée, dans les divers termes de la série (17), par les diverses variables qui succèdent à s quand on effectue les substitutions

$$\text{(18)} \qquad 1,\ \mathfrak{P},\ \mathfrak{P}^2,\ \ldots,\ \mathfrak{P}^{n-2}.$$

Mais, $\mathfrak{P}$ étant, par hypothèse, une substitution circulaire de l'ordre $n-1$, les variables qui succéderont à s en vertu des substitutions (18) se confondront respectivement avec les $n-1$ variables que renferme la substitution $\mathfrak{P}$, c'est-à-dire avec les variables $y, z, \ldots$ écrites à la suite l'une de l'autre, dans l'ordre qu'indique la substitution $\mathfrak{P}$, quand on assigne la première place à la variable s. Donc les deux variables dont x viendra prendre la place dans deux des substitutions

$$P_0, \quad P_1, \quad P_2, \quad \ldots, \quad P_{n-2}$$

seront toujours deux variables distinctes; et il est clair qu'on pourrait en dire autant de deux variables qui succéderaient à x dans deux de ces mêmes substitutions. Donc la série (17) n'offrira pas de termes égaux. Cela posé, désignons, comme ci-dessus, par

$$(11) \qquad 1, \quad \mathfrak{P}, \quad \mathfrak{Q}, \quad \mathfrak{R}, \quad \ldots$$

le système des substitutions conjuguées qui, en laissant immobile la variable x, déplacent seulement les variables y, z, ... ou quelques-unes d'entre elles, sans altérer la valeur de Ω. Les divers termes compris dans le Tableau

$$(19) \qquad \left\{\begin{array}{lllll} 1, & \mathfrak{P}, & \mathfrak{Q}, & \mathfrak{R}, & \ldots, \\ P, & \mathfrak{P}P, & \mathfrak{Q}P, & \mathfrak{R}P, & \ldots, \\ P_1, & \mathfrak{P}P_1, & \mathfrak{Q}P_1, & \mathfrak{R}P_1, & \ldots, \\ \ldots, & \ldots, & \ldots, & \ldots, & \ldots, \\ P_{n-2}, & \mathfrak{P}P_{n-2}, & \mathfrak{Q}P_{n-2}, & \mathfrak{R}P_{n-2}, & \ldots \end{array}\right.$$

seront nécessairement distincts les uns des autres. Car, si l'on suppose égaux entre eux deux termes de ce Tableau représentés par les produits

$$\mathfrak{S}P_l, \quad \mathfrak{T}P_{l'},$$

dans lesquels $\mathfrak{S}$, $\mathfrak{T}$ désignent deux termes de la suite (11), l'équation

$$(20) \qquad \mathfrak{S}P_l = \mathfrak{T}P_{l'}$$

entraînera la formule

$$\mathfrak{T}^{-1}\mathfrak{S} = P_{l'}P_l^{-1};$$

et, comme le premier membre de cette formule sera encore un terme de la suite (11), c'est-à-dire une substitution en vertu de laquelle x restera immobile, le second membre devra remplir la même condition. Donc, si l'on conçoit que x succède à s en vertu de la substitution P_l, et par conséquent s à x en vertu de la substitution inverse P_l^{-1}, la substitution $P_{l'}$ devra ramener x à la place de s, ce qui suppose $l'=l$, et, par suite,

$$P_{l'} = P_l.$$

Mais, lorsque cette dernière condition sera remplie, l'équation (20) donnera

$$\mathcal{S} = \mathcal{T},$$

et par conséquent elle ne pourra être admise si l'on suppose $\mathcal{T}$ distinct de $\mathcal{S}$. Ce n'est pas tout : on prouvera encore de la même manière que les divers termes du Tableau

$$(21)\qquad \left\{\begin{array}{lllll} 1, & \mathfrak{P}, & \mathfrak{Q}, & \mathfrak{R}, & \ldots, \\ P, & P\mathfrak{P}, & P\mathfrak{Q}, & P\mathfrak{R}, & \ldots, \\ P_1, & P_1\mathfrak{P}, & P_1\mathfrak{Q}, & P_1\mathfrak{R}, & \ldots, \\ \ldots, & \ldots\ldots, & \ldots\ldots, & \ldots\ldots, & \ldots, \\ P_{n-2}, & P_{n-2}\mathfrak{P}, & P_{n-2}\mathfrak{Q}, & P_{n-2}\mathfrak{R}, & \ldots \end{array}\right.$$

seront tous distincts les uns des autres. Enfin, l'on peut affirmer que l'un quelconque des termes du Tableau (19) se confondra toujours avec l'un des termes du Tableau (21), c'est-à-dire que, l étant un nombre entier quelconque, et $\mathcal{S}$ l'une quelconque des substitutions (11), on pourra choisir un autre nombre entier l' et une autre substitution $\mathcal{T}$ prise dans la série (11), de manière à vérifier l'équation linéaire

$$(22)\qquad P_{l'}\mathcal{T} = \mathcal{S}P_l.$$

Effectivement, nommons s la variable qui succède à x, en vertu de la substitution $\mathcal{S}P_l$. La substitution $\mathcal{T}$, déterminée par la formule (22), savoir

$$(23)\qquad \mathcal{T} = P_{l'}^{-1}\mathcal{S}P_l,$$

ramènera certainement x à la place que cette variable occupait primitivement dans la fonction Ω, si l'on prend pour $P_{l'}$ celle des substitutions (17) qui fait succéder s à x, puisque alors la substitution inverse $P_{l'}^{-1}$ aura pour effet de faire succéder x à s. Donc alors la valeur de $\mathfrak{T}$, déterminée par la formule (23), sera, non seulement une dérivée des substitutions (11) et (17), par conséquent l'une des substitutions qui n'altèrent pas Ω, mais encore l'une de celles qui laissent immobile la variable x. Elle se réduira donc à l'un des termes de la série (17). On peut donc énoncer encore la proposition suivante :

THÉORÈME V. — *Soient Ω une fonction de n variables indépendantes x, y, z, ..., et*

$$P, \quad \mathfrak{P}$$

deux substitutions qui n'altèrent pas sa valeur. Supposons, d'ailleurs, que la substitution P, *étant régulière ou irrégulière, déplace la variable x, et que la substitution $\mathfrak{P}$, étant circulaire, déplace les $n-1$ variables y, z, ... en laissant immobile la variable x. Enfin, posons généralement*

$$\mathfrak{P}_l = \mathfrak{P}^l P \mathfrak{P}^{-l},$$

l étant un nombre entier quelconque, et nommons

$$1, \quad \mathfrak{P}, \quad \mathfrak{Q}, \quad \mathfrak{R}, \quad \ldots$$

le système des substitutions conjuguées qui, sans altérer Ω, déplacent les $n-1$ variables y, z, ..., ou quelques-unes d'entre elles. Non seulement les $n-1$ termes de la suite

$$P_0 = P, P_1, P_2, \ldots, P_{n-2},$$

qui représenteront des substitutions semblables entre elles, seront tous distincts les uns des autres, mais on pourra en dire autant des divers termes du Tableau (19) *et des divers termes du Tableau* (21); *et, par conséquent, si l'on nomme $\mathcal{S}$ un terme quelconque de la série* (11), *toute substitution de la forme*

$$\mathcal{S} P_l$$

sera en même temps un terme de la forme

$$P_l \mathcal{S}.$$

Corollaire I. — Soit $\mathfrak{M}$ le nombre des termes de la série (11). Le nombre des termes compris dans chacun des Tableaux (19), (21) sera évidemment représenté par le produit

$$n\mathfrak{M}.$$

Corollaire II. — Dans le cas où, comme nous le supposons ici, Ω n'est altéré, ni par une substitution P qui déplace la variable x, ni par une substitution circulaire du degré $n-1$, en vertu de laquelle x demeure immobile, Ω est nécessairement une fonction transitive de n et même de $n-1$ variables. Donc alors le nombre M des valeurs égales de Ω, ou, ce qui revient au même, le nombre M des substitutions

$$(3) \qquad 1, \quad P, \quad Q, \quad R, \quad U, \quad V, \quad W$$

qui n'altèrent pas Ω est déterminé par la formule

$$M = n\mathfrak{M},$$

et ces substitutions se réduisent aux divers termes de chacun des Tableaux (19), (21). Donc alors aussi les substitutions (2) se réduisent aux dérivées de la substitution P, jointe aux substitutions conjuguées

$$(11) \qquad 1, \quad \mathfrak{P}, \quad \mathfrak{Q}, \quad \mathfrak{R}, \quad \ldots$$

qui n'altèrent pas Ω considéré comme fonction des $n-1$ variables $y, z, \ldots$.

Corollaire III. — Lorsque, Ω étant une fonction transitive de n et même de $n-1$ variables, $n-1$ est un nombre premier, alors, parmi les substitutions qui, sans altérer Ω, déplacent $n-1$ variables, se trouvent nécessairement des substitutions circulaires de l'ordre $n-1$. Donc alors les substitutions qui n'altèrent pas Ω se réduisent aux dérivées des substitutions diverses qui laissent la variable x immobile, et d'une seule substitution prise parmi celles qui déplacent la variable x.

§ II. — *Sur le nombre des substitutions qui n'altèrent pas une fonction de plusieurs variables indépendantes.*

Soient

Ω une fonction transitive de n variables $x, y, z, \ldots$;
m le nombre de ses valeurs distinctes $\Omega, \Omega', \Omega'', \ldots$;
M le nombre de ses valeurs égales.

Soient encore

P l'une des substitutions qui n'altèrent pas la valeur de Ω;
ϖ le nombre des substitutions semblables à P qui peuvent être formées avec les variables $x, y, z, \ldots$;
h le nombre des substitutions semblables à P qui n'altèrent pas la valeur de Ω;
k le nombre de celles des fonctions $\Omega, \Omega', \Omega'', \ldots$ qui ne sont pas altérées par la substitution P.

Comme nous l'avons vu dans le précédent Mémoire, on aura, non seulement

$$mM = N, \tag{1}$$

la valeur de N étant

$$N = 1.2.3\ldots n,$$

mais encore

$$M = \Sigma h, \tag{2}$$

la somme qu'indique le signe Σ s'étendant aux divers systèmes de substitutions semblables entre elles, et

$$hm = k\varpi. \tag{3}$$

Soit maintenant r le nombre des variables qui restent immobiles quand on effectue la substitution P; soient encore

$$a,\quad b,\quad c,\quad \ldots$$

les nombres égaux ou inégaux qui représentent les ordres des divers facteurs circulaires de cette substitution réduite à sa plus simple expression. Enfin, pour mieux indiquer la forme de cette substitution à laquelle se rapportent les quantités exprimées par les lettres

$$\varpi, \quad h, \quad k, \quad \ldots,$$

plaçons au bas de ces lettres, comme indices, les nombres a, b, c, ..., en écrivant

$$\varpi_{a,b,c,\ldots}, \quad h_{a,b,c,\ldots}, \quad k_{a,b,c,\ldots}$$

au lieu de ϖ, h, k. Si l'on nomme H_{n-r} le nombre total des substitutions qui, sans altérer Ω, déplacent $n-r$ variables, en laissant les r autres variables immobiles, on aura

$$H_{n-r} = \Sigma h_{a,b,c,\ldots}, \tag{4}$$

la somme qu'indique le signe Σ s'étendant à toutes les valeurs de $a, b, c, \ldots$, égales ou inégales, mais supérieures à l'unité, qui vérifient l'équation

$$a+b+c+\ldots = n-r. \tag{5}$$

Cela posé, la formule (2) donnera simplement.

$$M = \Sigma H_{n-r}, \tag{6}$$

la somme qu'indique le signe Σ s'étendant à toutes les valeurs de r comprises dans la suite

$$0, \quad 1, \quad 2, \quad \ldots, \quad n-1, \quad n,$$

et les valeurs de H_0, H_1 étant respectivement

$$H_0 = 1, \qquad H_1 = 0.$$

Quant à la formule (3), elle deviendra

$$h_{a,b,c,\ldots}\, m = k_{a,b,c,\ldots}\, \varpi_{a,b,c,\ldots}. \tag{7}$$

Lorsque Ω est une fonction transitive de n, de $n-1$, de $n-2$, ..., et même de $n-l+1$ variables, on peut aux formules (4), (6) et (7) joindre les formules analogues qu'on obtient en considérant Ω comme fonction de $n-1$, de $n-2$, ou de $n-l$ variables seulement. Dans ces nouvelles formules, analogues aux premières, les quantités

$$m \quad \text{et} \quad k_{a,b,c,\ldots}$$

conservent toujours les valeurs qu'elles avaient dans les équations (4), (6) et (7). Mais il n'en est plus de même des quantités

$$M, \quad \mathrm{H}_{n-r}, \quad h_{a,b,c,\ldots}, \quad \varpi_{a,b,c,\ldots},$$

dont les valeurs sont modifiées. Si, pour fixer les idées, on veut passer des formules (4), (6) et (7) aux formules analogues, qu'on obtiendra en considérant Ω comme fonction de $n-l$ variables, on devra, dans les formules (4), (6) et (7), diviser M par le produit

$$n(n-1)\ldots(n-l+1),$$

et

$$\mathrm{H}_{n-r}, \quad h_{a,b,c,\ldots}, \quad \varpi_{a,b,c,\ldots}$$

par le nombre entier θ_{n-r}, que détermine la formule

$$\theta_{n-r} = \frac{n(n-1)\ldots(n-l+1)}{r(r-1)\ldots(r-l+1)}. \tag{8}$$

Ajoutons que les quotients ainsi obtenus devront encore être des nombres entiers.

Dans un prochain article, je donnerai de nombreuses applications des principes établis dans le présent Mémoire et dans ceux qui l'ont précédé. Je ferai voir, en particulier, comment, à l'aide de ces principes, on parvient à constater, non seulement l'existence de la fonction transitive Ω de six variables

$$x, \quad y, \quad z, \quad u, \quad v, \quad w,$$

qui offre cent vingt valeurs égales, par conséquent six valeurs distinctes, et que l'on peut caractériser en disant qu'elle n'est pas altérée par les dérivées des trois substitutions circulaires

$$\mathrm{P} = (x, y, z, u, v, w), \qquad \mathrm{Q} = (z, y, u, w, v), \qquad \mathrm{R} = (y, z, w, v),$$

ou, ce qui revient au même, par les dérivées des deux substitutions P et Q, ou P et R, mais encore l'existence d'une autre fonction transitive des mêmes variables, qui offre soixante valeurs égales, par conséquent douze valeurs distinctes, et que l'on peut caractériser en disant qu'elle n'est pas altérée par les dérivées des trois substitutions régulières

$$P^2 = (x, z, v)(y, u, w), \qquad Q = (z, y, u, w, v), \qquad R^2 = (y, w)(z, v)$$

ou, ce qui revient au même, par les dérivées des deux substitutions P^2 et Q.

318.

Analyse mathématique. — *Applications diverses des principes établis dans les précédents Mémoires.*

C. R., T. XXI, p. 1356 (22 décembre 1845).

§ I. — *Considérations générales.*

Je vais, dans ce paragraphe, rappeler d'abord en peu de mots quelques-unes des formules établies dans les précédents Mémoires, et particulièrement celles qui servent à déterminer le nombre des valeurs que peut acquérir une fonction transitive ou intransitive de plusieurs variables.

Soient

Ω une fonction de n variables $x, y, z, \ldots$;
M le nombre de ses valeurs égales, et
m le nombre de ses valeurs distinctes, lié au nombre M par la formule

$$mM = N, \tag{1}$$

dans laquelle

$$N = 1.2.3\ldots n$$

représente le nombre des arrangements divers que l'on peut former avec n lettres.

Si la fonction Ω est intransitive, on pourra partager les variables

$x, y, z, \ldots$ en divers groupes, en s'astreignant à la seule condition de réunir toujours dans un même groupe deux variables dont l'une prendra la place de l'autre, en vertu d'une substitution qui n'altérera pas la valeur de Ω. Il pourra d'ailleurs arriver que certains déplacements de variables comprises dans certains groupes entraînent des déplacements correspondants de variables comprises dans d'autres groupes, en sorte qu'on soit obligé, pour ne pas altérer Ω, d'effectuer simultanément ces deux espèces de déplacements. Cela posé, soient

a le nombre des variables comprises dans le premier groupe;
b le nombre des variables comprises dans le second groupe;
c le nombre des variables comprises dans le troisième groupe;
Etc., et

r le nombre des variables dont chacune forme un groupe à elle seule, c'est-à-dire le nombre des variables qui ne peuvent être déplacées sans que la valeur de Ω soit altérée;

Soient de plus

A le nombre des valeurs égales que peut acquérir Ω en vertu de substitutions correspondantes à des arrangements divers des variables comprises dans le premier groupe;
B le nombre des valeurs égales que peut acquérir Ω en vertu de substitutions qui, sans déplacer les variables du premier groupe, correspondent à des arrangements divers des variables comprises dans le second groupe;
C le nombre des valeurs égales que peut acquérir Ω en vertu de substitutions qui, sans déplacer les variables des deux premiers groupes, correspondent à des arrangements divers des variables comprises dans le troisième groupe;
Etc.

On aura, non seulement

$$a + b + c + \ldots + r = n, \tag{2}$$

mais encore (séance du 22 septembre)

(3) $$M = ABC\ldots,$$

et par suite, si l'on pose

(4) $$\mathfrak{N} = \frac{1.2.3\ldots n}{(1.2\ldots a)(1.2\ldots b)\ldots(1.2\ldots r)},$$

(5) $$\mathfrak{A} = \frac{1.2\ldots a}{A}, \qquad \mathfrak{B} = \frac{1.2\ldots b}{B}, \qquad \ldots,$$

la formule (3), jointe à l'équation (1), donnera

(6) $$m = \mathfrak{N}\mathfrak{A}\mathfrak{B}\mathfrak{C}\ldots.$$

Il est bon de rappeler ici que le nombre désigné par $\mathfrak{N}$ dans l'équation (6) est précisément le coefficient du produit

$$s^a t^b \ldots$$

dans le développement de l'expression

$$(1 + s + t + \ldots)^n.$$

Lorsque chacun des groupes auxquels se rapporte la formule (6) renferme le plus petit nombre possible de variables, alors deux variables comprises dans un même groupe sont toujours deux variables dont l'une peut passer à la place de l'autre, sans que la valeur de Ω soit altérée. Mais il n'est point nécessaire que cette dernière condition soit remplie; et, si, après avoir distribué les variables en groupes, de manière à la vérifier, on réunit plusieurs groupes en un seul, la formule (6) continuera de subsister. C'est ce qui arrivera en particulier si l'on réduit le système des variables comprises dans les second, troisième, quatrième, ... groupes à un groupe unique composé de $b + c + \ldots$ variables. Si, dans cette même hypothèse, le premier groupe ne renferme qu'une seule variable x, on aura

$$\mathfrak{N} = n, \qquad \mathfrak{A} = 1,$$

et la formule (6) donnera

(7) $$m = n\mathfrak{B},$$

$\mathcal{B}$ étant le nombre des valeurs distinctes de Ω considéré comme fonction des $n-1$ variables $y, z, \ldots$. En conséquence, on pourra énoncer la proposition suivante :

Théorème I. — *Si une fonction de n variables $x, y, z, \ldots$ est toujours altérée quand on déplace une certaine variable x, le nombre des valeurs distinctes de Ω considéré comme fonction de $x, y, z, \ldots$ sera le produit de n par le nombre des valeurs distinctes de Ω considéré comme fonction des $n-1$ variables $y, z, \ldots$.*

Si les groupes formés avec les diverses variables sont indépendants les uns des autres, en sorte que des déplacements, simultanément effectués dans les divers groupes, en vertu d'une substitution qui n'altère pas la valeur de Ω, puissent aussi s'effectuer séparément, sans altération de cette valeur, alors chacune des quantités désignées par $\mathcal{A}, \mathcal{B}, \mathcal{C}, \ldots$ dans la formule (6) représentera précisément le nombre des valeurs distinctes de Ω considéré comme fonction des seules variables comprises dans le premier groupe, ou dans le second, ou dans le troisième, ... Il suit d'ailleurs des principes établis dans la séance du 6 octobre (pages 336 et suivantes), que l'on pourra effectivement trouver une fonction Ω qui offre un nombre de valeurs déterminé par la formule (6), si l'on peut former

avec a lettres, une fonction qui offre $\mathcal{A}$ valeurs distinctes;
avec b lettres, une fonction qui offre $\mathcal{B}$ valeurs distinctes;
....

En conséquence, on peut énoncer la proposition suivante :

Théorème II. — *Supposons que l'on partage arbitrairement les n variables $x, y, z, \ldots$ en plusieurs groupes dont chacun renferme une ou plusieurs variables. Soient respectivement*

$$a, \quad b, \quad c, \quad \ldots$$

les nombres de variables comprises dans le premier, le second, le troisième, ... groupe, et nommons $\mathcal{M}$ le coefficient du produit

$$s^a t^b \ldots$$

dans le développement de l'expression

$$(1+s+t+\ldots)^n.$$

Si l'on peut former

avec a lettres une fonction qui offre $\mathcal{A}$ valeurs distinctes;
avec b lettres une fonction qui offre $\mathcal{B}$ valeurs distinctes;
avec c lettres une fonction qui offre $\mathcal{C}$ valeurs distinctes;
. . . .

on pourra former avec les n variables données une fonction intransitive qui offrira m valeurs distinctes, la valeur de m étant déterminée par la formule

$$m = \mathcal{N}\mathcal{A}\mathcal{B}\mathcal{C}\ldots.$$

Corollaire I. — Il résulte des principes établis dans la séance du 22 septembre que le nombre des valeurs distinctes d'une fonction intransitive de n variables $x, y, z, \ldots$ est toujours une des valeurs de m que fournit le théorème précédent, non seulement dans le cas où les groupes formés avec ces variables sont tous indépendants les uns des autres, mais aussi dans le cas contraire.

Corollaire II. — Si l'on suppose que les groupes se réduisent à deux, et que le premier groupe, étant indépendant du second, renferme seulement une, ou deux, ou trois, ... variables, alors, à la place du théorème I, on obtiendra la proposition suivante :

Théorème III. — *Avec n variables $x, y, z, \ldots$, on peut toujours former une fonction intransitive qui offre m valeurs distinctes, m étant le produit de n par l'un quelconque des entiers propres à représenter le nombre des valeurs distinctes d'une fonction de $n-1$ variables, ou le produit du nombre triangulaire $\frac{n(n-1)}{2}$ par l'un des facteurs 1, 2 et par l'un quelconque des entiers propres à représenter le nombre des valeurs distinctes d'une fonction de $n-2$ variables, ou le produit du nombre pyramidal $\frac{n(n-1)(n-2)}{1.2.3}$ par l'un des facteurs 1, 2, 3, 6 et par l'un quelconque des entiers propres à représenter le nombre des valeurs distinctes d'une fonction de $n-3$ variables, etc.*

Supposons maintenant que la fonction Ω cesse d'être intransitive et devienne transitive. Alors, en joignant à des résultats déjà connus ceux que nous avons trouvés dans les précédents Mémoires, on obtiendra les propositions suivantes :

Théorème IV. — *Si Ω est une fonction transitive de n variables $x, y, z, \ldots$, le nombre m des valeurs distinctes de Ω considéré comme fonction de ces n variables sera encore le nombre m des valeurs distinctes de Ω considéré comme fonction des $n-1$ variables $y, z, \ldots$.*

Théorème V. — *Avec un nombre quelconque n de variables, on peut toujours former, non seulement des fonctions symétriques dont chacune offrira une seule valeur distincte, mais encore des fonctions dont chacune offre seulement deux valeurs distinctes.*

Corollaire I. — Parmi les fonctions qui offrent deux valeurs distinctes, on doit distinguer la fonction *alternée,* dont les deux valeurs sont égales au signe près, mais affectées de signes contraires. Telle est, en particulier, la fonction de n variables $x, y, z, \ldots$, qui se trouve représentée par le produit

$$\Pi = (x-y)(x-z)\ldots(y-z)\ldots, \tag{8}$$

dont les facteurs sont des différences entre ces variables rangées dans un ordre quelconque, et combinées deux à deux de toutes les manières possibles.

Corollaire II. — Si, Ω étant une fonction de $x, y, z, \ldots$ qui offre seulement deux valeurs distinctes

$$\Omega, \quad \Omega',$$

on pose

$$U = \frac{\Omega + \Omega'}{2}, \qquad V = \frac{\Omega - \Omega'}{2\Pi}, \tag{9}$$

la valeur de Π étant déterminée par l'équation (8), alors

$$U \text{ et } V$$

seront évidemment deux fonctions symétriques de $x, y, z, \ldots$. Or des formules (9) on déduit immédiatement l'équation

$$(10)\qquad \Omega = U + V\Pi,$$

qui, comme Abel en a fait la remarque, détermine la forme générale des fonctions dont les valeurs distinctes sont au nombre de deux seulement. Il est d'ailleurs évident que toute valeur de Ω, déterminée par l'équation (10), sera une fonction qui offrira seulement deux valeurs distinctes.

Corollaire III. — Eu égard au théorème V, le théorème III comprend, comme cas particulier, une proposition énoncée par M. Bertrand, savoir, qu'avec n variables on peut toujours composer une fonction qui offre $2n$ valeurs distinctes.

THÉORÈME VI. — *Soient*

n un nombre entier quelconque;
I l'indicateur maximum correspondant au module n;
ν un diviseur quelconque de n;
ι un diviseur quelconque de I.

On pourra toujours, avec n lettres $x, y, z, \ldots$, former une fonction transitive Ω qui offre m valeurs distinctes, la valeur de m étant déterminée par la formule

$$(11)\qquad m = \frac{1.2.3\ldots(n-1)}{I},$$

ou même, plus généralement, par la formule

$$(12)\qquad m = \frac{1.2.3\ldots(n-1)}{I}\nu\iota$$

(*voir* la séance du 6 octobre, page 341).

On peut encore, des principes établis dans les séances du 22 septembre et du 6 octobre, déduire immédiatement la proposition suivante :

THÉORÈME VII. — *Soit*

$$n = la$$

un nombre entier, non premier, et par conséquent décomposable en deux *facteurs l, a, dont aucun ne se réduit à l'unité. Si l'on peut former avec a lettres une fonction qui offre $\mathcal{A}$ valeurs distinctes, et avec l lettres une fonction qui offre $\mathcal{L}$ valeurs distinctes, on pourra former, avec n lettres, une fonction transitive complexe qui offrira m valeurs distinctes, la valeur de m étant déterminée par la formule*

$$m = \mathcal{N}\mathcal{L}\mathcal{A}^l, \tag{13}$$

dans laquelle on suppose

$$\mathcal{N} = \frac{1.2.3\ldots n}{(1.2\ldots l)(1.2\ldots a)^l}. \tag{14}$$

§ II. — *Recherche du nombre des valeurs que peut acquérir une fonction transitive ou intransitive qui ne renferme pas plus de six variables.*

Fonctions de deux variables.

Si Ω est une fonction de deux variables x, y, le nombre m de ses valeurs distinctes devra être un diviseur du produit

$$N = 1.2 = 2.$$

Ce nombre ne pourra donc être que 1 ou 2. On aura effectivement

$m = 2$ si la fonction est intransitive,
$m = 1$ si elle est symétrique, et par conséquent transitive.

Fonctions de trois variables.

Si Ω est une fonction de trois variables x, y, z, le nombre m de ses valeurs distinctes devra être un diviseur du produit

$$N = 1.2.3 = 6.$$

Ce nombre ne pourra donc être que l'un des termes de la suite

$$1,\quad 2,\quad 3,\quad 6.$$

D'ailleurs, il pourra être l'un quelconque d'entre eux. En effet, si la fonction Ω est supposée intransitive, alors, en vertu du théorème III du § I, m pourra être le produit du facteur 3 par l'un quelconque des nombres 1, 2; en sorte qu'on pourra supposer

$$m = 3 \quad \text{ou} \quad m = 6.$$

Si, au contraire, la fonction Ω est supposée transitive, elle pourra offrir, comme toute fonction d'un nombre quelconque de variables (*voir* le théorème V du § I), une ou deux valeurs distinctes. C'est ce que prouve aussi le théorème VI du § I; car, lorsqu'on suppose $n = 3$, l'indicateur maximum I se réduit au nombre 2, et alors les formules (11) et (12) du § I donnent

$$m = \frac{1.2}{2} = 1, \qquad m = 1.2 = 2.$$

Fonctions de quatre variables.

Si Ω est une fonction de quatre variables

$$x, \quad y, \quad z, \quad u,$$

le nombre m de ses valeurs distinctes sera un diviseur du produit

$$N = 1.2.3.4 = 24.$$

Ce nombre ne pourra donc être que l'un des termes de la suite

$$1, \quad 2, \quad 3, \quad 4, \quad 6, \quad 8, \quad 12, \quad 24.$$

D'ailleurs, il pourra être l'un quelconque de ces termes, ainsi que nous allons l'expliquer.

D'abord, si la fonction Ω est supposée intransitive, alors, en vertu du théorème III du § I, le nombre m pourra être le produit du facteur 4 par l'un des nombres

$$1, \quad 2, \quad 3, \quad 6,$$

ou le produit du facteur $6 = \frac{4.3}{1.2}$ par l'un des nombres

$$1, \quad 2,$$

ou par le carré de l'un d'entre eux. On pourra donc alors réduire m à l'un quelconque des termes de l'une des deux suites

$$4,\quad 8,\quad 12,\quad 24,$$
$$6,\quad 12,\quad 24,$$

c'est-à-dire que l'on pourra prendre pour m l'un quelconque des nombres

$$4,\quad 6,\quad 8,\quad 12,\quad 24.$$

En second lieu, si la fonction Ω est supposée transitive, on pourra, en vertu du théorème V du § I, supposer

$$m = 1 \quad \text{ou} \quad m = 2.$$

Il y a plus : comme l'indicateur maximum I correspondant au module 4 est le nombre 2, on pourra, en vertu du théorème VI du § I, réduire la valeur de m à celle que détermine l'une des formules

$$m = \frac{1.2.3}{2} = 3, \qquad m = 1.2.3 = 6.$$

On pourra donc former une fonction transitive de trois variables qui offre seulement trois ou six valeurs distinctes.

Il est bon d'observer que, parmi les fonctions de quatre variables, celle qui, n'étant pas altérée par une substitution régulière du second ordre, c'est-à-dire par une substitution de la forme

$$(x, y)(z, u),$$

offre douze valeurs distinctes, est la seule qui présente les quatre variables partagées en deux groupes dépendants l'un de l'autre, non permutables entre eux, et composés chacun de variables que l'on puisse échanger entre elles sans altérer la valeur de la fonction.

Fonctions de cinq variables.

Si Ω est une fonction des cinq variables

$$x,\quad y,\quad z,\quad u,\quad v,$$

le nombre m de ses valeurs distinctes devra être un diviseur du produit

$$1.2.3.4.5 = 120.$$

Ce nombre ne pourra donc être que l'un des termes de l'une des suites

$$\begin{array}{cccccccc} 1, & 2, & 3, & 4, & 6, & 8, & 12, & 24, \\ 5, & 10, & 15, & 20, & 30, & 40, & 60, & 120, \end{array}$$

dont on obtient la seconde en multipliant les termes de la première par le facteur 5. Il reste à examiner quels sont les termes de ces deux suites qui pourront effectivement représenter le nombre des valeurs distinctes d'une fonction de cinq variables.

D'abord, si la fonction Ω est supposée intransitive, alors, en vertu du théorème III du § I, on pourra prendre pour m un terme quelconque de la seconde suite.

En second lieu, si Ω est une fonction transitive des cinq variables x; y, z, u, v, elle ne pourra être en même temps intransitive par rapport à quatre variables y, z, u, v que dans le cas où ces quatre variables resteront immobiles ou pourront être partagées en deux groupes dépendants l'un de l'autre, mais non permutables entre eux (séance du 29 septembre, pages 317 et suivantes), et composés chacun de variables que l'on puisse échanger entre elles sans altérer la valeur de Ω, par conséquent, dans le cas où le nombre des valeurs distinctes de Ω considéré comme fonction de y, z, u, v serait déterminé par l'une des formules

$$m = 1.2.3.4 = 24, \qquad m = \frac{1.2.3.4}{2} = 12.$$

En troisième lieu, si Ω est une fonction transitive de cinq variables x, y, z, u, v, et même de quatre variables y, z, u, v, alors m devra se réduire au nombre des valeurs distinctes de Ω considéré comme fonction de trois variables z, u, v. Donc alors m ne pourra être que l'un des nombres

$$1, \quad 2, \quad 3, \quad 6.$$

Mais on ne pourra supposer le nombre m inférieur à 5, s'il est supérieur à 2 (séance du 17 novembre). Donc, si la fonction Ω est transitive par rapport à cinq et à quatre variables, m ne pourra être que l'un des nombres

$$1, \quad 2, \quad 6.$$

Ainsi donc, si Ω est une fonction transitive des cinq variables

$$x, \quad y, \quad z, \quad u, \quad v,$$

le nombre m des valeurs distinctes de Ω devra se réduire à l'un des nombres

$$1, \quad 2, \quad 6, \quad 12, \quad 24.$$

D'ailleurs, dans cette hypothèse, on pourra prendre effectivement, en vertu du théorème V du § I,

$$m = 1 \quad \text{ou} \quad m = 2,$$

et, en vertu du théorème VI,

$$m = \frac{1.2.3.4}{4} = 6$$

ou

$$m = \frac{1.2.3.4}{2} = 12,$$

ou même

$$m = 1.2.3.4 = 24.$$

Donc, en résumé, si Ω est une fonction transitive ou intransitive de cinq variables

$$x, \quad y, \quad z, \quad u, \quad v,$$

le nombre m de ses valeurs distinctes pourra être l'un quelconque des termes de la suite

$$1, \quad 2, \quad 5, \quad 6, \quad 10, \quad 12, \quad 15, \quad 20, \quad 24, \quad 30, \quad 40, \quad 60, \quad 120.$$

Fonctions de six variables.

Si Ω est une fonction de six variables

$$x, \quad y, \quad z, \quad u, \quad v, \quad w,$$

le nombre m de ses valeurs distinctes devra être un diviseur du produit

$$N = 1.2.3.4.5.6 = 720.$$

Mais, si l'on veut savoir quels diviseurs de ce produit pourront être pris pour m, on devra considérer les divers cas qui peuvent se présenter.

D'abord, si la fonction Ω est intransitive, alors, en vertu du théorème III du § I, on pourra prendre pour m, non seulement le produit du facteur 6 par l'un quelconque des entiers

$$1,\quad 2,\quad 5,\quad 6,\quad 10,\quad 12,\quad 15,\quad 20,\quad 24,\quad 30,\quad 40,\quad 60,\quad 120,$$

qui sont propres à représenter le nombre des valeurs distinctes d'une fonction de cinq variables, mais encore le produit du nombre triangulaire

$$\frac{6.5}{2}=15$$

par l'un des facteurs 1, 2 et par l'un quelconque des entiers

$$1,\quad 2,\quad 3,\quad 4,\quad 6,\quad 8,\quad 12,\quad 24,$$

qui sont propres à représenter le nombre des valeurs distinctes d'une fonction de quatre variables, et enfin le produit du nombre pyramidal

$$\frac{6.5.4}{1.2.3}=20$$

par deux des facteurs 1, 2, 3, 6, ou par le carré de l'un d'entre eux. Donc alors on pourra prendre pour m l'un quelconque des termes de la suite

$$6,\quad 12,\quad 15,\quad 20,\quad 30,\quad 36,\quad 40,\quad 45,\quad 60,\quad 72,\quad 80,\quad 90,\quad 120,\quad 144,$$
$$150,\quad 180,\quad 240,\quad 360,\quad 720.$$

En second lieu, si Ω est une fonction transitive complexe, dans laquelle les six variables x, y, z, u, v, w se partagent en deux groupes de trois lettres ou en trois groupes de deux lettres, qui puissent être échangés entre eux, mais qui soient indépendants les uns des autres, le nombre m des valeurs distinctes de Ω pourra être déterminé à l'aide de l'équation (13) du § I, par conséquent à l'aide des formules

$$m=\frac{1.2.3.4.5.6}{(1.2)(1.2.3)^2}\mathcal{A}^2=10\mathcal{A}^2,\qquad \mathcal{A}=1,\ 2 \text{ ou } 3,$$

ou à l'aide des formules

$$m = \frac{1.2.3.4.5.6}{(1.2.3)(1.2)^3}\mathcal{L} = 15\mathcal{L}, \qquad \mathcal{L} = 1,\ 2 \text{ ou } 3.$$

Donc alors on pourra prendre pour m l'un quelconque des nombres entiers

$$10, \quad 15, \quad 30, \quad 40, \quad 45, \quad 90.$$

Si, Ω étant une fonction transitive complexe, les groupes dans lesquels les variables se partagent cessaient d'être indépendants les uns des autres, le nombre m des valeurs distinctes de Ω, déterminé à l'aide de la formule (7) de la page 312 (séance du 29 septembre), pourrait être l'un quelconque des nombres

$$60, \quad 120, \quad 180.$$

Enfin, si Ω est une fonction transitive, non complexe, des six variables x, y, z, u, v, w, ou elle sera intransitive par rapport à cinq variables, qui ne pourront être déplacées qu'avec la sixième, et alors, en vertu du théorème VI du § I, cette fonction offrira 120 valeurs distinctes, ou bien elle devra encore être transitive par rapport à cinq variables (séance du 29 septembre), attendu que cinq variables ne peuvent être partagées en groupes qui soient tous indépendants les uns des autres et permutables entre eux, chaque groupe étant composé de variables que l'on puisse échanger entre elles. Dans le dernier cas, m devra se réduire au nombre des valeurs distinctes d'une fonction transitive de cinq variables, c'est-à-dire à l'un des termes de la suite

$$1, \quad 2, \quad 6, \quad 12, \quad 24.$$

D'ailleurs, il résulte du théorème V du § I qu'on pourra prendre effectivement

$$m = 1 \quad \text{ou} \quad m = 2.$$

Il reste à montrer que l'on pourra prendre aussi

$$m = 6 \quad \text{ou} \quad m = 12,$$

et qu'au contraire on ne peut supposer $m = 24$. On y parvient aisément à l'aide des théorèmes établis dans les précédentes séances, comme on le verra dans un prochain article.

319.

ANALYSE MATHÉMATIQUE. — *Mémoire sur les fonctions de cinq ou six variables, et spécialement sur celles qui sont doublement transitives.*

C. R., T. XXI, p. 1401 (29 décembre 1845).

Dans le précédent Mémoire, j'ai recherché le nombre m des valeurs distinctes que peut acquérir une fonction qui ne renferme pas plus de six variables. Aux diverses valeurs de m que j'ai trouvées, correspondent généralement des fonctions que l'on formera sans peine, si l'on adopte le mode de formation indiqué dans la séance du 6 octobre, attendu qu'il sera généralement facile de déterminer le nombre et la nature des substitutions diverses qui n'altèrent pas les valeurs de ces fonctions. Toutefois, on doit excepter le cas où il s'agit d'une fonction doublement transitive de six variables, c'est-à-dire d'une fonction Ω, qui est tout à la fois transitive par rapport à six variables, et transitive par rapport à cinq. Dans ce cas particulier, le nombre m des valeurs distinctes de Ω se réduit nécessairement au nombre des valeurs distinctes d'une fonction transitive de cinq variables, c'est-à-dire à l'un des termes de la suite

$$1, \quad 2, \quad 6, \quad 12, \quad 24;$$

et, comme nous l'avons dit, on peut effectivement supposer

$$m = 1 \qquad \text{ou} \qquad m = 2.$$

Mais peut-on prendre pareillement pour m l'un des trois nombres

$$6, \quad 12, \quad 24?$$

C'est ce qui nous reste à examiner. On facilite cet examen en appliquant successivement les principes que nous avons établis dans les précédents Mémoires aux fonctions transitives de cinq variables, puis aux fonctions doublement transitives de six variables. C'est ce que nous ferons dans les paragraphes suivants.

§ I. — *Sur les fonctions qui sont transitives par rapport à cinq variables, et intransitives par rapport à quatre.*

Soient

Ω une fonction de cinq variables

$$x,\quad y,\quad z,\quad u,\quad v;$$

M le nombre de ses valeurs égales;
m le nombre de ses valeurs distinctes.

On aura

$$mM = 1.2.3.4.5,$$

par conséquent

$$mM = 120. \tag{1}$$

Si d'ailleurs la fonction Ω est transitive par rapport aux cinq variables x, y, z, u, v, alors m sera encore le nombre des valeurs distinctes de Ω considéré comme fonction des quatre variables y, z, u, v; donc m sera un diviseur du produit

$$1.2.3.4 = 24,$$

et le facteur 5 du produit

$$mM = 1.2.3.4.5,$$

n'étant pas diviseur de m, devra diviser M. On aura effectivement

$$M = 5\mathfrak{M},$$

$\mathfrak{M}$ étant le nombre des valeurs égales de Ω considéré comme fonction des quatre variables y, z, u, v. Cela posé, il résulte d'un théorème énoncé dans la séance du 13 octobre (*voir* le théorème IV de la page 360) que le système des substitutions conjuguées qui n'altéreront pas la valeur de Ω renfermera des substitutions circulaires du cinquième ordre. Soit P l'une de ces substitutions. Comme on peut disposer arbitrairement de la forme des lettres propres à représenter les diverses variables qui devront succéder l'une à l'autre en vertu de la substitution P, rien n'empêchera d'admettre que ces variables sont respectivement

$$x, \quad y, \quad z, \quad u, \quad v,$$

et, par conséquent, on pourra toujours supposer

$$P = (x, y, z, u, v). \tag{2}$$

Concevons maintenant que la fonction Ω soit tout à la fois transitive par rapport à cinq variables, et intransitive par rapport à quatre. Alors il arrivera de deux choses l'une : ou Ω, considéré comme fonction des quatre variables y, z, u, v, sera toujours altéré par toute substitution distincte de l'unité, ou les quatre variables y, z, u, v se partageront en deux groupes dépendants l'un de l'autre, et non permutables entre eux (séance du 29 septembre), chaque groupe étant composé de deux variables que l'on pourra échanger entre elles sans altérer la valeur de Ω. D'ailleurs, la composition de ces deux groupes sera inaltérable, et par suite, dans le second cas comme dans le premier, toute substitution qui déplacera deux ou trois variables seulement altérera la valeur de Ω. Cela posé, soit H_l le nombre des substitutions qui déplaceront l variables, sans altérer la valeur de Ω. On aura, dans l'un et l'autre cas, non seulement

$$H_0 = 1, \qquad H_1 = 0,$$

mais encore

$$H_2 = 0, \qquad H_3 = 0.$$

Donc les substitutions qui n'altéreront pas la valeur de Ω se réduiront à des substitutions régulières qui déplaceront quatre ou cinq variables (séance du 8 décembre), et les nombres H_4, H_5 de ces deux espèces de substitutions seront liés au nombre M des valeurs égales de Ω (séance du 10 novembre) par les deux formules

$$M = H_5 + H_4 + 1,$$
$$M = \qquad H_4 + 5,$$

desquelles on tirera

(3) $$H_5 = 4, \qquad H_4 = M - 5.$$

Donc, dans l'un et l'autre cas, le nombre H_5 des substitutions circulaires du cinquième ordre qui n'altéreront pas la valeur de Ω sera égal à 4, et, en conséquence, ces substitutions ne pourront être que les puissances

$$P, \quad P^2, \quad P^3, \quad P^4$$

de la substitution P. Ajoutons que, dans le premier cas, Ω considéré comme fonction de quatre variables offrira 1.2.3.4, c'est-à-dire 24 valeurs distinctes, et qu'alors

(4) $$m = 24$$

sera encore le nombre des valeurs distinctes de Ω considéré comme fonction transitive de cinq variables. Donc alors aussi on aura

$$M = \frac{120}{24} = 5,$$

et par suite, comme on devait s'y attendre, la seconde des formules (3) donnera

$$H_4 = 0.$$

Alors enfin, le système des substitutions conjuguées qui n'altéreront pas la valeur de Ω se réduira au système

(5) $$1, \quad P, \quad P^2, \quad P^3, \quad P^4$$

des diverses puissances de P.

Dans le second cas, où les quatre variables y, z, u, v se partageront en deux groupes dépendants l'un de l'autre et permutables entre eux, la seule substitution qui n'altérera pas la valeur de Ω considéré comme fonction de y, z, u, v sera le produit de deux facteurs circulaires du second ordre. Alors aussi, Ω considéré comme fonction de quatre variables offrira deux valeurs égales, par conséquent $\frac{24}{2}$ ou 12 valeurs distinctes, et

$$m = 12 \tag{6}$$

sera encore le nombre des valeurs distinctes de Ω considéré comme fonction transitive de cinq variables. Donc, par suite, on aura

$$M = \frac{120}{12} = 10,$$

et le nombre total H_4 des substitutions régulières du second ordre qui déplaceront quatre des cinq variables x, y, z, u, v, sans altérer Ω, sera égal à 5. Enfin, si l'on nomme Q celle de ces substitutions qui déplacera les quatre variables y, z, u, v, elle pourra être déterminée (*voir* la séance du 8 décembre, page 456) par une équation symbolique de la forme

$$Q = \binom{P^a}{P}, \tag{7}$$

a étant un nombre entier convenablement choisi, pourvu que, après avoir assigné la même place dans P et dans P^a à la variable x, on réduise P et P^a à de simples arrangements. Il y a plus : comme on tirera de la formule (7)

$$Q^2 = \binom{P^{a^2}}{P},$$

l'équation

$$Q^2 = 1$$

entraînera la suivante

$$a^2 = 1.$$

Donc, puisqu'on ne pourrait supposer $a = 1$ sans réduire Q à l'unité, on aura nécessairement

$$a = -1,$$

et la formule (7) donnera

$$Q = \binom{P^{-1}}{P} = \binom{xvuzy}{xyzuv} \tag{8}$$

ou, ce qui revient au même,

(9) $$Q = (y, v)(z, u).$$

D'ailleurs, l'équation (8) pouvant s'écrire comme il suit

(10) $$QP = P^{-1}Q,$$

on en conclura généralement

(11) $$Q^k P^h = P^{(-1)^k h} Q^k.$$

Donc les dérivées des substitutions P, Q pourront toutes être présentées sous chacune des formes

$$Q^k P^h, \quad P^h Q^k$$

En d'autres termes, le système des puissances de P sera permutable avec le système des puissances de Q. Donc les dérivées des deux substitutions P, Q, dont l'une est du cinquième ordre, l'autre du second, formeront un système de substitutions conjuguées dont l'ordre sera

$$2.5 = 10.$$

Donc la fonction transitive Ω, dont le caractère sera de n'être altérée ni par la substitution

$$P = (x, y, z, u, v),$$

ni par la substitution

$$Q = (y, v)(z, u),$$

offrira effectivement 10 valeurs égales, et par conséquent $\frac{120}{10}$ ou 12 valeurs distinctes.

§ II. — *Sur les fonctions qui sont transitives par rapport à cinq et à quatre variables.*

Conservons les notations adoptées dans le § I, et supposons d'ailleurs que la fonction Ω soit transitive, non seulement par rapport aux cinq variables x, y, z, u, v, mais aussi par rapport à quatre variables $y, z,$

u, v. Alors le nombre m des valeurs distinctes restera le même pour Ω considéré comme fonction de cinq, de quatre ou même de trois variables. Donc m sera un diviseur du produit

$$1.2.3 = 6;$$

et, puisqu'on ne pourra supposer le nombre m inférieur à 5 quand il surpassera 2, m devra se réduire à l'un des termes de la suite

$$1, \quad 2, \quad 6.$$

D'autre part, on formera sans peine des fonctions de x, y, z, u, v qui offriront une ou deux valeurs distinctes. Il y a plus : il résulte des principes qui servent de base à la théorie des équations binômes, que l'on peut aussi trouver des fonctions de cinq variables qui offrent six valeurs distinctes. Ajoutons que l'on peut encore arriver à cette conclusion de la manière suivante.

Nous avons déjà remarqué (§ I) que, si la fonction Ω est transitive par rapport aux cinq variables x, y, z, u, v, la valeur de Ω ne sera point altérée par des substitutions du cinquième ordre, dont l'une pourra être supposée de la forme

$$\text{(1)} \qquad P = (x, y, z, u, v).$$

Si d'ailleurs la fonction Ω est transitive par rapport à quatre variables, et offre six valeurs distinctes, en sorte qu'on ait

$$\text{(2)} \qquad m = 6,$$

alors, considéré comme fonction de trois variables, Ω offrira encore six valeurs distinctes, dont chacune sera toujours altérée par toute substitution qui déplacera seulement ces trois variables ou deux d'entre elles. Donc, si l'on nomme H_l le nombre des substitutions qui déplaceront l variables sans altérer Ω, on aura, comme dans le § I,

$$H_2 = 0, \qquad H_3 = 0$$

et, par suite,

$$H_5 = 4.$$

Donc les substitutions qui déplaceront les cinq variables x, y, z, u, v sans altérer Ω, et qui devront être régulières (séance du 8 décembre), se réduiront aux puissances de P distinctes de l'unité, c'est-à-dire à

$$P,\quad P^2,\quad P^3,\quad P^4.$$

D'autre part, puisque Ω, considéré comme fonction des quatre variables y, z, u, v, offrira six valeurs distinctes, par conséquent quatre valeurs égales, les substitutions distinctes de l'unité qui déplaceront ces quatre variables, sans altérer Ω, seront au nombre de trois seulement, et ces trois substitutions, qui devront être elles-mêmes régulières, pourront être représentées par les expressions symboliques

$$\binom{P^2}{P},\quad \binom{P^3}{P},\quad \binom{P^4}{P},$$

c'est-à-dire qu'elles se réduiront aux suivantes

$$\binom{xzvyu}{xyzuv},\qquad \binom{xuyvz}{xyzuv},\qquad \binom{xvuzy}{xyzuv},$$

que l'on peut écrire sous les formes

$$(y, z, v, u),\quad (y, u, v, z),\quad (y, v)(z, u).$$

Elles se réduiront donc aux trois puissances

$$Q,\quad Q^2,\quad Q^3$$

de la substitution du quatrième ordre

$$Q = (y, z, v, u) = \binom{P^2}{P}. \tag{3}$$

Ce n'est pas tout : comme l'équation (3) donnera

$$QP = P^2 Q, \tag{4}$$

on en conclura

$$Q^k P^h = P^{2^k h} Q^k. \tag{5}$$

Donc les dérivées des substitutions P, Q pourront toutes être présentées sous chacune des formes

$$Q^k P^h, \quad P^h Q^k,$$

et par suite le système des puissances de P sera permutable avec le système des puissances de Q. Donc les dérivées des deux substitutions P, Q, dont l'une est du cinquième ordre, l'autre du quatrième, formeront un système de substitutions conjuguées, dont l'ordre sera

$$4.5 = 20.$$

Donc la fonction transitive dont le caractère sera de n'être altérée ni par la substitution

$$P = (x, y, z, u, v),$$

ni par la substitution

$$Q = (y, z, v, u)$$

offrira vingt valeurs distinctes, et par conséquent $\frac{120}{20}$ ou 6 valeurs égales.

D'après ce qu'on vient de voir, lorsqu'une fonction transitive de cinq variables x, y, z, u, v offre six valeurs distinctes, les substitutions qui déplacent les quatre variables y, z, u, v sans altérer Ω, et en laissant x immobile, sont au nombre de trois. Mais il est clair que trois substitutions semblables peuvent, sans altérer Ω, déplacer quatre variables, en laissant immobile ou x, ou z, ou u, ou v. Donc le nombre total H_4 des substitutions qui déplaceront quatre variables, sans altérer Ω, sera

$$5.3 = 15.$$

Cette conclusion s'accorde avec les formules (3) du § I, dont la seconde, jointe aux équations

$$m = 6, \qquad M = \frac{120}{m} = 20,$$

donne

$$H_4 = 20 - 5 = 15.$$

Il est important d'observer que les quinze substitutions dont il s'agit se trouvent toutes comprises dans les trois formes symboliques

$$\begin{pmatrix} P^2 \\ P \end{pmatrix}, \quad \begin{pmatrix} P^3 \\ P \end{pmatrix}, \quad \begin{pmatrix} P^4 \\ P \end{pmatrix},$$

desquelles on les déduit, en faisant coïncider successivement la variable à laquelle on assigne la première place, dans la substitution P et dans ses puissances, avec chacune des cinq variables x, y, z, u, v.

FIN DU TOME IX DE LA PREMIÈRE SÉRIE.

TABLE DES MATIERES

DU TOME NEUVIÈME.

PREMIÈRE SÉRIE.

MÉMOIRES EXTRAITS DES RECUEILS DE L'ACADÉMIE DES SCIENCES DE L'INSTITUT DE FRANCE.

NOTES ET ARTICLES EXTRAITS DES COMPTES RENDUS HEBDOMADAIRES DES SÉANCES DE L'ACADÉMIE DES SCIENCES.

FIN DE LA TABLE DES MATIÈRES DU TOME IX DE LA PREMIÈRE SÉRIE.

19554 Paris. — Imprimerie Gauthier-Villars et fils, quai des Grands-Augustins, 55.

Printed in the United States
By Bookmasters